龍鷹爭輝：大棋盤中的台灣

李大中 主編

淡江大學出版中心

主編序

　　本所自 1982 年創所以來，長期致力於國際關係與戰略研究兩大領域之探究，同時亦不斷在其他次領域深耕。在歷任所長的帶領下，戰略所持續的成長、精進。2004 年起，本所為紀念國內戰略研究先行者—鈕先鍾教授，並增進國內戰略研究之能量，開始舉辦「紀念鈕先鍾教授學術研討會」；前所長翁明賢教授於 2010 年提出建構「淡江戰略學派」之願景，並擴大相關研討會的舉辦，希冀達成「國內領先，國際知名」的目標。遙想過去前輩篳路藍縷開其先，我輩當發揚光大在其後。

　　本屆「2016 淡江戰略學派年會」以「美中關係與變動中的東亞安全態勢」與「台灣國家安全的再思考：理論辯證、機遇與挑戰」為題，著眼於 2013 年大陸提出「一帶一路」大戰略以來，其動見觀瞻牽動亞洲，乃至全球整體形勢之發展。無論如何，崛起的強權—大陸，與當前國際領袖—美國的交鋒，勢必為未來國際事務的主旋律。對我國而言，身處美中交鋒之前線，吾人勢必進行全面之評估，維護我國國家安全。

　　在此背景下，本書蒐羅其中 20 篇論文，主題包含國際關係、戰略研究、解放軍研究、全民國防教育、國家安全、恐怖主義等相關領域。目的不僅在於描繪、解釋當前國際形勢發展，更謀求發揮戰略研究中「行動」的要義，為我國在此複雜的變局中尋找長治久安之長遠大計。

　　本書順利出版的背後，得力於各界的同心協力：首先，感謝參與發表的各位作者分享其研究的成果。此外，感謝校長張家宜博士對於學術出版的支持；淡江大學出版中心主任林信成、總編輯吳秋霞、張瑜倫與陳卉綺等人，在編輯、設計等專業上的建議與協助；陳文政教授擔任執行編輯，於幕後指揮協調；陳秀真助理細心的行政支援；博士候選人江昱蓁及博士生鄭智懷長時間與眾作者與各單位間協調、聯繫；碩士生趙世鈞投身於繁瑣的校對、排版工作。正是因為各方眾志成城，殫精竭慮，本書當得以快

速的出版，呈現我們在過去一年的努力。

　　2017 年乃戰略所 35 週年的生日。謹以本書，獻給創所以來，一路奉獻、付出的諸位戰友，沒有他們，就沒有今日的戰略所；同時，期許我們站在巨人的肩膀上，繼續追求卓越，維繫「學術之重鎮、國家之干城」之成就與價值。

淡江大學國際事務與戰略研究所　所長

李大中

2017 年 7 月 23 日筆

目次

解構中國國家安全戰略：
理論、途徑與實際

翁明賢*

壹、前言

從 2013 年以來，中國官方在各項國際議題的處理態度是強硬、主動與積極介入。在東海問題上，抗議日本將釣魚台列嶼國有化，單方面公佈「東海防空識別區」，進行定期機艦的巡弋，使得目前的東海釣魚台主權爭議「懸而無解」；在南海問題方面，面對菲律賓將黃岩島爭議提交海牙的國際仲裁法院，開始積極展開「吹沙填陸」工程。針對美菲在南海開展聯合巡航，推動地區軍事化，不利於地區和平穩定，中國堅決維護國家領土主權和海洋權益。[1]

中國學者王逸舟分析中國對外政策取向，朝向一種「積極性介入」的思考：[2]中國是否改變「韜光養晦」的國家安全戰略方針？有所積極作為？相較於一般歐美民主國家的安全體制，大部分安全政策的制定過程，有一定程度的機密性，但可透過決策者、既有體制與政策推動的歷史經驗，大致可以一窺其發展軌跡。美國國防部 2015 年 7 月公布「亞太海洋安全戰略」（Asia-Pacific Maritime Security Strategy）[3]就很明白地展現出美國 透過「公海航行自由權」理念介入亞太地區的海洋空間，掌控從太平洋、南海到印度洋的地區海權發展。傳統上，台灣為西太平洋第一島鏈的關鍵角色，是

---

* 淡江大學國際事務與戰略研究所專任教授

1 〈國防部：美菲在南海開展聯合巡航推動了地區軍事化〉，人民網，2016 年 4 月 15 日，<http://fj.people.com.cn/BIG5/n2/2016/0415/c350394-28151274.html>。

2 〈「創造性介入」再續前曲：王逸舟教授暢談中國的全球角色〉，人民網，2013 年 8 月 30 日，<http://history.people.com.cn/BIG5/n/2013/0830/c217209-22752925.html>。

3 U.S. Department of Defence, *Asia-Pacific Maritime Security Strategy*, 2015, <http://www.defense.gov/Portals/1/Documents/pubs/NDAA%20A-P_Maritime_SecuritY_Strategy-08142015-1300-FINALFORMAT.PDF>.

否會因此被調整？在美中兩強的戰略互動過程中，理解中國的安全戰略思維與走向，牽引台灣的國家安全戰略態勢。

貳、理論思考與途徑的選擇

一、傳統現實主義與自由主義的思考

傳統「現實主義」（realism）與「新自由制度主義」（neo-liberal institutionalism）從國際社會無政府的狀態，提出透過「權力」（power）或是「利益」（interest）的角度，分析國家安全政策的趨向。「新現實主義」（neo- realism）強調國家要追求「安全」（security），而非單純「權力」的堆疊過程。「新自由主義」奈伊（Joseph S. Nye）與吉歐漢（Robert O. Keohane）透過「複合式相互依賴」（complex interdependence）概念，提出國家互動會出現安全利益的「脆弱度」（vulnerability）與「敏感度」（sensibility）。

中國學界的「安全研究」呈現出不同於歐美國家安全研究的特色，王逸舟提出四點：[4]第一、中國屬於龐大民族國家體系，長期結合各種安全訴求過程中，產生複雜多樣安全追求與安全思想。第二、中國屬於超大的轉型國家、正在崛起的非西方大國，在此種轉型社會型態下具有的「創造性緊張」，給中國帶來不同於歐美國家的安全挑戰與訴求。第三、中國式「安全同體」有其自身的思想、策略與發展特點。一方面中國受到古代諸子百家的安全思想，積極防禦安全與主動建設和平因素，呈現出獨特戰略抉擇與方案組合。第四、當代中國安全研究的特點：政治高層比過去更加重視國家安全與國際安全的對接，強調外環境的總體的積極因素對中國的「和平崛起」發揮積極作用。

二、建構主義觀念、身份與利益關係

以溫特（Alexander Wendt）為代表學者的「社會建構主義」（Social

4　王逸舟，〈安全研究新視角─中國人可能的貢獻？〉，《國際政治研究》，第123期（2012年），頁 2-4。

Constructivism），透過行為體有意義的互動，產生相互之間的「共有理解」（shared ideas），從而建構出雙方的「身份」（identity），並確立利益的內涵，以及其後的政策與作為。

國家之間建構性身份包括：「角色」（role）、「類屬」（type）與「集體身份」（collective identity）的型態。首先，角色身份是一種相對性的概念，有「老師與學生」，「奴隸主與奴隸」，「殖民者與被殖民者」等等，構成一種「相對性」的意涵，此種身份下的行為體如果缺乏另外一方，則其「角色身份」關係就無法存在。

其次，「集體身份」則是針對第三方擁有共通的利益關聯者，例如：元朝成吉思汗西征下的各民族、美洲不同原住民面對歐洲殖民者、二次大戰日本入侵南洋下的東南亞國家等等。溫特認為如果要形成一種穩定的「集體身份」，必須建立在主要與次要變項，後者方面包括：「相互依存」、「共同命運」與「同質性」，在前者方面包括：「自我約束」，在滿足主要變項下，加上任何一項次要變項，就能夠形成一種「集體身份」，[5]例如：全人類面臨「氣候變遷」必須建立減少二氧化碳排放量的「集體身份」，或是因應非傳統安全：天災與人禍等等，建立共同因應的「集體身份」意識。

表1：建構主義集體身份下內涵表

變項種類	變項形式	主要內涵
主要條件	自我約束	行為體的親社會的行為，削弱自我的利己邊界
次要條件一	共同命運	國家行為體中的個人的生存、健康、幸福取決於整個群體的情況
次要條件二	同質性	行為體在團體身份與類屬身份方面相似
次要條件三	相互依存	如果互動對一方產生的結果，取決其它一方的選擇，行為體之間產生相互依存。

5　Alexander Wendt, *Social Theory of International Politics* (Cambridge: Cambridge University Press, 1999), pp. 343-344.

　　本文假設習近平在個體與團體方面，思考建立「中國夢」與「中華民族復興夢」目標下的個體與團體身份，而由北京全力推動的「中美新型大國關係」就是建立屬於兩國之間的「角色身份」。北京的「一帶一路」倡議，屬於中國聯結歐亞大陸建立一個抗拒美國圍堵勢力的「集體身份」構想，終極目標排除美國在歐亞大陸的權力影響力。至於，兩岸關係方面，北京思考擴大「九二共識」下「兩岸同屬一中」的「角色身份」於台灣內部的適用。反之，民進黨卻希望在中美之間建立「維持現狀」的「集體身份」，以抗拒北京兩岸同屬一中的身份建構。

參、影響中國安全觀的因素

一、中國安全環境的轉型與其發展

　　根據「國際形勢黃皮書：全球政治與安全報告書（2016）」指出，中國周邊地區熱點問題不斷發生，朝鮮半島局勢不明朗，中亞地區三股力量盛行，東南亞與南亞反恐情勢嚴峻，而南海主權爭議與東海釣魚台列嶼之爭，是美國亞太再平衡戰略下直接介入的戰略作為。[6] 2016 年 4 月 28 日，習近平出席在北京召開的「亞洲相互協作與信任措施會議」上表示，中國決心捍衛朝鮮半島的和平安全，絕不容許該區爆發戰亂，中國拒絕參加南海主權案的聽審，表示該仲裁法庭對此事並無管轄權，與直接相關的國家進行善意磋商和談判，和平地解決紛爭。[7]

　　因此，新時期的中國周邊外交傳遞三個信號：[8]第一、中國將堅定不移地走和平發展道路，始終是維護地區、世界和平穩定的堅定力量。第二、

6　全球政治與安全報告課題組，〈2014-2015 年全球政治與安全形勢：分析與展望〉，中國社會科學院世界經濟與政治研究所，《全球政治與安全報告（2016）》（北京：社會科學文獻出版社，2015 年），頁 10。

7　〈習近平：南海主權爭議應由相關國解決其他國家不應介入〉，南華早報，<http://www.nanzao.com/tc/national/1545b4414eda18f/xi-jin-ping-nan-hai-zhu-quan-zheng-yi-ying-you-xiang-guan-guo-jie-jue-qi-ta-guo-jia-bu-ying-jie-ru>。

8　王雷，〈中國周邊安全形勢評估（2014-2015）〉，中國社會科學院世界經濟與政治研究所，《全球政治與安全報告（2016）》，頁 36-37。

中國對自己選擇的發展道路，以及維護國家主權、安全和發展利益的能力充滿信心；第三、新時期中國將致力於主動塑造安全環境，維護和延長國家發展的重要戰略機遇期。[9]

根據布里辛斯基（Zbigniew Brzezinski）的「大國政治」（The Grand Chessboard）一書，中國崛起為大國，必定會產生重大的地緣戰略問題：[10] 首先，促進市場自由機制、民主化發展的中國納入廣泛的亞洲區域合作架構之內，如果中國相反方向發展，會形成一個「大中華」與其他鄰近國家發生衝突，美國退出遠東的情勢。其次，如果接納中國成為一個區域大國，美國會容忍：中國的勢力範圍到多大程度？亦即歐亞大陸涉及到全球地位盟主的歸屬，涉及到「地緣戰略」：地緣政治的戰略性管理。[11]

美國學者 Przstup 強調美國在亞太地區的核心利益區分為：第一、保護美國公民在亞洲的利益，第二、保護美國在該地區的市場，第三、保證海上戰略通道的暢通，第四、維護地區力量的平衡，第五、防止大規模毀滅性武器的擴散，第六、推進民主與人權的發展。[12] 亞太地區尤其是東協國家成為美國推動智慧權力（smart power）的最佳區域，一方面東協國家所擁有的地緣戰略地位，華盛頓塑造有利於美國的東協國家形象，此區域也是美國全球反恐的第二戰場，以及具有制衡中國的區域力量。[13]

二、中國的地緣戰略挑戰

中國的地緣戰略目標，誠如 1994 年 8 月，鄧小平指出：「第一、反對霸權與大國政治，保衛世界和平；第二、建立新國際政治及經濟秩序。」

9　王雷，〈中國周邊安全形勢評估（2014-2015）〉，頁 38。

10　布里辛斯基（Zbigniew Brzezinski），《大國政治（二版）》，林添貴譯（台北縣：立緒文化，2007 年），頁 227-228。

11　布里辛斯基（Zbigniew Brzezinski），《大國政治（二版）》，林添貴譯，頁 227-228。

12　James J. Przystup, "The United States and the Asia-Pacific Region: National Interests and Strategic Imperatives," *Strategic Forum*, No.239, April, 2009, < https://www.files.ethz.ch/isn/98860/SF239.pdf >.

13　儲召鋒，〈亞太戰略視域下的美國—東盟關係考察〉，《國際展望》，2012 年第 1 期（2012 年），頁 15-18。

其次，促使北京繼續追求區域強權地位，主要地緣戰略還是避免與近鄰發生衝突。[14]削弱美國在此區域的影響力，必須依賴區域強國中國做盟友的地步，甚至要求與在全球強有力的中國作夥伴，在短期間，要阻止美日安全合作的鞏固與擴張。根據中國戰略評估，美國無法長期持續霸權，在亞太地區要依賴日本，會引發美日的矛盾與擔心日本軍國主義的上升。[15]

美國學者江憶恩（Alastair Iain Johnson）提出：美國人通常忽略中國外交政策的全面性，以及在其政策實施過程中的雙邊或是多邊互動的整體範圍，這些問題影響美國與其他亞太國家的關係。以至於他們以為：中國外交與國際社會的規範與制度之間矛盾重重。[16]

因此，面對東亞戰略格局秩序的轉變，中國學者俞正樑認為具有四種特性：[17]經濟、權力、海洋與軍事等四大特性。北京應該掌握世界危機帶來的特殊機遇與本身特殊優勢，強化對於東亞地區的塑造能量，主導地區機制化發展，其次，中國要引領東亞合作的新方向，塑造合作的新議題，並將重點放在促進共同發展與治理區域性問題。[18]

肆、習近平時期的國家安全戰略

一、總體國家安全目標：中國夢與中華民族復興夢

2012 年 11 月，中共舉行第十八次全國代表大會提出「全面把握機遇，沉著應對挑戰，贏得主動，贏得優勢，贏得未來，確保到二〇二〇年實現全面建成小康社會宏偉目標。」[19] 2012 年 11 月 29 日，習近平首度闡述：

---

14 布里辛斯基（Zbigniew Brzezinski），《大國政治（二版）》，林添貴譯，頁 224-225。

15 布里辛斯基（Zbigniew Brzezinski），《大國政治（二版）》，林添貴譯，頁 227-228。

16 江憶恩，〈中國和國際制度：來自中國之外的視角〉，王逸舟主編，《磨合中的建構：中國參與國際組織關係的多視角透視》，頁 345。

17 俞正樑，〈東亞秩序重組的特點及其挑戰〉，《國際展望》，2012 年第 1 期（2012 年），頁 1-13。

18 俞正樑，〈東亞秩序重組的特點及其挑戰〉，頁 12。

19 〈中共十八大政治報告（全文要點）〉，中國評論新聞，2012 年 11 月 9 日，<http://hk.crntt.com/doc/1022/9/7/7/102297778.html?coluid=198&kindid=8826&docid=102297778&mda

「中國夢」：「實現中華民族偉大復興，就是中華民族近代以來最偉大的夢想。」[20] 2013 年 3 月，習近平在中國十二屆全國人大一次會議解放軍代表團全體會議上指出，聽黨指揮是靈魂，決定軍隊建設的政治方向。2015年 11 月 26 日，在中共中央軍委改革工作會議上強調，要「協調推進『四個全面』[21] 戰略布局，貫徹落實強軍目標和軍事戰略方針，履行好軍隊使命任務」。[22]

　　2013 年 4 月 7 日，習近平會見博鰲亞洲論壇的第四屆理事會成員，公開強調，中國確定「兩個一百年」的奮鬥目標，「我們將集中精力把自己事情辦好，同時處理好同外部世界關係。」[23] 事實上，第一個百年是中國共產黨成立百年，也就是 2021 年，第二個百年則是中華人民共和國成立百年，也就是 2049 年。[24]

te=1109103547>。

20　中共中央文獻研究室，〈學習《習近平關於實現中華民族偉大復興的中國夢論述摘篇》〉，中國共產黨新聞網，2013 年 12 月 3 日，<http://cpc.people.com.cn/n/2013/1203/c64387-23722539.html>。

21　習近平於 2014 年 12 月在江蘇調研時，首次提出要協調推進「四個全面」，所謂「四個全面」戰略思想：「全面建成小康社會。2012 年，十八大將『建設』改成『建成』，進一步提出了到 2020 年『全面建成小康社會』的任務。全面深化改革。2013 年，十八屆三中全會就全面深化改革的若干問題作出重要決定，提出了全面深化改革的指導思想、目標任務、重大原則。全面依法治國。2014 年 10 月的十八屆四中全會，在黨的歷史上第一次把法治建設作為中央全會的專門議題，對全面推進依法治國作出了全面的戰略部署。全面從嚴治黨。2014 年 10 月，習近平總書記在群眾路線教育實踐活動總結大會上，進一步提出全面推進從嚴治黨的要求，並對全面推進從嚴治黨進行了部署。現在，又直接使用了『全面從嚴治黨』的表述。」請參見：〈四個全面：引領民族復興的戰略布局〉，人民網，<http://politics.people.com.cn/BIG5/8198/394083/>。

22　萬鵬，〈2015 年習近平的「強軍夢」：深化國防和軍隊改革是關鍵一招〉，中國共產黨新聞網，2015 年 12 月 29 日，<http://cpc.people.com.cn/xuexi/n1/2015/1229/c385474-27991521.html>。

23　〈習近平：中國確定了「兩個一百年」的奮鬥目標〉，ETtoday 東森新聞雲，2013 年 4 月 7 日，<http://www.ettoday.net/news/20130407/189085.htm>。

24　其實，「在江澤民的中共十五大政治報告中，首次提出兩個百年的目標，習近平主政的十八大報告中更具體闡明：中國要在中國共產黨成立一百年時全面建成小康社會，在新中國成立一百年時建成『富強、民主、文明、和諧的社會主義現代化國家』。請參閱：〈社評－重視中共「兩個一百年」時間表〉，中時電子報，2015 年 2 月 5 日，<http://www.chinatimes.com/newspapers/20150205001133-260310>。

二、國家安全戰略政策

在上述「中國夢」與「中華民族復興夢」下，確定「兩個一百年」的奮鬥目標，於 2020 年實現全面建成小康社會目標。2015 年 7 月 20 日，中共中央政治局會議，習近平強調 2015 年是「十二五」規劃的收關之年，也是「十三五」謀篇布局之年，而「十三五」是實現全面建成小康社會目標的「衝刺」關鍵期。[25]

從 2013 年以來，整體中國對外戰略出現新變化：[26] 第一、積極推進周邊戰略與一帶一路建設的實施，「絲路基金」與「亞州基礎投資建設銀行」（AIIB），有利於亞洲的地區經濟發展與區域經濟一體化，凸顯多數國家認同中國「合作共贏」的外交理念。第二、完整的結合大國外交、首腦外交與經濟外交：2015 年習近平三度會晤普丁，提升中俄戰略協作夥伴關係，2015 年 9 月，習近平首次對美國國事訪問，2015 年 10 月訪問英國，賦予兩國的戰略夥伴關係。第三、參與區域與國際組織等多邊框架的合作，積極介入國際事務。

2014 年 5 月 21 日，在上海召開「亞洲相互協作與信任措施會議」上，習近平提出「亞洲安全觀」：「應該積極倡導共同、綜合、合作、可持續的亞洲安全觀，創新安全理念，搭建地區安全和合作新架構，努力走出一條共建、共享、共贏的亞洲安全之路」，習近平強調：「亞洲的事情歸根結底要靠亞洲人民來辦，亞洲的問題歸根結底要靠亞洲人民來處理，亞洲的安全歸根結底要靠亞洲人民來維護。」[27]

2014 年海牙核安全峰會上，習近平就主張構建一個公平、合作、共贏的國際核安全體系，2016 年 4 月 5 日，在華盛頓核安全峰會上，進一步提出四點主張：強化政治投入，把握標本兼治方向；強化國家責任，構築嚴

---

25 潘婧瑤、張香梅，〈習近平定調『十三五』：中國發展的重要戰略機遇期〉，人民網，2015 年 7 月 21 日，<http://politics.people.com.cn/BIG5/n/2015/0721/c1001-27339233.html>。

26 王雷，〈中國周邊安全形勢評估（2014-2015）〉，頁 12。

27 〈積極樹立亞洲安全觀，共創安全合作新局面〉，中國共產黨新聞網，2015 年 7 月 21 日，<http://cpc.people.com.cn/xuexi/n/2015/0721/c397563-27338292.html>。

密持久防線；強化國際合作，推動協調並進勢頭；強化核安全文化，營造共建共用氛圍。[28]

三、國家安全決策機制

在江澤民主政期間有「國防動員委員會」、「中央維護穩定工作領導小組」與「國家反恐怖工作領導小組」等數十個中央及國務院層面的議事協調機構，2000 年 9 月由中共組建中央國家安全領導小組，與中央外事工作領導小組合署辦公，直接負責統籌協調國家安全工作領域重大問題。[29] 2014 年 1 月 24 日，中共中央政治局會議決定，成立國家安全委員會，由習近平任國安委主席，李克強、張德江任副主席，下設常務委員和委員若干名。

2014 年 4 月 15 日，習近平召開第一次「中國國家安全委員會」會議，習近平指出「堅持總體國家安全觀，以人民安全為宗旨，以政治安全為根本，以經濟安全為基礎，以軍事、文化、社會安全為保障，以促進國際安全為依托，走出一條中國特色國家安全道路。」[30] 為了落實「總體國家安全觀」，[31] 必須既重視內部與外部安全、國土與國民安全、傳統與非傳統安全、發展問題與安全問題、自身安全與共同安全。習近平為國安委確立

---

28 〈中國智慧　大國擔當—美國各界積極評價習近平主席華盛頓之行〉，人民網，2016 年 4 月 4 日，<http://world.people.com.cn/n1/2016/0404/c1002-28247808.html>。

29 〈習近平闡述國家安全觀提「11 種安全」〉，中國評論新聞網，2014 年 4 月 16 日，<http://hk.crntt.com/doc/1031/3/2/8/103132893.html?coluid=7&kindid=0&docid=103132893>。

30 〈習近平主持中央國安委首次會議闡述國家安全觀〉，新華網，2014 年 4 月 16 日，<http://news.xinhuanet.com/video/2014-04/16/c_126396289.htm>。

31 其原文如下：「重視外部安全，又重視內部安全，對內求發展、求變革、求穩定、建設平安中國，對外求和平、求合作、求共贏、建設和諧世界；既重視國土安全，又重視國民安全，堅持以民為本、以人為本，堅持國家安全一切為了人民、一切依靠人民，真正夯實國家安全的群眾基礎；既重視傳統安全，又重視非傳統安全，構建集政治安全、國土安全、軍事安全、經濟安全、文化安全、社會安全、科技安全、信息安全、生態安全、資源安全、核安全等於一體的國家安全體系；既重視發展問題，又重視安全問題，發展是安全的基礎，安全是發展的條件，富國才能強兵，強兵才能衛國；既重視自身安全，又重視共同安全，打造命運共同體，推動各方朝着互利互惠、共同安全的目標相向而行。」請參閱：〈習近平主持中央國安委首次會議闡述國家安全觀〉，新華網，2014 年 4 月 16 日，<http://news.xinhuanet.com/video/2014-04/16/c_126396289.htm>。

的五項原則：「集中統一、科學謀劃、統分結合、協調行動、精幹高效」
五項原則，顯示國安委既負責決策設計，又負責部署執行。[32]

2015 年 1 月 23 日，中共中央政治局審議通過「國家安全戰略綱要」，
強調必須毫不動搖堅持中國共產黨對國家安全工作的絕對領導，堅持集中
統一、高效權威的國家安全工作領導體制。[33] 並指出：「運籌好大國關系，
塑造周邊安全環境，加強同發展中國家的團結合作，積極參與地區和全球
治理，為世界和平與發展作出應有貢獻。」[34] 同時強調：「國家安全是安
邦定國的重要基石。必須毫不動搖堅持中國共產黨對國家安全工作的絕對
領導。」[35]

2015 年 7 月 1 日，中國全國人大常委會通過「中國國家安全法」，原
有的防範、制止和懲治叛國、分裂國家、煽動顛覆政權和洩露國家機密等
罪行外，還觸及金融和經濟領域、糧食安全、能源、網絡信息與宗教等領
域，還包括外太空、國際海底區域以及極地等。[36] 其中「第二條國家安全
是指國家政權、主權、統一和領土完整、人民福祉、經濟社會可持續發展
和國家其他重大利益相對處於沒有危險和不受內外威脅的狀態，以及保障
持續安全狀態的能力。」與「第三條國家安全工作應當堅持總體國家安全

32 〈習李張三常委領銜國安委正式啟動運作〉，中國評論新聞，2014 年 4 月 16 日，<http://
hk.crntt.com/doc/1031/3/2/2/103132284_2.html?coluid=7&kindid=0&docid=103132284&mda
te=0416101717>。

33 〈中共通過國家安全戰略綱要強調黨絕對領導〉，BBC 中文網，2015 年 1 月 23 日，<http://
www.bbc.com/zhongwen/trad/china/2015/01/150123_state_security_xi_jinping>。

34 綱要制定與實施的源起為：「是有效維護國家安全的迫切需要，是完善中國特色社會主義制度、
推進國家治理體系和治理能力現代化的必然要求。在新形勢下維護國家安全，必須堅持以總體
國家安全觀為指導，堅決維護國家核心和重大利益，以人民安全為宗旨，在發展和改革開放中
促安全，走中國特色國家安全道路。要做好各領域國家安全工作，大力推進國家安全各種保
障能力建設，把法治貫穿於維護國家安全的全過程。」請參閱：〈審議通過《國家安全戰略綱
要》〉，人民網，2015 年 1 月 24 日，<http://scitech.people.com.cn/BIG5/n/2015/0124/c1057-
26441525.html>。

35 〈審議通過《國家安全戰略綱要》〉，人民網，2015 年 1 月 24 日，<http://scitech.people.
com.cn/BIG5/n/2015/0124/c1057-26441525.html>。

36 〈中國正式通過「國安法」：首次納入港澳〉，BBC 中文網，2015 年 7 月 1 日，<http://www.
bbc.com/zhongwen/trad/china/2015/07/150701_china_national_security_law>。

觀，以人民安全為宗旨，以政治安全為根本，以經濟安全為基礎，以軍事、文化、社會安全為保障，以促進國際安全為依托，維護各領域國家安全，構建國家安全體系，走中國特色國家安全道路。」[37]

　　2015 年 7 月 9 日，中國國防大學統籌其軍內外資源，成立解放軍第一個「中國國家安全問題研究中心」[38]，致力於中國面臨的重大現實安全問題，展開相關課題研究、戰略研判、政策諮詢、人才培訓和國際交流，形成《中國國家安全年度報告》。[39] 2016 年 4 月 16 日，進一步為推動學習幫助各級中國共產黨員幹部增強做好國家安全工作的責任感、提升能力和水平，由人民出版社出版《總體國家安全觀幹部讀本》。[40]

伍、中國國家安全實際驗證

一、全球性：中美新型大國關係的建構：角色身份

　　2013 年 11 月 5 日，中國解放軍所屬國防大學內部流傳一個影帶：「較

37　〈中華人民共和國國家安全法〉，人大新聞網，2015 年 7 月 10 日，<http://npc.people.com.cn/BIG5/n/2015/0710/c14576-27285049.html>。

38　〈中國軍隊首個國家安全戰略智庫揭牌成立〉，中國評論新聞網，2015 年 7 月 9 日，<http://hk.crntt.com/doc/1038/3/6/6/103836653.html?coluid=151&kindid=15430&docid=1038366%2053&mdate=0709163450>。

39　具體作為包括：「定期以高端論壇的形式就國家安全問題舉行年會，邀請軍地有關部門領導作主旨發言，國內知名專家參與研討，對國家安全形勢和重大變化進行研究評估；聚焦國家安全、追蹤前沿問題，不定期召開專題小型研討會，提升在國內外的引領作用和影響力，形成國家安全決策咨詢的大型戰略智庫、軍內外學術交流合作平台和高水平專業人才培訓基地，為國家安全領域建設做出貢獻」。請參見：〈中國國家安全問題研究中心在京成立〉，人民網，2015 年 7 月 11 日，<http://military.people.com.cn/BIG5/n/2015/0711/c172467-27288632.html>。

40　此讀本的內容包括五章，全面介紹了總體國家安全觀的豐富內涵、道路依託、領域任務、法治保障和實踐要求，系統總結了習近平總書記對新形勢下我國國家安全工作需要回答和解決的一系列理論和實踐問題的精闢闡述。該書框架是在全面學習和認真梳理習近平總書記的總體國家安全觀及其相關重要論述基礎上設計而成的，主要觀點、基本論斷忠實於原意、原著，並適當展開論述。該書為廣大黨員幹部群眾學習貫徹總體國家安全觀提供了重要輔助材料。請參見，〈《總體國家安全觀幹部讀本》出版發行〉，中國軍網，2016 年 4 月 16 日，<http://www.81.cn/big5/jwgz/2016-04/16/content_7009448.htm>。

量無聲」[41] 開場白提到：「中國實現民族復興的過程，必然始終伴隨與美國霸權體系的磨合與鬥爭較量的過程，這是一場不以人的意志為轉移的世紀較量」，如同國防大學政委劉亞洲提出中美關係呈現戰略競逐，某種程度言，美國企圖運用針對前蘇聯的「和平演變」戰略，要來接觸、擴大與影響中國。[42]

2015 年 9 月 25 日，習近平首度對美國「國事訪問」，兩國元首會晤時，習近平表示，構建「中美新型大國關係」的目標完全正確，兩國應增強高層戰略互信，實現「不衝突不對抗、相互尊重、合作共贏」是中國大陸外交政策的優先方向。[43]

從中國的角度言，中美兩國在西太平洋地區要有以下四點努力方向：[44] 第一、兩國應該思考長期、發展一個戰略性對話來因應西太平洋的權力平衡關係，並藉以達成如何促使本地區的和平與穩定。第二、兩國都該該採取「平衡戰略避險政策」（balanced strategic-hedging policies），一方面合作與接觸，另一方面採取「反向平衡」（counterbalancing）與「預防性措施」（preventive measures），中國也同樣採取上述的兩手策略（two-hand policy）。第三、兩國應該致力於管控分歧與危機，主要在於兩國地緣政治的差異影響兩國之間關於海上通道（sea lines of communications, SLOCs），以及其它相關戰略領域：網路安全（cyberspace）、外太空（outer

---

41 Dali Tang，〈較量無聲—國防大學內部片〉，YoutubeTW，2013 年 11 月 15 日，<https://www.youtube.com/watch?v=iUjkSJxJDcw>。

42 劉亞洲強調：「對美國來說，是在未來徹底遏制中國，還是在接觸中改造中國，這是一個必須明確的戰略選項，剛剛以和平演變的方式，成功的搞垮了最大的戰略對手蘇聯，在空前的勝利中，受到巨大鼓舞的美國精英們，再慎重權衡後，大膽地選擇了後者，他們非常自信的認為，只有選擇接近、接觸和接納中國，逐漸將中國納入其主導的國際政治經濟體系，才能更有力的分化與瓦解中國，這是戰略成本最低，代價最小，而效果最好的方式。」，劉亞洲的談話在影片 14:44 分至 15:34 分之間。請參見：Dali Tang，〈較量無聲—國防大學內部片〉，YoutubeTW，2013 年 11 月 15 日，<https://www.youtube.com/watch?v=iUjkSJxJDcw>。

43 〈歐習宴習：推動中美新型大國關係向前〉，中央通訊社，2015 年 9 月 25 日，<http://www.cna.com.tw/news/firstnews/201509250304-1.aspx>。

44 Zhang Tuosheng, "The Shifting US-China Balance of Power in the Western Pacific: Getting the Transition Right", Global Asia, Vol. 11, No. 1, Spring 2016, pp.20-22.

space），以及核武議題（nuclear issues）方面。第四、中美兩國應該致力於在多邊安全對話機制與合作方面（multilateral security-dialogue and co-operation mechanisms）的協調（co-ordination）與合作（co-operation）於東亞與亞太地區。美國政學界的觀點不同，[45] 歡迎中國的崛起，也承認世界力量平衡正在發生的變化，並且同意兩國應該為避免出現對抗和衝突而努力。但是，雙方有關核心利益的認同存在著差異。[46]

　　2011 年歐巴馬總統第一任期結束前，強調要撤出在伊拉克與阿富汗駐軍，並提出「亞洲軸心」（Pivot to Asia），後改為「亞洲再平衡」（Rebalancing toward Asia），也就是一種預防性機制的建立。美國建立一個北京臣屬於華盛頓的「角色身份」，北京則思考建構「中美新型大國關係」，也是一種角色身份的建構：在亞太地區與美國平起平坐的身份關係，承認中國在此地區的大國地位。

二、跨區域：歐亞一帶一路命運共同體：集體身份

　　2014 年 11 月，中國召開中央外事工作會議主動塑造中國周邊安全環境，要積極推進「一帶一路」建設，努力尋求同各方利益的匯合點，通過務實合作促進合作共贏。[47] 2013 年 9 月和 10 月，中國國家主席習近平在出訪中亞和東南亞國家期間，先後提出共建「絲綢之路經濟帶」和「21 世紀海上絲綢之路」（以下簡稱一帶一路）的重大倡議，兼容陸地與海洋權益的考量，範圍跨越歐亞大陸，以經濟為主軸，進行「沿線」與「沿路」的對接工程，以建構歐亞經濟共同體的構思。[48] 2015 年 3 月，中國國家發

45　Edited by Rudy de Leon and Yang Jiemian, *U.S.-China Relations: Toward a New Model of Major Power Relationship*, February 2014.

46　躍生，〈透視中國：一廂情願的「新型大國關係」〉，BBC 中文網，2015 年 8 月 26 日，<http://www.bbc.com/zhongwen/trad/china/2015/08/150826_focusonchina_us_china_new_relations>。

47　〈習近平出席中央外事工作會議並發表重要講話〉，新華網，2014 年 11 月 29 日，<http://news.xinhuanet.com/politics/2014-11/29/c_1113457723.htm>。

48　〈共建「一帶一路」願景與行動文件發佈 (全文)〉，國際在線新聞，2015 年 3 月 28 日，<http://big5.cri.cn/gate/big5/gb.cri.cn/42071/2015/03/28/6351s4916394.htm>。

展改革委、外交部和商務部聯合發佈了《推動共建絲綢之路經濟帶和 21 世紀海上絲綢之路的願景與行動》文件，加速「一帶一路」倡議在歐亞大陸國家間的合作關係。

北京同時間建構「亞洲基礎建設投資銀行」（Asia Infrastructure Investment Bank, AIIB）與「絲綢之路基金」，成為一個正式對抗美國為首的「跨太平洋戰略夥伴」（Trans Pacific Partnership, TPP），形成由美中領導的兩個跨國集團的對壘形式。事實上，未來不再有一國獨霸，或是出現「中國治世」取代二次大戰後的「美國治世」，美國是唯一有能力管理如此多元與多極格局的國家，但還是無法一強獨霸。[49]

2016 年 4 月 11 日，中國外交部與聯合國亞太經社會簽署「一帶一路」合作文件。這是中國與國際組織簽署的首份「一帶一路」合作文件，[50] 中東歐 16 國都是「一帶一路」倡議沿線國家。「一帶一路」建設雖然已逐步進入全面推進階段，但面臨著以下安全挑戰：第一、地緣政治與地緣經濟仍影響著中國「一帶一路」建設進程，大國戰略博弈與地緣競爭在一定程度上構成對「一帶一路」的戰略牽制；第二、海洋權益競爭影響中國「一帶一路」推進的互信基礎。第三、中國周邊地區政治的不穩定性成為中國「一帶一路」推進的安全挑戰。第四、非傳統安全問題上升給中國「一帶一路」建設帶來長期挑戰，[51] 並形成以下中國與歐亞國家的「集體身份」關係。

---

49 馬修巴洛斯（Mathew Burrows），《2016-2030 全球趨勢大解密：與白宮同步，找到失序世界的最佳解答》，洪慧芳譯（台北市：先覺出版社，2015 年），頁 197。

50 雙方簽訂《中國外交部與聯合國亞太經社會關於推進地區互聯互通和「一帶一路」倡議意向書》，強調，雙方將共同規劃推進互聯互通和「一帶一路」的具體行動，推動沿線各國政策對接和務實合作。請參見：〈中國與國際組織簽署首份一帶一路合作文件〉，中國新聞網，2016 年 4 月 12 日，<http://www.chinanews.com/gn/2016/04-12/7831559.shtml>。

51 〈中國周邊安全面臨五大挑戰〉，中國評論新聞網，2016 年 4 月 17 日，<http://hk.crntt.com/doc/1041/9/8/9/104198954.html?coluid=218&kindid=11715&docid=104198954&mdate=0417103001>。

表 2：一帶一路倡議下中國與歐亞國家「集體身份」表

類別	中國	歐亞國家
共同命運	周邊安全、區域反恐	邊境穩定、共同反恐
同質性	獨裁一黨專制政府	一黨獨大政府
相互依存	經濟與能源	經濟與能源
自我約束	共同倡議	共同倡議

三、次區域：亞太南海主權議題的交鋒：集體身份

2016 年 4 月 12 日，中國外交部例行記者會強調：「中國正與絕大多數東盟國家按照『雙軌』思路妥善處理南海問題，並致力於全面有效落實《南海各方行為宣言》，積極推進『南海行為準則』磋商，共同維護南海地區和平穩定。」[52]「雙軌思路」完全符合聯合國憲章所倡導的通過談判協商和平解決爭端宗旨，符合中國和東協共同簽署並有約束力的《南海各方行為宣言（DOC）》第四款規定。[53]

2015 年 9 月中美兩國領導人會晤，歐巴馬要求習近平停止上述作為未果，美國遂以「公海自由航權」名義，派驅逐艦拉森號進入渚碧礁，後續加派航母進入爭議水域，引發中國的抗議。北京雖然於 2015 年 11 月暫停填陸工程，卻加強在各島礁的民事工程。2016 年在永暑礁部署防空飛彈等相關軍事設備，立即被美國指責「軍事化」島礁，引發南海區域的不穩定。

針對中美南海的博弈過程中，王逸舟認為：「這是中美在南海博弈的一個新跡象。」雙方最高軍事首長的同時出現，確實不是偶然，「各方都

---

52 〈2016 年 4 月 12 日外交部發言人陸慷主持例行記者會〉，中華人民共和國外交部，2016 年 4 月 12 日，<http://www.fmprc.gov.cn/web/fyrbt_673021/t1422879.shtml>。

53 南海各方行為宣言中：「四、有關各方承諾根據公認的國際法原則，包括 1982 年《聯合國海洋法公約》，由直接有關的主權國家通過友好磋商和談判，以和平方式解決它們的領土和管轄權爭議，而部署諸武力或以武力相威脅」。請參見：〈南海各方行為宣言〉，中華人民共和國外交部，<http://www.fmprc.gov.cn/web/wjb_673085/zzjg_673183/yzs_673193/dqzz_673197/nanhai_673325/t848051.shtml>。

在積蓄更大得能量，來鞏固自己的利益或者說能夠抑制或防範對手。」這也是中國向海洋大國進發的必經階段，美國擔心自己在亞洲乃至全球的海洋強國位置受到挑戰。[54]

　　2015 年 11 月 18 日，由中國軍事科學學會和中國國際戰略學會聯合主辦的第 6 屆香山論壇全體會議「亞太海上安全：風險與管控」上，來自挪威的學者向中國學者閻學通提問，海峽兩岸政府在東海、南海議題上，是否有可能合作？閻學通表示，中國和當時台灣馬英九政府，在維護兩岸之間的和平，有相當好的信任基礎，「但是我們沒有在維護國家領土主權完整的共同利益。」[55] 顯示出南海主權爭議，不僅涉及主權聲索國間的紛爭，以及區域內、外大國（美國、日本、印度、澳洲）的介入，兩岸間的南海主權主張，也成為另一個焦點。

表 3：亞太國家南海主權爭議下的集體身份

類別	中國	美國與亞太國家
共同命運	反圍堵中國	因應崛起中國
同質性	維護海洋主權與利益	維持公海自由航行權
相互依存	區域經濟整合	因應中國主導亞太經貿秩序
自我約束	島礁建設低調進行	美國與亞太國家有限度介入

四、兩岸間：中國對台統一戰略的佈局：角色身份

　　美國前國家安全會議顧問布里辛斯基在 1990 年就已經預測，21 世紀頭十年的主要目標為統一台灣，或許以「一國多制」方式，讓台灣可以接受，美國不會反對的主要前提：成功維持經濟發展，同時採納重大的民主

---

54 〈王逸舟答中評：中美之間在南海不會有大衝突〉，中國評論新聞網，2016 年 4 月 21
　　日，<http://hk.crntt.com/doc/1042/0/3/2/104203264.html?coluid=93&kindid=15730&doc
　　id=104203264>。

55 藍孝威，〈東海南海問題陸學者：兩岸不可能合作〉，中時電子報，2015 年 10 月 18 日，
　　<http://www.chinatimes.com/realtimenews/20151018001748-260409>。

改革。[56]

　　美國「2049 項目研究所」（Project2049Institute）研究員易思安發表的「戰略僵持 -- 美國與中國的對抗與台灣」報告中指出，美中兩國的政治制度與國家利益從根本上站在對立面，問題的根源在中國的侵略性本質。未來讓國防部難以入眠的狀況不會是南中國海的領土爭端，而是中國對台灣的武力威脅，美國必須加強對台灣提供必要的安全防衛能力，因為在美中兩國競逐亞太優勢的角力中，台灣必定會扮演一個中心角色。[57]

　　在 1990 年代，中國對台戰略取向，耐心施壓似乎是中國對台灣政策的主軸，針對台灣的國際地位問題，北京採取毫不妥協的立場，不惜故意製造國際緊張局勢，來表達中國的嚴重態度，亦有人認為當時缺乏實力，因為過早使用武力會招致美國的干預，反而強化美國作為區域和平保障者的角色。[58]

　　王逸舟認為：在亞太安事務方面，台灣不能作為正式代表參加任何多邊對話，協商機制，中國也不能承諾在任何情況下都不對台灣使用武力，應該以亞太安全機制作為整合、抑制或約束台灣的重要工具，成為中國向外宣示中華民族和平統一願望的重要窗口；通過多邊對話與協商，與此一地區有關國家建立共識與默契，避免海峽事態發展到非要「攤牌」地步，使得危機可以管控。[59]

　　2013 年 11 月 10 日，浙江大學教授鄭強的一場公開演講提到，[60] 如果台灣丟掉，中華民族被永遠封鎖在西太平洋第一島鏈。2004 年中國國防

---

56 布里辛斯基（Zbigniew Brzezinski），《大國政治（二版）》，林添貴譯，頁 219。

57 鍾辰芳，〈美國與中國在亞太地區將是長期戰略僵持〉，美國之音，2016 年 1 月 4 日，<http://www.voacantonese.com/a/us-china-rivalry-taiwan-20160401/3264467.html>。

58 布里辛斯基（Zbigniew Brzezinski），《大國政治（二版）》，林添貴譯，頁 226。

59 王逸舟，《全球政治和中國外交：探尋新的視角與解釋》，頁 305。

60 此位鄭強教授：「提出中國不能打台灣，或是乾脆把台灣放了，從「地理政治」角度分析，如果西藏、新疆丟掉，中國大片河山不保」，有關台灣問題的談話在影片播映的 53:58 至 55 分左右。請參見：〈浙江大學教授鄭強的演講被 127 次掌聲打斷！〉，YoutubeTW，2015 年 4 月 23 日，<https://www.youtube.com/watch?v=ZlFnLnxeVBQ>。

大學教授金一南在一場內部講座中，[61] 提及海峽兩岸對抗發生很大的「質變」，關鍵在於「中國代表權」的爭奪問題，現階段台灣並不想與北京爭奪中國代表權問題，也不希望北京代表台灣的意識，打破鄧小平「一國兩制」，以「國共會談」解決台灣問題的基本前提發生變化。

王逸舟認為有兩個因素：[62] 第一、台灣獨立將誘發這個多民族國家內部的分裂勢力的連鎖反應，從而使得中國徹底失去穩定中求發展的機會；第二、它將造成難以預期的內部嚴重混亂甚至內戰，政治對立與民眾對於政治家的失望，可能給鄰國帶來大量難民輸出與失序行為。

2016 年 1 月 21 日，總統當選人蔡英文在勝選後接受《自由時報》專訪時，談及兩岸關係的「政治基礎」，第一點是「1992 年兩岸兩會會談的歷史事實，以及雙方求同存異的共同認知」，蔡英文強調兩岸「既有政治基礎」，包含幾個關鍵元素：「第一是、一九九二年兩岸兩會會談的歷史事實、以及雙方求同存異的共同認知。第二、是中華民國現行憲政體制；第三、是兩岸過去廿多年來協商和交流互動的成果；以及第四、是台灣的民主原則以及普遍民意。」[63] 蔡英文已經呼應習近平所強調的「兩岸兩會會談的歷史事實」，至於九二共識的核心意涵：「兩岸同屬一中」，包括：憲政體制、協商與交流成果、以及最重要的民主與民意原則，是否能為中國所接受上還是未定數。

2016 年 3 月 26 日，習近平致函新當選的國民黨主席洪秀柱時強調：「當前兩岸關係面臨新的形勢，切望兩黨以民族大義和同胞福祉為念，繼

---

61 〈國防大學金一南教授《台灣問題與國家安全》內部講座完整版〉，YoutubeTW，2014 年 11 月 30 日，<https://www.youtube.com/watch?v=GF_XSSg2Ukc>。

62 王逸舟，《全球政治和中國外交：探尋新的視角與解釋》，頁 312。

63 蔡英文總統當選人表示：「我願意以總統當選人的身分再一次重申，今年五月二十日新政府執政之後，將會根據中華民國現行憲政體制，秉持超越黨派的立場，遵循台灣最新的民意和最大的共識，以人民利益為依歸，致力確保海峽兩岸關係能夠維持和平穩定的現狀。」，請參見：鄒景雯，〈蔡英文：九二歷史事實推動兩岸關係〉，自由時報，2016 年 1 月 21 日，<http://news.ltn.com.tw/news/focus/paper/951154>。

續堅持『九二共識』、反對『台獨』，鞏固互信基礎，加強交流互動。」[64]
顯示出中國並不因國民黨下野就放棄「國共論壇」所扮演的統戰工具，某
種程度建立與國民黨的九二共識的「集體身份」，與民進黨的反九二共識
的「角色身份」的對立關係。

陸、結語：台灣應有的安全戰略考量

一、中國國家安全戰略驗證：理論與實際

　　根據上述各節的分析與論述，中國的國家安全戰略的建構過程可從國
際關係多元主義角度加以解析。習近平能夠成功的「具象化」中國的安全
思維、戰略與機制，存在內部與外部不同影響因素。中國從 2014 年以來
的國家安全體制建構過程，透過「中美新型大國關係」下的南海問題的實
證過程，得以具體操作。面臨中菲南沙群島的國際仲裁案出爐，對北京不
利，中國透過加速「填海造陸」工程，型塑具體事實掌控，未來成為美中
最可能的爭議焦點。中國已經將「台灣議題」或「對台統一」提升至國家
安全戰略的考量，台灣「維持現狀」戰略面臨考驗。

二、全球戰略情勢未來走向

　　2049 項目研究所（Project2049Institute）研究員易思安（Ian Easton）
在新發表的「戰略僵持 -- 美國與中國的對抗與台灣」報告中指出，[65] 美中
兩國的政治制度與國家利益從根本上站在對立面，但兩國未來會長期競爭
並非因為中國的政治或經濟作為，問題的根源在其侵略性本質。美國必須
加強對台灣提供必要的安全防衛能力，在美中兩國競逐亞太優勢的角力

---

64 邱國強，〈習近平向洪秀柱發賀電強調九二共識〉，中央通訊社，2016 年 3 月 26 日，<http://
www.cna.com.tw/news/firstnews/201603265013-1.aspx>。

65 易斯安認為：「習近平在黨內整肅對手的強人做法，背離自鄧小平以來中國集體領導的決策
模式，儘管那個模式有根本上的缺陷，但至少它可以發揮制衡作用，避免黨中央領導人出現
偏執極端政策，現在缺少這種制衡，使中國在領導決策上增加了極大的風險，這從習近平上
台以來的作為，讓中國成為周邊鄰國眼中的侵略者就可以看得出來」，請參見：〈美專家：
美中將在亞太長期戰略僵持〉，阿波羅新聞網，2016 年 4 月 1 日，<http://tw.aboluowang.
com/2016/0401/717002.html>。

中，台灣必定會扮演一個中心角色。[66]

　　中國的國家安全戰略呈現「外向型」與「積極建設性介入」，北京強化例如 APEC、WTO、WHO 等組織的介入，使得台灣必須透過中國來參與，被塑造為兩岸同屬一中的印象，中國所推動的「一帶一路」倡議，及其所屬的 AIIB，均攸關台灣未來全球經貿戰略的發展。

三、台灣因應中國的新戰略

　　從過去八年在國民黨主政下，台灣採取「維持現狀」走向「兩岸同屬一中」的「九二共識」，國共兩黨正在改變台海的現狀，已經從「不武、不獨」，走向未來「要統」的現狀。2016 年 3 月 5 日，習近平參加十二屆全國人大四次會議上海代表團審議時強調，堅持九二共識政治基礎，繼續推進兩岸關係和平發展。[67] 因此，台灣應該將「九二共識」的意涵加以重新界定，在「維持穩定」大戰略架構下，採取「和平中立」、「等距平衡」的外交戰略。「和平中立」是一種雙重理念，透過「中立」途徑，達到「和平」的目標。美中台三方必須建立台海「維持現狀」的「集體身份」，在中國崛起，政軍事力擴張之際，美日聯手對抗中國的東亞戰略格局下，推動台灣「和平中立」的戰略構想，正是促進亞太情勢穩定，台海兩岸和平發展的關鍵時刻。

　　首先，持續國防建軍，維持必要嚇阻力量，以維繫主權與領土完整，沒有實力，就沒有永久的和平。其次，透過國際非政府組織，參與貢獻國際社會，以擴大和平中立在國際關係理論與國際社會實踐的正當性與合理性。第三、面對美中日三強在亞太競逐，台灣採取和平中立就是：1. 和平交往中國，促進台海兩岸關係的正常化發展，2. 友好聯合日本，促進區域情勢的穩定，3. 嵌入美國東亞戰略之中，讓台灣成為關鍵和平穩定者。

---

66 鍾辰芳，〈美國與中國在亞太地區將是長期戰略僵持〉，美國之音，2016 年 1 月 4 日，<http://www.voacantonese.com/a/us-china-rivalry-taiwan-20160401/3264467.html>。

67 〈新華網：解讀習近平兩岸關係最新講話〉，美麗島電子報，2016 年 3 月 22 日，<http://my-formosa.com/DOC_97586.htm>。

美中日三角習題與台灣的戰略選擇

蔡東杰[*]

壹、美國：不願輕言放棄的霸權

自新世紀以來，面對中國崛起對美國全球地位的潛在挑戰，美國在 2002 年公布的《國家安全戰略報告》（*National Security Strategy, NSS*）中便指出，必須維持足夠能力來因應可能的敵人（暗指中共），[1] 外交關係委員會也宣稱，中共已對美國與東南亞造成經濟、軍事與政治上的嚴重挑戰；[2] 甚至 Fred Bergstan 更於 2008 年金融海嘯來臨後提出所謂「G2」概念，主張中美應建立平等協商領導全球經濟事務的模式。[3] 這些討論與新概念之浮現，不啻都對美國西太平洋政策的轉變發揮相當的影響作用。

為因應前述判斷，在伊拉克戰爭於 2003 年底「大致結束」後，美國便逐步將部分戰略焦點轉移至東亞；除透過 2004 年起的關島擴建計畫落實「靜態」政策外，密集推動大規模聯合軍演則是主要「動態」觀察指標。例如 2004 年「夏季脈動」（Summer Pulse）演習便首度有 7 艘航母齊集西太平洋，暗示「若面臨朝鮮半島危機或台海衝突，美國可在最短時間內對此部署至少 6 個航母」，2006 年於關島進行「勇敢之盾」（Valiant Shield）海空聯合軍演則是冷戰結束後美國在亞太地區最大規模軍力集結，也是越戰後首度集結 3 個航母戰鬥群在南太平洋進行演習；值得注意的是，此演習雖以「盾」為名，卻含有明顯的攻勢意味，突顯出美國政府對此地

---

* 中興大學國際政治研究所教授

1　U.S. White House, *The National Security Strategy of the United States of America*, 2002, p. 30.

2　J. Robert Kerrey and Robert A. Manning, *The United States and Southeast Asia: A Policy Agenda for the New Administration* (New York: Council on Foreign Relations, 2001), p. 17.

3　Fred Bergstan, "A Partnership of Equals: How Washington Should Respond to China's Economic Challenge," *Foreign Affairs*, July/August 2008, <http://www.foreignaffairs.com/articles/64448/c-fred-bergsten/a-partnership-of-equals>.

區的戰略重視。

　　接著，在 Obama 政府於 2009 年公開宣示將「重返亞洲」後，美國更於 2010 年利用「天安艦事件」，以嚇阻北韓為由，首先與南韓在 7 月舉辦自1976 年以來代號「無畏精神」（Invincible Spirit）最大規模的軍事演習，共動員 20 艘軍艦與 200 餘架戰機、8000 多名官兵，這項紀錄在 2016 年被「關鍵決斷」（Key Resolve）和「鶻鷹」（Foal Eagle）年度聯合演習所打破，[4]此次除南韓動員 30 萬兵力，美軍在派出 1.5 萬人參與外，還出動戰鬥航空旅、海軍陸戰隊機動旅、史坦尼斯號核動力航母（CVN-74）、核子潛艦等，無論質或量上均創下 1976 年來之最。[5]若加上 2 月底部署的 B-52 戰略轟炸機和 F-22 隱形戰鬥機，由此，美國確已完成一定程度之戰爭準備。

　　在直接或間接應對中國方面，美國航母事實上在 2009 年曾進入黃海，2010 年起還將雙方對峙從東海（支援日本釣魚台爭端）延伸至南海海域，[6]例如美國與越南在 2010 年 8 月便以慶祝建交 15 周年為由進行首度聯合演習，同年度「環太平洋聯合軍事演習」除參與國家從前次（2008）的 10國增至 14 國外，演習目的亦設定為「防備亞太地區崛起中的新興軍事力量」，明顯將中國視為頭號假想敵，且日本海上自衛隊首度參與，更甚者，美國在 2012 年一口氣將參演國家提升至 22 國，在環太平洋國家中「獨缺中國」，政治象徵意味十足，最後，美國在 2014 年首度邀請中國參演，則將其「體制化」目標相當明顯。

　　無論美中關係未來如何發展，固守西太平洋島鏈（island chain）乃是

4　起自 2008 年的「關鍵決斷」在 2000-07 年原稱「反應、階段、前進與整合」（Reception, Staging, Onward Movement, Integration），此次軍演將以 2015 年取代「作戰計畫 5027」（1973 年通過）的「作戰計畫 5015」為指導原則，相較原計畫假想在半島出現緊急狀況後，韓美將聯合採取先制攻擊，新目標更鎖定優先消除北韓的大規模毀滅武器。

5　除前述演習，3 月 7-18 日的陸戰隊「雙龍訓練」（Ssang Yong, 2012 年起隔年舉行）也是歷來規模最大一次，南韓與美國各出動 5000 名與 7000 名陸戰隊參與，既是 1989 年「團隊精神」（Team Spirit）後雙方最大型聯合登陸訓練，也是首度擴大為 4 國軍演（加上澳紐）。

6　美國總統 Obama 在 2014 年訪日時宣稱美日安保條約可適用於釣魚台問題；見〈歐巴馬：釣魚台適用《美日安保》〉，蘋果日報，2014 年 4 月 24 日；<http://www.appledaily.com.tw/appledaily/article/international/20140424/35787009/>。

美國當前戰略重點之一。[7]為有效介入並操控區域安全局勢，冷戰結束後，美國便致力在亞太地區構築「兩重一輕」的三大前線基地群，亦即「第一島鏈」（以日本橫須賀港為中心）和「第二島鏈」（以關島為中心）所部署的機械化步兵師、航母戰鬥群和戰鬥機聯隊，以及以新加坡為中心，目的在保護美軍無害通行權和普遍基地使用權的東南亞基地群。911事件後，由於從朝鮮半島、台灣海峽到東南亞被認定屬於「不穩定的弧形地帶」，為應付潛在衝突，美國不斷強化與南韓與日本的戰略關係，並大力提升關島在2個島鏈的連結性；不但駐日美軍於2014年重新部署，凸顯未來日本作為美國在西太平洋地區情蒐及指揮中心的地位，針對亦可作為航母編隊護航潛艇及陸基反潛機出發基地的關島，近年來更積極實施更新計畫以將其打造成「亞太樞紐」。不僅如此，美國太平洋司令Harry Harris更於2016年在印度重提曾在2007年籌組失敗的美國、日本、澳洲與印度所謂「小北約」戰略聯盟。[8]

　　針對中國在2013-15年間積極於南海填海造地舉措，儘管一度因不想激怒對方而猶豫不決，美國仍在2015年10月派遣驅逐艦拉森號（USS Lassen）、反潛巡邏機P8A與P3巡邏機，進入渚碧礁及美濟礁12海浬內，2016年1月又派遣驅逐艦柯蒂斯威伯號（USS Curtis Wilbur）進入西沙中建島12海浬內，同時決定未來將以3個月2次頻率向中國人工島12海浬以內派遣美國軍艦巡航，至於2月初在主辦「美國－東協高峰會」中聚焦南海並聲稱「為降低南海緊張局勢所應採取的具體措施，包括停止在該地區進一步填海工程，建設新工事及將爭議區域軍事化」，既等於公開向中國叫陣，航空母艦史坦尼斯號在2016年3月前往半島演習途中「路過」南海，

7　See Cappiello Dina, "Bush seeks to protect Pacific island chains," *The China Post*, August 24, 2008; <http://www.chinapost.com.tw/international/americas/2008/08/24/171553/Bush-seeks.htm>. 所謂島鏈包括：第一島鏈（從靠近亞洲大陸東部沿岸的阿留申群島、千島群島、日本群島、琉球群島、菲律賓群島，延伸至印度尼西亞群島）、第二島鏈（自小笠原群島、硫磺列島、馬里亞納群島、雅浦群島、帛琉群島，延伸至哈馬黑拉島）和第三島鏈（以美國太平洋司令部所在地夏威夷群島為核心）。

8　〈美再倡小北約 攜日印澳同盟抗中〉，自由時報，2016年3月4日，<http://news.ltn.com.tw/news/world/paper/964427>。

更為最新一波的展示能量作為，在在顯示美國為遏止中國崛起所做的努力。最後，儘管 Obama 任期將屆，美國國防部長 Ashton Carter 仍在 2016年 9 月宣示，「亞太再平衡」戰略已邁入第三階段，美國「會持續加強自身軍事優勢，以便在這個區域維持最強大軍力，除把將會把更新型、先進的武器投入到亞太地區外，並在軍備上推動「躍進式投資」，以在中國大陸軍事實力日增的這個區域，持續維持美國的主導性。[9]

雖然部分觀察家認為，自從 Obama 無法在 2015 年 10 月底習近平訪美期間與其就南海問題達成共識後，終究做出與中國在南海擴大對峙的決定，[10]在 2016 年 1 月最後一次對國會國情咨文報告中也 3 度提及「中國」，並強調美國「仍是地球上最強大國家」，2 月在白宮對各州州長講話時更指出「我們擔心的是，中國就像一隻 800 磅的大猩猩，如果我們允許中國制定該地區的貿易規則，那美國的企業和美國的工人都會被取代」，藉此敦促國會儘快批准 TPP；[11]但實際上，為了在任期結束前留下政治遺產，包括讓通過國際氣候變遷協議以及為美軍從阿富汗撤退鋪路，爭取中國合作既是 Obama 無可迴避的選項，國務卿 John Kerry 一度亦建議推遲向中國人工島 12 海浬內派遣美國艦船。從這個角度看來，美中競爭雖日益激烈，卻未必完全朝「零和」方向邁進，至於 2016 年底美國總統大選結果或許是下一個變數來源。

貳、中國：謹慎面對最後一哩路

如同王逸舟將 1989-2002 年間，視為中國對外關係在「冷戰結束後的適應與調整時期」，並將其後稱為一個「全新成長時期」般，[12]更重要的是，

9　〈亞太再平衡 美：軍備躍進投資〉，中時電子報，2016 年 10 月 1 日，<http://www.chinatimes.com/newspapers/20161001000363-260108>.

10　秋田浩之，〈歐巴馬怒了？〉，日經中文網，2015 年 10 月 27 日，<http://zh.cn.nikkei.com/columnviewpoint/column/16682-20151027.html>。

11　〈歐巴馬：中國 =800 磅的大猩猩 不能讓他們制定貿易規則〉，ETtoday 東森新聞雲，2016 年 2 月 24 日，<http://www.ettoday.net/news/20160224/652407.htm>.

12　王逸舟、譚秀英主編，《中國外交六十年》（北京：中國社會科學，2009 年），頁 16-20。

中國不僅逐漸擁有挑戰霸權的客觀條件，由於美國畢竟仍是既存霸權，美中關係在國際政治中重要性的提升，既給予其處理外交時更高的信心，中國大陸確實也有準備加入更高層競爭的主觀積極作為，包括自 1990 年代以來推動大國外交以提高國際地位，以及在 2000 年第十五屆中央委員會第五次全體會議上首次明確提出「走出去」戰略，都是明顯例證。

更甚者，無論 Samuel P. Huntington 所言，「中國的歷史、文化、傳統、規模以及經濟活力和自我形象等，都驅使它在東亞尋求一種霸權地位」，[13] 抑或是 John Mearsheimer 的觀察，「中國將首先尋求在本地區的霸權，然後在去擴張其勢力範圍，最終控制整個世界體系」，[14] 還是 Andrew Chubb 對中國軍方「鷹派」崛起的評估，[15] 以及 Michael Pillsbury 不無懺悔式的自述，「我們這些自命中國問題專家的人，雖一生致力於降低美中之間的誤解，但美國人對中國的一再犯錯，有時仍鑄下嚴重後果」，[16] 這些固然呈現出西方學界從歷史邏輯或陰謀論角度對於中國區域戰略的預測，龐中英強調「亞洲是中國國際戰略的長期重心」，[17] 抑或鄭永年所謂「中國崛起出路在亞洲」等，[18] 亦不啻間接表明了中國菁英階層的某種共同期待，至於 2000 年以來中國海軍在周邊海域中的更頻繁活動、2001-3 年間推動與東協簽署自由貿易區、2002 年起推動亞洲論壇與「和諧亞洲」概念、2003 年提出睦鄰外交基本綱領與主導六方會談召開等，堅決走出去的態度既與「韜光養晦」精神大相逕庭，[19] 更甚者，在 2008 年全球金融海嘯來襲同時，

13　S Samuel Huntington, *The Clash of Civilization and the Remaking of the World Order* (New York: Simon & Schuster, 1996), p. 229.

14　John Mearsheimer, "Clash of the Titans," A Debate with Zbigniew Brzezinski on the Rise of China, *Foreign Policy*, 146(2005), pp. 46-49.

15　Andrew Chubb, "Propaganda, Not Policy: Explaining the PLA's Hawkish Faction," *China Brief*, 13:15(2013), <http://www.jamestown.org/single/?tx_ttnews%5Btt_news%5D=41175&no_cache=1#.Vu4JUtZJmUk>.

16　Michael Pillsbury, *The Hundred-Year Marathon: China's Secret Strategy to Replace America as the Global Superpower* (New York: St. Martin Griffin, 2016), p. 6.

17　龐中英，《中國與亞洲》（上海：上海社會科學院，2004 年），頁 183。

18　鄭永年，《通往大國之路：中國與世界秩序的重塑》（北京：東方，2011 年），頁 221。

19　Bates Gill, "China's Evolving Regional Security Strategy," in David Shambaugh, ed., *Power Shift: China*

中國首次派遣軍艦前往亞丁灣護航，非但藉此踏出其藍水戰略的第一步，2011 年以撤僑為名，首度在地中海執行軍事任務，既見證著「走出去」戰略的逐步落實，其全球佈局的輪廓亦因此隱約浮現出來。至於 2010 年以來，針對美韓黃海軍演、中日釣魚台爭端與南海主權問題（尤其針對越南與菲律賓）等問題的強硬姿態，與 2015 年建構「亞洲基礎建設投資銀行」（AIIB）等間接或直接手段積極參與周邊事務等，皆可看出，無論趨和趨戰，中國擴張已無回頭路。

於此同時，根據國際貨幣基金（IMF）以購買力平價（PPP）作為標準的估算結果，中國大陸的 GDP 已在 2014 年以 17.6:17.4 兆美元超越美國（這也是美國在 1872 年擠下英國成為世界首位後，第一次被超越），至於名目 GDP 超越美國時間則估計為 2026 年，世界銀行的看法與此類似。值得注意的是，此類估算結果不但是另一個「常識化」方向，從中國大陸經濟超越美國的預估點由 1990 年代的 2050 年、2000 年代的 2025-30 年，到 2010 年後波動於 2016-26 年間，超越點不斷被提前也凸出了明顯的「追趕」態勢。

正如前述，美國所以自 2009 年以來逐漸將戰略重心往東亞轉移，主要乃為因應日益明顯的「中國崛起」態勢及其對自身霸權的潛在威脅。事實上，隨著近年來亞洲各國在經濟、外交與軍事方面與中國愈來愈接近，中國確實有愈來愈自然地往區域霸權地位靠近的跡象。[20] 多數認為，中國將成為亞洲經濟成長的驅動機並形塑以其為中心的區域經濟網路。至於東亞國家迄今為何大致上選擇了「接受」而非「制衡」其崛起，David C. Kang 認為，這或許來自某種夾雜傳統認同與缺乏恐懼心理所致（台灣或許是唯一恐懼中國動武的區域國家）；進言之，不僅中國本來即有長期擔任

---

and Asia's New Dynamics (Berkeley: University of California Press, 2005), pp. 249-251.

20　David Shambaugh, "China Engages Asia: Reshaping the Regional Order," *International Security*, 29:3(2004/05), pp.64-99; Brantley Womack, "China and Southeast Asia: Asymmetry, Leadership and Normalcy," *Pacific Affairs*, 76:4(2003/04), p.526; Paul H.B. Godwin, "China as Regional Hegemon?" in Jim Rolfe, ed., *The Asia-Pacific Region in Transition* (Honolulu, Hawaii: Asia-Pacific Center for Security Studies, 2004), pp. 81-101.

區域霸權的經驗，東亞國家也多半視其為「善霸」（benign hegemony, 中國從未對體系內成員施加絕對控制），從歷史上看來，只要中國穩定，區域秩序也就跟著穩定。[21]

　　根據習近平在 2014 年 11 月 28 日在中央外事工作會議上的講話，他首先總結性的指出近期中國外交的重點包括了「著眼於新形勢新任務，積極推動對外工作理論和實踐創新，注重闡述中國夢的世界意義，豐富和平發展戰略思想，強調建立以合作共贏為核心的新型國際關係，提出和貫徹正確義利觀，宣導共同、綜合、合作、可持續的安全觀，推動構建新型大國關係，提出和踐行親誠惠容的周邊外交理念、真實親誠的對非工作方針」，至於未來則應把握「當今世界是一個變革的世界，是一個新機遇新挑戰層出不窮的世界，是一個國際體系和國際秩序深度調整的世界，是一個國際力量對比深刻變化並朝著有利於和平與發展方向變化的世界」的觀察視野，從「使我國對外工作有鮮明的中國特色、中國風格、中國氣派」出發，「切實抓好周邊外交工作，打造周邊命運共同體，⋯運籌好大國關係，構建健康穩定的大國關係框架，⋯加強同發展中國家的團結合作，⋯推進多邊外交，⋯積極推進一帶一路建設，⋯落實好正確義利觀」。[22] 由此可大致瞭解中國對當前形勢之判斷，與自我設定之工作重點所在。

　　由此，不僅時殷弘認為「中國的外交大戰略正在成型」，[23] 沈旭輝也進一步分析指出，中國國力自亞洲金融風暴後持續上升，美國國力則在下降，令中國不但完全拋棄「韜光養晦」，甚至連江澤民時代的「因勢利導」和胡錦濤時代的「和平發展」也不大看重，當下中國已不等待國際形勢出現，其國力之上揚亦不容許繼續「因勢」，並已有了足夠的自信，去自己建構一個「勢」，去取其「利」，這讓習近半時代的外交政策出現重大改

21　David C. Kang, *China Rising: Peace, Power, and Order in East Asia* (New York: Columbia University Press, 2007), pp. 4, 41.

22　參見〈習近平出席中央外事工作會議並發表重要講話〉，新華網，2014 年 11 月 29 日，<http://news.xinhuanet.com/politics/2014-11/29/c_1113457723.htm>。

23　「時殷弘：習近平外交大戰略漸成型」，紐約時報中文網，2015 年 1 月 20 日，<http://cn.nytimes.com/china/20150120/cc20shiyinhong/zh-hant/>。

變。[24] 值得注意的是，即便「韜光養晦」政策在習近平時代終結似成定論，[25] 不可否認地，現階段的中國內外部依舊問題叢生，尤其是權力結構方面，正如日本媒體人峯村健司所言，「在我看來，習近平政權最大的危險，正是過於強大的習近平」，[26] 這話雖聽來弔詭，卻直指中共制度性不足的潛在挑戰。正因如此，近期中國看來雖確實正積極「走出去」，「先安內再攘外」或仍是其作為之核心指導原則。

參、日本：迂迴解決內部性挑戰

儘管美日關係在 1997-2000 年間一度出現所謂「同盟漂流」現象，[27] 由於美國在 2000 年後轉而將中共視為「戰略競爭者」，致使「中國威脅論」不僅愈發受到重視，再加上日本因為經濟泡沫化使其東亞經濟龍頭優勢亦面臨中國大陸的挑戰，在民族主義與權力危機感促使下，[28] 一方面中日對立態勢不斷深化，為反制中國崛起，日本也選擇強化與美國的關係，特別是順勢藉由 1996 年的「新安保宣言」，讓日本取得派自衛隊協同美軍作戰的彈性空間。尤其在美國自 2009 年起推動重返亞洲，以及安倍晉三在 2012 年底領導自民黨重新執政後，美日關係既愈發緊密，日本戰略原則變遷亦清晰可見。

值得注意的是，儘管中國自 2004 年起取代美國成為日本最大貿易夥伴，但因後者右翼勢力擴張，兩國高層一度在 2001-06 年間長期未曾互訪，更因日本針對中國潛艦靠近釣魚台問題，在 2005 年初制訂出新的「應對外國潛艇侵犯日本領海的對策方針」，並與美國召開「安全保障協商委員

---

24 沈旭輝，「點評中國：習近平時代中國外交的十大特色」，BBC 中文網，2015 年 11 月 16 日，<http://www.bbc.com/zhongwen/trad/china/2015/11/151116_cr_xijinping_diplomacy>。

25 Justyna Szczudlik-Tatar, "Towards China's Great Power Diplomacy under Xi Jinping," *Policy Paper*, No.9(III), 2015, PISM, <http://www.pism.pl/files/?id_plik=19622>.

26 峯村健司著，蘆荻譯，《站在十三億人的頂端：習近平掌權之路》（台北市：聯經，2016 年），頁 308。

27 Funabashi Yoichi, *Alliance Adrift* (Washington, DC: Council on Foreign Relations, 1999); Michael J. Green, "Japan, the Forgotten Player," *National Interest*, No.60 (2000), pp. 42-49.

28 Kent Calder, "China and Japan's Simmering Rivalry," *Foreign Affairs*, 85:2(2006), p. 130.

會議」並計畫制定「共同戰略目標」，明確將「中國加強軍備」與「北韓發展核武」列為亞太地區的不穩定因素，日本國際論壇也在同年 10 月「在變化的亞洲中考慮對華政策」建議書中指出，應把台灣納入將來的東亞共同體中，並認為日本對中國政策應以「對話中的抑制」作為主要方向，亦即強化推動整合過程中用以牽制中共的機制。儘管在小泉內閣於 2006 年下台，特別是日本 2009 年政黨輪替後，中日雙邊關係曾出現若干暖化跡象，但對立本質始終沒有真正改變。

例如安倍晉三於 2006 年首度組閣時，便提出「自我主張型外交」說法，除仿照美國國安會機制建立「國家安全問題強化官邸機能會議」外，並提出「亞洲通道（Asian Gateway）構想」，配合外相麻生太郎倡議的「自由與繁榮之弧」概念，藉由擴大對周邊援助來重建彼此關係，也期盼落實「普通國家化」的長期目標。[29] 當然，在此之前，獲得美國協助與支持至關重要。

在 1999 年日本通過「美日安保新防衛指針」所謂「有事三法」後，[30] 美日關係便有迅速升高的跡象；不僅在 2005 年「2＋2 協商」檢討安保範圍時達成「共同戰略目標」，將戰略範圍超越亞太區域並首度提及台海問題，2006 年提出之「實施整編之美日路線圖」更將雙方安保對象擴及全球反恐項目，納入從東北亞到中東、非洲等「不安定的弧形」區域，這亦意味著日本最終被徹底納入美國的全球戰略中。[31] 尤其在安倍於 2012 年底再度組閣後，根據 2013 年日本提出的「防衛計畫大綱」、2015 年美日通過的「新防衛合作指針」與 2015 年日本政府解禁集體自衛權並通過的「新安保法」，美日將針對「平時事態、重要影響事態、存立危機事態、日本有事」等 4 大戰略情境，加強兩國軍隊無縫支援，共同將影響力投射至全球範圍當中。

於此同時，日本政府首先在 2014 年通過「防衛裝備轉移三原則」，

29　安倍晉三，《美しい国へ》（東京：文藝春秋，2006 年）。

30　指周邊事態法、自衛隊法修正案與美日物品役務相互提供協定。

31　實質內容包括：整合駐日美軍和日本自衛隊之指揮功能；強化日本作為美國東亞戰略據點之角色；把駐沖繩部分海軍陸戰隊移到關島，增強美軍全球軍事行動之機動性。

這是該國自 1967 年以來首次全面重修禁止武器及相關技術出口的「武器出口三原則」，旨在藉此強化與盟國的安保合作關係，並促進國內軍工業發展。[32] 2015 年進一步通過的新《防衛省設置法》並於 10 月正式成立裝備防衛廳，作為推動前述新原則的機構。接著，日本在 2015 年 12 月內閣會議上通過 2016 年度預算案，其中國防費用首次突破 5 兆日元（約 1.4 兆台幣，同年台灣總預算約 2 兆），創下歷史新高紀錄且連續 4 年呈現增加趨勢，這也是日本通過新安保法後，首次公開發佈國防預算。更甚者，安倍晉三還在 2016 年初公開宣稱以「修改憲法第 9 條」作為選舉政見主要方針。[33] 總體看來，如同中國一般，積極「走出去」似乎同樣是近期日本外交戰略的重要核心。

在配合美國圍堵中國同時，日本也強化跟周邊國家的交往。例如 2015 年 12 月與韓國達成慰安婦賠償協議便是一例；其次，在東南亞方面，明仁在 2016 年成為首位訪問菲律賓的日本天皇，不啻具有濃厚象徵意義，日本自衛隊潛艦也將繼 2001 年後再次於 2016 年 4 月造訪蘇比克灣；再者，日本繼 2015 年 5 月首度與越南展開聯合海上演練後，2016 年 2 月又派遣 2 架 P3C 巡邏機至越南參與聯合演練。這些都有助於窺見日本新的區域戰略布局走向。

值得一提的是，根據 2015 年版《外交青書》內容，在「積極和平主義」的原則下，未來日本外交據稱將以下列 3 個要素為基礎，分別是：日美同盟關係的強化、與鄰近諸國間的合作關係，以及強化能資助日本經濟再生的經濟外交。其中，前兩者發展可參考前述，至於最後一部分則主要回應安倍晉三在 2012 年所提出「大膽的金融政策、機動的財政政策、喚起民間投資的成長戰略」的安倍經濟學「三支箭」（三本の矢）政策，目標在解決日本自 1990 年代以來長期泡沫化與 2008 年金融海嘯所帶來的成長停滯挑戰。但問題是，前述政策雖一度帶來刺激效果，隨著全球經濟在

32　〈日本內閣通過新原則放寬武器出口〉，BBC 中文網，2014 年 4 月 1 日，<http://www.bbc.com/zhongwen/trad/world/2014/04/140401_japan_defence>。

33　沈子涵編，〈安倍擬在本屆國會通過公選法修改案並再提修憲〉，中央日報，2016 年 2 月 21 日，<http://www.cdnews.com.tw/cdnews_site/docDetail.jsp?coluid=109&docid=103570326>。

2014-15 年間下行跡象愈發顯著，不但日本央行在 2016 年 1 月被迫首度祭出「負利率」政策，該國出口至同年 2 月份連續第 5 個月的下降，也是 2012 年以來最長連續下行。如同 IMF 駐日本經濟學家 Giovanni Ganelli 在 2015 年的預測，2018-20 年日本成長率將停滯在 0.65% 左右，甚至比 2000-12 年通縮時期平均值 0.9% 還低，花旗銀行也在 2016 年一份評估報告中指出，安倍經濟學的局限性暴露無遺，通過日元貶值促進企業利潤增長的規則似乎已走到盡頭，日本經濟或將逐步下滑或出現增長停滯。[34]

正因日本經濟再度出現明顯負面指標，在此同時，日本卻通過史上最高的政府總預算與國防開支，既「文不對題」也似乎並不理性，唯一「合理」解釋或許只能將其視為是一種「迂迴性戰略」。因此，對下一階段日本亞太政策發展，似乎仍只能保守以待。

肆、台灣：強權夾縫中艱難抉擇

無論從歷史或地緣環境角度看來，美國、日本和中國大陸，無疑是影響台灣生存與對外關係之 3 個最主要影響力來源。由此，馬英九總統在 2008 年後所提出的「親美、和中、友日」策略，表面上並無爭議之處，關鍵在如何落實。進一步來說，由於台灣長期與美日接近，所謂「親美」或「友日」幾乎是種無需思考也難有疑義的選項（換言之，「反美」或「敵日」是難以想像的），結果既讓「和中」被凸顯出來，如何運作也成為近年來政黨意見歧異焦點。

的確，不管基於國際政治結構上的現實面，兩岸之間長達半個多世紀的競爭歷史，或是 1999-2008 年間近乎僵局的官方互動，既不免讓人對「活路外交」的發展有所質疑，而這些懷疑也確有其合理性。進一步言之，此一政策的主要問題也在此；儘管兩岸關係是關鍵，但台灣方面似乎顯出「一廂情願、自說自話」現象，即便中國大陸方面確實拋出某些善意，但只有若干「個案式」的善意絕對是不夠的，更何況這些政策都很難面對政黨輪

---

34 花旗：安倍經濟學走到盡頭 日本經濟將繼續下滑〉，鉅亨網，2016 年 2 月 23 日，<http://news.cnyes.com/20160223/20160223165943541293810.shtml>。

替的挑戰；在 2016 年 1 月民進黨在總統大選獲勝後，中共隨即宣布在 3 月與甘比亞（2013 年主動與我國斷交）復交，便是一例。事實上，兩岸自 2008 年以來的「外交休兵」可能隨政黨輪替而止，本是意料之內的可能發展。例如國防部前副部長林中斌在 2015 年 5 月便提出「雪崩式斷交潮」預言，前副總統呂秀蓮亦隨即於 7 月指出，台灣在總統大選後很可能面臨邦交國家大量斷交的危機，儘管目前僅僅初露端倪，從 2016 年 9 月國際民航大會（ICAO）事件看來，未來可能性確不容忽視。

不管外交是否真所謂「內政之延長」，至少對於民主國家來說，沒有民意支持的政策很可能成為空中樓閣。政黨輪替帶來新政策既很自然，政府則一方面有義務向人民說明政策，也不能無視於政策的可能後遺症。回到兩岸問題，雖然現實是兩大政黨陣營都很難把握「中庸」之道，倘若從理性面推論，台灣應考量的或許是「迂迴」以及「相對」兩個原則：所謂「迂迴」是避其鋒芒的意思，亦即避免直接挑戰對中國大陸而言的敏感議題，以前述區域情勢看來，也就是儘量不捲入「大國政治」漩渦中；「相對」則指台灣可考量「敵人的潛在敵人可能是潛在朋友」的原則，設法在那些與中國間存有潛在競爭或糾葛複雜的地區著力。儘管如此，從冷戰和解到世紀末區域整合浪潮所浮現的「非對抗」原則看來，台灣還是應重新思考自己的兩岸政策，亦即先設法「凍結現狀」（相較於大國格局變動，現狀仍是台灣最佳選項），其後再徐圖發展。

至於在「理性」之外，更重要者當然是「現實」。無論是 2017 年初美國新政府交接、2017 年秋中共召開「十九大」，或安倍能否在 2018 年後續任（另一個攸關東亞局勢的國家南韓，也將於 2017 年進行總統大選），領導層更迭勢將帶來政策變動可能，並從而牽引著現實的變化。對此，台灣能否就前述發展正確判斷環境內涵變遷方向，乃至作出相對理性的政策抉擇，自然也是另一個值得討論的問題。

新戰略環境下的台灣安全挑戰

陳偉華[*]

壹、前言

　　「自危」向來是行為者在環境偵測中發現威脅，主觀認定威脅可能造成的危險，進而採取某種手段克服或迴避，因此有些學者認為，大多數的情況下，「感受威脅」（perceived threat）與「實際威脅」（real threat）之間存著若干差距。[1]冷戰以來，台灣的安全環境從來就不是簡單的單邊或雙邊的問題，而是夾雜在多邊強權的利益糾葛中，不僅是兩岸關係良窳所生成的合作與對峙，也是美、中戰略競合關係下的第三方，甚至有時連日本也牽扯在內的複雜戰略環境。因此，自 2008 年國民黨馬英九政府執政以來，「經濟靠大陸、安全靠美國」的現實思維，成為維持現狀的重要戰略設計。[2]容或兩岸關係和緩降低國防軍事安全帶來的主觀威脅感受，原隱而不顯的兩岸經濟與社會傾斜，反而提高了安全威脅的疑慮，從而在政黨伐異的操作下，發為以「反服貿」、「反貨貿」、「反陸生健保」為名的社會運動，坐實「反中」、「仇中」的抽象威脅，藉此抵銷，甚或結合感受威脅與實際威脅差距。是否因此促成民進黨的勝選，或未可知，但問題是，如此一來，「經濟靠大陸、安全靠美國」的戰略經營，成為昨是今非的維持現況。本文試圖從「戰略」與「安全」的角度，理解台灣當前所處的內外環境條件，進而提出 2016 年接任新政府可能面對的安全挑戰，並思索台灣尋求安全戰略可能的方向。

---

* 銘傳大學國際事務碩士學程教授

1 Bruce Schneier, *Beyond Fear: Thinking about Security in an Uncertain World* (Copernicus Books, 2003), pp. 26-27.

2 參見顏建發，《台灣的選擇：亞太秩序與兩岸政經的新平衡》（台北市：新銳文創，2014 年），第六、八章。

貳、安全觀與戰略環境的持續與變革

　　眾所周知，安全（security）一詞指涉複雜，向來欠缺精準的定義與內涵，所涉對象也因所偵測的環境對象不同，而產生不同狀態。因此，安全可以是實體的對象，例如人、或物、或是狀態：也可能討論的是議題（issues）、或者是抽象的心理描述。易言之，若將安全廣義化，則無所不包；狹義化則是特定對象的指涉。為免於攏統複雜，本段從安全研究的範疇中，來探討不同安全觀對國家安全的指涉所產生的爭議，概可簡分如下。

一、傳統安全觀

　　一直以來，國家安全一詞的概念與內涵廣受學術與實務界爭議。但一般咸信，「國家安全」（national security）一詞是第二次世界大戰之後出現的名詞，內涵雖具有高度爭議性，但與「威脅」、「利益」、「衝突」、「權力」與「保障」等概念密切相關。[3] 從傳統安全觀的角度來看，早期的研究重點多半聚焦於軍事面向，研究分析的層次（level of analysis）則是以國家為主要對象，尤其著重在針對戰爭威脅下對敵國軍事能力的解讀與分析。而所謂的國家安全其實指的就是狹義的國家軍事安全，並非廣涉其他相關的安全議題。因此，傳統安全研究即是研究「最可能使用武力」與「如何使用武力」以獲取國家安全利益的研究。[4] 學者 Sean M. Lynn-Jones 進一步指出，傳統安全研究之中，國家安全決策思考通常置於外部威脅，其立論觀點源自兩項主題：第一是戰爭產生原因與如何預防戰爭發生（causes and prevention of war）；第二項則是建構與運用有效的「戰略」以消除威脅。簡言之，也就是如何使用軍事武力來達到政治目的。[5]

3　Arnold Wolfers, " 'National Security' as an Ambiguous Symbol," *Political Science Quarterly*, Vol. 67, No. 4, December 1952, pp. 481-502; Michael Sheehan, *International Security: An Analytical Survey* (London: Lynne Rienner Publishers, 2005), p.1.

4　Klause Knorr, "National Security Studies: Scope and Structure of the Field," in Frank N. Trager & Philip S. Kronenberg, eds., *National Security and American Society: Theory, Process and Policy* (Manhattan: University Press of Kansas, 1973), p. 6.

5　Sean M. Lynn-Jones, *International Security after the Cold War: An Agenda for the Future CSIA Discussion Paper 91-11*, p. 3; Barry Buzan, Ole Wæver, & Jaap de Wilde, *Security: A New Framework*

安全學者 Klause Knorr 對傳統安全研究的觀察頗具代表性，他認為傳統安全研究多半聚焦於軍事面向，層次分析（level of analysis）則是以國家為主要對象，尤其著重在針對戰爭威脅下對敵國軍事能力的解讀與分析，進而將國家安全狹義為軍事安全，而非廣涉其他相關的安全議題。因此，傳統安全研究即是研究「最可能使用武力」與「如何使用武力」以獲取國家安全利益的研究。[6] 這種以因應「威脅」為導向的安全觀，正是冷戰期間戰略研究的核心價值，此一取向也就難以避免導致國家安全決策朝向建構軍事武力以解決威脅為主，有些學者甚至將傳統安全研究等同戰略研究。[7]

簡言之，傳統國家安全研究指的是以國家中心論（state centric theory）為重心，且聚焦於二元對立的格局中，來實踐國家層面的安全，。因此，國際層次安全與個人層次安全均依附於國家安全中。此一狹隘的安全觀，自然不符合快速變遷流動的後冷戰國際安全環境。有些學者批判指出，這種極端、零和思維（zero-sum thinking）且充斥著主觀與霸權式的壟斷性安全論述，無疑造成國家安全研究的窄化。Daniel Deudney 也批評指出，傳統安全觀限縮了擴大國際合作的可能，使得國際間共同的安全問題，無法在敵對陣營中產生合作與共同解決問題的可能，而這樣的難題，即使是任何的國際性組織都將因此難以調整與改變此一困境。[8] 因此，國家安全一詞必須重新定義，使其定義擴大範圍，且研究議題應擴及各個層面。尤其是，當代的安全問題並非始自國家層面，個人的安全問題如疾病與人權，社會群體的安全問題如宗教信仰、文化習性等都可能擴及國際社會，更不用說全球氣候變遷、生態環境破壞等，都可以是不同的分析層面。[9]

for Analysis (London: Lynne Rienner Publishers, 1998), p. 195.

6　Klause Knorr, "National Security Studies: Scope and Structure of the Field", p. 6.

7　Richard Smoke, "National Security Affairs," pp. 247-362.

8　Daniel Deudney, "The Case Against Linking Environmental Degradation and National Security," Millennium, Vol. 19, No. 3, December 1990, pp. 461-476.

9　Colin S. Gray, "New Directions for Strategic Studies: How Can Theory Help Practice?" in Desmond Ball & David Horner, eds., Strategic Studies in a Changing World: Global, Regional and Australian Perspectives (Canberra: The Australia National University, 1994), pp. 126-145.

二、非傳統安全觀

非傳統安全觀（non-traditional security perspectives）又可稱新安全觀，指的是範疇與議題較為廣泛的安全問題。許多安全研究學者普遍質疑傳統安全的壟斷性論述方式。一般而言，傳統安全的核心價值在於面對「威脅」與「生存」時，武力不但是優先選項，也常是唯一選項。限於篇幅，本段僅以 Ken Booth 與 Seyom Brown 兩位學者為代表，提出不同於傳統安全的新安全觀。Booth 對傳統安全研究提出質疑，他認為傳統安全概念最大問題在於離不開「威脅」與「生存」（survival）的因果關係，但是國家能夠生存未必等於不受威脅，威脅來源也未必一定與軍事武力相關，況且解決威脅也不必然使用武力，因此安全不能率爾單純定義為生存。他也強調，無論安全一詞如何予以概念化，都不能免於牽涉政治意義，畢竟安全的反義字是「不安全」（insecurity），也就是泛指從個人到群體的衝突問題。所以，建構解決安全問題的可賴知識，必須客觀地在政治範疇裡探索與爭論。[10]

Seyom Brown 也同意 Booth 的觀點而表示，威脅國家安全的問題複雜多變，國家的生存與利益固然是安全研究的核心，但實踐的手段未必憑仗軍事武力。是以，他質疑以軍事力量實踐國家利益為現實主義的安全觀，濫用與誤用「威脅」與「挑戰」的決策思考，偏頗的影響了安全研究的其它核心議題，甚至將解決安全問題的知識能力限縮在軍事一途。[11] 換言之，布朗的觀點是偏好多元安全觀，避免形成以武力為安全研究的壟斷論述。

由於新安全觀的研究取向與理念，植基於安全概念本質的界定，在議題與範疇上並不拘泥於單一的國家角色，因此又被冠以社會中心論「society-centered theory」的研究，也就是從個人到整體社會的安全探討。[12]

---

10 Ken Booth, "Introduction," in Ken Booth, ed., *Critical Security Studies and World Politics* (London: Lynne Rienner Publishers, 2005), pp. 21-22.

11 Seyom Brown, "World Interests and the Changing Dimensions of Security," pp. 10-25.

12 請參閱莫大華，《建構主義國際關係理論與安全研究》（台北市：時英，2003 年），頁 243-244。

的確，當國際社會解脫兩元體系的枷鎖，回到以人為本的安全問題探討時，即會發現安全問題的龐雜與廣泛，然而這些安全問題所形成的構面，是否得到機制化與系統化的資源提供，來解決相關問題。

三、戰略環境

從安全的觀點來看，無論傳統或非傳統安全觀，都是國家或社會團體對內、外在環境客觀認知後形成的主觀價值判斷，進而促成國家或團體間採取的「自危」或「自利」（self-interest）行為。「自危」是對威脅覺察產生的焦慮感，而「自利」則是採用某種戰略手段降低或弭平威脅，或者是運用威脅手段牟取利益。[13] Harry R. Yarger 指出，所有從事安全研究或相關實務工作者皆知，安全觀是內外環境交互作用下的產物，不僅很難脫離戰略環境的制約，也必須仰賴一些專業人士來進行戰略分析與評估，才可能制定出解決安全困境的決策。[14] 因此，多數的傳統安全研究者，傾向於將國家安全研究視為是戰略研究，畢竟戰略的本質上是在求取國家安全。[15]本文在命題上即以狹義的國家安全為題，故而全文的論述，較為聚焦於傳統安全觀，並將相關之政治經濟議題納入，以免過多旁涉而失焦。循此推論可知，傳統安全研究與實務執行者所關切的國家所處安全環境，其實無異是戰略環境的同義詞。

誠然，值得爭議的是，從國家觀點來看，戰略環境指的是國家內、外在客觀存在的事實條件，包括地理空間、自然資源、軍事實力、經濟發展、外交關係等不一而足。因此，戰略環境可以說是一種持續變動的環境條件，而影響環境變動的因素龐雜，彼此縱橫交錯、糾結萬端。[16] 也正因為戰略環境存在多變與不確定性，加上客觀條件的制約，主觀操作與預期達成的

13　Harry R. Yarger, *Strategy and the National Secuirty Professional: Strategic Thinking and Strategy Formulation in the 21ˢᵗ Century* (Westport, Connecticut: Praeger Security International, 2008), pp. 27-37.

14　Ibid., pp. 115-116.

15　參見 Colin S. Gray, "New Direction for Strategic Studies: How Can Theory Help Practice?" *Security Studies*, Vol. 1, No. 4, 1992, pp. 610-635.

16　陳偉華，《戰略：思維邏輯與方法論》（台北市：翰蘆，2015 年），頁 123-125。

效果，成為戰略運用的目的。質言之，戰略存在的功用在於試圖經營與創造一個有利國家政策（利益）實踐的環境，並採取恰當的手段阻止不利環境變異惡化，或轉化環境成為提升安全的有利情況。[17] 因此，對任何執掌國家安全的決策者而言，適切掌握環境的變與不變，運用有效的戰略手段，不僅可能扭轉戰略逆境，也提供國家社會較安全的環境條件。以下將以台灣的戰略環境與安全為檢證對象。

參、台灣的戰略環境

2016 年元月台灣舉行總統大選，結果由民進黨主席蔡英文獲勝。從民主發展上來看，台灣又完成另一次的政黨輪替，似乎也代表著民主政治已逐步邁入常態化。無庸置疑的是，新的執政團隊的新思維與做法，必然牽動台灣內部環境格局的改變，從而表現在對外關係上。一般咸信，民進黨在安全問題的思考上，較為重視台灣本身的主體性，當然對兩岸關係產生衝擊。英國 BBC 的報導指出，蔡英文的勝選似乎是向北京傳達一些重要訊息，台灣無意製造兩岸爭端，也希望與大陸維持良好關係，但台灣更珍惜自己的主權、民主與自理（self-rule）。面對最大的外銷市場、最大的貿易夥伴，又是最大安全威脅來源，新執政團隊如何與中國大陸互動，不僅影響美中台三方互動，更是執政後的最大挑戰。[18] 再從區域的戰略格局來看，北韓核武發展與飛彈試射，持續造成朝鮮半島動盪不安，再加上南海主權爭議形成的「自由航行權」與「島礁軍事化」衝突，引發區域高度緊張關係，多少都會衝擊到區域的安全與經濟發展，台灣雖未必首當其衝，卻不免遭受波及。如何妥善因應，也是新政府必須面難題。

如果戰略環境指的是客觀存在的安全格局，則洞悉格局中的重要影響

---

17 William J. Doll, "Parasing the Future: A Frame of Reference to Scenario Building," *Military Strategy: Theory and Application* (Carlisle Barrack, PA: Joint Warfare Analysis Center, 2005), pp. 2-5; Yarger, *Strategy and the National Securityy Professional: Strategic Thinking and Strategy Formulation in the 21st Century*, p. 27.

18 請參閱 "Tsai Ing-wen elected Taiwan's first female president," *BBC News*, January 17, 2016, <http://www.bbc.com/news/world-asia-35333647>.

因子，無疑是任何從事戰略與安全研究或實務工作者，戮力以赴的職責。為窺究環境大貌，本節將台灣所面臨的戰略環境切割成國際、兩岸與國內三個不同面向，雖各自不同，但卻又彼此互動影響。

一、外在戰略環境

（一）國際環境

　　廣義的國際環境指的是全球格局，狹義的國際環境則是以亞太地區為範疇。若是以影響台灣為度，則周遭的東北亞與南海區域環境安全，較為適合成為本文研究對象。以東北亞而言，繼 2016 年元月成功試爆氫彈引來國際撻伐，且醞釀提高制裁後，北韓於次月（2 月）7 日再度發射「光明星 4 號」（KMS-4）衛星，引發國際社會關注。美國、日本、甚至北京擔憂北韓已獲得了許多發射長程飛彈的技術，東亞地區已持續陷入安全威脅的環境之中，也無可避免地將中、美、日、俄捲入新一波的戰略角力中。為了地緣政治與戰略安全、維持與南韓建立的友好關係、以及阻止美國在南韓地區佈署戰區高空飛彈防禦系統（THAAD），中國大陸同意美國在聯合國所提的制裁北韓提案。長期以來北韓所採的「戰爭邊緣論」戰略，多次引發區域緊張情勢而遭國際社會撻伐，然因中共與俄羅斯的同情諒解，朝鮮半島呈現多強勢力糾葛的局面。2011 年 12 月金正恩主政之後，北韓對外不僅言詞激進，核武發展與飛彈試射活動頻繁，也因與中共致力經濟發展的策略路線不同，雙方漸行漸遠，北韓愈形孤立於國際社會，也相對增高決策不定性產生的區域風險。

　　此外，東北亞的另一個可能衝突在於領土主權爭議，其中又以爭議激烈的釣魚台為最，也曾多次引發中、日、台之間多次齟齬，甚至引發艦艇間的對峙，雖不致造成大規模衝突、卻也是潛在的衝突點。

　　至於東南亞地區的南海，近年來因領海基線、經濟海域、以及水面與水下資源問題，造成多個國家因南海島嶼主權所有產生爭議。美國為伸張其全球領導地位，無意與中共在南海地區「權力分享」（power sharing），遂有美國媒體 2 月 16 日報導，中共 2 月在南海西沙群島永興島海岸與華陽礁兩處陣地，設置了 8 座地對空飛彈發射器與雷達系統，其

中 2 座已運作，不僅大幅提升中共對南海的監控能力，也同步延伸了從麻六甲海峽以北海、空航道的戰略影響力。由於適值美國與東南亞國家領導人舉行峰會試圖解決領土爭議，加上美國國務卿凱瑞（John Kerry）與大陸外長王毅 2 月 23 日在華府因南海問題的針鋒相對，並指名區域混亂的始作俑者是美國，東南亞的安全形勢愈形緊繃。2015 年 3 月菲律賓政府將南海島礁爭議提交國際仲裁法庭，其中包含我國所屬的太平島，意圖將南海地區誤導為完全不適人居的島礁，從而使得我國擁有太平島的事實主權，遭剝奪在不利於台灣的國際訴訟中。

（二）兩岸關係

　　自 1949 年以來，兩岸關係呈現的是零和狀態下的政軍對峙，直到 1993 年 4 月舉行影響深遠的「辜汪會談」，打破多年來兩岸呈現分立分治的僵局。2000 年雖因政黨輪替後扁政府提出的「一邊一國論」，一度造成政治上的緊張情勢，但實質性的商務活動與交流仍持續進行。2008 年政權輪替，馬政府加速開放直航、觀光、文化、商務等交流。兩岸互動關係更形密切，安全環境相對改善許多，台灣對大陸經濟依賴程度日益深化。據統計 2000 年時，台灣對中國大陸（含香港）出口依賴度約為 24%，2004 年時增至 37%，到了 2007 年時已高達 40%，目前（2015 年）約 39%。[19]

　　理論上，經濟互動深化使得軍事衝突可能性降低，並可有效帶動雙方的合作關係。實質上，兩岸關係中的軍事衝突因子弱化並不意味衝突消失，而是伴隨因政治關係和緩與接觸頻繁後，以不同形式出現。這些衝突雖不至上升到以武力解決，但對臺灣仍具相當程度的安全影響。以國際參與及經濟金融等問題為例，仍可看出中共對臺灣整體安全形成的影響。也就是說，經濟互賴關係深化並不等於沒有威脅，互動與互賴關係逐漸深化下產生的威脅感，反而可能對臺灣經濟安全產生高度風險性。畢竟兩岸在經濟相對不對等關係下可能產生的「敏感性」（sensitivity）與「脆弱性」

---

19 請參閱中華民國行政院大陸委員會，兩岸經濟統計月報（274 期），< http://www.mac.gov.tw/ct.asp?xItem=114103&ctNode=5720&mp=1 >。

（vulnerability）的關係，[20] 才是台灣產生威脅感與顧慮的核心。

　　由上述可知，影響台灣安全的重要因素之一莫過於兩岸關係，而兩岸關係的良窳又直接影響政治、外交、經濟、國防各個層面的台灣安全。近期因台灣內部總統選舉，引發對岸高度疑慮。2016 年 3 月 5 日中共召開第十二屆人大第四次會議，會中明揭對台工作大政方針，中國仍堅持「九二共識」，堅決反對台獨分裂活動，維護國家主權和領土完整，維護兩岸關係和平發展和台海和平穩定。[21] 簡言之，在中共眼中的兩岸關係，是可以透過政治、經濟與軍事的戰略手段操作，從而產生其所需的影響效果。無疑的，此一戰略性假設的正當性，正面臨台灣更換新領導人的挑戰。從近期的世界衛生大會到國際民航組織（ICAO），中國大陸似乎逐漸收縮在馬政府時期的寬鬆對台策略，轉而回到過去那種傳統的打壓方式。

二、內在戰略環境

　　2016 年元月台灣總統大選結束，民進黨囊括多數選票成為 5 月後的執政黨，民主化的進程愈形穩固。理論上，國家利益是透過國家權力實踐而獲得，而權力的主要來源是基於「國家安全與利益」前提下所創設的機制，由此產生執行安全與戰略所需的基礎資源。[22] 欠缺國內戰略環境的有效支持，任何外在國際戰略環境的營造與轉化，都不易產生較佳的戰略效果。

　　自 2008 年馬政府執政後，因接受與承認「九二共識」，兩岸關係逐漸緩和，外交上的牆角之爭已不復見，國防上也不再是明顯的針鋒相對，經濟上因開放觀光與密切的經貿交流，大陸成為台灣最大出口對象。整體來看，除國際經濟大環境不佳造成經濟出口長期萎縮之外，台灣的國家外在安全環境條件尚佳。但不容諱言的是，台灣安全環境的改善，卻也不免衍生出國人對威脅輕忽產生的「國防困境」，以及因社會普遍的「反軍事

20　Robert O. Keohane & Joseph S. Nye, *Power and Interdependence, 4th edition* (Glenview, Illinois: Little Brown, 2012), pp. 10-14.

21　孫立極，〈堅持四個不變 兩岸行穩致遠〉，人民網－人民日報，2016 年 3 月 6 日，< http://lianghui.people.com.cn/2016npc/n1/2016/0307/c402194-28176322.html >。

22　Yarger, p. 86.

風尚」，影響國防投資與軍事建設。[23]

　　然而台灣內在環境真正產生大規模變化卻是政黨的輪替前後產生的變化，雖然改變的原因眾說紛紜，但不外經濟環境不佳、族群間的史觀差異及意識形態不同形成的社會衝突，同時也因社會貧富不均、分配不公、或因主體意識凸顯，2014 年的 3 月 18 日，以「反對黑箱服貿」「反中」為名的「太陽化」學運，為新一波的台灣安全環境吹起了改變風潮。其後 11 月的「九合一選舉」，以及 2016 年元月的「總統大選」，不啻否決了馬政府八年來國家治理的成效，尤其是台灣賴以維生的經濟條件。雖然造成國民黨敗選的原因並非單一，如此歸因似嫌簡化，但新的民意似乎反映出對內部環境的高度不滿。根據中華經濟研究院報告指出，2015 年全年經濟成長率為 0.93％，較 2014 年之 3.92％，負成長 2.99 個百分點，而 2016 的成長預期，也不十分樂觀。換言之，國內目前的環境現狀是，政治上認同分歧而社會紛擾、「仇中」「反中」情緒高漲、經濟景氣低迷不振、國防因威脅降低而鬆弛。此外，蔡政府上台之後汲汲於「轉型正義」、針對國民黨設置的「不當黨產處理條例」、以及「年金改革」措施，都將引發社會內部高度衝突。

肆、台灣安全所面臨的挑戰

　　事實上，無論前述的東北亞朝鮮半島北韓的核武發展，或者是東南亞南海美、中之間因「島礁軍事化」與「自由航行權」形成的競爭與對抗，加上菲律賓將南海島嶼爭議送交國際仲裁，使得台灣不易置身事外。馬總統登太平島宣示主權與和平睦鄰，以爭取國際輿論視聽，此舉因不符美國制衡中國的區域戰略而反對，並受國內部分人士的流言蜚語影響，但隨後證明，對國家利益爭取與主權伸張，具高度價值，連帶影響國際視聽。[24]這無異也說明，在國際社會中台灣所遭受的輕忽與漠視，使得國家在國際

---

23 陳偉華，〈反軍事風尚形成對台灣國防安全之影響〉，《遠景基金會季刊》，第 15 卷，第 4 期（2014 年 10 月），頁 63-94；陳偉華，〈從安全困境到防衛困境：台灣國防的反思與策勵〉，《遠景基金會季刊》，第 11 卷，第 3 期（2010 年 7 月），頁 59-89。

24 王冠雄，〈太平島是台灣的國際舞台〉，中國時報，2016 年 3 月 6 日，版 A11。

場合舉步維艱。儘管短期來看，東北亞與南海並沒有明顯立即的國家安全危險，甚至連經濟衰退與貿易萎縮，也不致立即造成台灣國家安全上的危險。然而無論是從戰略或者是安全的角度來看，這些都是存在的風險，而其中又以兩岸關係因新政府的立場態度，加大了台灣未來的風險。

　　無可諱言的是，當兩岸關係惡化對峙時，風險代價應是台灣優先考慮評估的方向。由於原已降低的安全威脅感隨執政理念的不同而升高，台灣必然因增加地緣政治上的風險，進而影響地緣經濟與對外關係的開拓。即使以經濟單一因子來看，暫時排除中國大陸可能因採取種種制台措施，對經濟產生的不良影響不提，單是因威脅擴大而不斷攀升的投資風險，都足以讓外資怯步、內資外逃，蒙受極大的經貿風險，遑論中共的經濟抵制、外交封鎖與軍事威脅提高。以故，從安全的觀點來評估台灣所免臨的難題，不外乎能否取得美國安全保障？兩岸關係是否轉為多元衝突？國內的安全文化是否因意識形態衝突而翻轉？

一、美國的安全承諾

　　無可諱言的是，自 1949 年兩岸分離分治以來，相當程度上台灣的安全需仰賴美國的國際支持與軍事協助，即使在 1993 年的兩岸協商之後，美國依舊是台灣安全上的最大支柱。但中共日益現代化的軍力，拉大了兩岸軍力差距，加上美國與中共的緊密經貿商務往來與國際社會互動，使得美國是否有充分能力對台灣提供安全承諾，出現高度爭議。

　　美國太平司令部司令（PACOM）Harry B. Harris 多次指出，軍售台灣有利台灣自由民主維護，卻無法抵銷中共因日益壯大而強硬的主權領土主張。[25] 況且無論軍售的質量如何，都無法改變兩岸軍力逐漸擴大的差距，美國對此也無能為力。在政治經濟上，美國也是力不從心。前美國在台理

---

25 "Arm Sales to ROC Secures democratic gov't says US" *The China Post*, February 25, 2016; <http://www.chinapost.com.tw/taiwan/foreign-affairs/2016/02/25/459189/Arm-sales.htm>; ADM Harry B.Harris, Jr, "Statement Before the Senate Armed Services Committee," US Pacific Command, February 23, 2016, <http://www.pacom.mil/Media/SpeechesTestimony/tabid/6706/Article/671265/statement-before-the-senate-armed-services-committee.aspx>.

事會主席，也是布魯金斯研究院東亞政策中心主任卜睿哲（Richard Bush）
表示，北京對民進黨蔡英文的「求同存異」似乎不是目標，因此對於樂觀
相信北京與民進黨會展開相互包容的說法表示懷疑。[26] 長期研究兩岸關係
的卜睿哲與美國部分智庫學者等人坦言，如果大陸對台灣感到失望而採用
外交封鎖與經濟反制，美國實在無能為力。[27] Robert D. Kaplan 於外交事
務（Foreign Affairs）雙月刊文章「中國國力的地理學」（The Geography of
Chinese Power）中指出，中國大陸將會採取軍事恫嚇與經濟社會交流，將
台灣收納為其西太平洋的前哨，兩岸若真的統一，中共將可跨越出第一島
鍊，不僅享有比美國更優勢的戰略位置，也將具有空前的向外武力投射能
力。Kaplan 同時引用蘭德（RAND）的觀點表示，2020 年之後，美國將無
法有效保障台灣免於中共的軍事攻擊。[28]

　　學者 Bruce Gilley 建議美國把台灣移出美國的友好同盟關係，不必軍
售台灣，不再視台灣為反共盟邦。易言之，Gilley 認為過去的美國對台政
策，已經成功的將台灣轉化為自由民主國家，此後無需再將台灣視為美國
與中共對抗的棋子。[29] 另一位國際政治著名學者 John J.Mearsheimer 在「國
家利益」（National Interest）曾為文 "Say Goodbye to Taiwan," 認為在強權
興起的必然循環歷史中可預見，台灣難以抗拒中國的壓力與威脅，最終成
為「中國」的一部分，[30] 因此，值得思索的問題是，美國的「亞太再平衡」

---

26 徐秀娥，〈卜睿哲：北京近期對台言行 目標似非與蔡求同存異〉，中時電子報，2016 年 3 月
　　20 日，< http://www.chinatimes.com/realtimenews/20160320003856-260409 >。

27 林芳如，〈北京對台工作定調 520 前有動作〉，中時電子報，2016 年 3 月 17 日，< http://
　　www.chinatimes.com/realtimenews/20160317002036-260401 >。

28 參見 Robert D. Kaplan, "The Geography of Chinese Power: How Far Can Beijing Reach on Land and at
　　Sea?" Foreign Affairs, Vol. 89, No. 3 (May-June, 2010), pp. 22-41.

29 依 Bruce Gilley 說法，所謂的「芬蘭化」指的是中立化，也就是芬蘭不加入任何聯盟、挑戰蘇
　　聯，或是讓其他國家使用芬蘭、或成為挑戰蘇聯國家利益的基地，以換取蘇聯對芬蘭自主和民
　　主制度的維繫；台灣的芬蘭化即是以「中立化」方式，不參與中共與美國的任何權力競逐。參
　　見 Bruce Gilley, "Not So Dire Straits How the Finlandization of Taiwan Benefits US Security," Foreign
　　Affairs, Vol. 89, No. 1, (January-February, 2010), pp. 44-60.

30 米爾斯海默於 2013 年 12 月在臺灣中研院的演講，以及隨後於《國家利益》（The National
　　Interest）期刊中發表文章指出，從現實主義觀點來看，中國的崛起是勢所必然，儘管自主認

的戰略佈局雖然明確的指向中國大陸，除強化美日、美韓雙邊安全合作外，並拉攏東協與區域各國，希望透過跨太平洋戰略夥伴關係協議（The Trans-Pacific Partnership,TPP）的推展，強化其領導地位與區域合作；戰略上則藉由「自由航行權」維護主張的方式，遏制中國大陸在東亞與南海地區的軍事化擴張。美國的戰略設計雖然看似圍堵，其實並非漫無節制，或毫無底線。畢竟聯合國對北韓飛彈試射挑釁行為的制裁，中東地區的維和，以及在索馬利亞半島附近聯合打擊海盜的合作，在在可以看出，即使在亞洲地區與中國存在競爭關係，其他地方的緊密合作關係並不會引導方走上激烈衝突的可能，更何況中國大陸為美國最大外匯存底國，以及彼此脣齒相依的經濟合作關係。

　　正因為如此，美國的亞太再平衡戰略中的安全承諾，對中、日間因釣魚台（尖閣諸島）爭議時，可以明確強調中國大陸若採武力進犯，美國將出兵防衛，[31] 而對台灣遭受中共軍事威脅的問題上不予安全承諾，仍只強調軍售符合美國「臺灣關係法」（TRA）。或許美國不希望台獨勢力破壞現行美、中、台制度與框架，故而要求以維持現狀，以免造成難以收拾的後果，尤其是，不希望因此而陷入軍事衝突。因此，從美國安全利益的角度來看，因台獨問題與中共發生軍事衝突，並不符合美國的區域安全利益，而是當台灣出現不符合美國風險管控捲入兩岸衝突時，如何適時抽身而退才是美國的戰略利益。[32]

二、兩岸安全環境

　　Scott L. Kastner 在〈台灣海峽有多穩定〉（How Stable is the Taiwan

同強烈且不希望接受成為中國的一部分，但無論臺灣的選擇為何，似乎都難以抗拒來自中國大陸的壓力與威脅。見 John J. Mearsheimer, "Say Goodbye to Taiwan," *The National Interest*, March-April, 2014, <http://nationalinterest.org/article/say-goodbye-taiwan-9931>.

31 "U.S. admiral vows to defend Senkakus if attacked, names China as potential aggressor," *The Japan Times*, January 28, 2016, <http://www.japantimes.co.jp/news/2016/01/28/national/politics-diplomacy/u-s-admiral-vows-defend-senkakus-attacked-names-china-potential-aggressor/#.Vuh6mBf3wp>.

32 周建閩，〈亞太政經變局與兩岸關係的變異〉，《中國評論》，第 215 期（2015 年 11 月號）。

Strait）一文中指出，影響兩岸關係穩定的三要素：兩岸經濟整合程度、中共軍事能力的提升、以及台灣內部日益自我認同的傾向。這些趨勢雖可能降低兩岸衝突，但仍具潛在衝突的危險。由於台灣是中國大陸主權中的核心利益，甚為明確的事實是，台灣安全仰賴美國的持續承諾，一旦美國承諾弱化，而中共軍力明顯處於優勢時，中共很可能運用軍力迫使台灣就範。[33] 固然，兩岸在軍事力量失衡下，必然造成台灣在國防上面臨防衛困境的壓力，無法「有效嚇阻」中共軍事進犯。問題是，中共何以甘冒極大的政、經、軍損失，或引來國際干預的可能，而選擇武力犯台？近期大陸旅美學者李毅的「和平統一無望論」一文，引發大幅爭議。其論點認為不現在解決台灣問題，必將無限期拖延下去，且日益惡化。因此他預測，中共發動戰爭時間約在 2017 年元旦到 2017 年五一之間。[34] 無疑的，這是一種極端景況下的預測，未必符合未來發展。

　　再從經濟安全的角度來看，Joseph Nye 與 Robert Keohane 的互賴論中強調，互賴雙方關係中誰決定規則訂定的一方，影響力最為明顯。當雙方因互賴程度不對等（asymmetric interdependence）時，依賴度較高的一方政策調整能力成為關鍵。此一情形下，通常脆弱性問題較易表現在雙方社會與政經關係上。[35] 也就是說，儘管 ECFA 與服貿，甚至是未來的貨貿爭議許多，但「讓利」顯現的是臺灣對中國大陸依賴度日益增高的問題，這樣的敏感與脆弱問題將反應在臺灣的社會上。不容諱言地是，中國大陸是相對優勢條件下規則決定性較高的一方，因此當中國大陸在政策上不再讓利時，臺灣的脆弱性將會相對明顯出現。經濟部長杜紫軍於 2014 年 10 月 4 日於受訪時證實，即使兩岸關係已相對和緩，但中共仍刻意阻撓臺灣與

33　Scott L. Kastner, "How Stable is the Taiwan Strait," *International Security*, Policy Brief/February, 2016, pp. 1-5; Scott L. Kastner, "Is the Taiwan Strait Still a Flash Point? Rethinking the Prospects for Armed Conflict between China and Taiwan," International Security, Vol. 40, no. 3 (Winter, 2015/16), pp. 54–92, <http://belfercenter.ksg.harvard.edu/files/taiwan-strait-3_final.pdf>.

34　邱文秀，〈兩岸和平統一無望？陸學者文章引激辯〉，中時電子報，2016 年 3 月 10 日，< http://www.chinatimes.com/realtimenews/20160310002775-260401 >。

35　Robert O. Keohane & Joseph S. Nye, *Power and Interdependence*, 4th edition (Glenview, Illinois: Little Brown, 2012), pp. 10-14.

澳洲及馬來西亞洽簽自由貿易區協定。[36] 可見，北京在實質上仍對臺灣的國際參與多方防範，即使與其他國家建立經貿自由區的經濟議題也多方干預，遑論容許臺灣參加具有主權意義的國際組織。

Andrew Nathan 也指出，中國始終未放棄統一臺灣，不只是歷史或民族主義，也是現實考量，因為臺灣是中國海軍前進西太平洋的唯一阻礙。中國向來認為，只要美國不干預，臺灣問題早就迎刃而解。他憂心忡忡地表示，中國用外交孤立臺灣，並使用經濟手段加深臺灣對中國依賴，已經慢慢獲得成功。從現實主義角度出發，他對此現象感到很悲觀，也不知道臺灣該如何迴避。[37] 這樣的觀點其實也是 John Measheimer 一直強調的觀點。

如前述，兩岸關係是台灣安全重要的影響變數，台灣的任一政黨取得政權後，當不至於想方設法造成兩岸之間的動盪不安，至少尚未執政的總統當選人蔡英文已多次如是表示。問題是，所謂的「兩岸一中」與「九二共識」框架，似乎成了台灣必須接受兩岸穩定的前提基礎，然而這對即將於 2016 年 5 月執政的民進黨蔡英文政府而言，並不具備實質上的規範性。從蔡英文總統大選勝出後，中共外長王毅 2 月 25 日的「憲法一中」、3 月 5 日李克強於十二屆人大第四次會議中強調堅持「九二共識」，反對「台獨」、同日習近平於十二屆全國人大四次會議上海代表團審議時發表看法，重申「九二共識」是兩岸關係和平發展的政治基礎。隨後，國台辦主任張志軍 8 日出席全國人大台灣代表團會議時表示，不承認九二共識，不認同兩岸同屬一中，就是改變現狀。由此可知，中共對此一問題的重視。

正如前述，台灣的安全問題既是外部問題，同樣也是內部事務。無論面臨何種狀態，對於蔡英文的執政都會帶來相當的挑戰；但挑戰呈現的危機意識或許正符合民進黨的期待；一方面過去中共對台灣的威脅，特別是 1995-1996 年的飛彈危機經驗，提供了威脅本身遭致台灣反彈的反效果，

---

36 邱琮皓、王玉樹，〈陸阻撓我與澳簽 FTA〉，中國時報，2014 年 10 月 5 日，版 A10。

37 陳慧萍，〈黎安友：中國對台以商逼政 逐漸成功〉，自由時報電子報，2013 年 6 月 16 日，< http://www.libertytimes.com.tw/2013/new/jun/16/today-fo1-3.htm >。

從而促成李登輝的當選。在反噬經驗的效應下，中共可能彈性的調整配合，以爭取台灣民心。另一方面，即便中共施以威脅，台灣亦可藉此跳脫中國限制的種種框架，並產生種種內化的動能，發為凝結集體對抗意志，也正是危機就是轉機的意思。然而，這一切化危機為轉機，或者說是為台灣人尋出路的前提，是在蔡英文領導的政府一方面仍與大陸維持良好關係，擺脫「仇中」「反中」的既定意識形態，並且有效控制台灣內部的局勢，尤其是對外關係、產業發展順利轉型、與經濟振興，否則內外環境都將因執政無力陷入惡性循環。另一方面則是樂觀地期待中共並不真心實意的想挑起兩岸危險，以免自陷風暴，故而作做態。北京是否真如民進黨預期的理性，難以逆料。無論如何，這些都將是未來幾年民進黨可能面臨的嚴酷挑戰。

三、國內安全環境

國際環境提供了決策者對外在環境觀察的客觀素材，但決定要如何因應與互動，則取決於內在環境下的主觀價值判斷。從戰略三要素來看，[38] 資源的重要提供者與需求者，無疑是由國內環境產生支持系統，以利戰略決策者在設定國家目標時，決定資源挹注的方向。表面上看，台灣目前國內最大爭議困境在於國民黨與民進黨的「統」與「獨」意識形態糾葛，造成徒然內耗。事實上，民主政治國家中黨派間的伐異，並不罕見，而逐漸民主化的台灣，自不例外。但黨派不同形成不同的國家認同的情形，並不常見。或者正因在台灣的兩個主要黨派的分歧與攻訐，且雙方並無選民上的絕對優勢，造就了環境上「急統」或「急獨」的市場有限，而「維持現狀」成為較佳的選項，但因現狀的背後實則暗藏「漸統」或「漸獨」的戰略經營，反而在此消彼漲中抵銷了國家向上向前的動能。如此一來，國家戰略的策定與國家利益的獲取，可能耗損在所謂民主政黨輪替間的彼此

---

38 戰略三要素：目標（ends）、資源（ways）、手段（means）是達成戰略目標過程中所需的三項要素，欠缺此三要素，國家利益不易透過戰略手段獲得；參見 Gregory D. Foster, " A Conceptual Foundation for a Theory of Strategy," *The Washington Quarterly* (Winter, 1990), p. 43-44; Arthur F. Lykke, Jr., "Toward an Understanding of Military Strategy," *Military Strategy: Theory and Application* (Carlisle Barrack, PA: U.S. Army War College, 1989), pp. 3-8.

掣肘。

　　一般而言，國家利益源自人民對國家的價值認同，[39] 並以此為基策定國家戰略方向、訂定戰略目標、動員資源、採取必要戰略手段，從而展開對外互動，營造有利國家政策實踐的環境來爭取國家最大利益。對照現況，兩黨在台灣國家價值認同上的歧異，似已清晰的表現在兩黨的政策主張上。如此一來，在目標導引手段的取向下，無論如何遮人眼目，都易於扭曲戰略資源爭取與戰略手段運用時，所產生政黨戰略目標與利益高於現狀下的國家利益。於是從反對 ECFA、服貿、貨貿到「兩岸監督條例」，都在「傾中賣台」的杯弓蛇影下，坐失獲利的良機，影響國家利益的爭取。這似乎又與「經濟靠大陸、安全靠美國」的呼籲大相逕庭。此外，台灣日益高漲的自主性與自我價值認同，似也呼應了 Malcome Anderson 的「土地決定認同」（Territory defines identity）理論觀點，[40] 埋下中共的高度疑懼，無疑也升高了台灣的安全風險。

伍、代結論

　　在美國「大西洋月刊」（The Atlantic Monthly）4 月號刊登 Jeffrey Goldberg 對美國總統 Obama 專訪中，Obama 坦承中國將成為美國最大的挑戰，但他明確地期待，中國的崛起可與美國一起承擔維護國際秩序的責任。反之，若中國經濟失敗，無法滿足國內需求，進而滋生強大民族主義，且如果中國僅斤斤於局域影響力，那麼美國不僅要考慮未來與中國發生衝突的可能性，自身也將面臨更多困難與挑戰。畢竟一個衰落、受威脅的中國，是相當危險的。[41] 言下之意，美國相信中國的崛起勢所必然，但擔憂

39　Yarger, *Strategy and the National Secuirty Professional: Strategic Thinking and Strategy Formulation in the 21ˢᵗ Century*, p. 120.

40　Malcom Anderson, *Frontiers: Territories and State Formation in the Modern World* (Cambridge: Polity Press, 1997), p. 25.

41　Jeffrey Goldberg, "The Obama Doctrine: The U.S. President talks through his hardest decisions about America's role in the world," *The Atlantic*, April, 2016, <http://www.theatlantic.com/magazine/archive/2016/04/the-obama-doctrine/471525/>; 參閱引自：林芳如，〈歐巴馬：衰落的中國比崛起中國更可怕〉，中時電子報，< http://www.chinatimes.com/realtimene

因過度區域化與強勢的民族主義，可能危及區域甚至是國際安全。通常這也符合一般學者對中共的慣性推論，也就是內部動盪與衝突難以立即克服解決時，透過外部戰爭凝聚內部民族主義共識的作法。[42] 對台灣而言，其實這樣的中國大陸才可能是極端危險的。

由此對照兩岸關係。一個經濟蓬勃發展、內部控制相對穩定的中國大陸，以及平穩的兩岸關係，對台灣而言，比較不容易產生立即可見的危險。相對的，一個經濟衰落不振，內部動盪不安的中共，再加上惡化的兩岸關係，將可能引發許多衝突的危險。雖然一般論點認為兩岸直接軍事衝突的可能性較低，也認為中共會借鏡過去恫嚇台灣失敗的教訓，以及衡量目前國際與國內環境條件，或者採取藉由外交封鎖、經濟制裁、國防軍事恫嚇等手段，試圖逐步迫使台灣就範，從而放棄台獨主張。然而逆向思考，面對釋盡種種善意，且對維持現狀下「漸進式台獨」的別無選擇，加上不耐階梯式與漸進式的施壓手段，中共也可能避免套用過去失敗的「文攻武嚇」與「飛彈恫嚇」等模式，以免引發國際關切甚至干預，對台改採曾經引以為豪的「懲越」模式為極端手段，一舉使用軍事襲擊造成台灣整體安全受創，再決定後續手段，或也未定。也就是說，「懲台戰爭」較為符合「地動山搖」的聳動主張，也才具有戰略性的深遠影響。因此，新政府或許會竭盡所能的不提供中共有這樣的戰略機遇。

無論如何，對當前的台灣而言，失敗的兩岸關係無疑是失敗的國家安全戰略。而期待美國在台灣安全上提供保證，雖不能說完全是不切實際的期待，況且這幾十年來台灣安全的維護，包括對台灣在國防軍事、經濟與國際支持上，的確功不可沒。但確信台灣安全必須操持於美國手中，充當美、中地緣戰略對抗下的棋子，無異於將自身安全奉為他人手中籌碼，也是一種風險極高的選擇。畢竟無論是美國，或者是中國大陸，在政策與戰

---

ws/20160312004312-260408 ＞。

42 Gary Li, "China's Military in 2020," edited Kerry Brown, *China 2020: The Next Decade for the People's Republic of China* (Cambridge: Woodhead Publishing, 2011), pp. 104-107; see also in Andrew J. Nathan and Andrew Scobell, *China's Search for Security* (New York: Columbia University Press, 2012), chp. 8.

略上都將以追求自身最高利益為前提，台灣應盡其可能在整體安全上尋求「合作互利」，而非「聯盟制衡」。從地緣戰略觀點來看，台灣具備戰略投射價值，不僅可以作為伸張海權的跳板，更具有前進陸地建立灘頭基地，為未來內陸擴張鋪路的功用，而非受地理侷限產生的宿命制約，或充當強權的馬前卒。歷史上大不列顛的輝煌成就，無疑就是最典型的例證。因此，台灣在戰略決策的擬定，有賴對戰略環境的精準掌握，從而營造有利的安全環境，方能提供政策得以實現的空間。

台灣反恐機制之研究

林泰和[*]

壹、台灣恐怖主義的背景與威脅

　　2016 年 3 月 22 日在比利時布魯塞爾國際機場，恐怖組織「伊斯蘭國」（Islamic State, IS）發動攻擊，造成 31 人死亡，超過 300 人受傷，其中包括一名台灣外交部學員，此應是台灣第一位「伊斯蘭國」恐怖攻擊受害者；同年 3 月 13 日土耳其首都安卡拉市區，遭受庫德工人黨（PKK）自殺汽車炸彈客攻擊，亦有一名台灣留學生受到輕傷。[1] 在當今跨國恐怖主義的威脅下，全球似乎不再有安全之地，台灣人在海外受到恐怖主義波及的危險，似乎越來越大。而在國內，台灣也有一段很長的歷史與恐怖主義有關。恐怖主義源於壓迫，在台灣歷史上，恐怖主義的發展可區分為三波浪潮，首波浪潮是威權統治下的「白色恐怖」；第二波主要則是反對威權統治的恐怖活動，主要以台獨聯盟為代表；[2] 第三波則是 1990 年代台灣邁向民主化後的恐怖浪潮，白米炸彈犯楊儒門是為一例。這三波台灣恐怖主義浪潮，分別代表三種恐怖主義主要類型：國家恐怖主義、[3] 組織型恐怖主義與孤狼

---

[*]　中正大學戰略暨國際事務研究所副教授兼任所長

1　蔡子岳，〈汽車炸彈恐攻 土國首都 37 死〉，自由時報，2016 年 3 月 15 日，版 A9；陳仔軒、甘芝其、姚介修，〈桃機加強安檢 報到提早 2.5 小時〉，自由時報，2016 年 3 月 23 日，版 A1。

2　1981 年 3 月底美國加州總檢察署向州議會提出年度報告，報告中在「國際恐怖主義」的標題下，台獨分子被列為首名，直指當年度至少有五起南加州爆炸案，「台灣極端分子」(Taiwanese Extremist) 是可疑肇事者；州政府也將「台灣極端分子」列為「組織性犯罪」(organized crime) 的國際恐怖分子，對此請參閱陳佳宏，《台灣獨立運動史》(台北市：玉山社，2006 年)，頁 215。

3　關於國家是否可成為恐怖主義行為主體的相關討論，請參閱林泰和，《恐怖主義研究：概念與理論》（台北市：五南，2015 年），頁 72-76。

型的恐怖主義。[4]

　　台灣戒嚴時期，從中國國民黨必須維繫政權穩固的角度出發，所謂的恐怖主義威脅，本質上就是中國共產黨在台灣的滲透與顛覆行動，[5]但弔詭的是，馬克斯主義者基本上不認為，恐怖主義是階級革命戰爭中的主要工具。[6]從馬克思主義者的觀點，唯有當群眾認為所處的政經狀況，脫序失控時，恐怖主義才可能是革命的催化劑。[7]1987 年以前，恐怖主義大部分為國內衝突與兩岸關係緊張的後果。台灣在此戒嚴體制之下，恐怖活動通常由在海外的政治異議分子與台灣當權者的秘密警察所執行，在當時很少有對此的公開資訊。[8]

　　根據學者 Tsai 的統計 1979 至 2001 年台灣至少經歷過 20 次恐怖攻擊事件，包含 13 次劫機與 5 次爆炸案。[9]相對而言，此一恐怖攻擊的數目並不算高，而如此少數的恐攻事件，主要可歸於四大原因：[10] 1. 1987 年解嚴之前，對於政治異議分子的嚴格軍事控制；2. 1988 年後，民主的政府，包含兩個台灣的主要文化群體（台灣人與外省人）；3. 1990 年代以後，兩岸關係的緊張程度降低；4. 台灣地理的孤立性以及缺少另一個國際的主要敵人。

　　依據恐怖主義學者 Schmid 的整理，恐怖主義有眾多手段，主要包含綁架、劫持人質、劫機、暗殺政治人物、攻擊、炸彈攻擊、拷打、自殺炸

4　林泰和，〈台灣恐怖主義的三波浪潮？〉，在《台灣與非傳統安全》，方天賜等著（台北市：五南，2016 年），頁 119-135。

5　A. James Gregor & Maria Hsia Chang, "Terrorism: The view from Taiwan," *Terrorism*, Vol. 5, No. 3 (1981), p. 246.

6　Ibid.

7　Ibid., pp. 246-247.

8　Ming-Che Tsai et al. (2003): "Terrorism in Taiwan, Republic of China," *Prehospital and disaster Medicine*, April-June Vol. 18, No. 2, p. 128.

9　Ibid., pp. 127-128.

10　Ibid., pp. 128, 132.

彈攻擊、大規模屠殺以及使用非常規武器攻擊等。[11] 至於恐怖攻擊的基本
類型，主要則有宗教、民族或國族 / 分裂 / 復國、種族主義與右翼、革命
左翼 / 無政府主義、軍事行刑隊、國家 / 國家支持、使用恐怖主義手法的
犯罪組織、單一議題團體、異常心理的個人或模仿恐怖分子以及孤狼型。[12]
哈克爾（Frederick J. Hacker）於 1976 年即指出，依動機區分，恐怖分子可
分成「犯罪者」（criminals）、「瘋狂者」（crazier）與「十字軍」（crusader）。
犯罪者的動機是貪婪，瘋狂者的動機是心理不穩定，而十字軍的動機則是
道德義務。[13]

　　恐怖活動經常橫跨許多類型的犯罪，例如暗殺在警方的記錄中，可登
記為「他殺」，摧毀建築物可登錄為縱火，而非恐怖主義，其他類型的恐
怖主義犯罪尚包括謀殺、綁架與勒索。如果將恐怖主義視為犯罪，並加以
登錄，則官方的統計數據中，恐怖攻擊事件與受害者將會減少。[14] 依照上
述學術界對於恐怖主義手段與類型的分類說明，經筆者統計台灣自 1970
年到 2016 年，一共有 51 起與台灣相關的恐怖攻擊事件，共造成 20 人死亡，
68 人受傷，其中劫機有 26 件，[15] 爆炸 15 件，槍擊有 3 起，破壞 2 件，劫
持人質 4 起，攻擊 1 起（參閱表 1）。除此之外，相關恐怖攻擊事件，發
生地點不僅在台灣，也遍佈世界各地，包含中國、美國、馬來西亞、土耳
其等。

11　Alex P. Schmid, *The Routledge Handbook of Terrorism Research* (New York: Routledge 2011), pp. 6-7.
　　國際組織與主要國家對於恐怖主義定義與手法的討論，請參閱林泰和，《恐怖主義研究：概念
　　與理論》，頁 20-28。

12　Ibid., p. 6.

13　林泰和，《恐怖主義研究：概念與理論》，頁 61。

14　同上註，頁 60。

15　王錫爵於 1986 年 5 月劫持華航貨機，前往廣州白雲機場，因為其本身為機長，有飛航指導權，
　　嚴格而言不算劫機。1989 年台灣空軍林賢順中校，駕機叛逃中國，因所使用的工具為軍機，
　　非民航機，因此嚴格來講，並非劫機。對此請參閱鄭正忠，《劫機犯罪之研究（上）》（台北
　　市：五南出版社，1996 年），頁 54。

表 1：1970-2016 台灣相關恐怖主義事件

年度	犯罪形態	城市	地點	受傷人數	死亡人數	補充
1970/4/24	槍擊	紐約	飯店	0	0	台獨人士黃文雄刺殺行政院副院長蔣經國
1976/1/6	破壞	高雄至南工變電所	高壓電線	不詳	不詳	台獨聯盟執行
1976/10/10	爆炸	台北	政府辦公室	2	0	王幸男郵包炸彈，謝東閔被炸傷左手，李煥受傷
1978/3/9	劫機	高雄—香港（華航 831）	航空器	2	1	主嫌機務員施明振被擊斃。
1979/6/12	劫機	桃園	桃園機場	1	0	主嫌胡崇實遭制伏。
1980/1/22	破壞	洛杉磯	機場華航行李領取處	不詳	不詳	疑似台獨聯盟執行
1980/7/29	爆炸	洛杉磯	住宅	0	1	高雄市長王玉雲內弟李江林被炸身亡，台獨運動分子所為
1980/1/27	爆炸	芝加哥	華航辦事處	不詳	不詳	疑似台獨聯盟執行
1980/10/9	爆炸	桃園	慈湖水壩	不詳	不詳	台獨聯盟執行
1980/11/17	爆炸	台南往台北中興號	巴士	不詳	不詳	台獨聯盟執行
1980/11/22	爆炸	台北市	總統府	不詳	不詳	台獨聯盟執行
1980/11/22	爆炸	高雄往台北國光號	巴士	不詳	不詳	台獨聯盟執行

年度	犯罪形態	城市	地點	受傷人數	死亡人數	補充
1984/10/15	槍殺	美國加州	德里市	0	1	作家劉宜良（江南）遭竹聯幫吳敦、董桂森刺殺
1985/4/26	劫機	台北—高雄（華航CI281）	航空器	0	0	主嫌雷耀華，使用手榴彈，後遭制伏
1986/1/6	劫機	台北—台南（復興B22601）	航空器	0	0	主嫌為王晉銘，使用恐嚇，隨後被捕
1981/10/4	劫機	廣州—桂林	航空器	0	0	廣州高幹計畫赴台，遭破獲
1982/7/25	劫機	西安—上海	航空器	0	0	主謀為孫雲平等五人，使用利刃、炸藥。
1982/7/30	劫機	北京—廣州	航空器	0	0	中國運送烏干達軍人專機
1982/8/5	劫機	北京—上海	航空器	0	0	中國運送澳洲總理專機
1983/1/5	劫機	杭州—上海	航空器	0	0	主謀為機師
1983/5/5	劫機	瀋陽—上海（中國民航296）	航空器	0	0	主謀為卓長仁等六人。
1982/1/26	爆炸	台北—花蓮	火車	13	4	未明爆裂物
1982	爆炸	高雄	大統百貨	1	1	水銀炸彈
1983/4/26	爆炸	台北	中央日報與聯合報大樓	12	0	主嫌據稱為台獨人士黃世宗
1984/3/22	劫機	香港—北京 *（英國航空BA003）	航空器	0	0	主謀為港僑梁偉強

年度	犯罪形態	城市	地點	受傷人數	死亡人數	補充
1988/5/12	劫機	廈門—廣州＊（中國民航B2510）	航空器	0	0	主謀為張慶國、龍貴雲。使用偽造手榴彈，128在機上
1989/4/24	劫機	寧波—廈門＊（東方航空5568）	航空器	0	1	主謀為梁奧真，使用炸藥與雷管，事敗自殺身亡
1992/4/28-29	爆炸	台北	麥當勞	4	1	主嫌陳希杰，使用水銀炸彈，員警楊季章拆彈殉職
1993/4/6	劫機	深圳—北京＊（南方航空B281）	航空器	0	0	主謀為黃樹剛與劉保才，使用槍械，200在機上
1993/6/24	劫機	常州—廈門＊（廈門航空B2501）	航空器	不詳	0	主謀為張文龍，使用小刀，71人在機上
1993/8/10	劫機	北京—雅加達＊（國際航空B 2554）	航空器	不詳	0	主謀為師月波，使用硫酸瓶罐，150在機上
1993/9/30	劫機	濟南—廣州＊（四川航空B 2625）	航空器	不詳	0	主謀為楊明德與韓鳳英，使用小刀，69人在機上
1993/11/5	劫機	廣州—廈門＊（廈門航空，B 2592）	航空器	不詳	0	主謀為張海，使用水果刀/炸彈，139人在機上

年度	犯罪形態	城市	地點	受傷人數	死亡人數	補充
1993/11/8	劫機	杭州—福州 *（浙江航空 B 3373）	航空器	0	0	主謀為王志華，偽裝炸彈，58 人在機上
1993/11/12	劫機	長春—福州 *（北方航空 B 3373）	航空器	0	0	主謀為李向譽與韓書學，使用手術刀
1993/12/8	劫機	青島—福州 *（北方航空 B 2018）	航空器	1	0	主謀為高軍，使用手術刀，137 人在機上
1993/12/12	劫機	哈爾—濱廈門 *（廈門航空 B 2516）	航空器	0	0	主謀為祈大全，偽裝炸彈，100 在機上
1993/12/28	劫機	長沙—廈門 *（福建航空 B 3447）	航空器	0	0	主謀為羅昌華，使用水果刀／假炸彈，130 在機上
1994/2/18	劫機	長沙—福州 *（西南航空 B2599）	航空器	0	0	主謀為林文強，使用打火機與小刀，138 人在機上
1994/6/8	劫機	福州 - 惠州 *（南方航空 B2542）	航空器	0	0	主謀為鄒維強，使用美工刀與偽裝炸彈
1997	綁架	台北	南非武官官邸	2	0	主嫌為陳進興，使用火器，7 位人質
1998/10/28	劫機	昆明—北京 *（中國國際航空 CA905）	航空器	0	0	劫機者為機長袁斌，104 人在機上
2001/6/23	劫持	台北	公車	0	0	主嫌為張文亮夫婦，槍械，13 人在機上

年度	犯罪形態	城市	地點	受傷人數	死亡人數	補充
2003-2004	爆炸	台北	公廁、電話亭、公園、捷運站	0	0	主嫌為楊儒門
2004/3/19	槍擊	台南	金華街	2	0	主嫌為陳義雄，意圖槍殺陳水扁前總統
2005/12/9	爆炸	台北	停車場	0	0	主嫌為高寶中
2013/11/15	劫持	馬來西亞沙巴洲	邦邦島度假村	0	1	張安薇友人許立民被害
2014/5/21	攻擊	台北	捷運	22	4	主謀為鄭捷
2015/2/11	劫持	高雄大寮	監獄	5	6	主謀為鄭立德
2016/3/13	爆炸	安卡拉	公車	1	0	台灣留學生受到輕傷
2016/3/22	爆炸	布魯塞爾	機場與地鐵	1		台灣外交人員受到輕傷
合計				69	20	

資料來源：Ming-Che Tsai et al., "Terrorism in Taiwan, Republic of China," pp.129; 鄭正忠，《劫機犯罪之研究（上）》，頁 32-43；陳佳宏，《台灣獨立運動史》，頁 193-228。

註：有＊記號者，劫機目的是前往台灣。

　　蓋達分子尤賽夫（Ramzi Yousef）在 1990 年代就曾規畫 3 位恐怖分子在台北轉機，並在飛往美國途中的太平洋上空炸毀飛機。[16] 911 恐怖攻擊事件後，台灣即被列入「蓋達組織」（al Qaeda, AQ）恐怖攻擊的目標之一，2003 年台灣接獲四次預警通報，包含來自以色列駐台機構向警政署的通報，蓋達組織曾經計畫將松山機場列為攻擊目標。[17] 2014 年高雄小港國

---

16 林泰和，〈全球恐攻潮 台灣沒僥倖空間〉，中國時報，2016 年 7 月 4 日，版 11/ 時論廣場。

17 中華民國立法院，《立法院公報》，第 93 卷，第 7 期，2004 年 2 月 4 日，頁 8，16。

際機場亦曾截獲國際列管的阿拉伯恐怖分子。[18] 此外，繼美國總統歐巴馬 2015 年公開點名台灣為反恐合作對象後，「伊斯蘭國」更是在發佈影片中將台灣列入復仇對象，引起外界恐慌。其實美國與台灣早在 2011 年前就簽訂了《恐怖主義過濾資訊交換協定》，而美方在 2014 年更是轉交了一份 52 人的可疑份子名單，期望藉由這份名單可以杜絕恐怖分子進出台灣，將台灣當成轉運樞紐的可能。[19]

這份名單包含各國國籍人士，除了中東的敘利亞、沙烏地阿拉伯等國以外，也有如馬來西亞、印尼等臨近的東南亞國家的危險嫌疑人。台灣為海島型國家，反恐主要任務在於阻止相關可疑人士，以此作為轉運站，主要手段便是在機場直接攔截遣返，情報單位透漏目前每年會遣返 10 多名恐怖分子，但由於怕遣返消息導致社會恐慌，因此每次遣返任務都低調處理。[20] 根據 2016 年《全球恐怖主義指數》（Global Terrorism Index 2016）的恐怖主義影響（impact）排名，台灣排名第 113 位，指數為 0.153，雖然屬於恐怖低風險國家，但是恐怖攻擊風險仍高於部分亞洲主要國家，例如日本、南韓、北韓及越南，以上國家的指數均為零，值得政府高度關注。[21] 2014 年的鄭捷台北捷運殺人事件與 2016 年的台鐵松山爆炸事件，再度引

---

18 林泰和，〈全球恐攻潮 台灣沒僥倖空間〉，中國時報，2016 年 7 月 4 日，版 11/ 時論廣場。

19 〈美方提供情資！台灣每年遣返 10 幾名恐怖分子〉，世界新聞網，2015 年 12 月 2 日，檢索於 2016 年 9 月 19 日，<http://udn.com/news/story/6656/1351490>。

20 同上註。移民署於 2011 年 8 月 17 日與美國簽訂「恐怖分子篩濾資訊交換協議」，互相交換恐怖分子名單，准許我國使用 RQI（Remote Query International）系統查詢美國所掌握恐怖分子資料庫，也是目前各國建置最完整的資料庫。移民署所屬移民資訊系統檔管國安團隊歷年掌蒐恐怖分子名單，現計有 6000 餘筆。自協議簽署至 2014 年 9 月，恐怖分子名單已透過美國在台協會（AIT）轉交美國「恐怖分子篩濾中心」（Terrorist Screening Center, TSC）共 3 次。美國恐怖分子篩濾中心也提供恐怖分子名單，並在 2013 年 6 月 10 日完成「美國檔管恐怖分子資料庫」，已和「航前旅客資訊系統」（Advance Passenger Information System, APIS）結合篩濾，以阻絕恐怖分子於境外，對此請參閱〈恐怖分子高雄入境 移民署掌握〉，中央社，2014 年 9 月 18 日，檢索於 2016 年 9 月 19 日，<http://www.cna.com.tw/news/firstnews/201409180123-1.aspx>。

21 指數依風險由高而低（10-1）排列，最高前三名分別是伊拉克（10）、阿富汗（9.233）以及奈幾利亞（9.213），相關資料請參閱 Institute for Economics & Peace, *Global Terrorism Index 2016* (Sydney: Institute for Economics & Peace), pp. 10-11。

發台灣遭受本土孤狼恐式恐攻的疑慮。[22]

　　台灣在 1970 年代末，由於國際恐怖主義對全球的威脅，開始重視恐怖主義，並逐次建置反恐能量與相關規範。首先由當時的台灣警備總部負責，將反恐怖列為警備治安的重要工作，並由國家安全局負責情資整理工作，自 1977 年起國防部先後成立「憲兵特勤隊」、「陸軍空特部特勤隊」（現更名為陸軍航特部特勤隊）以及「海軍陸戰特勤隊」。主要任務是反劫持、反劫機及執行特定任務。[23] 1992 年警備總部裁撤，社會治安回歸內政部警政署統籌，同年 10 月 30 日核定於保一總隊成立「維安特勤隊」，當時主要以劫持、劫機及破壞為主。[24] 但台灣真正全盤規劃反恐機制，則是等到 2001 年 911 事件發生後，才逐漸展開。

貳、台灣反恐的國安與平時機制

　　依據行政院 2004 年 11 月 16 日訂頒的「我國反恐怖行動組織架構及運作機制」，我國反恐機制採國安體系與行政體系並行分工合作的「雙軌一體制」設計（如圖 1）。

　　國安體系負責情報整合及情勢研判，行政體系負責反恐整備及應變：國安體系平時由國家安全委員會（以下簡稱國安會）成立「反恐怖情勢綜合研判小組」，國家安全局（以下簡稱國安局）成立「反恐怖情報整合中心」統合國安機關與行政機關進行反恐情資之蒐集研判；遇恐怖攻擊時（變時）國安會成立「危機處理決策小組」，國安局全力情報支援。[25] 我國因為尚無反恐專法，因此在國安體系中，由國安會議與國安局負責情報整合與局勢研判。「國安會情勢綜合研判小組」，採取會報形態運作，由國安會召集國安局、行政院體系、情治機關首長，依據未來行事曆擬定偵察方向，並做初步防範。另依據情資進行統合，研判恐怖攻擊行動風險情勢及

---

22 林泰和，〈台灣孤狼恐怖主義的興起〉，蘋果日報，2014 年 5 月 27 日，版 A13/ 論壇。

23 陳雙環，〈當前中華民國反恐對策之研究〉（碩士論文，政治大學，2003 年），頁 146-147。

24 同上註，頁 147。

25 中華民國立法院，《立法院公報》，第 102 卷，第 25 期，2013 年 5 月 8 日，頁 276。

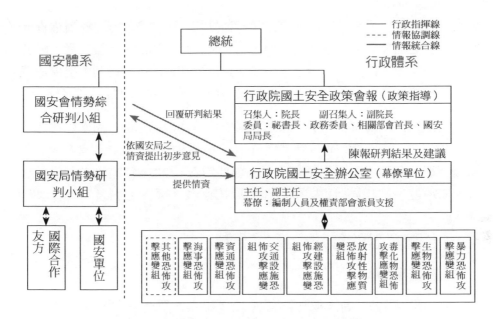

圖 1：台灣「反恐怖行動組織架構及編組職掌」

資料來源：中華民國立法院，《立法院公報》，第 102 卷，第 25 期，2013 年 5 月 8 日，頁 276。

恐怖攻擊事件類型，研擬因應對策。國安局「反恐怖情報整合中心」，主要執掌在統合各情治單位，國際合作友方及政府機關蒐集反恐情資，並將情資綜整，提報情勢研判小組後，再陳報國安會。[26]

2015 年 11 月 13 日，「伊斯蘭國」恐怖分子攻擊巴黎，總統於 16 日召開國安高層會議，指示相關單位，立即啟動反恐應變機制，駐法國代表處成立應變小組，同時聯繫在法旅遊團（二百餘人）、留法台灣同學（750 位留學生）、台商及僑胞組織（1,700 人），提醒注意自身安全，如有情況隨時與我駐處聯繫。[27]

至於國家安局，依照《國家安全局組織法》第二條規定，國安局隸屬

---

26 黃正芳，〈建構我國國家安全五大應變體系國土安全網之探討〉，《國防雜誌》27 卷，2 期(2012 年)，頁 17。

27 中華民國立法院，《立法院公報》，第 104 卷，第 90 期，2015 年 12 月 9 日，頁 172-173。

於國安會，綜理國家安全情報工作與特種勤務之策劃及執行；並對權責機關所主管之有關國家安全情報事項，負統合指導、協調、支援之責。國安局的反恐業務，依照前述規定，主要負責反恐情資的收集研判，提供情資給「行政院國土安全辦公室」以及與國際的友方，進行反恐情報的交流。

我國反恐機制運作，主要以「阻絕境外」為指導原則，國安局透過多元情報部署，蒐集外來恐怖威脅情資，但近來因本土型極端激進人士，多單獨行動，較難事先發掘預警徵候。根據國安局 2013 年的報告，統合指導國安單位，調查提列國內具危安顧慮對象達 1 千多人。[28]

參、台灣反恐的行政與應變機制

一、機關與執掌

我國現行反恐之行政與應變機制，由行政院設置「國土安全政策會報」及「國土安全辦公室」，依恐怖攻擊類型，於平時整備應變計畫，遇恐怖攻擊時（變時）召集開設一級、二級應變中心，[29]並且依照恐怖攻擊的類型，作為運作的機制。「國土安全政策會報」，執掌國土安全相關政策之擬議與協調、聯繫。「國土安全政策會報」下設暴力、重大經濟建設、重大交通建設、生物病原、毒性化學物質、海事、放射性物質、資通及其他類型等九大應變組，分由業管之內政部、行政院衛生福利部、行政院環境保護署、行政院原子能委員會、交通部、經濟部及行政院科技顧問組主政（應變部會），結合縣市政府，共同執行反恐怖行動「危機預防」、「危機處理」及「清理復原」任務。[30]反恐行動統由「國土安全辦公室」負責幕僚作業。[31]

「國土安全政策會報」採取委員制組織形態，設委員 17 人，分別由

---

28 中華民國立法院，《立法院公報》，第 102 卷，第 25 期，頁 277。

29 同上註，頁 276。

30 黃正芳，〈建構我國國家安全五大應變體系國土安全網之探討〉，頁 16；立法院，《立法院公報》，第 102 卷，第 25 期，頁 279，282。

31 中華民國立法院，《立法院議案關係文書：院總第 887 號政府提案 14717 號之 723》，2014 年 3 月 4 日，報 1362。

國家安全局長、行政院政務委員、秘書長及行政院相關部會首長出任。並由行政院院長、副院長擔任會報召集人與副召集人，負責議決反恐怖政策相關指導工作。[32] 我國目前反恐業務，主要由行政院院本部「國土安全辦公室」（以下簡稱「國土辦」）[33] 負責，主要職掌功能為 1. 反恐基本方針、政策、業務及工作計畫；2. 反恐相關法規；3. 配合國家安全系統職掌之反恐事項；4. 反恐演習及訓練；5. 反恐資訊之蒐整研析及相關預防整備；6. 各部會反恐預警、通報機制及應變計畫之執行；7. 反恐應變機制之啟動及相關應變機制之協調聯繫；8. 反恐國際交流及合作；9. 國土安全政策會報；10. 其他有關反恐業務事項。[34]

　　「國土辦」2015 年編制有 17 人，其中有兩個科，一個主任與一個副主任，為幕僚單位，設督導官一人，由院長指定行政院副秘書長兼任，主任與副主任由秘書長或業管政務委員指定專人擔任，「國土辦」為幕僚單位，並無指揮權。[35]「國土辦」2010 年的預算有 3,400 多萬、2011 年 2,746 萬、2012 年 2,130 萬，但到 2013 年時預算只剩下 500 萬。[36] 2016 年度更僅編列 475 萬元，預算可說是愈編愈少，恐難以有效執行反恐工作。[37]

二、反恐運作機制

　　根據「我國反恐怖行動組織架構及運作機制」、「行政院國土安全政策會報設置及作業要點」以及 2015 年修訂的「行政院國土安全應變機制行動綱要」等規定，若發生恐怖攻擊，第一時間由內政部等中央業務主管

---

32 黃正芳，〈建構我國國家安全五大應變體系國土安全網之探討〉，頁 16-17。

33 行政院於 2007 年 8 月 16 日召開「行政院國土安全（災防、全動、反恐）三合一政策會報」，將原「反恐怖行動管控辦公室」更名為「行政院國土安全辦公室」，請參閱黃正芳，〈建構我國國家安全五大應變體系國土安全網之探討〉，頁 17。

34 中華民國行政院，〈行政院國土安全辦公室〉，檢索於 2016 年 3 月 11 日，<http://www.ey.gov.tw/cp.aspx?n=9DD1F33EB9A1A6CB>。

35 中華民國立法院，《立法院公報》，第 104 卷，第 90 期，頁 71-72，205；黃正芳，〈建構我國國家安全五大應變體系國土安全網之探討〉，頁 17。

36 中華民國立法院，《立法院公報》，第 102 卷，第 25 期，頁 324。

37 中華民國立法院，《立法院公報》，第 104 卷，第 90 期，頁 205。

機關等九大應變組，視情況依權責，成立重大人為危安事件或恐怖攻擊先期應變處置小組，二級應變中心處置，由權責中央業務主管機關首長擔任指揮官（見圖2），[38] 結合行政、國安體系共同執行相關應變任務。[39]

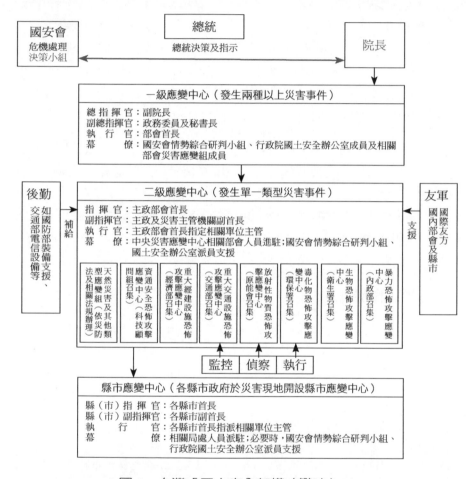

圖2：台灣「國土安全架構（變時）」

資料來源：中華民國立法院，《立法院公報》，第102卷，第25期，2013年5月8日，頁279。（經作者部分更新修改）。

---

38 同上註，頁190；中華民國立法院，《立法院公報》，第104卷，第98期，頁50。

39 中華民國立法院，《立法院公報》，第104卷，第98期，頁50。

目前國土安全辦公室的運作機制是，由國安局進行情報研判，國土辦負責協調所有應變機制的運作，依據 2015 新增定的「行政院國土安全應變機制行動綱要」執行。[40] 以 2015 年 11 月巴黎恐攻為例，我國若發生類似狀況，將有初期應變階段，針對蒐集到的情資和國安局所做的初期研判，召開反恐緊急應變小組，由國土辦與相關機關成立。國土辦將召開先期會議，成立應變小組。經研判，若與我國有直接關係，將成立二級應變中心，依據「行政院國土安全應變機制行動綱要」，由內政部長擔任指揮官；內政部次長擔任副指揮官。若情勢嚴重，則提升為一級應變中心開設，則是行政副院長擔任指揮官，副指揮官是由負責國土安全的政務委員擔任，內政部長擔任執行官。[41]

若局勢又升高，必須提升到國家層級處理，中央將成立一個政軍指揮中心，由國安會負責召開，此時又分兩級，開設一級中心時，指揮官為總統，副指揮官為副總統；開設二級中心時，指揮官為副院長，副指揮官為內政部長。[42] 開設二級反恐應變中心，是由主管部會首長依發生的型態，如輻射、化學等不同攻擊，而有不同指揮官。[43]

肆、反恐執行機關與相關作為

一、恐怖攻擊應變中心

（一）暴力恐怖攻擊應變中心（內政部召集）

我國目前共有六支反恐主要部隊，分屬警政署、海巡署與國防部（表二），其中內政部警政署的「維安特勤隊」負責人質挾持、恐怖攻擊等重大暴力治安事件維護。2015 年 2 月高雄大寮監獄槍戰，維安特勤隊曾到現場待命，而在高雄的陸戰隊黑鷹特勤隊，也在營區待命。2015 年 11 月巴黎恐攻後，當天便提升駐外單位、外僑學校及各捷運站、機場、港口的公

---

40 中華民國立法院，《立法院公報》，第 104 卷，第 90 期，頁 175-176，190。

41 同上註，頁 179。

42 同上註，頁 179，193。

43 同上註，頁 177。

表 2：台灣主要反恐部隊

名稱	所屬單位	編制人數	主要任務
維安特勤隊	警政署	163	快速打擊全國人質挾持、恐攻、重大暴力事件，反恐戒備提升時，戍守重要機構及交通據點
海巡署岸巡總局特勤隊	海巡署	75	漁港商港維安反恐，打擊港口及停泊船隻重大恐怖、治安事件
海巡署洋巡總局特勤隊	海巡署	20	海難搜救、船艦挾持人質攻堅，快速打擊越界船艦
憲兵指揮部特勤隊（夜鷹特勤隊）	國防部	人數機密	負責台灣北部反恐任務，維護桃園國際機場與北部核電廠安全，擔任國軍反劫持、反破壞等任務
陸軍航特部特勤隊（涼山特勤隊）	陸軍	人數機密	負責台灣中部反恐任務及重大突發事件，戰時空降滲透到敵後進行特種作戰
海軍陸戰隊特勤隊（黑衣部隊）	海軍	人數機密	負責台灣南部或海域反恐任務，戰時滲透敵區執行秘密任務，並協助其他部隊反滲透作戰

資料來源：王烔華、張君豪，〈「人間凶器」台擁 6 反恐部隊〉，版 A2。

共運輸據點的維安層級。[44]

　　此外內政部移民署為有效阻絕恐怖分子於境外，自 2011 年起陸續建置下列安全管理機制與資訊化管理系統，透過先進的查驗辨識及通報系統，加強對入出境旅客篩選過濾，達到有效防制有心人士企圖入境從事不法工作之目的。例如 2011 年啟用「國際遠端查詢系統（RQI）」，將美方提供之恐怖分子資料庫，結合內政部移民署「行前旅客資料系統（APIS）」進行即時預審篩濾，有效成功阻絕恐怖分子於境外。2011 年 9 月，預審出

---

44 王烔華、張君豪，〈『人間凶器』台擁 6 反恐部隊」〉，蘋果日報，2015 年 11 月 24 日，版 A2。

入境旅客及機組員資料，加強我國境安全。[45]

2011 年起移民署陸續於各機場啟用、港口建立「自動查驗通關系統」，結合臉部與指紋辨識及電腦自動化科技，對於查驗旅客是否為管控對象、驗證護照真偽，對國境安全管理具有重要助益。2012 年 6 月我國導入「航前旅客審查系統（APP）」，可將我國國境管理延伸至其他國家，於飛機起飛前掌握旅客登機入境資料。最後。我國已經建置「外來人口生物特徵辨識系統」，針對年滿 14 歲外來人口（外國人、大陸地區人民、香港 / 澳門居民與台灣地區無戶籍國民）實施臉部及指紋錄存比對，防範偽（變）護照者，冒用他人身分者及不法分子入出國境。[46]

（二）生物恐怖攻擊應變中心（衛生福利部召集）

衛福部每年都會演練生物恐怖攻擊的因應對策，假想的生物恐攻「兵器」包括炭疽菌、天花病毒、肉毒桿菌、包氏桿菌，攻擊標的則為機場、車站、港口等人潮擁擠場所，目前全台編制 105 名應變人員，一旦發生生物恐攻，應變人員將穿著防護衣移除可能遭到病原污染的不明粉末或物品。此外，2005 年 1 月 18 日「國家衛生指揮中心」（National Health Command Center, NHCC）成立後，結合中央流行疫情指揮中心、生物病原災害中央災害應變中心、反生物恐怖攻擊指揮中心及中央緊急醫療災難應變中心等功能，共同架構完整的防災啟動機制。[47]

（三）毒化物恐怖攻擊應變中心（環境保護署召集）

行政院環保署根據「行政院環境保護署毒性化學物質災害防救工作小組」辦理毒性化學物質災害相關防救事項，其中列舉預防、整備、應變與善後復原，四大部分，其中整備部分，環保署應配合天災、反恐怖攻擊及全民防衛動員等應變任務，會同行政院（災害防救辦公室、國土辦、全民防衛動員會報）及地方政府辦理各類演習；在應變部分，辦理反毒化物恐

---

45 中華民國立法院，《立法院議案關係文書》，報 1364。

46 同上註，報 1364-1365。

47 國家衛生指揮中心，〈成立緣起〉，檢索於 2016 年 3 月 11 日，< http://www.cdc.gov.tw/nhcc/mp.html >。

怖攻擊應變作業。[48]

（四）放射性物質恐怖攻擊應變中心（原子能委員會召集）

原能會為因應及防制放射性物質恐怖攻擊事件，造成環境之污染及人民生命、財產之損失，於「行政院國土安全政策會報」下，設「放射性物質恐怖攻擊應變組」，針對放射性物質恐怖攻擊（主要指輻射彈之恐怖攻擊），進行應變規劃，由原能會主導，「平時」負責應變計畫之策定及相關之整備與模擬演練，並接受「國土辦」之督導，結合相關部會與地方政府資源共同執行危機預防及放射性污染清理復原任務，並規劃建置消防及警政單位之輻射偵測能力、輻射防護能力。[49]

原能會於「變時」，當受到放射性物質恐怖攻擊，原能會「放射性物質恐怖攻擊應變組」將立即轉換成立「放射性物質恐怖攻擊二級應變中心」，適時將相關之反恐怖行動功能小組納入，並負責各功能小組間之任務規劃，互動協調及資源整合工作。[50]

（五）經濟建設恐怖攻擊應變中心（經濟部召集）

經濟部對於「重要經建設施」，負有安全防護工作，具體措施有 1. 強化反恐訓練，例如要求各警察機關檢討轄內可能遭受恐怖攻擊之重要基礎設施、重要機關及商業大 等，同時於短期內，依各該攻擊標的預擬應變作為；2. 加強民生經濟建設安全防護能量及海空貨運安檢措施。2003　1 月依據「經濟部重要經建設施『因應反恐怖活動』標準作業檢查表」，組成「合督考小組」，針對所轄油、電、水等重要民生經建設施進行督考，並彙整相關優缺點、策進作為及建議事項，研編「經濟部因應反恐怖活動安全防護研析專報」一份，轉發經濟部所屬機關 考。針對重大民生基礎設施、核電廠、水（火）發電廠、水庫及重要廠礦或科技重鎮，加強規劃部署警 ，防制危害與破壞事件。[51] 2016 年 3 月 22 日布魯塞爾恐攻後，台灣保七總

---

48 行政院環境保護署，《毒性化學物質災害防救業務計畫》，2015 年 5 月，頁 63。

49 黃正芳，〈建構我國國家安全五大應變體系國土安全網之探討〉，頁 21-22。

50 同上註，頁 22。

51 陳雙環，〈當前中華民國反恐對策之研究〉，頁 178。

隊、水利署北區水資源局於 3 月 24 日，在石門水庫舉辦反恐演練，模擬石門水庫壩頂被放置爆裂物，瞬間逮捕炸彈客並移除。石門水庫為行政院核定為民生重要關鍵基礎設施，警政署要求各警察機關須每年編排演練，設施安全歸屬國家安全層次。[52]

（六）交通設施恐怖攻擊應變中心（交通部召集）

　　交通部主管全國陸、海、空交通運輸，所轄各機關平時均透過風險管理機制執行行政監管、保安監控、律定處置作為並加強人才培訓，有效防範對我重大交通設施或挾持操控人員以危害交通設施及運作進行攻擊、破壞，如有事故發生時，均依標準作業程序展開應變處置作為，有效統籌重大交通設施危機處理能量，降低大眾運輸設施遭受攻擊或破壞之影響，並在復原清理階段能儘速進行受損設施復原及人員治業。大眾運輸設施主管機關，依實際災害種類及特性需要，研訂個別之重大交通災害整體防救災計畫與救援指揮標準作業程序，執行各類災害預防、緊急應變措施及善後復原重建等工作，定期實施相關防救災演練及宣導。[53]

　　公共交通工具通常是是造成重大傷亡的恐攻目標，例如 2004 與 2005 在馬德里火車爆炸案與倫敦地鐵的恐攻事件。近年來在台灣陸續發生大眾運輸的恐怖暴力事件，例如 2013 年胡宗賢的高鐵爆炸案、2014 年的鄭捷台北捷運殺人案以及 2016 年林英昌的台鐵松山暴力爆炸案，再再顯示公共交通工具已成為恐攻的重要目標，政府應該特別引以為戒，作為教訓，強化大眾運輸安全。

（七）資通安全恐怖攻擊應變中心（科技顧問組召集）

　　2016 年 8 月行政院資通安全會報成立「資通安全處」，取代任務編組的資通安全辦公室，整合資安政策的制定與執行。行政院國家資通安全會報的任務為，有效掌握我國政府機關（構）及公民營事業之資通訊系統遭受破壞、不當使用等資通安全事件時，能迅速雙向通報及緊急應變處置，並在最短時間內回復，以確保國家利益與政府之正常運作。本會報負責國

---

52 張雅婷，〈反恐演練 百人石門水庫拆炸彈〉，聯合報，2016 年 3 月 24 日，版 B2。

53 中華民國立法院，《立法院議案關係文書》，報 1366。

家資通訊安全相關事項之政策諮詢審議、協調及推動，其幕僚作業由行政院資通安全處辦理。[54]

行政院國家資通安全會報的資通安全防護組組，彙整各級資安事件，定期提供國家安全會議國家資通安全辦公室；如接獲「4」、「3」級資安事件，[55] 則通報行政院國土辦公室及國家安全會議國家資通安全辦公室，以利分析相關因應作為。[56] 當資通安全事件對資通訊以外之關鍵基礎設施（Critical Infrastructure, CI）造成威脅時，行政院資安處應立即通知行政院國土安全辦公室，啟動相關應辦機制，以控管損害。[57]

（八）海事恐怖攻擊應變中心（海巡署召集）

海巡署在反恐應變的範圍是，針對海域及海岸地區的挾持、小艇突擊、炸彈威脅等攻擊與破壞的各種海事恐怖活動，進行處置與應變的行動。[58]

二、國軍反恐機制

國軍依「反恐怖行動法」草案、國安會「國內重大緊急突發（危機）事件處理機制」及行政院「中央反恐應變中心作業要點」，依照部隊能力及恐怖攻擊行動性質，適度編組整備，編成專責、專業、地區應變部隊及大規模反恐行動應援部隊，採取「備援」屬性，從事任務整備，依令支援「反恐制變」。[59]

---

54 行政院，《國家資通安全通報應變作業綱要》，2016 年 1 月 20 日，頁 2-3。

55 資安事件影響等級分為 4 個級別，由重到輕分別為「4 級」、「3 級」、「2 級」及「1 級」。4 級事件。符合下列任一情形者，屬 4 級事件：1. 國家機密資料遭洩漏。2. 關鍵資訊基礎設施系統或資料遭嚴重竄改。3. 關鍵資訊基礎設施運作遭影響或系統停頓，無法於可容忍中斷時間內回復正常運作。3 級事件符合下列任一情形者，屬 3 級事件：1. 密級或敏感資料遭洩漏。2. 核心業務系統或資料遭嚴重竄改；抑或關鍵資訊基礎設施系統或資料遭輕微竄改。3. 核心業務運作遭影響或系統停頓，無法於可容忍中斷時間內回復正常運作；抑或關鍵資訊基礎設施運作遭影響或系統停頓，於可容忍中斷時間內回復正常運作，請參閱行政院，《國家資通安全通報應變作業綱要》，頁 4-5。

56 行政院，《國家資通安全通報應變作業綱要》，頁 9。

57 同上註，頁 12。

58 中華民國立法院，《立法院公報》，第 102 卷，第 25 期，頁 296。

59 同上註，頁 279。

　　國軍各級部隊依「戰備規定」，輪值營區待命及地區戰備部隊，遂行應變制變任務。另依國安會及行政院所賦予之反劫機、反劫持、反破壞任務，編成反恐任務及專業（應援）部隊，依令支援反恐行動。有關部隊任務與編組概況如下：

（一）反恐任務部隊：

　　由陸軍航特部特勤隊、特戰指揮部一個特戰連、海軍陸戰隊二個特勤中隊及憲兵特勤隊組成，由各軍負責任務整備，參謀本部管制運用，擔任本島北、中、南部作戰區反恐應援任務。任務分工如下：[60]

1. 憲兵特勤隊，負責國內反劫機及北部地區「反劫持、反破壞任務」。
2. 陸軍特戰指揮部特戰連，負責中部地區「反劫持、反破壞任務」。
3. 海軍陸戰隊特勤隊，負責南部地區「反劫持、反破壞任務」。
4. 陸軍航特部特勤隊，採空中機動，重點運用方式，依令支援各地區反滲透、破壞任務。

（二）反恐專業（應援）部隊：

　　由本島各作戰區所轄化學兵、工兵部隊編成，負責核化偵檢、消除、橋樑架設、搶修及給水站開設等作業。另本部軍醫局預醫所二個防護組及陸軍十八個未爆彈處理小組，可支援生物檢測、防護與制式未爆彈處理等反恐應援任務。[61]

　　至於國軍反恐行動整備指導方面，國軍反恐行動處置，係以「國軍聯合作戰指揮體系」為運作機制，以「聯合作戰指揮中心」為處理核心，並將各種恐怖攻擊突發狀況列入「國軍經常戰備時期突發狀況處置規定」中「反恐怖行動」之處置要領與機制，遂行支援應變；當「恐怖行動」發生時，依令以作戰區、作戰分區或縣、市（地區）行政區劃分為單位，擔任地方政府之備援，協力遂行反恐行動。[62]

---

60 同上註，頁 280。

61 同上註。

62 同上註。

表 3：國軍反恐任務應援部隊編組及任務

攻擊類型	主政部會	國軍應援兵力	任務
暴力	內政部	國軍特勤隊	負責全國反劫機、反劫持、反破壞及大規模反恐行動應援
		未爆彈處理小組	支援恐怖攻擊有關制式（彈藥）爆材之處理
生物	行政院衛福部	軍醫生物防護小組	支援「生物恐怖攻擊事件」之病菌偵檢、研判及疫情監控
毒化物	行政院環保署	化學兵部隊	熱區外環境偵檢（監控）及人員、車輛、道路消除作業
輻射物	行政院原能會		熱區外環境偵檢（監控）作業
重大交通設施	交通部	工兵部隊	支援重大公共設施（道路、橋樑、大型建築）遭受恐怖攻擊，緊急搶救任務
重大經濟建設	經濟部		

資料來源：立法院，《立法院公報》，第 102 卷，第 25 期，頁 280。（經作者修正，2013 年 7 月衛生署升格為衛福部）

伍、結論與檢討

我國反恐業管單位是行政院國土安全辦公室，但國土辦為一任務性編組，只能扮演協調平台的角色，並不直接執行情報搜索或反恐作為，亦無情蒐、處理、分析、研判之功能，僅為一事務性行政幕僚組織，非專業功能機關。此外，反恐預算逐年減少，反恐業務難以順利推動。再者，國土辦主任曾出現由「陸委會文教處」處長或「蒙藏委員會」主秘調任的情況，其職涯歷練與國土安全、反恐業務無關，缺乏必要專業歷練，專業涵養唯恐不足。此外，「國土辦」在指揮體系、情報蒐集、人員訓練、武力使用、防護措施、國際合作與災後重建方面，卻未完成法制程序，以致於未明確律定各相關機關及單位之職責與任務，造成法令不明、指管不清、任務不分的混亂情況。

　　我國反恐相關單位，因無恐怖主義專法，因此對於恐怖行動與組織界定，沒有統一的法律見解，無法認定是（重大）「刑事案件」或恐怖攻擊事件，所以難以有效預防與遏止相關恐怖活動。反恐工作首重預防，推動反恐法案可有效整合執法機關及情報機關資源，防制恐怖攻擊活動，強化打擊恐怖主義的能量，健全我國反恐機制。

全球政經結構與台灣戰略的三難困境：

認同、安全以及發展

廖舜右 *

壹、前言

　　2016 年 1 月 16 日，台灣總統與立委選舉由民進黨獲勝，不僅完成台灣政治發展史上第三次政黨輪替，民進黨更首次成為國會第一大黨。然而，新政府就職前夕，卻陸續發生甘比亞與中共建交、肯亞遣送台籍詐欺嫌犯至中國、比利時國際鋼鐵會議要求台灣代表離場等事件，並在後續效應持續延燒下，再次掀起各界對台灣國家主權及兩岸關係走向之論戰。值得注意的是，雖然總統當選人蔡英文在競選期間以「維持現狀」表述其兩岸政策，但對「一個中國」九二共識的刻意忽略，卻也讓各界對新政府執政後的兩岸關係發展更添疑慮。同年 2 月 24 日，中共國台辦發言人安峰山即在例行記者會上指出，大陸將堅持「九二共識」、反對台獨的政治基礎，繼續推進兩岸關係和平發展，努力維護台海和平穩定，堅決反對任何形式的「台獨」分裂活動，堅決維護國家主權與領土完整。同時強調，「九二共識」是兩岸關係和平發展的基石，如果沒有「九二共識」這個定海神針，兩岸和平發展之舟就會遭遇驚濤駭浪、甚至徹底傾覆。[1]

　　事實上，2016 年台灣總統大選後即傳出陸客團可能較 2015 年同期縮減 2/3 限縮的消息。據 1111 人力銀行旗下「台灣行旅遊網」「2016 台灣觀光產業現況」調查報告顯示，超過 3 成 6 的觀光相關產業預期業績減少。[2] 同年 3 月 29 日，新加坡總理李顯龍訪美並接受華爾街日報訪問時亦表示，

---

* 　中興大學國際政治研究所副教授

1 　〈國台辦：堅持九二共識〉，經濟日報，2016 年 2 月 25 日，版 A4。

2 　〈調查：超過 3 成 6 觀光業 預期業績下滑〉，中央社，2016 年 3 月 25 日，<http://www.cna.com.tw/news/afe/201603250081-1.aspx>。

國民黨政府過去兩屆任期內，在「一個中國」為基調的九二共識下，總統馬英九與中國大陸針對海峽兩岸關係取得了進展；接下來民進黨執政後，卻讓九二共識概念變得更模糊，而如今台灣國族認同感日愈強烈，這侷限了任何台灣領袖能採取的行動。並直言：如果與中國正面衝突，台灣將受到孤立。[3] 由此可見，台灣順利完成第三次政黨輪替後，新政府正面對國家認同、國防安全以及經濟發展上的不確定性，但盱衡當前國際及兩岸現勢發現，三項目標將無法同時兼顧。亦即，目前台灣已經進入戰略三難困境，且政策選項正逐漸在減少。

　　「三難困境」（trilemma）為國際金融市場運作的經驗累積，意指經濟體無法同時實現資金自由流動、維持穩定匯率，以及有效自主的貨幣政策，必然只能三選其二。三難困境也可運用於氣候變遷，如確保能源安全、推動能源公平，以及維護環境永續，亦只能三選其二。究竟，台灣戰略三難困境所指為何？此一困境體現於當前台灣政經環境那些面向？而該現象又為台灣總體戰略帶來哪些挑戰？這些都是本文嘗試回答的重要問題，亦是亟需面對的迫切挑戰。為此，本文首先將分析現階段全球政經結構重要發展；其次闡述三難困境之意涵與風險管理之概念，並說明該概念運用於台灣對外戰略思考之意涵；第三部分析當前台灣總體政經環境發展現況分析，包括國族認同、安全保障以及經濟發展等面向的討論；最後提出三難困境下台灣總體戰略之挑戰。

貳、現階段全球政經結構重要發展

　　全球政經結構承續 2015 年由南海爭議、油價新低、歐盟難民，以及紅色供應鏈所帶來的衝擊，即將邁入另一階段的發展路徑。就整體國際局勢而言，2016 年有四項值得特別關注的趨勢，分別是政治權力兩極化，國際組織零碎化，分享經濟國際化，以及中國大陸常態化。上述四項趨勢所產生的動能與力量，必將塑造全球政經圖像的基礎輪廓。

3　〈李顯龍：兩岸若衝突 台恐被孤立〉，中時電子報，2016 年 4 月 14 日，<http://www.chinatimes.com/newspapers/20160414000845-260302>。

一、政治權力兩極化

全球權力分配序列兩極化的趨勢已無庸置疑。美中藉由經濟發展、軍事佈局，以及外交結盟等方式相互較勁，在權力板塊衝撞最激烈的東亞區域最為明顯。首先，以區域衝突的角度而言，兩海、兩岸，以及兩韓事務，就屬於美中權力對峙的密集地域。其次就區域整合而言，由 APEC 的茂物目標，到東協加三（CEPEA）、東協加六（EAFTA）、亞太自由貿易區（FTAAP），到現階段的 TPP 與一帶一路（OBOR），正好見證東亞區域由單極、多極、到兩極化的發展歷程。

二、國際組織零碎化

國際組織零碎化，意指不論是全球性綜合組織或專門性功能組織，國際組織在很大程度上共同出現弱化與貧化的現象，例如聯合國對伊斯蘭國的紙上談兵、歐盟對跨境難民的束手無策、WTO 對杜哈談判的窒礙難行，以及 OPEC 對石油價格的不知所措，在在都顯示出美國傳統霸權的鬆動及後主權國家時代的徵兆。不僅新興強權在高階政治事務挑戰二戰後美國所制定的國際規範，同時非國家行為者亦在低階政治領域動搖主權國家的傳統監管。國際組織零碎化現象，隨著兩極化的發展將更為明顯。

三、分享經濟國際化

共享經濟國際化，意指現有共享經濟內涵與效用，將以更快的速度與更廣的範圍外溢至國際層級。例如 Uber、airbnb、deliveroo 以及股權式眾籌都可預期明年更被接納、更為成長。以往藉由資訊、通路壟斷而收取報酬的代理商與仲介業者，面對強調資訊透明、互信互賴，以及資源活用的新型商務模式，已經開始感受到挑戰與威脅。同時，這種模式也將由國內擴及至國際層次領域，逐漸形成量變帶來質變的效果，可預期這種模式必然將以等比級數方式急速成長。

四、中國大陸常態化

中國大陸常態化，意指中國大陸以往驚人的經濟成長終將回歸一般國

家發展模式的常態。不僅過去兩位數的經濟成長率已成絕響，常見的中等收入陷阱也迫在眉睫。依照強兵富國的發展模式，強兵政策也必然是下一階段的優先領域。國產航母、飛鯊聯隊、中華神盾，以及東風飛彈等都將是明年國際注目的關鍵焦點。同時，美中對峙的強度與密度將隨之增強，而反映在地緣權力板塊接縫處的可能性亦大為增加。因此，在兩海（東海與南海）、兩岸，以及兩韓事務方面，不規則與時空隨機的衝突機率將有增無減。

參、三難困境的意涵與風險管控概念

　　「三難困境」為國際金融理論著名之假說。「三難困境」最早是透過靜態的 Mundell（1963）模型來說明，強調在一個自由開放的經濟體系中，各國政府無法兼顧穩定匯率、資金國際移動的自由、與貨幣政策的自主性等三個總體政策目標，至少要犧牲其中一個目標以追求其他目標。換句話說，如果一個政府想要進行外部的金融開放，它就不能又控制其貨幣的數量，又控制其貨幣的國際交換價格。而對於一個資金可在國際間自由移動的開放經濟，若其選擇固定匯率制度，則透過外匯市場干預改變外匯存底，其貨幣供給將由市場內生決定。自二次世界大戰結束到 1970 年代前期，實施固定匯率制度並未真正構成各國政策的限制，是因為當時資本的國際移動有種種管制，在不需要顧及金融開放下，穩定匯率與貨幣政策自主可自由決定。1970 年代中期以後，隨國際資金市場的開放成為世界潮流，三難困境再度成為許多學者研究的焦點。

　　「三難困境」之政策衝突現象，可以下圖 1 三角形表示。該三角形的三個邊分別代表著穩定匯率、資金國際移動的自由、與貨幣政策的自主性等三個目標。在國家經濟對外開放的情況下，執政者致力於將本國總體經濟政策限制在三角形內決策，而一個決策點與某一政策邊的最短距離，即代表該決策能達成政策目標之程度[4]：

4　李秀雲，〈開放經濟總體政策的三難困境〉，《人文及社會科學集刊》，第 26 卷，第 3 期（2014年），頁 341-343。

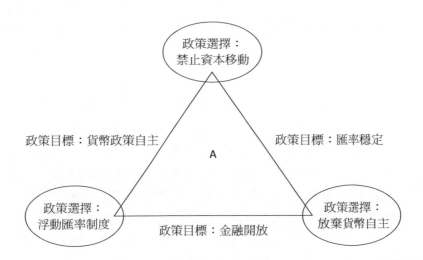

圖 1：政策之三難困境

資料來源：李秀雲，〈開放經濟總體政策的三難困境〉，《人文及社會科學集刊》，第 26 卷，第 3 期（2014 年），頁 341-343。

1. 以頂點的位置而言，與「貨幣政策自主」和「匯率穩定」兩項政策目標距離為零，但離「金融開放」政策目標最遠。此一決策點表示，執政者選擇禁止資本移動政策，亦即以犧牲國際資金市場開放方式，換取 100% 的穩定匯率與貨幣政策的自主性。例如 1970 ～ 80 年代許多開發中國家，既想和美元或其他參考貨幣維持固定之匯率、又要充分控制本國貨幣政策，結果就是必須嚴格管制資本流動。

2. 以右下角的位置來看，與「匯率穩定」和「金融開放」政策目標距離為零，但離「貨幣政策自主」的目標最遠。此一決策點意謂，執政者選擇放棄貨幣自主性之政策，以換取 100% 的穩定匯率與國際資金市場的開放，巴拿馬等美元化的國家與歐元區內國家即為採此政策之例證。

3. 至於左下角，距離「貨幣政策自主」與「金融開放」政策目標為零，但離「匯率穩定」的目標最遠。此一決策點顯示，執政者選擇絕對的貨幣政策自主與國際資金市場的完全開放，而以犧牲穩定匯率作為代價。例如大多數時間的日本銀行、歐洲央行與美國聯邦準備銀行等採

浮動匯率經濟體系之央行。

綜上所述，隨著全球化範圍及強度持續擴大，跨國界的商品、勞務、與資金流動愈來愈頻繁。在 2007 ～ 2008 年的金融海嘯與歐洲爆發債信危機後，許多熱錢流向亞洲一些幣值被低估的新興國家，但這些國家（如中國與臺灣）卻同時面臨著通貨膨脹的壓力。依國際金融政策邏輯，這些國家只須將幣值上升至適當水準即可減緩熱錢流入與通膨壓力，但基於維持國際競爭力、經濟成長與外匯存底價值等因素，卻都普遍不願將其貨幣升值，總體政策目標的衝突由此可見一斑。換言之，三難困境所反映的是一種機會成本下的風險管理概念，當總體政策目標無法完全兼顧而損失在所難免時，決策者必須權衡國內、外情勢而將政策偏好進行排序，並就國計民生長遠利益選擇「放棄」部分重要性較低之政策需求。有鑒於此，本文特別引申金融理論之三難困境，嘗試將之運用於台灣的戰略規劃。

肆、台灣總體政經環境分析

一、台灣國族認同

國家認同的建構主要來自於兩項因素：對內而言，國家認同除了受到族群、政黨以及利益團體的互動影響，也可能受到社會文化以及政治制度的限制；對外而言，國家認同又受限於一國與他國的互動關係，亦即在國際政治角力與國際社會化的過程中來建構、重構本國認同。[5] 台灣政治認同的操作，有傳統權威時代與後傳統威權時代的區隔，而這種區隔大致上與冷戰的區隔也相聯繫。1987 年解除戒嚴後，台灣的政治認同也無法再用傳統的意識型態操作的模式來處理，必須訴求於民族主義的重建。然而，在推動民主化建設與擴大經濟發展的同時，「統獨意識」卻仍持續在台灣社會滋長與發酵，並在歷次選舉中淪落為政治人物操作的工具，割裂族群並分化台灣社會的團結。吳乃德即指出，台灣民進化運動的過程中，族群與國家認同因傳統威權體消失而不斷衝突，而族群與國家認同上的分歧，更

5　施正鋒，〈台灣人的民族認同／國家認同〉，《臺灣民主季刊》，第 1 卷，第 1 期（2004 年），頁 186。

進一步反映在政黨政治之上。[6]回顧解嚴後歷任總統相關言論與政治主張，即可明顯區隔出我國各時期國家認同的發展與演變。

　　李登輝主政 12 年期間適逢台灣民主轉型的關鍵時刻，國人公民權利重獲保障之際，社會與文化層面亦產生顯著的轉變。隨著歷年來中共對台灣的文攻武嚇以及我國首次總統直選的完成，台灣獨立雖仍未成為台灣社會的主流民意，但「台灣主體意識」卻儼然變成國內政治文化的代名詞，並逐漸成為跨族群、跨黨派的最大公約數。其中，尤以李登輝在 1998 年 12 月 1 日台北市長競選晚會上所提「新台灣人」主張最具代表性，強調不管先來後到、不分本省外省，都是熱愛這塊土地的新台灣人。[7] 1999 年李登輝復於美國《外交事務》（Foreign Affairs）雙月刊發表題為「瞭解台灣：跨越認知差距」（Understanding Taiwan: Bridging the Perception Gap）的專文，強調新台灣人有新的國家認同，呼籲國際社會及中共認知台海兩岸對等分治的現實，並給予台灣應有的國際地位。[8] 1999 年 7 月 9 日，他在接受「德國之聲」錄影專訪時，更明確定義當前兩岸關係是「特殊的國與國關係」，並以此「兩國論」作為提升「台灣主體意識」之核心論述。[9]

　　2000 年總統大選，我國順利完成首次政黨輪替，陳水扁當選我國第十任總統。為緩解各方壓力，陳水扁總統上任之初即提出「四不一沒有」承諾，公開表明其修正台獨立場之決心；但任內推動「去中國化」卻是不爭的事實，不斷在第一任期中強化台灣主體意識的論述，推行其「只做不說的兩國論」和「漸進式台獨」路線，藉以鞏固中南部深綠選民的支持。包括一邊一國論、催生新憲、入聯公投以及台灣正名等，一再突顯出統獨議題在陳水扁執政期間的工具性效果，除能對抗在野黨強勢的挑戰與杯葛，強化政府執政正當性基礎，更能做為搧動民粹以平衡來自美國與中共的國

6　吳乃德，〈認同衝突和政治信任：現階段台灣族群政治的核心難題〉，《台灣社會學》，4 期（2002 年），頁 75-118。

7　〈李登輝力挺馬英九〉，聯合報，1998 年 12 月 2 日，版 2。

8　Lee Teng-hui, "Understanding Taiwan: Bridging the Perception Gap," *Foreign Affairs*, Vol.78, No.6 (Nov/Dec 1999), pp.9-14.

9　〈李總統：兩岸是特殊的國與國關係〉，聯合報，1999 年 7 月 10 日，版 1。

際壓力。由此可見，在民進黨執政期間，「台灣主體意識」已和一連串「去中國化」相結合，並在逢中必反的政策邏輯下，國家認同由而落入統獨對立的爭辯之中。[10]

　　2008 年我國實現第二次政黨輪替後，有鑑於民進黨執政 8 年以來兩岸關係的持續性倒退，總統大選期間，兩會復談及兩岸交流即成為國民黨候選人馬英九的主要政見。為達成上述政策目標，擱置「統獨爭議」逐漸成為兩岸領導人改善雙邊關係的最大公約數，並獲得大多數國內民眾的普遍支持。2008 年 3 月 23 日上午在國際媒體記者會上表示承認「九二共識」，希望和大陸在兩岸共同市場、軍事互信、和平協定，以及台灣的國際發展空間等三方面議題進行和平對談，不做區域和平的麻煩製造者。和平協議沒有時間表，而一旦談判，台灣的「主體性」要獲得尊重，大陸也必須先撤走瞄準台灣的導彈。另外，他表示任內不會談統獨問題，不支持「法理台獨」，會嘗試中間路線，做到兩岸互不否認。[11] 換言之，在國民黨力推兩岸交流與國家發展至上的政策目標下，「統獨問題」得以暫時從國家認同的建構工程中剝離，而此一認同亦在兩岸持續簽署經貿協定、擴大經貿合作、三通直航與陸客觀光等政策實踐下不斷獲得正增強。

　　然而，2014 年服貿爭議以及太陽花運動等一連串反中事件中，統獨意識形態再次回到台灣國家認同建構的核心位置，而在民進黨反馬、反中的政治操作下，國民黨接連在九合一選舉、立法委員及總統選舉中大敗。顯然，透過「大陸／台灣」二元劃分的方式來重新確立台灣內部族群的文化和政治認同，「本土」概念已然成為當前凝聚台灣主體意識的有效途徑。

---

10 張傳賢、黃紀，〈政黨競爭與台灣族群認同與國家認同間的聯結〉，《台灣政治學刊》，第 15 卷，第 1 期（2011 年），頁 15-20。

11 〈馬：對岸撤彈 再談和平協議 一中各表原則下 擱置主權爭議 兩岸簽訂文件 一定要經立院同意〉，《聯合報》，2008 年 3 月 24 日， A1 版；〈馬英九：兩岸對話 回到九二共識 希望恢復兩會協商，與大陸簽訂經濟合作協定、和平協定，達到雙方互不否認〉，經濟日報，2008 年 3 月 24 日，A2 版。

二、台灣安全保障

　　隨著經濟發展加速解放軍軍事現代化，北京當局計畫 2000-2010 間突破第一島鏈（沖繩島、台灣以迄菲律賓）、2010-2020 間控制第二島鏈（小笠原群島、關島以迄印尼），並於 2020-2040 間以航空母艦終結美國在太平洋與印度洋的支配地位。[12] 美國智庫蘭德公司在 2009 年報告中指出，中國短程飛彈近年來在「質」與「量」上均有顯著提升，預估到 2013 年即具備足以癱瘓台灣空防武力的能力。[13] 2011 年 2 月，美國國防部《2011年國家軍事戰略報告》中再次強調，美國戰略優先要務與利益逐漸來自於亞洲，美國將投入必要資源並強化亞太多邊安全關係，以反制任何國家威脅盟邦安全之行動。[14] 2011 年 11 月，美國跨黨派「美中經濟暨安全檢討委員會」（U.S.-China Economic and Security Review Commission, USCC）報告更表示，中國在對美「反介入」及「區域阻絕」之策略下，持續提升隱形戰機、自製航母、彈道飛彈等軍事現代化能力，而其飛彈射程更含括烏山、群山、嘉手納、三澤、橫田等美軍在亞洲的空軍基地。[15] 美國國防部2015 年新版《中國軍事與安全發展態勢報告》中，除呼籲各國正視中國在南海填海造陸的權力擴張，更在文中強調其對於維持台海和平與穩定之

12　Stacy A. Pedrozo, *China's Active Defense Strategy and its Regional Impact*, Testifies before the House of Representatives U.S.-China Economic and Security Review Commussion, January 27, 2011, <http://www.cfr.org/china/chinas-active-defense-strategy-its-regional-impact/p23963>.

13　David A. Shlapak, David T. Orletsky, Toy I. Reid, Murray Scot Tanner, Barry Wilson, *A Question of Balance: Political Context and Military Aspects of the China-Taiwan Dispute* (Santa Monica, CA: RAND, 2009).

14　The White House, *National Security Strategy 2010* (Washington: The White House, 2010), pp.43-44, <http://www.whitehouse.gov/sites/default/files/rss_viewer/national_security_strategy.pdf>. Latest update: 2013/9/20。

15　USCC, *2011 Report to Congress of the U.S.-China Economic and Security Review Commission*, November 2011, pp. 155-160, 193-197, <http://www.uscc.gov/annual_report/2011/annual_report_full_11.pdf>. Latest update: 2013/9/20; Roger Cliff, Mark Burles, Michael S. Chase, Derek Eaton, and Kevin L. Pollpeter, *Entering the Dragon's Lair: Chinese Anti-Access Strategies and Their Implications for the United States* (Arlington, VA: RAND Corporation, 2007), p. 112; Paul Dodge, "Circumventing Sea Power: Chinese Strategies to Deter US Intervention in Taiwan", *Comparative Strategy*, Vol. 23 (2004), pp. 391-409.

關切。[16]

　　處於此一美中對抗的地緣格局下，更凸顯出我國做為美國圍堵中國海權擴張的戰略角色。二戰結束以來，美國建構「輻軸戰略」（hub and spoke strategy）作為涉入亞太盟邦防務及其國內政治的重要手段，希望藉此鞏固它在區域安全中的優勢地位。[17]事實上，無論民主黨或共和黨執政，美國對台軍售僅是質與量上的差別，而從未明言中止對台軍售以平衡兩岸軍力之政策。小布希上任之初，為對付「戰略競爭者」並表達對於美中軍機擦撞事件的不滿，同意出售我國 4 艘紀德級驅逐艦、8 艘柴油動力潛艦以及 12 架 P-3 反潛巡邏暨攻擊機，以期有效阻絕中國對台灣的海上封鎖。[18]雖然，小布希政府對台防衛立場於 911 事件發生後出現飄移，以爭取中國在全球反恐行動上的支持與合作，但自小布希第二任期開始，美國為制衡中國軍事擴張，轉而重新強化與東亞盟國的軍事合作。[19]歐巴馬政府上任之初雖擴大與中國交往政策，但旋即以兩岸軍力加速失衡為由推動對台軍售政策，美方雖對外宣稱對台軍售項目純粹防禦的特性，但仍無法排除戰時轉為攻擊性武器的可能，因而引起北京當局的強烈抗議，甚至公開警告將制裁美國國防工業。[20]

　　這是由於，我國處於太平洋第一島鏈的居中位置，具有圍堵中國海權

16　The U.S. Department of Defense, *Annual Report to Congress: Military and Security Developments Involving the People's Republic of China 2015*, April 7, 2015, <http://www.defense.gov/pubs/2015_China_Military_Power_Report.pdf>.

17　Philip C. Saunders, "A Virtual Alliance for Asian Security," *Orbis*, Vol. 43, No. 2 (1999), p. 247.

18　〈軍售清單出爐 美售我 4 紀德艦 8 柴油潛艦〉，中時晚報，2001 年 4 月 24 日；〈中共：美對台軍售 加劇台海緊張〉，聯合報，2001 年 4 月 25 日，版 2。

19　于有慧，〈近期兩岸關係中的美國因素〉，《中國大陸研究》，Vol.44, No.8（2001），頁 13-16；許志嘉，〈九一一事件後美國對中共政策的調整〉，《問題與研究》，第 42 卷，第 3 期（2003 年），頁 86-90；〈布胡會 布希指扁是麻煩製造者〉，聯合報，2003 年 10 月 22 日，A2 版。

20　2010 年美國核定 64 億美元對台軍售項目中，主要包括：(1) UH-60M 黑鷹多用途直昇機：60 架／ 31 億美元；(2) PAC-3 愛國者三型飛彈：射擊模組 2 套、訓練模組 1 套和飛彈 114 枚／ 28 億美元；(3) C4ISR 專案（博勝）第二階段：3.4 億美元；(4) MHC 鶚級海岸獵雷艦：2 艘／ 1.17 億美元；魚叉遙測訓練飛彈：12 枚／ 3700 萬美元。參見：美國在台協會，〈美國對台灣軍售概要說明〉，2010 年 2 月 11 日，<http://www.ait.org.tw/zh/pressrelease-pr1012.html>。

擴張的戰略地位，若放任中國取得台灣而突破第一島鏈，恐將嚴重威脅美日的戰略利益。因此，我國雖然不是美國的正式盟邦，但在整體制衡戰略考量下，美國仍積極協助我國強化防禦能力，並要求我國加速完成軍事武器的採購。[21] 此外，1997 年「美日防衛合作指針」（Guidelines for US-Japan Defense Cooperation）亦賦予美國於日本「周邊事態」擴大時軍事干預之法源，而橋本內閣更將台灣與南沙群島納入美日防衛作範圍之內。繼之，2015 年 7 月日本眾議院通過新《安保相關法案》後，日本自衛隊更打破二戰結束至今之禁忌，得以集體自衛權名義前往海外執行戰鬥任務。該法與 2016 年 3 月正式上路，強調在同盟國美國遭受武力攻擊時，若連帶威脅到日本的存續，日本即使沒有直接受攻擊，仍可派遣自衛隊行使武力，且不受地區限制地為美國提供後方支援。[22] 換言之，「對台軍售」與「美日安保」提供台灣安全與台海和平穩定之雙重保障。

三、台灣經濟發展

　　冷戰結束後，為因應產業外移及後進國家的競爭，台灣積極採取一系列經貿戰略以維持國際競爭力，加速邁向國際舞台。如 1991 年推動的「國家建設六年計畫」，除有助於加速勞力密集產業升級外，更選擇通訊、資訊、消費性電子、半導體、精密器械與自動化、航太、尖端材料、特用化學品、生物科技與製藥、醫療保健及污染防治等產業，作為此一階段發展的重點。國際經貿組織參與方面，則分別於 1992 年參加「亞太經濟合作」，2002 年加入「世界貿易組織」，大幅提高我國在國際社會的能見度。根據經濟部委託中華經濟研究院執行的研究報告指出，我國自 2002 年底加入 WTO 至 2010 年期間，GDP 年平均複合成長率達 4.66%，且除了 2009 年

---

21 小布希政府要求我國加強防衛武力的政策立場態度相當堅決，美國國防部官員甚至表態強調，在兩岸軍力加速失衡的情況下，台灣應以軍購方式來表現自我防衛之決心，否則美國將不保證於中國武力犯台時協防台灣。〈美明確表態：無義務為台作戰 國防部指華府台海政策已形成最新共識 台灣須有自我防衛決心 若兩岸軍力失衡對國安極為不利〉，中國時報，2004 年 12 月 15 日，A5 版。

22 〈爭議聲中 日「安保新法」強渡關山〉，中國時報，2015 年 7 月 17 日，版 A17；〈二戰以來 行使集體自衛權 新安保法上路 日可出兵海外〉，中國時報，2016 年 3 月 30 日，版 A10。

受全球金融風暴影響外，各年的經濟皆為正向成長。整體而言，全球經貿
自由化的發展趨勢加速我國產業轉型，且除經濟總量的成長外，我國人均
GDP 亦以相同趨勢逐步成長。

　　然而，在台灣近年來經濟發展表象的背後，兩岸經貿合作的拓展是關
鍵，而對中貿易的依賴更是不爭的事實。2008 年完成二次政黨輪替後，國
民黨政府積極推動兩岸關係正常化。國民黨於競選期間即以「活路外交」
做為其外交政策主軸，馬英九就任總統後更以「外交休兵」向中國釋出善
意，順利於 2008 年 6 月重啟海基－海協兩會中斷逾 9 年的制度性協商，
相繼完成兩岸三通直航、陸客來台觀光等重要談判。繼之，第五次「江陳
會談」於 2010 年 6 月正式簽署 ECFA，兩岸由此邁入擴大經貿交流的新紀
元。據陸委會統計，2015 年 1 至 12 月，兩岸貿易額已達 1,186.75 億美元，
其中出口至大陸 734.09 億美元（佔臺灣貿易出口比重 25.7%），自大陸進
口 452.66 億美元（佔臺灣貿易進口比重 19.1%）；陸客來台觀光方面，
2013 年共計 2,263,476 人次，2015 年已達到 3,335,923 人次；台商赴中國
大陸投資方面，2015 年 1 至 5 月已累積達 109.7 億美元；而核准陸資來台
投資方面，2015 年共累積 2.44 億美元。[23]

　　更甚者，在 WTO 進程未明而區域經濟合作成為全球趨勢下，洽簽 FTA
已成為一國對外貿易所面臨之迫切課題。特別是，我國是海島型經濟，端
賴對外貿易，倘出口不振，經濟成長立即受到壓抑。但遺憾的是，我國目
前已簽署並生效的 FTA，僅台灣－巴拿馬、台灣－瓜地馬拉、台灣－尼加
拉瓜，以及台灣－薩爾瓦多、宏都拉斯等四項協定，無論品質或數量均遠
落後於區域經貿競爭對手。2007 年中華經濟研究院即已利用 GTAP 模型運
算發現：若我國無法參與「東協加六」，則整合完成後（包含服務業自由
化），我國 GDP 可能會負成長 1.8%；反之，我國如果加入並使之成為「東
協加七」，則我國 GDP 可能正成長 2.1%。事實上，無論就貿易重要性或
政治考量而言，加入 TPP 及 RCEP 都是我國對外經貿佈局的必要選項，攸

---

23 陸委會，《兩岸經濟統計月報》，275 期（2016 年），頁 2-1、2-2、2-9、2-13，2-17，<http://
www.mac.gov.tw/ct.asp?xItem=114345&ctNode=5720&mp=1>。

關台灣未來的國家經濟發展。

　　不過，雖然 TPP 及 RCEP 會員國都是台灣主要出口市場及投資地區，但就貿易重要性而言，RCEP 顯然高過 TPP：2013 年 TPP 成員國占我國貿易額約 34.4%，達 1,982.2 億美元；RCEP 成員國占我國貿易總額約 57%，達 3,252 億美元。投資額方面，2003 年至 2013 年我國對 TPP 成員國之投資額占 16.41%，計 254.3 億美元；我國對 RCEP 成員國之投資額占 82.55%，計 1,279 億美元。[24] 因此，我國若能順利加入 RCEP，則透過關稅減讓所創造的出口效果與經貿收益將相當可觀，並可藉此同時擴大經貿廣度與縱深，為我國對外經貿活動新動能，進而抵消南韓等貿易競爭對手國的威脅。然而，作為 RCEP 主要推動國之一的中國，顯然在台灣能否加入 RCEP 上扮演關鍵性的角色。此外，近年來中國推動之「一帶一路」區域經貿戰略，其計畫總值高達 21 兆美元，完成後將有 60 國共 44 億人受惠，占全球總人口的 60% 左右。[25] 台灣能否順利融入此一亞洲經濟新秩序之建構，抑或在整個地緣經濟重組過程中進一步被邊緣化，北京當局對台政策基調仍是關鍵。

伍、三難困境下台灣總體戰略之挑戰

　　從以上台灣總體政經環境發展分析可知，我國在國家認同、國防安全以及經濟發展上，均面臨著不同的機遇與挑戰。本文認為，如同開放經濟下國家總體經濟政策的三難困境，當前台灣政府雖然面臨國家認同、國防安全以及經濟發展上的不確定性，但盱衡當前國際及兩岸現勢發現，三項目標將無法同時兼顧，且政策選項正逐漸在減少。

---

24 經濟部，〈加入 TPP/RCEP，我們做得到！〉，2014 年 3 月 19 日，<http://www.trade.gov.tw/Files/Doc/1030305%E7%B6%93%E6%BF%9F%E9%83%A8%E7%B0%A1%E5%A0%B1(%E5%8A%A0%E5%85%A5TPP%E5%81%9A%E5%BE%97%E5%88%B0)00312%20%E6%9C%AC%E5%B1%80%20final.pdf>。

25 周子欽，〈中國夢和區域合作的匯流與交鋒〉，《亞太經濟合作評論》，22 期（2014 年），頁 40-48；Willy Lam, "One Belt, One Road: Enhances Xi Jinping's Control Over the Economy," China Brief, Vol. 15, No. 10 (2015), pp. 3-6.

一、要本土認同，又要安全保障，只能犧牲經濟發展

如前所述，我國自 1990 年回歸憲政常軌並加速民主化起，「台灣主體意識」已成為建構國家認同的論述主軸。但在當前兩岸關係發展的格局下，用「一個中國、各自表述」來模糊國家主權及政治定位的「九二共識」，卻是兩岸交流與合作得以順利推動的前提。每逢台灣嘗試跨越此一政治模糊空間，往往造成兩岸經貿關係的緊張，以及來自中國政府文攻武嚇的安全威脅。此時，台灣確保國家安全的途徑，仍有賴美國對台軍售提升國防能力，以及美國政府協防台灣的安全承諾。

此一政策邏輯已有前例可循。1995 年 6 月，前總統李登輝訪問康乃爾大學並發表題為《民之所欲 長在我心》演講，中國隨即向台灣外海試射 6 枚導彈以抗議李登輝訪美；翌年，台灣舉行首屆總統直選，中國再次向台灣外海試射 7 枚導彈，而兩岸經貿交流更由此進入緊縮時期。1999 年 7 月，李登輝在接受「德國之聲」錄影專訪時，明確定義當前兩岸關係是「特殊的國與國關係」，此一「兩國論」論述讓兩岸關係更形劍拔弩張。而每當台海情勢升高時，美國總是扮演提供台灣安全保障的角色，1996 年台海飛彈危機若非美軍派出航空母艦赴台灣海峽以展現協防決心，恐難如期和平落幕。

2008 年國民黨重新執政後，兩岸在「九二共識」下重啟海基－海協兩會制度性協商，並順利簽署 ECFA 在內多項協定，落實直航三通、陸客來台觀光、擴大經貿合作等目標。然而，馬政府持續推動兩岸交流合作政策之際，國人在台灣主體意識下，對中國統戰、武力犯台、國際打壓、終極統一等疑慮並未因兩岸交流合作而減少，反而在《兩岸服務貿易協議》爭議下催生了太陽花運動，直接造成國民黨在接下來九合一地方公職選舉、立法委員及總統大選中大敗。值得注意的是，在美國重返亞洲且美中戰略矛盾日深的情況下，雖然台灣總是能在《台灣關係法》的基礎上獲得美國的安全保障，但既要深化國家主體認同、又積極尋求美國對台安全保障的結果，就是以犧牲兩岸經貿交流合作為代價。以《兩岸服務貿易協議》為例，根據朝野所達成的「先立法、後審查」之共識，在立法院為《兩岸協

議監督條例》完成立法前，勢必放慢正在進行的《兩岸貨貿協議》、兩岸互設辦事處協議等談判。而 2015 年 4 月中國主導亞洲基礎設施投資銀行（AIIB）正式成立，台灣申請過程風波不斷且最終未能如願加入成為創始會員國。

二、要經濟發展，又要安全保障，只能犧牲本土認同

此一政策邏輯，實為 2008 年迄今國民黨政府一貫之對外政策方針，並符合其「九二共識」之論述。在「九二共識」的原則下，兩岸維持「一個中國、各自表述」的政治互信與政策原則，並以此進行各項經貿合作之協商。對中國而言，發展經濟需要穩定的外部環境，台獨所可能引發之骨牌效應，以及美日藉此出兵干預台海事務等，絕非中國所樂見；對台灣來說，由於在區域經濟整合及洽簽 FTA 方面進展有限，在 ECFA 架構下因中國讓利而獲得之經貿收益，已然成為維持國家經濟發展的重要基礎。與此同時，「九二共識」下維持「一中一台」實質分立的台海現狀，亦符合美國東亞區域戰略之規劃，除可避免因台海危機升高為區域大規模衝突之風險，亦可藉台灣之位置維持其島鏈圍堵戰略，實質箝制中國軍力向外擴張。因此，華盛頓當局不僅樂見「九二共識」下兩岸交流合作的推進，更樂於在台海軍力嚴重失衡或兩岸情勢偶有緊張之際，對台軍售或公開承諾對台協防之安全保證。但顯然，若台灣政府選擇既要擴大兩岸經貿交流支持經濟發展、又要美國給予維持台海現狀之安全保障，結果就是避免出現兩國論、一邊一國、入聯公投、台灣正名等突顯台灣本土認同之舉措。

三、要本土認同，又要經濟發展，只能以極大代價追求安全保障

在當前兩岸關係現況看來，既要本土認同、又要經濟發展，看似兩相矛盾，但卻是邏輯上可行的政策目標。事實上，國內許多關於兩岸統合文獻的討論中，即曾提出相關論述。在統合模式的討論中，依其成員國主權權力的大小，主要包括國協（commonwealth）、邦聯（confederation）以及聯邦（federation）等不同途徑的選擇。其中，國協與邦聯的制度設計中，即同意成員國在不損及主權的前提下，彼此維繫著經濟或文化連結。若然，或可提供北京當局與台灣政府重新界定彼此關係的新架構，而台灣政府將

能一邊追求「台灣主體意識」為核心之國家認同，一邊推動與中國深化彼此經貿合作之總體策略。不過，此一政策最大的風險在於，隨著美中戰略矛盾升高，當台灣政府與中國進行某種程度的政治連結，地緣戰略上形同讓中國在美國島鏈圍堵中找到出口。屆時，選擇既要本土認同、又要與中國深化經濟的台灣，恐難再從美方獲得安全保障之承諾，而只能將安全寄託於和北京當局的統合關係之上。

陸、結論

本文以全球政經發展與台灣總體戰略為題，論述當前台灣在國家認同、國防安全以及經濟發展上的三難困境。亦即，國家處於政治權力兩極化，國際組織零碎化，分享經濟國際化，以及中國大陸常態化等全球政經趨勢下，認同、安全與發展為其規劃總體戰略時必須解決之三大挑戰。但就台灣對外關係而言，國家認同、國防安全以及經濟發展上的不確定性，在當前國際及兩岸現勢的結構限制下，至多只能同時滿足其中二項目標，是為台灣總體戰略的三難困境。此三難困境之政策邏輯有三：其一，要本土認同、又要安全保障，只能犧牲經濟發展；其二，要經濟發展、又要安全保障，只能犧牲本土認同；其三，要本土認同、又要經濟發展，只能以極大代價追求安全保障。

三難困境所反映的是一種機會成本下的風險管理概念，當總體政策目標無法完全兼顧而損失在所難免時，執政者必須權衡國內、外情勢而將政策偏好進行排序，並就國計民生長遠利益選擇「放棄」部分重要性較低之政策需求。台灣總體戰略的三難困境亦如是，既然無法同時達成認同、安全與發展等三項戰略目標，當政府同時追求其中兩項戰略目標時，即須無法達成之第三項政策目標進行風險管理，盡可能減少因無法達成該目標所造成之損失。

進而言之，當台灣選擇既要深化國家認同、又要美國提供安全保障時，即應慎防兩岸關係惡化對國家經濟發展之衝擊，及早推動產業革新或海外投資之替代方案。其次，若選擇既要擴大兩岸經貿合作來發展經濟、又要

美方持續以軍售和安全保障承諾方式確保台海穩定，則應警惕該項政策組合對國家認同的削弱作用，以及國人或特定團體對於政府忽略台灣主體意識所發起之抗議行動。最後，如果政府選擇既要深化台灣主體意識之國家認同、又不願意放棄兩岸經貿合作帶來之龐大利益，兩岸某種程度的統合是合理的政策選項，但這同時也將面臨美國揚棄對台安全承諾之戰略風險。總而言之，凡決策必有風險，而由於不存在萬無一失策略，惟有保持決策彈性，才能有效因應瞬息萬變之國際情勢。

美、中對峙下的台灣安全：

三明治亦或左右逢源？

羅慶生[*]

壹、前言

　　中國崛起後美、中關係呈現多面貌的複雜互動。從國際政治角度，權力轉移理論主張支配性強權（美國）與新興強權（中國）國力趨近時，可能出現「權力轉移」現象並伴隨較高之衝突機率。[1] 攻勢現實主義則認為中國若完成崛起，則美中雙方將走向強權政治的悲劇式宿命。[2] 在美國立場，中國謀求區域霸權地位將直接挑戰美國根本利益，美國毫無妥協與讓步的可能性。[3] 即便短期內中國國力還無法與美國並駕齊驅，但美國擔心其可能過度自信與自我膨脹，中國則對外部形勢變化高度焦慮與缺乏安全感，雙方可能相互誤判。[4] 若此，則美中將陷入修昔底德陷阱（Thucydides's Trap），21 世紀版本的伯羅奔尼撒戰爭（Peloponnesian War）終將不可避免的預言，就成為國際政治的夢魘。[5] 然而，從國際經濟角度，學界多主

* 陸軍專科學校兼任助理教授

1　Ronald L. Tammen and Jacek Kugler, *Power Transitions: Strategies for the 21ˢᵗ Century* (New York: Chatham House, 2000), pp. 3-43.

2　《大國政治的悲劇》的最早版本是 2001 年 10 月在美國出版，米爾斯海默（ John Mearsheimer ）運用邏輯推演，指出權力是目的而不是手段，追求權力（而不是利益與安全）並成為支配性國家才是大國的目的，如此大國間必然產生衝突，這就是大國的悲劇。此時米氏注意到中國實力已有愈來愈強的趨勢，因而在結論中指出中國將是美國最大的威脅。2014 年新版時因中國的崛起已成事實，米氏遂進一步提出雙方終必衝突的預言。John J. Mearsheimer, *The Tragedy of Great Power Politics*. (New York: W.W. Norton & Company, updated edition,2014).

3　 Aaron L. Friedberg, "Bucking Beijing: An Alternative U.S. China Policy," *Foreign Affairs*, Vo1. 91, No.5, September/October 2012, pp. 49-58.

4　Robert Ross, "The Problem with the Pivot: Obama's New Asia Policy is Unnecessary and Counterproductive," *Foreign Affairs*, Vo1. 91, No.6, November/December 2012, pp. 70-82.

5　修昔底德陷阱是美國政治學者格雷姆‧艾利森（Graham T. Allison）所提出的術語，他引用伯羅奔尼撒戰爭史的典故，認為一個新崛起的大國必然要挑戰現存大國，而現存大國也必然來回應

張美、中作為全球最大的兩個經濟體與最大貿易國，應儘快建立兩國集團（G2），為現今問題找出解決辦法。[6] 這雖然是從國際經貿角度出發，但支持者並不乏外交事務學者，例如撰寫《大棋盤》的布里辛斯基（C. Fred Bergsten）就支持此論點。[7] 季辛吉（Henry Kissinger）也認為所謂新崛起霸權與既存霸權必將爆發歷史性衝突之悲觀看法，並不符合 21 世紀的國際社會現實，因為對抗後果極具毀滅性，故雙方都不存在以軍事力量壓制對方之條件與意願。[8] 無論美、中關係未來發展如何，從權力分配的角度，美、中這 2 年尤其在南海議題上愈趨激烈的爭執，可認知至少在亞洲已出現美、中權力對峙的現象：崛起的中國已開始挑戰美國權力。國內學界在研究台灣安全等議題時，也多從此大國 - 亦即美中雙方互動 - 角度，探討其未來可能發展，再聚焦到亞太安全戰略環境，以推論台灣的因應之道。然而這種從大國立場出發的研究途徑雖能有效分析美、中互動，卻並未提供小國應如何採取行動以確保其國家安全與利益的國際體系架構，難以引導出結構性的客觀分析。因而本文嘗試建立一個分析模型，描繪兩強對峙下的國際權力結構，從而探討小國爭取其最大利益的途徑。在將朝鮮、韓國、越南等導入模型檢驗後，再進一步探討台灣的安全戰略選項，並作結論。

這種威脅，戰爭變得不可避免。如果這成為一個自我實現的預言，對中國的崛起將是巨大障礙甚至威脅。中國國家主席習近平因而多次在有國際媒體的場合上提到此一術語，較重要的一次是 2015 年 9 月 25 日赴美國是訪問，在「歐習會」後午宴中致詞時，強調美、「中」雙方應避免陷入兩國衝突對抗的「修昔底德陷阱」。

6　G2 的概念是 C. Fred Bergsten 在 2005 年即提出。2009 年金融危機時 Bergsten 進一步提出申論，認為美、中是全球最大的兩個經濟體、最大的兩個貿易國、最大的兩個排污國，而且居於全球貿易和金融失衡的兩端：美國是世界最大的赤字和債務國、中國是世界最大的順差國家和美元儲備最多的國家。因而她們代表全球兩大集團：美國代表高收入的工業化國家，中國代表新興市場及發展中國家。G2 雖然是從國際經濟貿易的角度出發，但支持者並不乏外交事務學者，例如撰寫《大棋盤》的布里辛斯基就支持此論點。請參閱 C. Fred Bergsten, "Two's Company," *Foreign Affairs*, Vol.88, No.5 (2009), pp.169-180.

7　C. Fred Bergsten, "Two's Company," *Foreign Affairs*, Vol.88, No.5(2009), pp.169-180.

8　Henry Kissinger, "The Future of U.S.-China Relations: Conflict is a Choice, Not a Necessity," *Foreign Affairs*, Vol. 91, No. 2 (March 2012), pp. 44-55.

貳、基本假定與推論

　　本研究企圖建立一個兩強權力對峙下的小國行動模型，以描繪亞太安全的外部結構。此模型係以權力、利益、無政府狀態、國家行為者、行為者相對理性等概念與假定為核心，因而屬於現實主義典範，但也參酌了自由主義的論述。因為這兩個典範雖然曾經有過大規模辯論，但並沒有本質上的差異。基歐漢（Robert Keohane）在討論國際制度的兩個研究途徑時即指出，新現實主義者與新自由主義者的爭論，是以共同信奉的「理性主義」為基礎。[9] 權力轉移理論的坦曼（Ronald L. Tammen）及庫勒（Jacek Kugler）也強調他們並非現實主義或自由主義，而是理性主義者。[10] 現實主義與自由主義有共同的理性主義基礎，因而相互參酌運用時並沒有不同假定與主張間難以對話的不可共量性（incommensurability）問題。

　　理性主義的基本假定，若從強調自己非理性主義而是建構主義的亞歷山大 溫特（Alexander Wendt）的論述中將更容易獲得理解。溫特觀察新現實主義與新自由主義本質上的相似性，認為可歸之於理性主義所提供的基本上行為主義的概念；理性主義者認為國際體系是無政府狀態下的自助體系，國家是主要行為者，並且按照自身利益來定義安全，國際體系下必然存在強權，國家行為的認同與利益是外部給定，進程與制度能改變行為者行為，卻不改變其認同與利益，亦即國家行為是受國際體系的結構因素所限制。[11]

　　本模型即基於前述的理性主義假定而建構，同意國際為無政府狀態但並非沒有秩序，國家行為者的能動性（agency）受國際體系的結構性限制，國際體系是個金字塔般的層級化系統（a hierarchical pyramid），權力被控制在少數國家手中，而且所有國家都認知這個層級的存在與權力在其中相

9　Robert Keohane, "International Institutions：Two Approaches" *International Studies Quarterly* , Vol. 32, No. 4 (1988), pp. 379-396.

10　Ronald L. Tammen and Jacek Kugler, op. cit., p.6.

11　Alexander Wendt, "Anarchy is what states make of it: the social construction of power politics," *International Organization*, Vol. 46, No. 2(1992), p. 141.

對分配的情形。[12] 霸權是國際政治秩序的創造者與國際經濟秩序的穩定者
（stabilizer），位於國際體系的最頂端，提供國際公共財給其他搭便車的
國家而促成全球經濟的發展與穩定；當代霸權具有去除宰制（dominance）
元素而強調領導的特質，因而不是以唯利是圖的心態去掠奪其他國家或世
界的資源而豐厚自己，但可運用其所擁有的資源及權力優勢，組建符合其
利益的國際制度與規範，並在此一過程中獲得利益。[13]

　　至於修正的部分；本研究雖同意國家行為的認同與利益是外部給定，
受國際體系的結構因素限制，但國家行為者的能動性仍具意義，主張國家
行為者可能因內部的政權轉移或外部安全環境的變化而重新界定國家利益
與安全。對強權國來說，可能因此改變對追隨者或結盟對象的爭取，對小
國來說，則可能修正自己在對峙光譜中的位置。行為者對國家利益與安全
的重界定是國際體系的自變項，雖然長期來說在結構限制下仍將趨於穩
定，但短期衝擊該體系。

　　本研究進一步推論如下：

1. 在國際無政府狀態假定下，國家對外行為不受國際法或國際條約的制
   約，雖然因偏好或資訊不足可能造成誤判，但其願意或不願意遵守國
   際規範，都是行為者評估其安全與利益後理性選擇的結果。所有的國
   際組織包括聯合國在內，都是強權的操作工具或權力分配平台。強權

---

12 有關國際體系的層級化請參閱 A.F.K. Organski and Jacek Kugler, "The War Ledger," op. cit.; Randall L. Schweller, "Managing the Rise of Great Powers: History and Theory," in Alastair Johnston and Robert S. Ross eds., *Engaging China: The Management of an Emerging Power* (New York: Routledge, 1999) , pp. 1-31. ; Ronald L. Tammen and Jacek Kugler, *Power Transitions: Strategies for the 21st Century* (New York: Chatham House, 2000). ; Douglas Lemke, "Great Powers in the Post-Cold War World: A Power Transition Perspective," in T.V. Paul, James, J. Wirtz and Michel Fortmann eds., *Balance of Power Theory and Practice in the 21st Century* (Stanford, California: Stanford University Press, 2004). pp. 52-75.

13 這部分屬於自由制度主義的概念，可參閱 Charles P. Kindleberger, *The World in Depression, 1929~1939* (Berkeley: University of California Press, 1973); Charles P. Kindleberger, "Dominance and Leadership in the International Economy," *International Studies Quarterly*, Vol. 25, No. 2（1981）,pp. 242-254. & Robert Gilpin, *The Political Economy of International Relations*(Princeton: Princeton University Press,1987).

透過國際公共財的提供，制定符合其利益的國際制度與規範以管理國際秩序，故所謂全球治理，本質上是權力分配的結果，即便強權國本身也必須遵守該國際規範。同時，由於利益是被包裝在國際制度與規範下，因而強權追求「國家利益最大化」的手段是爭取制定國際制度與規範的權力，而不是物質性的資源、土地或其他財富的掠奪。

2. 當代霸權具有去除宰制元素而強調領導的特質，因此強權國追求霸權的途徑在領導力的確認，亦即願意遵守其所制定遊戲規則的國家愈多，權力愈大。如此當兩強權權力對峙時就很自然的成為兩個國家集團，各自遵守其領導國設定的國際制度與規範。而爭取更多願意接受我所制定規則的盟友，甚至將對方納入，迫使其遵守自己制定的國際制度與規範體系，就成為權力爭奪的主要關鍵。

3. 雖然武力仍是國家行為者戰略工具箱的主要工具，聯合國等集體安全組織也只是權力分配的平台，但強權國本身也須遵守限制武力使用的國際規範，[14] 這使得武力操作在強權領導力競爭時只是輔助手段，不能直接使用武力或武力脅迫要求鄰近小國一定要遵守我所制定的國際規範。要強迫或說服小國遵守我所制定的遊戲規則，脅迫不如誘導或吸引來得有效。這並不表示強權不會以武力攻擊小國，正如前第 1 項推論，限制武力使用的規範並不能真正制約國家行為，而是強權在針對利益與風險進行理性考量時，會做出避免戰爭的選擇。

參、當前國際體系的結構

基於前述假定與推論，本研究認為當前國際體系具有以下的結構特徵。

---

14 這是指包含使用與威脅使用在內的「禁止使用武力原則」（non-use of force principle），已透過聯合國憲章的修訂與連續的國際實踐，使得該原則具有「絕對規範」（peremptory norm）的地位。國際間逐漸形成共識，只有自衛權與經過安理會決議案授權的武力使用才具合法性。請 參 閱：Neils Blokker, "Is the Authorization authorized? Powers and Practice of the UN Security Council to Authorise the Use of Force by 'Coalitions of the Able and Willing'", *European Journal of International Law*, Vol. 11, No. 3 (2000), pp. 541-545. 此一國際規範的形成，是因為由擁有全球最強大武力的霸權國透過聯合國的舞台制訂，以及在高度支持不斷實踐的結果。

一、鬆散的對峙金字塔權力結構

本模型同意國際體系存在金字塔般的層級化系統，典型結構是一個支配性強權（ dominant power ）下的單一金字塔型態。各層級在支配性強權下分別是：強權國（great power）、中權國（middle power）、小權國（small power）（如圖1）。

本研究進一步推演：當出現挑戰者或形成對峙性權力集團時，就可能形成兩個對峙金字塔的型態，最極端的例如冷戰時期兩極結構。此時兩個支配性強權以集體防衛形式，分別對集團內國家提供強而有力的安全公共財。在集體防衛下，集團內國家關係緊密，層級結構明顯，有自己的國際制度與規範；對峙集團間則國家相互敵對，互不往來，形成兩個不同世界（如圖2）。

冷戰結束後傳統敵國消失，在全球化影響下各國開放往來，形成單一的全球體系，原有強權以集體防衛形式所提供的公共財也轉型為集體安

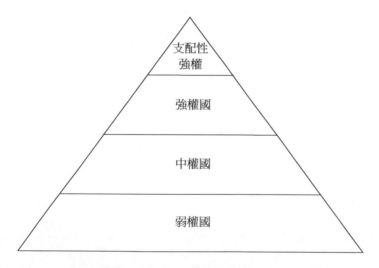

圖1：Classic Power Pyramid

資料來源：Ronald L. Tammen, Jacek Kugler, Douglas Lemke, Alan C. Stam III, Mark Abdollahian, Carole Alsharabati, Brian Efird, A. F. K. Organski: *Power Transition: Strategies for the 21st Century*, (New York: Chatham House Publishers Seven Bridges Press, 2000), p7.

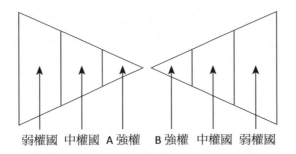

圖2：冷戰時期緊密的對峙金字塔權力結構

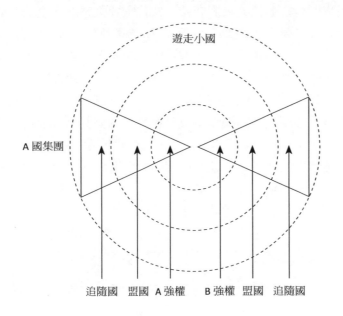

圖3：當代鬆散的對峙金字塔權力結構

全。支配性強權於是透過新的安全公共財與經濟公共財取得權力。如果有挑戰者出現，則同樣是透過提供新的公共財而取得建立新規則的權力，並爭取為了搭便車而願接受新規則的國家，逐漸形成新的國家集團，挑戰舊有秩序與規則。出現新的公共財提供者是受小國歡迎的，因為可以形成競爭，讓處於消費者地位的小國有不同選擇。如果新強權有愈來愈多的追隨者，則形成鬆散的對峙金字塔型態（如圖3）。

在鬆散的對峙金字塔型態中，處於次級的盟國是與強權國有軍事同盟或安全合作關係的國家。第三級的追隨國則是搭便車者，與強權國並沒有明確的安全同盟關係，但願意追隨該強權國訂定的國際規範與規則，並在主要議題上支持該強權，強權國則回報以特定利益。多數小國則在兩集團間遊走，視議題選擇不同的支持對象，期望能同時搭雙方所提供的公共財便車，以獲得更多利益。

二、領導性強權取代支配性強權

相較於冷戰時期具排他性的集體防衛，當代國際體系的安全公共財在權力競逐下已形成透過聯合國權力平台所提供的集體安全。雖然武力作為國際爭端的最後裁判，強權國的軍事結盟或安全承諾仍有重要意義，但聯合國的集體安全保障愈來愈具普遍性，除了內戰以及全球化邊陲國家間的武裝衝突偶有發生外，融入支配性權力而被迫轉型為領導性強權。兩者的主要差異在於領導性強權的權力操作是以具競爭力的公共財吸引追隨者，目標是將愈來愈多的小國納入自己集團，最終包括對峙強權，而不是消滅她。權力競爭是領導力的競爭，也就是所提供公共財間的競爭，因而對未加入集團的小國也樂於提供，以吸引其加入。對企圖脫離改向對方靠攏的國家，則除道德勸說外，主要是透過給予更多或減少胡蘿蔔的誘迫以影響對方。即便動用棒子，也不是武力上的，而是經濟、貿易制裁，或其他表達不滿的象徵性懲罰，且都在自己制定或承認的國際規範內行動。

當前國際體系的權力對峙金字塔是鬆散、動態的，經常會出現不同組合。因為競爭強權在不同領域提供公共財供各國選擇，而各國在不同議題有不同利益，因此可能隨時改變立場，包括盟國與追隨國。例如某個屬於A國集團的盟國，可能因政權轉移或安全環境改變而重新界定其國家安全與利益，在特定議題上改與B國合作，甚至逐漸向B集團靠攏；反之亦然。盟國在結構中的穩固性並不超過追隨國。這是因為盟國雖可享受強權提供的安全保障，但相對的也需付出代價，因而在安全威脅被重新界定時，就可能改變立場尋求更多的國家利益。多數小國則寧願在對峙集團間遊走，希望能同時搭上兩強公共財便車，視議題選擇支持對象。

三、避免直接武裝衝突是對峙強權最大的共同利益

　　雖然處於對峙狀態，但對兩個競爭的領導性強權來說，避免直接發生戰爭是雙方最大的共同利益。無論是否互相設定對方為假想敵，建設強大武力的功能都是要提供穩固的公共財基礎以招徠更多追隨者，而不是要消滅對方。強權的權力競爭是公共財的競爭，基礎在於小國相信其實現承諾的能力，如果本身都沒有足夠強大的武力保護自己，則在國際無政府狀態下將無法獲得處於消費者地位的小國信心而願意追隨該強權。雖然直接以武力消滅對手可以成為戰略選項之一，但戰爭將消耗大量資源，成功屈服對方意志卻又保持自身實力完整的機會很低，較可能的結果是兩敗俱傷。如此即便勝利也喪失領導地位，例如二戰結束後歐洲諸強，其領導地位即被美、蘇取代。因此基於利益與風險的理性思考，避免直接武裝衝突就成為對峙強權最大的共同利益。

肆、兩強權力對峙下的小國行動

　　無論全球或區域，當兩強權力對峙，國際體系以鬆散的對峙金字塔型態存在時，就形成限制小國行動的外部結構，本研究進一步提出以下模型以分析小國行動。所謂小國，是指兩個對峙強權之外的其他國家，無論國力大小都算小國。當代鬆散的對峙金字塔權力結構並沒有行政概念的層級結構，強權國之下的各國權力平等，次級盟國即便擁有強大國力，除非獲得強權國授權，也不能改變其他盟國或追隨國行為。只是國力較強或資源較豐富的盟國，可用來交換利益的籌碼也較多，因而可能在強權國授權下成為代理人，但也可能成為潛在的競爭者。

一、初始狀態

　　在初始狀態，眾多小國中同時或一前一後出現 A 與 B 兩個強權，展開領導性權力的競爭：雙方分別提供包括安全、經濟、金融與其他領域的各式公共財，以吸引、說服更多追隨者加入。由於這些公共財的制度與規範是強權國依據本身利益所制定，所以願意遵守的國家，亦即追隨者愈多，強權國的利益愈大，權力也愈大。而在強權國的武力使用被限制下，小國

可以依據本身的國家利益與安全，自由選擇追隨對象，分別或同時搭 A、B 兩強所提供的公共財便車。如此，小國在行動上有以下三種可能：

（一）、遊走 A、B 集團間

同時搭兩強權提供之公共財便車，可自由選擇在特定議題上支持或不支持特定強權。若在主要議題上支持某特定強權，有機會獲得其所提供公共財之外的額外獎勵，但不支持也不會受到懲罰。支持行為若持續且被其他行為者所預期，就成為該強權的追隨者。

（二）、追隨強權國行動

沒有固定形式但有較多的外交互動或合作，在主要議題或被要求下都追隨特定強權行動。追隨國除搭該強權所提供之公共財便車外，若有額外利益可優先獲得分配。雖然沒有文字或口頭協議拘束一定要支持該強權，但若在主要議題或要求下不支持，則將受到懲罰。懲罰程度要視其曾經獲得額外利益的多寡而定，若曾經獲得的額外利益愈多，懲罰愈重，否則較輕。

（三）、成為強權盟國

若小國遭受安全威脅，無論此威脅來自 A、B 強權本身或其集團內成員，該小國都可能透過軍事結盟或安全合作成為另一強權的盟國，以獲得該強權在一般安全公共財之外額外提供的安全承諾。相對性的付出則是盟國必須在各項議題上全面支持該強權，甚至犧牲某些利益以換取此安全保障，否則將被懲罰。

二、強權國的獎勵與懲罰

當前國際體系下的領導性強權是以爭取更多追隨者為權力擴張的表徵。追隨者愈多，其所提供公共財所創造的價值就愈高，吸引或說服其他遊走小國的能力也愈強，影響力愈大。因為受自己設定或承認的國際規範所拘束（尤其是武力使用與威脅使用的限制），強權國權力操作籌碼主要是胡蘿蔔而不是棒子。這些做為胡蘿蔔的額外利益是針對特定國家給予，而非像公共財的具有普遍性，包括：經濟援助、貿易優惠、外交的特殊禮

遇或地位等。這種以特定利益為標的物的獎懲方式，是以「增加」為獎勵、「停止增加」為初步的懲罰、「收回」則為進一步的懲罰。只有在威脅強權國核心利益時才動用棒子。「棒子」通常是經濟、貿易制裁或特定的抵制行為，即便動用武力也屬表達不滿或展示肌肉的象徵性行動，例如軍事演習。

因此，除提供普遍性的公共財外，強權國還願意給予特定小國更多胡蘿蔔。不過，提供公共財是維持霸權的成本，額外增加的籌碼是擴張霸權的成本，在國力有限下，強權國對小國需索不會全盤照收。是否付出更多籌碼要看該小國在權力擴張上的重要性，無論是出於歷史背景、地緣政治、議題性質或其他因素，強權國會對其所認為重要的國家投入更多胡蘿蔔，包括挖對方牆腳：爭取對方的追隨國甚至盟國。對峙強權當然也能增加籌碼獎勵或減少籌碼懲罰以挽回該國。強權的權力競逐並不完全是零和遊戲，雖然在權力分配上 A 強權所得即為 B 強權所失，但在極端情形下例如戰爭發生卻可能雙輸；在特定議題如環境或氣候變遷卻可能雙贏。對峙強權在權力操作上既競爭又合作：競爭的部分是擴大自己或削弱對方權力，合作的部分是共同維持結構穩定，以避免局勢失控而造成雙輸的結果。特定小國雖有機會利用對峙強權矛盾以獲得更多利益，但有極限。

每個國家都有自己界定的國家利益，某些為必需堅持的核心利益，某些則可用來交換。小國會選擇哪種行動出於自己國家利益上的考慮。除非有強大的安全威脅，通常小國並不樂意成為強權盟國。因為安全須付出代價，強權國所提供之安全保障可能要犧牲某些利益作為交換。遊走兩集團間，則可以獲得兩邊都搭便車的利益。至於是否要加盟追隨某強權，則視所獲得的額外利益而定。但國家利益與安全是由政治菁英所界定，不同執政者對安全與利益的界定不同，對強權國所提供胡蘿蔔的價值也有不同判斷。因此小國行動並非一成不變，可能因政權更迭、安全威脅的增加或減少、強權國提供籌碼的比較等因素而有所不同。

三、權力對峙光譜

基於前述假定與推論，本研究提出以下的強權國權力對峙光譜（如圖

圖 4：兩強權力對峙光譜

4）。橫軸線為小國的位置：愈接近 A 點，表示受 A 國權力的影響愈深，或受 B 國權力的影響愈少，反之亦然。而無論在光譜上的任何位置，小國所感知的兩強權力總和為常數，例如光譜中的 A（或 B）點就是 A（或 B）強權的權力極點，同時也是 B（或 A）的權力零點。

在 A、B 兩強對峙權力間有個廣泛的均衡區，多數小國都位於此均衡區，以同時搭兩強所提供的公共財便車。雖然在某些議題上可能支持 A 國多一點，或者支持 B 國多一點，但不表示屬於 A 集團或 B 集團，要視該議題與自己的國家利益而定。

（一）、小國利益曲線

每個小國都依據自己的理性判斷，在光譜上移動或不移動位置，以獲取或維持利益與安全。但在權力對峙結構形成時的初始位置不同，移動的效果也不同。基本上可分為兩種形式，一種是原本位於均衡區的中立小國選邊，成為特定強權盟國；另一種是原本強權的盟國或追隨國向中間靠攏。

‧ 從均衡區向盟國移動

在初始狀態，位於均衡區的小國可能因為特定強權（例如 A）增加胡蘿蔔，而被拉入 A 集團成為追隨國。

在此過程中 B 強權也可能隨之增加胡蘿蔔拉攏，即便不能拉回自己陣營，至少也要留在均衡區。是否加碼與加碼的程度，則視該小國在權力競逐上的重要性。若該小國地位重要，則隨著向 A 強權靠攏的程度，B 強權也會相對性的增加籌碼。這使該小國整體利益增加，而且愈接近 A 強權盟

國的位置利益愈大。然若簽署軍事盟約或安全協議而成為 A 強權盟國，就將付出某些利益以交換此安全保障，且受到 B 強權收回胡蘿蔔的懲罰。成為盟國就等同跨越一條利益紅線，獲得的利益將迅速減少（如圖 5 ）。

　　除了拉攏均衡區的小國外，從對方陣營挖角是強權國另一種增加追隨者的方式。不過因籌碼有限，挖角不是多多益善，而是要看該國在權力擴張上的重要性。由於作為強權盟國的整體利益低，因此若安全威脅降低，盟國將願意接受另一強權所給予的胡蘿蔔而向中間靠攏。原屬強權雖然不滿但也不便逕行懲罰或懲罰有限。這使其轉向後的整體利益將逐漸增加。進入均衡區後，原屬強權還可能增加胡蘿蔔爭取，另一強權同樣可能再增加籌碼，如此左右逢源，整體利益將大幅增加。但若成為另一強權的追隨者，雖然該強權可能增加籌碼爭取，但引起原本強權不滿，懲罰將轉為嚴厲，利益下降（如圖 6 ）。

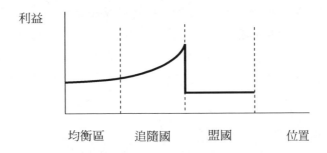

圖 5：小國利益曲線（從均衡區向盟國移動）

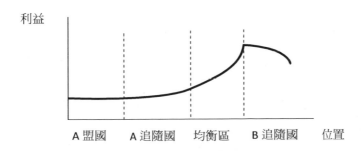

圖 6：小國利益曲線（從盟國轉向中間）

（二）、脫離結構的懲罰

在兩強對峙的結構中，兩大強權制約小國行動能力（即權力）的總和為常數，亦即受 A 強權的影響若增加，B 強權的影響力就相對減少，反之亦然。所有小國都接受 A 或 B 強權的制約，在光譜上移動或不移動。若小國堅持自己的特定利益，對兩大強權的制約都不理會，就是脫離結構。脫離結構的小國行動並不多見，然一旦出現，就可能因破壞體系的穩定性而被視為「麻煩製造者」，遭 A、B 兩強的聯手懲罰。本文稱此為「三明治陷阱」，意指在兩強權力對峙下，小國為堅持本身利益而脫離對峙光譜結構，以致於陷入兩強共管的窘境。

四、模型的驗證

為使本模型具有更高的適切性以探討小國行動，在當前國際形勢下導入特定小國解析以為驗證。

當前國際形勢在東亞已形成美、中兩強對峙的局面。雖然在全球性議題上，例如生態與環保議題，中國並未挑戰美國，但在亞太地區，無論政治、經濟都呈現出相互對抗的局面，符合本文圖 4 所描繪的權力對峙光譜。如此，本文將先運用該模型解析三個東亞小國行動，再解析台灣的戰略選項，以驗證本模型。

（一）、朝鮮（北韓）

朝鮮是堅持自己國家利益，而陷入「三明治陷阱」的典型。基於韓戰的歷史因素與長期合作的實踐，朝鮮可視為中國的盟國，雙方在安全領域關係密切。2011 年金正恩上台後處死大量前朝高官，鞏固大權，重新界定了新的利益與安全，對美、日、韓聯盟採取挑釁態度，不斷試爆核彈與試射飛彈。中國雖有部分學者主張基於中國本身利益，不能放棄朝鮮，[15] 但美國若動武制裁將引爆大規模戰爭，可能牽連中國，這違反兩強的共同利益。因而中國在多次勸說制止皆無效後，同意聯合國安理會制定嚴格的制

---

15 這些學者至少包括高岩、吳戈、姚樹潔、畢殿龍等，請參閱：慕小易，＜中國為何不願放棄朝鮮＞，看中國，2016 年 2 月 23 日，<http://minzhuzhongguo.org/ArtShow.aspx?AID=62780>。

裁案。

（二）、韓國（南韓）

韓國是個從盟國轉向而獲得左右逢源利益的例子。韓國長期為美國盟邦，但冷戰結束後安全威脅降低，兩韓間有多次元首間會晤，並在開城試點展開經濟合作，與中國的關係也因而改善。1992 年雙方建立正式外交關係，並簽訂貿易和投資保護等協定，韓國得以迅速搭上中國經濟快速增長的便車。2008 年韓國總統李明博訪中，將「中韓全面合作夥伴關係」提升為「中韓戰略合作夥伴關係」。中國也樂意進一步拉攏韓國，2015 年 6 月與韓國單獨簽署自由貿易協定。不過韓國並未跨越界線成為中國追隨者，[16]精準的將自己定位在均衡區靠攏，因而能獲得更多利益，符合圖 6「從盟國轉向中間」曲線。只是在朝鮮核試爆與多次飛彈試射後使其安全威脅大增，不得不同意美國設置戰區高空飛彈防禦系統（ Terminal High Altitude Area Defense, THAAD, 薩德 ） ，使中國大為不滿，已開始出現某些抵制行為。薩德若正式佈署，可視為從均衡區向美國盟國移動，如此中國可能進一步施予懲罰，韓國利益將大幅下降，如圖 5「從均衡區向盟國移動」所示的利益曲線。

（三）、越南

越南是另一個從盟國轉向而獲得左右逢源利益的例子，只不過是由中國盟邦轉向而不是美國。早期在中、蘇支持下統一越南的越共政權，一度也因堅持其國家利益入侵柬埔寨，遭到中國制裁而掉入「三明治陷阱」。即便 1986 年效法中國改革開放，但在美、中夾殺下經濟發展也未見起色。進入 21 世紀後越南轉向美國靠攏，2013 年越南國家主席張晉創拜訪華盛頓，雙方正式建立「全面合作夥伴關係」。美國還拉攏越南加入美國主導的「跨太平洋夥伴關係」（The Trans-Pacific Partnership, TPP）。TPP 在亞太還不具普遍性，可視為額外利益。若 TPP 生效，就表示越南正式成為美國的追隨國，如此將受到中國懲罰。依據圖 6「從盟國轉向中間」曲線，

---

16 例如在中國籌組「亞洲基礎建設投資銀行」之初並未表態支持，而是在英國、德國、法國、義大利等美國歐洲盟邦宣布後才隨後加入。

盟國成為另一方追隨國後利益將大幅下降，對越南並不利。2016 年初，越共換掉了親美的總理阮晉勇，重新界定國家利益，試圖兼顧中、美平衡。如果越南不跨越追隨國界線，在美中對峙間保持均衡，未來將有很好的機會享有左右逢源的利益。

伍、台灣安全戰略的選擇

在美、中權力對峙中的台灣，作為小國的地位類似朝鮮、韓國與越南。如何避免像朝鮮一樣陷入三明治陷阱？如何像韓國或越南一樣，爭取類似的左右逢源利益？是台灣安全戰略上的選擇。運用本模型的分析方式，是先確定國家在權力對峙光譜中的位置，再探討應如何移動，以爭取更多利益。

一、馬政府的戰略選擇

無論就歷史背景與政府互動的實踐，1949 年轉進台灣的中華民國都是美國盟國。雖然 1979 年美國承認「中華人民共和國」與我斷交並廢止《中美共同協防條約》，雙方已不存在法律上的盟約，但美國透過《臺灣關係法》的安全承諾，台美間的軍事合作並未中止。相較搭上中國經濟發展便車的韓國，作為美國盟國的台灣在競爭力上出現落差。2001 年，韓國以名目計算之人均 GDP 為 10,655 美元，不如台灣的 13,108 美元；但到了 2004 年即以 15,229 美元超過台灣的 14,986 美元。雙方差距在 2007 年達到高峰，人均 GDP 分別為 21,653 美元與 17,122 美元。2009 年受國際金融危機影響經濟下滑，雙方差距拉近至 17,110 美元與 16,331 美元，以後差距再度拉大。[17]

2008 年馬總統上任後提出「和中、友日、親美」的戰略選擇，台灣開始向中間靠攏，中國大陸也極盡拉攏之能事，在各項談判中都表示對台「讓利」，並擴大對台採購，使台灣獲得額外利益。2009 年兩岸貿易額為 1,062.3

---

17 中華民國中央銀行，〈台灣與南韓人均 GDP 之比較〉，2012 年 5 月 30 日，<http://www.cbc.gov.tw/public/Attachment/253017544971.pdf>。

億美元，台灣順差 652.1 億美元；[18] 中韓貿易額為 1,409.5 億美元，韓國順差 404.5 億美元。[19] 到了 2014 年兩岸貿易額已擴大為 1983.1 億美元，台灣順差 1057.7 億美元，[20] 中韓貿易額則為 2,354.0 億美元，韓國順差 552.6 億美元。[21] 五年來兩岸貿易增加 86.7%，中韓貿易增加 67%，台灣順差增加 62.2%，韓國增加 36.6%。不過馬政府並未放鬆對中共政權的戒心，雙方互動採逐漸開放模式，且一直到 2015 年版本的《國防報告書》，仍強調「中共迄⋯仍為我國最主要的安全威脅」。[22] 馬政府在美中權力對峙光譜上的戰略選擇，是從美國盟國的位置，持續緩慢的向中間靠攏，但仍位於美國追隨國的區間。因此，馬政府雖然符合圖 6「從盟國轉向中間」的小國利益曲線而使台灣利益增加，但因未進入均衡區，整體獲利不如韓國。兩岸並未達成類似《中韓自由貿易區協定》的協議，往來也不如中韓緊密。例如 2013 年大陸赴韓人數已高達 457 萬人，而來台陸客卻只有 287 萬人；[23] 且直至 2015 年，來台陸客人數也只有 418 萬人。[24]

　　對美國而言，雖然馬政府的「和中」戰略降低了兩岸武裝衝突的機率，美國表示樂觀其成，但對台灣緩慢向中間靠攏的步調卻有所警惕。繼 2012 年 10 月 30 日正式宣布台灣成為第 37 個赴美免簽國家後，2015 年 4 月 4 日再宣布台灣成為「全球入境計畫」（Global Entry）夥伴，為韓國之後的

---

18 中華人民共和國商務部臺港澳司，〈2009 年兩岸貿易相關數據〉，2010 年 4 月 21 日，<http://big5.taiwan.cn/twzlk/twjj/gk/201004/t20100421_1331244.htm>。

19 中華人民共和國商務部，〈2009 年韓國貨物貿易及中韓雙邊貿易概況〉，<http://countryreport.mofcom.gov.cn/record/view110209.asp?news_id=42573>。

20 陳曉星，<2014 年台灣對大陸貿易順差逾千億美元>，人民網，2015 年 01 月 15 日，<http://finance.people.com.cn/BIG5/n/2015/0115/c1004-26387147.html>。

21 中華人民共和國商務部，〈2014 年韓國貨物貿易及中韓雙邊貿易概況〉，<http://countryreport.mofcom.gov.cn/record/view110209.asp?news_id=42573>。

22 中華民國國防部，《104 年國防報告書》，2015 年，<http://report.mnd.gov.tw/page3821.html?sn=7&lang=tw>。

23 林意玲，<謝謂君：今年觀光人數將破 950 萬人>，台灣醒報，2014 年 11 月 2 日，<https://anntw.com/articles/20141102-SffB>。

24 中華民國交通部觀光局，< 2015 年來台旅客居住地分析統計>，觀光年報，<http://admin.taiwan.net.tw/statistics/year.aspx?no=134>。

第二個亞洲國家，都有拉攏台灣，避免台灣離美國愈來愈遠的用意。

　　然而，由於中共並未放棄對台動武，兩岸互動的增加並沒有使台灣的安全威脅減緩多少，反而在武力差距愈來愈大下，台灣民眾對大陸併吞台灣的恐懼愈益增加。馬執政最後兩年，兩岸關係的進展有限。但在議題選擇上，馬政府在南海議題上堅持中華民國憲法的立場符合中國利益，台灣在權力對峙光譜上仍維持「緩慢向中間靠攏」，並未退回美國這一邊。因此，2015 年 11 月突如其來的「馬習會」，可視為中國大陸對馬政府的獎勵。

二、新政府的戰略選項

　　2016 年大選，執政黨超出預期的大敗，意味著台灣民眾對國家安全與利益的重新界定。「天然獨」概念的出現顯示年輕世代傾向獨立的趨勢，獨立或避免被統一重新界定為國家安全目標，與大陸保持適當距離成為新的國家利益界定。在這情況下，新政府在美中權力對峙光譜上的定位有以下四個選項：

1. 堅持新界定之國家安全與利益，追求獨立之路並嘗試脫離中國影響。不過若超過中國大陸的容忍底線可能遭致武力制裁，如此將迫使美國出面干預，反而陷入美、中共管的「三明治陷阱」。這是台灣的「安全困境」，即追求安全與利益的行為反而威脅了真正的國家安全與利益。

2. 繼續馬政府「緩慢向中間靠攏」的路線。在觀察指標上，即承認「92 共識」，維持「兩岸」、「大陸 vs 台灣」等既有名稱以對中國大陸表示友善，積極爭取簽訂《海峽兩岸貨品貿易協議》與加入中國主導的《區域全面經濟夥伴關係》（ Regional Com-prehensive Economic Partnership, RCEP ）及「亞洲基礎建設投資銀行」等。如果順利通過兩岸貨貿、服貿協議，成功加入 RCEP 與亞投行，就進入權力均衡區。依據圖 6「從盟國轉向中間」的小國利益曲線，台灣可獲得左右逢源的利益，整體利益將快速增加。但如此不符合重新界定的台灣安全與利益，推動有很大阻力。

3. 改變馬政府「向中間靠攏」路線，轉向重回美國盟友位置。觀察指標

即拒絕承認「92共識」，爭取加入美、日軍事同盟與美國主導的《跨太平洋夥伴關係》（The Trans-Pacific Partnership, TPP）。如此雖不致遭受武力制裁，仍將受到中國大陸「收回利益」的懲罰：兩岸互動停止、觀光人潮停止、貿易優惠取消、已簽訂之兩岸協議與合作遭技術性阻擋，兩岸關係退回馬政府之前。如此雖符合重新界定的台灣安全利益，但整體利益將大幅降低。

4. 停止「向中間靠攏」路線，但不明顯轉向，留在美國追隨國位置。觀察指標即不明示拒絕承認「92共識」或「一個中國」議題，持續爭取美國對我軍售，但在中國堅持的議題如南海與東海爭議上採戰略模糊，以保留與中國大陸的對話空間，同時爭取加入TPP與RCEP及亞投行。如此將不致遭受中國「收回利益」的懲罰，至多因「92共識」或「一個中國」議題未能讓中國完全滿意而遭受「停止增加利益」的懲罰：中國大陸可能拒絕繼續談判「兩岸貨貿協議」，台灣即便通過「兩岸服貿協議」，大陸也可能拒絕執行，但已簽屬之協議與合作將繼續有效，並視我政府的動作逐步修正或調整。如此雖不完全符合重新界定的台灣安全利益，但整體利益減少有限。

陸、結論

本研究認為當前美中呈現的是權力對峙關係，權力隱藏著利益，擴張權力本身即為行為者的目的，並以提供公共財，爭取追隨者與盟友作為權力擴張途徑。因而提出權力對峙模型，以分析在權力對峙中的小國，應如何行動以獲取最大利益。

本研究認為，每個國家都有其自己的國家利益，會依據兩強所提供的公共財與額外利益，在對峙的權力光譜中佔據最適位置，以滿足自己最大利益。作為強權盟國的整體利益最低，通常只有在強烈安全威脅下，才會透過軍事結盟或安全合作方式接受特定強權的安全保護。其他將依據自身條件與在權力對峙中的地位，或在權力均衡區、或追隨特定強權，都可能維持較高利益。不過，此一長期趨向穩定的結構，卻可能因行為者的能動性而改變。這是因為每個國家行為者都可能因政權移轉，政權移轉通常帶

來國家利益與安全的重新界定；強權國可能因此改變對追隨者或結盟對象的爭取，小國則可能修正自己在對峙光譜中的位置，因而成為權力對峙模型的自變項。雖然長期而言系統還是會趨向穩定，但短期上行為者的能動性將衝擊結構。

本研究認為，對峙強權在權力的操作上既競爭又合作；一方面擴大自己或削弱對方權力，二方面則與對方合作，共同維持結構穩定，以避免局勢失控而造成雙輸的結果。因而若有小國堅持自己的國家利益與安全，挑戰某特定強權底線，另一強權為避免局勢失控將與其合作共管，使該小國陷入「三明治陷阱」。在歷史與地理因素上都是中國盟友的朝鮮，在金正恩上台後多次核子試爆與試射長程飛彈挑戰美國底線，最後遭美、中合作通過嚴厲制裁，即為顯例。

本研究認為，小國要獲得最高利益，在權力對峙光譜中應設法維持在均衡區或追隨國的位置，以同時搭雙方所提供的公共財便車與額外提供的胡蘿蔔，以享有左右逢源的利益。本研究分析了馬政府的戰略選擇，釐清其行動路線為「由美國盟國向中間靠攏」，但仍在美追隨國位置，並未進入美中權力對峙的均衡區。同時，也指出新政府的上台意味著國家安全與利益的重新界定，新政府有修正馬政府路線的理由與必要性，且列出 4 個可能的戰略選項。

不過，至於何者為較佳的選擇？則並非本研究論述的目的。因為戰略研究者只是針對特定議題，提出一系列可操作的信條、價值觀與主張，以導入決策者的決策選項；[25] 戰略研究者與決策者將扮演不同角色，前者負責理性分析與方案制訂，後者負責決策與風險承擔。[26] 因而本研究只提出此一分析模型與戰略行動的可能選項，不對決策提出建議。

---

25 Friz. Ermarth, "Contrast in American and Soviet Strategic Thought," *International Security*, Vol.3, No.4(1978), pp.138-155.

26 陳偉華，＜戰略研究的批判與反思：典範的困境＞，《東吳政治學報》，第 27 卷，第 4 期（2009 年），頁 31。

全球正義與人類安全的未來：

戰略學的觀點

施正權 *

壹、問題的緣起：全球正義與人類安全的弔詭

　　由國際體系看，全球進入後冷戰時期之後，原有的兩大集團之政治對抗與軍事衝突轉變為全球性經貿整合與發展；加以現代化科技文明的推波助瀾，加速了全球化腳步。同時地，人類也面臨重大安全問題。例如：在經濟與科技高度發展下，激烈氣候變遷，引發了水災、旱災，飲水出現問題，離 背景的氣候難民日以劇增；貧富差距擴大，全球資源分配與使用不均，處在饑餓邊緣下營養不良，難以溫飽，全球不少人生存受到威脅；「九一一事件」後，全球性的恐怖攻擊行動不時出現，改變了原有戰爭型態，許多國家雖然採取國際合作方式因應，亦防不勝防，人民身心不時陷於恐懼之中。

　　以上諸現象，個看似單一問題，卻足以引起連鎖反應，成為複合式惡性循環議題。例如：二氧化碳排放量日增，氣候激烈變遷，糧食與飲水問題惡化，又因氣溫升高等環境因素，使流行疾病更為肆虐，窮人日多，貧、病、弱交互影響，遑遑不可終日，甚至朝不保夕。

　　由全球正義（global justice）角度看，進入加速全球化的 21 世紀，人類的科技發展雖然一日千里，但是面對以上諸問題卻顯得束手無策，形成全球正義與人類安全上的弔詭。

　　本文藉由全球正義概念檢視當前人類安全問題，進而展望未來，思考如何加以解決，以及初步解決問題的方案中，是否有其不足之處，並試以戰略學的觀點分析，期能提供在解決前述問題的思考、決策與行動之參考。

---

* 淡江大學國際事務與戰略研究所副教授

貳、概念的說明與界定

一、全球正義—正義及相關概念

全球饑餓與營養不良問題嚴重，以第三世界饑荒和營養不良的情況為例，在 1998 年，世界有 20% 的人口生活在世界銀行定義之「極端」貧窮，每天有五萬人因饑飢、疾病死去，其中 34,000 人為五歲以下的小孩。究實而論，貧窮是問題，背後的不平等更是問題。例如，富有社會中 14.9% 人口竟擁有全球 80% 的收入。[1] 貧窮饑餓等問題在無國界的發展與相互影響下，現代人類難以置身其外。尤其以全球正義看，值得吾人重視並且思考如何付諸行動，加以改善。

「正義」的概念，主要涉及三個問題：1. 正義的範圍為何；2. 財富及相關財物分配是否符合正義；3. 負責的組織為何，三者都是全球正義的核心問題。在非理想的情境中說明這三個問題，其為「倫理過程」（ethical process）的一部份—屬於政治倫理學（political ethics）的分支。[2]

目前有關正義的內涵範圍甚廣，本文僅以與人類安全相關的議題為主。近一、二十年來，全球正義已逐漸成為國際間關心的議題。例如，布魯克斯（Thom Brooks）編撰的《全球正義讀本》（*The Global Justice Reader*），[3] 博格（Thomas Pogge）和莫勒多夫（Darrel Moellendorf）主編的《全球正義：重要論文》（*Global Justice: Seminal Essays*）。[4] 可見西方知識界開始對全球性資源不均、貧富差距變大、氣候異常與環境惡化、糧食匱乏與饑荒死亡、恐怖攻擊等人類安全問題提出反思。

質言之，全球正義的基本理念，就是用一種合理的正義原則來調節全球的背景制度。全球正義的基本思維是將適用於國內背景的正義理論擴展

---

1   曾瑞明，《參與對等與全球正義》（台北市：聯經，2014 年），頁 7。

2   Global justice, wikipedia, March 25, 2016, <https://en.wikipedia.org/wiki/Global_justice>.

3   Thom Brooks, *The Global Justice Reader* （MA: Blackwell, 2008）.

4   Thomas Pogge and Darrel Mollendorf, *Global Justice: Seminal Essay* （St. Paul, MN: Paragon House, 2008）.

運用於全球背景。[5]

二、人類安全─定義、本文擬討論範圍

　　有關人類安全，在聯合國1994年發展計劃之《人類發展報告》（*Human Development Report 1994*）被視為人類安全上的一項重要指標文獻，主要論點在確保人類「免於匱乏」（free from want）、「免於恐懼」（free from fear），以求最佳途徑來處理全球不安全問題。[6]匱乏係針對物質層面，例如，基本生活所需之食物、飲用水等，應獲得基本滿足；恐懼則包括了面臨饑荒、疾病傳染、政治迫害，甚或大屠殺及恐怖攻擊心理陰影等，造成人類極大心理威脅。有時兩者具有連帶關係，而且交互影響。該報告在第一章討論「邁向永續性人類發展」，在最後提到政策措施時，強調地球只有一個，不容不公平世界出現。因此，如果沒有全球正義，則全球永續發展的目標終將無法達成。[7]該報告將人類安全區分為：1. 經濟安全；2. 糧食安全；3. 健康安全；4 環境安全；5 人身安全；6. 社區安全；7. 政治安全等共七項。[8]受限於篇幅，本文無法逐項細論，基於在確保人類「免於匱乏」與「免於恐懼」主要目的，試就貧富差距、氣候變遷、糧食安全、環境安全及恐怖攻擊等，加以分析。

三、戰略學─概念與本文的架構

　　由全球正義的價值觀檢視目前人類所面對諸多安全問題，如何透過對環境正確認知與合理行動，達到預期的目，實為全世界當務之急。但是，對目前存在的問題之解決，應有理性的思維與行動，才有獲得解決的可能。

　　由戰略思考角度看，面對問題要做未來思考。所謂「思考」係對某一

5　戴維 • 米勒（David Miller），《民族責任與全球正義》（*National Responsibility and Global Justice*），楊通進、李廣博譯（重慶市：重慶，2014 年），總序，頁 8。

6　UNDP, *Human Development Report 1994*, April 1, 2016, pp. 22-25, <http://hdr.undp.org/en/media/hdr_1994_en_chap2.pdf>.

7　UNDP, *Human Development Report 1994*, p.21.

8　Ibid.,pp., 24-25.

目而慎重探索的經驗，其目的在瞭解、決策、計劃、問題解決、判斷、行動等。[9] 因此，戰略思考是一項動態思考，未來思考，也是宏觀思考，在最後行動是具體地可以解決問題。質言之，面對問題要經過未來思考還要有行動，才能終底於成。

薄富爾（Andre Beaufre,1902-1975）《行動戰略》（*Strategy of Action*）一書中簡單地界定行動的定義：「在單個或多個對手的競爭中，積極完成目的。」換言之，當行動者想完成某些事，即為行動。這種努力有不同的程度表示，例如戰爭、危機、威脅、壓力等，但皆意味著積極政策施加於其他國家的結果。[10]

由行動學（Praxeology）角度看，面對人類危機等問題，其主要目的在指導人類如何有效行動（effective action）；換言之，透過依循法則，進而求取有效地行動以達成目標。行動學所謂的「合理行動」（rational action），意指達到行動目標，有取決於能否正確認知與評估環境（environment）或行動領域（field of action）。錯誤的認知將產生不合理的動，這與無知的決策與行動一樣同屬不合理。[11]

由全球正義的價值觀檢視人類目前所面對安全上諸多威脅與問題，如何透過正確的環境認知，思考如何解決問題，並提出有效與合理的行動方案，實為全世界當務之急。

要言之，本文以宏觀視野由全球正義檢視目前人類安全問題，同時運用戰略學觀點思考人類安全問題之解決的可能行動方案。研究重點在全球貧富差距差問題、氣候變遷與環境惡化、糧食安全及恐怖攻擊活動為主。首先，說明全球正義與人類安全的弔詭，舉出目前人類安全的問題，但又出現了難以解決的實際情勢。其次，針對全球正義、人類安全及戰略學三

9　愛德華・波諾（Edward de Bono）著，《思考學習》（*Teach You How to Think*），蘇宜青譯（台北市：桂冠，1999 年），頁 9。

10　Andre Beaufre, *Strategy of Action* (New York: Frederic A. Praeger,Inc., Publishers,1967), p.13　6.

11　鈕先鍾，《戰略研究入門》（台北市：麥田，1998 年），頁 258-270。

個概念加以界定，並提出全文架構。第三，討論當前人類安全的威脅。第四，以未來觀展望人類安全的威脅。第五，希望能提出人類安全威脅的可能因應與分析其未來發展。

參、當前人類安全的威脅

一、貧富差距

目前全球約有 10 億人口生活在赤貧之中，每日所得不到 1.25 美元，還有 10 億人口出現營養不良情況。[12] 貧窮使人三餐不繼，營養不良，容易感染疾病，更無力接受良好教育以改善未來生活。國家社會及聯合國等機構雖努力克服，但仍顯得力有未逮。

全球貧富重大差距並非一夕形成。在 2003 年《人類安全現況》（*Human Security Now*）報告中顯示，全世界每日生活費在 2 元美金以下者有 20 億人；然而，在歐洲，畜牧業者每頭牲畜每日有 2.5 美元的補助；美國政府每年給予棉業農民的補助達 390 億美元，為美國援助非洲窮人資金的三倍。[13] 以人的尊嚴、公平、免於匱乏與恐懼角度看，相當不符合全球正義原則，在貧富差距甚大下，有待思考解決。

二、氣候變遷

氣候變遷對人類生活、健康與生存的影響甚大。人道主義研究機構 DARA 及「氣候變遷脆弱國家論壇」公布的《全球氣候危機報告》指出，由於大量排放的溫室氣體造成全球平均溫度上升，導致冰帽融化、氣候極端化、乾旱與海水上升等，世界各國若不能有效處理氣候變遷問題，在 2030 年前將可能有上億人因此喪生，每年全球國內生產毛額（GDP）也將減少 3.2％。由於全球溫度不斷攀升，造成許多地區出現乾旱，出現水資

---

12 馬修・巴洛斯（Mathew Burrows）著，《2016-2030 全球趨勢大解密》（*The Future: Declassified*）洪慧芳譯（台北市：先覺，2015 年），頁 49。

13 Commission on Human Security, *Human Security Now* (New York: United Nations Trust Fu nd for Human Security, 2003), p.78.

源危機。據統計，目前全球約有 12 億人處於缺水狀態。不僅人的飲用水受到影響，農業用水亦復如此。聯合國曾對全球土地資源進行評估，有近四分之一的農地因水資源缺乏而嚴重衰退，可能導致糧食危機。[14]

氣候變遷最大的影響因素來自二氧化碳的排放，「正負 2 度 C」的影片即對人類提出嚴正警訊，揭示其中的問題與關鍵性的重大影響。有學者提出減少碳排放量的技術與市場比較重要的觀點，也不贊同花心思去協商如 1997 年《京都議定書》（*Kyoto Protocol*）之全面性協議。[15] 只能說這類協議的象徵性大於實質性，而且欠缺行動，難以解決實際問題。

美國國家情報委員會（National Intellingence Council, NIC）前主席馮稼時（Thomas Finger）在國會作證時曾指提出，氣候變遷攸關國家安全，係因為與我們合作或友好的國家可能在未來幾十年間受到氣候變遷的威脅。[16] 美國國家情報委員會所主編的《全球趨勢》（*Global Trends*）系列，在過去對氣候問題著墨不多；但是，在 2004 年至 2008 年間，卻做了不少有關氣候變遷的研究，並開始將她和其它的社會與政治趨勢連結起來。因此，氣候變遷影響所及甚廣，對人類安全的威脅實具有「乘數效應」。[17]

三、環境生態

人類和環境的互動關係往往隨著科技與文明發展而改變。地球生態系統係由物理環境、化學物質與生物共同建構，其間存在著相互依存之互動關係。析言之，由於人類的經濟活動，能源的使用，生產製造等，自然資源被大量使用，不僅資源漸漸耗盡，生態環境亦開始惡化。尤其在第二次世界大戰後，環境的破壞超過了數千年人類活動的總和。自六〇年代起，環保意識開始萌芽，七〇年代經濟學者華德（Barbara Mary Ward）提出「永續發展」（sustainable development）的觀念，激發人類思考地球使用的合

14　〈氣候變遷衝擊國家安全〉，青年日報，2012 年 10 月 2 日，檢索於 2016 年 4 月 1 日，< http://www.youth.com.tw/db/epaper/es001　001/m1011004-b.htm >。

15　馬修・巴洛斯（Mathew Burrows）著，《2016-2030 全球趨勢大解密》，頁 97。

16　同上註，頁 120。

17　同上註。

理限度。1992 年聯合國環境與發展會議在巴西里約熱內盧舉行，是為第一次地球高峰會議，促使全球關心或思考解決人類生存環境的全球氣候變遷議題，以及如何面對未來生態永續發展議題。[18]

就經濟發展所使用能源看，其對環境的影響有五：1. 空氣污染；2. 酸雨；3. 海洋污染；4. 全球溫室效應；5. 放射性污染等。其中以全球溫室效應而論，造成此一現象的主要原因為二氧化碳的排放，而其主要源頭係消耗石油與燃燒煤所排放，據估計，燃燒一公升的重油會產生 1,500 公升的二氧化碳。溫室效應提升的直接影響，即造成全球氣候激烈變遷。[19] 因此，世界各國政府或民間團體無不努力於節能減碳，改善能源使用效率。

在環境生態的破壞下，根據「地球生命指數」（LPI:Living Planet Index），從 1970 年到 2000 年，森林物種減少了 15%，淡水物種則減少了 54%，海洋物種減少了 35%。[20] 生物界的多樣化受到嚴重摧殘，生物生存的食物鏈受到破壞，人類生存環境自然受到波及。

四、糧食安全

據「聯合國農糧組織」（Food and Agriculture Organization, FAO）所統計的公告資料顯示：至 2015 年，全世界有 7 億 9 千 3 百萬人缺乏足夠的食物以維持活動及健康；約有 2 億 1 千 8 百萬人處在營養不良狀態者長達 25 年，具有同樣情況達 10 年之久者有 1 億 6 千 9 百萬人。[21] 近些年來，全球極端氣候形成一些異常現象，如洪水、乾旱、龍捲風、冰川湖爆漲、沿海超高水位、熱浪襲擊等，不僅造成經濟損失，也使得糧食及供水變得不穩。農業生長在溫度異常與乾旱下，生產力受到衝擊。[22] 看天吃飯的農業生產，已對人類安全構成重大威脅。

---

18 張鏡湖主編，《環境與生態》（台北市：文化大學出版部，2002 年），序言，頁 1。

19 同上註，頁 111。

20 喬詹‧蘭德斯（Jogen Randers）著，《2052：下一個 40 年的全球生態、經濟與人類生活總預測》（*2052: A Forecast For Next Forty Years*），莊勝雄譯（台北市：商周，2013 年），頁 240。

21 Food and Agriculture Organization, *Hunger Map* 2015, <http://www.fao.org/3/a-i4674e.pdf>.

22 馬修‧巴洛斯（Mathew Burrows）著，《2016-2030 全球趨勢大解密》，頁 121。

在 1974 及 1996 年「世界糧食會議」均使用「糧食安全」一詞，在強調糧食供應無虞，尤其在 1996 年會議中將糧食安全界定為：人類隨時在生理上及經濟上擁有充足、安全及營的食物可用，能滿足其飲食需求與喜好，以維生命之活力與健康。並在會議中宣告：糧食不可做為政治與經濟上壓迫工具。[23] 因此，賴以維持生命所需求的糧食可視為人類一項基本人權，不容剝奪，也要能滿足基本生活所需，更要兼顧營養的攝取。然而，由全球正義看，現在卻有不少人仍處於饑餓、營養不足或不良的邊緣下掙扎；而且，南北差異甚大，糧食充裕的國家當中，食物浪費時有所聞；反之，糧食不足者，三餐難以為繼，生存問題極為普遍。

因此，「聯合國農糧組織」在「羅馬宣言」（The Rome Declaration）中，要求聯合國會員國在 2015 年之前致力改善全球長期營養不良的民眾。該行動計劃分別由政府、非政府組織等對糧食安全之多項目標加以達成。[24] 姑且暫不論其結果如何，至少已見到行動的出現。但是，「七年之病，求一年之艾」，有緩不濟急之憾。

全球目前處在饑餓邊緣下的人數甚多，他們難以達到免於匱乏及恐懼的目標，構成對人類安全的重大威脅。

五、恐怖攻擊

2016 年 3 月 22 日早上 8 時，比利時布魯塞爾扎芬特姆機場（Zaventem airport）驚傳爆炸案。之後，在 9 點 19 分歐盟總部附近地鐵站 Maelbeek 再傳爆炸，造成多人傷亡。兩起恐怖炸彈攻擊事件總共造成 34 人死亡，136 人受傷。[25]

回顧過去，2001 年在美國發生的「九一一恐怖攻擊事件」，大家仍印

23　Food and Agriculture Organization, "Rome Declaration on Food Security and World Food Summit Plan of Action," 13-17 November ,1996, <http://www.fao.org/docrep/003/w3613e/w3613e00.HTM>.

24　Ibid.

25　〈比利時兩起自殺炸彈攻擊 已 34 死逾百人受傷〉，中時電子報，2016 年 3 月 22 日，檢索於 2016 年 3 月 29 日，<http://www.chinatimes.com/realtimenews/20160322004954-260408>。

象深刻。當天總共 4 架民航客機被挾持墜毀，造成約 3000 人死亡，這是美國領土有史以來最慘烈的恐怖攻擊，震驚全世界。其中美國航空 11 號班機撞向世貿中心北座大樓，接著聯合航空 175 號班機衝向南座大樓，紐約世貿中心雙塔倒塌；另一組劫機者則控制美國航空 77 號班機撞入五角大廈，第四架被挾持的聯合航空 93 號班機最終目標被認為是美國國會大廈或白宮，在機上乘客與劫機者搏鬥後，該機最後在賓州附近墜毀。而紐約世貿大樓部分罹難者則因為受不了濃煙大火，從超過 100 層樓高的世貿中心跳樓身亡。

在九一一事件後，全世界在美國主導下進行一場反恐行動。至 2015年 11 月，20 集團國家（G20）高峰會議在土耳其召開時，因前二日巴黎發生連環恐怖攻擊，在恐怖攻擊的陰影下，原本屬於國際經濟合作論壇的會議，不得不聚焦在難民與反恐議程。美國總統歐巴馬（Barrack Obama）過去一直與法國合作反恐，在本次峰會上取得在反恐上的成果，但仍面臨在國際政治因素下，來自俄國的阻力。

在俄航客機遭襲造成大量人員死亡半個月之後，法國巴黎街頭又復喋血，在在顯示了恐怖主義對全球的嚴重威脅。同時，全世界也都將矛頭指向了伊斯蘭國（ISIS）。不少人認為，全人類都應向恐怖主義宣戰；然而，但不容忽視的是，恐怖主義的「越反越恐」，已讓不少國家喪失信心。

紐約時報（*New York Times*）專欄作家 Andrew Ross Sorkin 撰文指出，即便股市不受影響，但是政府與投資人仍太過低估恐怖主義耗費的經濟成本。Sorkin 認為，這些對恐攻事件的反應都忽略了恐怖主義的真實成本，尤其低估了巴黎恐攻的潛在成本。花旗銀行在報告中寫道：「巴黎恐攻事件本身不會引發市場震盪，過去金融市場將類似事件看做這個世界的特性與不幸的現實，但這次不一樣。」[26]

他們認為，巴黎恐攻只是一個開始。花旗銀行已提高恐怖主義在西方

---

26 〈恐攻不影響經濟？紐時 :911 經濟損失高達 3.3 兆美元〉，財經新報，2015 年 11 月 17 日，檢索於 2016 年 4 月 17 日，<http://finance.technews.tw/2015/11/17/does-terror-attack-impact-economy/>。

造成的風險，以及西方國家可能增加在伊斯蘭國控制區域的軍事介入。雖然美國在九一一事件後股市很快就平穩，但是真正的經濟損失可能高達 3.3 兆美元。據紐約時報的估計，除了包括有形的損失 550 億美元，經濟的損失 1,230 億美元之外，還包括其他的，例如發展國土安全部 5,890 億美元，戰爭基金 1.6 兆美元，以及退伍軍人照顧成本 8,670 億美元。[27] 在全球受恐怖主義攻擊下的損失更大，其中在 2014 年達到 529 億美元之多，對總體經濟的衝擊則高達 1,0580 億美元。[28]

就潛在的成本看，可能受到恐攻的國家，在維安方面的巨額投入，包含反恐人員的訓練、相關器材的增添、機場港口的查驗等，都算是潛在成本。此外，在安檢次數增加後，重要場所排隊通過的等待，無形的時間成本實難以估算在內。

在心理層面影響方面，除了須進行心理治療與重建之外，日後如何免除心理恐懼，可能又是一條漫長的路要走。

肆、人類安全的可能未來

一、貧富差距

面對未來貧富的差距，處在理貧窮線下的饑民，營養不良，生機受到威脅，甚至陷入貧病交加的惡性循環之中。

消除貧窮要先由消除極端貧窮（每人日收入在 1.25 美元以下者）做起，其中援助方式，更應考量給予生活技能或職業訓練，以改善經濟能力，能買得起食物；國家或政府要改善不公平現象，滿足基本需求。

生物科技如基因科學等，在人口成長與糧食不足的壓力下，亦要加強研究發展，以造福人類；相關足以影響糧食生產之氣候變遷因素亦要同時

---

27 同上註。

28 "Global Terrorism Index 2015," Institute for Economics & Peace, Nov. 2015, <http://economicsandpeace.org/wp-content/uploads/2015/11/Global-Terrorism-Index-2015.pdf>.

設法改善，尤其造成溫室效應的二氧化碳要儘可能減少排放；聯合國、非政府組織及民間志工團體，各國的政策等，要相對應配合實施。

此外，全球化經濟發展與效應，又涉及全球資源、金融、經貿、國際經貿組織及國內政經因素，甚為複雜，短期間難以解決。全球各政經領袖及大企業領袖有待加強溝通，形成共識，共謀解決之道。

二、氣候變遷

在 2052 年地球平均溫度可能升高二度的結果，將會面臨極端氣候現象。例如，異常的大洪水與一再發生的乾旱，土石流及路線怪異的龍捲風、颶風與暴風；海水內珊瑚白化、森林死亡及新的病蟲害。此外，北極夏天會出現冰融，海平面上升一呎，氣候區分別向南北兩極移動一百公里；沙漠向外擴大、侵犯到熱帶新地區，以及北方永凍土層加速溶化，生態系統受到嚴重破壞。[29] 其嚴重的後果只有在幾十年後，全球社會才會投票支持進行額外的投資，以減少廢氣排放。

另外，根據「經濟合作與發展組織」（Organization of Economic Cooperation and Development, OECD）的研究，至 2030 年，全世界將有47％的人處於高度缺水狀態。世界上的水資源97％屬於鹹水，剩下3％為淡水，其中僅1％可直接汲取。據聯合國對全球土地資源的評估，全球近四分之一的農地已嚴重退化，但是世界人口仍持續增長，至 2050 年勢必得增加70％糧食產量。在水資源匱乏的情況下，勢必對糧食生產形成重大壓力。[30]

三、環境生態

未來地球環境受到破壞的結果，對生物和生態產生重大衝擊。例如，物種的流失更為快速。在 2052 年前，我們可能消滅地球所有有機體的四

---

29 喬詹‧蘭德斯（Jogen Randers）著，《2052：下一個 40 年的全球生態、經濟與人類生活總預測》，頁 189。

30 〈氣候變遷衝擊國家安全〉，青年日報，2012 年 10 月 2 日，檢索於 2016 年 4 月 1 日，<http://www.youth.com.tw/db/epaper/es001001/m1011004-b.htm>。

分之一；全世界所有的荒野、熱帶雨林幾乎消失不見，只剩下在國家公園保留區中的很小一部分。另外，物種大滅絕新聞時有所聞，其中一個重要因素就是引進異國物種。到 2052 年時，被引進的異國物種所消滅的本國物種，將多過於被其他因素消滅的，像是污染、人口成長壓力，過度採集等。在氣候上，因為氣溫升高攝氏二度，對人類及生物多樣性，造成災難性的後果。其中一種可能是亞馬遜森林野火，造成無可挽回的森林頂層枯死，從中燃燒釋放出的二氧化碳，則使地球氣溫在本世紀末升高攝氏十度，這是更為快速氣溫升高現象。[31]

四、糧食安全

植物的生產雖然可以新科技來增加，但是土地、水源的污染，氣候變遷下的植物生長條件日漸惡化，天災不斷，對糧食安全與需求的衝擊更大。

生物科技如基因科學等在人口成長與糧食不足壓力下，亦要加強研究發展，以造福人類。

相關足以影響糧食生產之氣候因素亦要同時改善，尤其造成溫室效應的二氧化碳要儘可能減少排放，聯合國、非政府組織及民間志工團體，各國的政策等則要提供相對應的配合實施。

英國皇家國際事務研究所（The Royal Institute of International Affairs）發現，到了 2050 年，拉丁美洲可能有多達 50% 農地沙漠化。氣溫升高對赤道及撒哈拉以南的非洲地區影響最大。[32]

糧食缺乏者所居住地大多為第三世界國家，整體問題解決有賴國際間合作，始克有功。

---

31 喬詹‧蘭德斯（Jogen Randers）著，《2052：下一個 40 年的全球生態、經濟與人類生活總預測》，頁 240-242。

32 馬修‧巴洛克（Mathew Burrows）著，《2016-2030 全球趨勢大解密》，頁 128。

五、恐怖攻擊

　　面對以美國為主的全球性反恐行動，在全球區域與各國國家利益考量下，要統合成為一有效的反恐作為，可能有困難。面對未來，聯合國大致只能做宣示性的反恐，各國有各自的問題，反恐未必列為優先政策。

　　面對全球性恐攻活動，除政治因素外，事涉文化、宗教與種族問題，在類似問題未能解決之前，恐攻活動恐無法短期間內停止，人類的安全威脅將一直存在。除了導致經濟與社會成本重大損失外，全球人類要免於匱乏則益形困難；在心理上如何免除恐懼，祛除恐攻陰影，可說難度更高，勢將有待人類倫理價值的建立，對多元文化的包容與尊重，消除貧窮的存在，避免增加恐攻隊伍招募的來源。

　　從社會變遷角度而論，國際恐怖主義是社會急劇變革的極端產物，係某些社會團體及個人對此一變革的不適應、不理解、不能正確對應的極端表現。[33] 這正凸顯出國際的反恐行動應是國內與國際雙重奏的特性。

伍、人類安全威脅的可能因應及其未來

一、聯合國方面

　　自 1994 年起，聯合國根據「聯合國氣候變化綱要公約」（UN Framework on Climate Change, UNFCCC）舉辦了 16 場「締約方會議」（Conference of the Parities, COP），成功地通過了多項議定書，例如「京都議定書」和其他正式協議。2009 年至 2011 年分別在世界各地舉行多次的締約方會議，其主要目的在協商出一項協議，以減少排放溫室氣體。其中 194 個締約國家必須定期公布他們目前減少排放溫室氣體的目標，以及相關的氣候變遷行動，再交由幾個國際組織追蹤。[34] 另外，自 1992 年起，

33　傅小強，〈國際反恐新變局與美國反恐戰略調整〉，在《美國反恐戰略調整及其對中國的影響》，張家棟主編（北京：時事，2013 年），頁 92。

34　喬詹‧蘭德斯（Jogen Randers）著，《2052：下一個 40 年的全球生態、經濟與人類生活總預測》，頁 84-85。

在聯合國主持下，世界各國進行了談判，但其進展非常有限，雖然有達成「京都協議書」，但未來美國似乎無法就氣候政策達成共識，因為美國的經濟成長疲弱；未來一、二十年內，中國、印度和另外一些新興國家的GDP 可能持續成長，雖有助於紓緩貧窮問題，但也將會造成全球能源使用量與溫室氣體排放量大增。[35] 如果減少排碳量在進度上落後，全球的災難仍無法迴避。

即使在氣候變遷對人類安全，甚至國家安全，已形成巨大的可能威脅具有共識；然而，在行動上卻是乏善可陳，甚至出現了世界政治多重矛盾的現象，主要因素為：1. 全球治理需要與主權國家利益訴求之間的矛盾。2. 已開發國家與開發中國家的矛盾。3. 開發中國家內部所呈現出的分化現象。[36] 此為採取行動解決問題前的思考當中，必須考量的三個阻力，也是多年來難以注意且不易克服的問題所在。

然而，2015 年底起，弔詭式的發展，似乎又給此一困局帶來微弱的曙光。2015 年 12 月 12 日，來自 195 個國家的代表在巴黎通過《巴黎協議》（Paris Agreement），其中的 175 國並在隔年 4 月 22 日，於紐約聯合國總部一同簽署協議，使各國在減少排放溫室氣體的國際合作上獲得新的進展。在本協議中，各國設定地球升溫上限為攝氏 1.5 度內；限制人類活動排放的溫室氣體在 2050 年至 2010 年間，與自然吸收達成平衡；每五年檢視各方自定降低溫室氣體排放的進度等條款。另外，協議中首度納入承認氣候相關災害的「損失和損害條款」，而富國亦承諾提供融資，作為窮國對抗氣候變遷的資金。[37]

值得一提的是，作為全球兩大經濟體及最大碳排放國的美國與中國雖然在傳統安全的領域衝突不斷，例如南海問題。但在《巴黎協議》的談判

35　同上註，頁 149。

36　中國現代國際關係研究院編，《國際戰略與安全形勢評估 2007/2008》（北京：時事，2008 年），頁 13-15。

37　"Inside the Paris Climate Deal," *The New York Times*, December 12, 2015, accessed October 4, 2016, <http://www.nytimes.com/interactive/2015/12/12/world/paris-climate-change-deal-explainer.html?rref=collection%2Fnewseventcollection%2Fun-climate-change-conference >。

過程中，美、中在爭議項目多有妥協與讓步，攜手促成協議的通過，[38] 並於日後同時批准實施協定。[39]

　　整體而論，2015 年之後，各國在氣候變遷問題依舊矛盾重重，難逃政治的角力。但各方在《巴黎協議》通過之後，卻也認真地採取行動以解決迫在眉睫的氣候問題，繼《京都議定書》後，達成第二份具有法律約束力的氣候協議的成就，作出實質的貢獻。

二、非政府組織方面

　　以因應氣候變遷的行動為例，薩克斯（Jeffrey D. Sachs）認為，解決氣候變遷問題需要四個步驟：科學共識、民眾意識、開發替代科技、訂立全球行動綱領。甚至薩氏更進一步指出，要達成全球目標，再也不能依賴美國的領導，而是需要堅決的全球合作，因為過去最成功的全球合作，都結合了明確的目標、可以大規模推展的有效科技、明確的實行策略，以及資金來源。而在加速達成緩和人為氣候變遷上之所以失敗，主要都可歸因於國際領袖沒有能力落實關鍵要素。所以，全球的合作必須將重點放在科學、科技，以及公、私部門與非營利部門關係者的合作上。[40]

　　另就消滅貧窮計劃與複雜的農村發展等議題來看，非政府組織具有的彈性、非官方性、承諾和參與的型態等優點，它所具備的特殊能力和專業功能，也早在 1980 年代和 1990 年代初，備受經濟合作暨發展組織、亞洲開發銀行（Asia Development Bank, ADB）的肯定，因為它不僅可與援助國

---

38 〈巴黎協定「人類最後希望」？恐言之過早〉，聯合報，2015 年 12 月 13 日，檢索於 2016 年 10 月 1 日，<http://udn.com/news/story/9073/1374406#prettyPhoto>。

39 〈全球最大碳排放國 對抗暖化 陸、美批准巴黎氣候協定〉，中國時報，2016 年 9 月 4 日，檢索於 2016 年 10 月 1 日，<https://tw.news.yahoo.com/%E5%85%A8%E7%90%83%E6%9C%80%E5%A4%A7%E7%A2%B3%E6%8E%92%E6%94%BE%E5%9C%8B-%E5%B0%8D%E6%8A%97%E6%9A%96%E5%8C%96-%E9%99%B8-%E7%BE%8E%E6%89%B9%E5%87%86%E5%B7%B4%E9%BB%8E%E6%B0%A3%E5%80%99%E5%8D%94%E5%AE%9A-215004132.html>。

40 傑佛瑞·薩克斯（Jeffrey D. Sachs）著，《66 億人的共同繁榮：破解擁擠地球的經濟難題》（Common Wealth:Economics for a Crowded Planet），陳信宏譯（台北市：天下雜誌，2008 年），頁 327-330。

政府合作，也可與地方民間組織合作。[41] 況且，以非政府組織的深度參與，其所可能產生的「蝴蝶效應」也頗可觀。

質言之，在高度全球風險社會中，針對人類安全問題的解決，非政府組織更具有其高行動力。

三、主權國家方面

在前述聯合國的努力下，有論者認為人類的未來已見曙光──例如，世界極端貧窮人口的下降，人口危機亦將消除；[42] 但是，也有論者指出：「⋯⋯這個世界正向著災難的道路前進，真的很難讓人對前途保持樂觀。」[43] 正是此弔詭的分析與預測，更凸顯了國家行為者與非國家行為者合作解決人類安全問題的迫切性。

在可預見的未來，國家仍將是以追求相對利益（relative interest）為主；然而，在加速全球化的今日，國際權力結構也的確呈現微調式的變化，而人類安全的威脅也促成了世界風險社會──即全球社會是由全球危機所促成的問題，[44] 都亟需以多邊主義建構相關的合作機制，來加以解決。

因此，傳統的國家主權觀也須同步微調。布魯斯・瓊斯（Bruce Jones）等人即提出「負責任主權」（sovereignty as responsibility）原則──負責任主權不只意味著對本國國民有責任，對其他國家亦復如此。亦即所有國家對自己那些產生國際影響的行為負責任，將相互負責作為重建和擴展國際秩序基礎的核心原則、作為國家為本國國民提供福祉的核心原則。負責任主權還意味著世界強國負有積極的責任，幫助較弱的國家加強行使

---

41 林德昌，〈導讀〉，在《援外的世界潮流》，李明峻譯（台北市：財團法人國際合作發展基金會，2004 年），頁 xii-xiii。

42 林中斌，〈人類未來的曙光〉，聯合新聞網，2016 年 1 月 14 日，檢索於 2016 年 4 月 14 日，<http://udn.com/news/story/7340/1440825>。

43 喬詹・蘭德斯（Jogen Randers）著，《2052：下一個 40 年的全球生態、經濟與人類生活總預測》，頁 520。

44 詳參閱貝克（Ulrich Beck）著，《風險社會：通往另一個現代的路上》，汪浩譯（台北市：巨流圖書，2004 年）。

主權的能力，也就是「建設責任」（responsibility to build）。[45]

　　換言之，人類安全問題的解決需要全球合作；但是，世界強國若能負起積極的責任，將使全球行動更趨合理有效，2015 年 12 月「巴黎氣候協議」（Paris Agreement）的達成即為強國就政治利益與經濟利益的矛盾達成妥協的結果。

　　此外，在有關解決人類安全問題的工具選擇上，一如問題本身的總體性和總體思考，亦復如此。以前述國際反恐行動為例，何以「越反越恐」？實因過於聚焦在硬實力（hard power）上─例如，軍事嚇阻與打擊，就當前情勢展看，成效不彰；正如前述，全球性恐攻活動的起因，包括政治、文化、宗教與種族因素，甚至經濟因素也在內。所以，國際反恐行動實應改採巧實力（smart power）─不僅需硬實力的打擊與合作，更須結合軟實力的預防、合作與發展。[46]

陸、結論

　　全球化及資訊科技的發展下，全球各國或社會面臨重大而快速的變遷，新的問題交織影響，相互激盪，日益嚴重而複雜。在面對未來人類安全威脅與解決方案中，要具備宏觀全局未來的思考，要透過環境正確的認知之思維，形成合理的行動方案。換言之，思考與行動缺一不可，環環相扣，在思考方面，要採取宏觀、全局與未來思維，解決問題的時間與進度亦不能輕估，以免緩不濟急，功虧一簣，甚至形成了不可逆的現象，值得加以關注。

　　喬詹 • 蘭德斯（Jorgen Randers）在其著作中即提醒世人一件事，或可供思考與行動之參考。他認為，一旦進入資源過度消耗的狀態，只有兩

---

45 布魯斯・瓊斯（Bruce Jones）等著，《權力與責任：構建跨國威脅時代的國際秩序》（*Power and Responsibility: Building International Order in an Era of Transnational Threat*），秦亞青等譯（北京：世界知識，2009 年），頁 8-9。

46 楊潔勉等，《國際合作反恐：超越地緣政治的思考》（北京：時事，2003 年），頁 163、171。

條路能回到原本永續生存的範圍，其一是控制衰退（manage decline），也就是有秩序地引進新的解決方案（如人工養殖漁場的魚取代原有天然的魚）；其二為崩潰（collapse），此時人類不再吃魚，因為已經沒有魚了，漁民生計陷入困境。新的解決方案不會在一夕間形成，只會在經過「解決與行動延誤」後才會出現，這很容易超過 10 年。因為有可能等待新解決案出現時，魚群已經短缺了。作者語重心長地指出，此為 1972 年《成長的極限》（*The Limits to Growth*）一書所要傳達的訊息。[47]換言之，經過了40 年的教訓，人們仍然習於過去的思考與行動，未見得能改善，以致人類安全威脅日益嚴重，如再不謀求改善，威脅日甚一日，坐失解決良機，在積重難返下，對人類安全面臨毀滅性的衝擊，自是可見。要言之，解決問題的時間因素不可輕忽，在思考上將時間與效率因素加入其中，就是合理行動前的未來思考，動態思考的底蘊。

目前世人已覺醒到建立新世界倫理的重要性，在集體層次方面，一些在新事實壓力下發展出來的倫理趨勢，如：1. 大自然倫理，係由全球環境問題所引起；2. 生命倫理：由遺傳工程所引起；3. 經濟開發倫理：由貧富差距日益擴大的鴻溝所造成；4 金錢倫理：控制生產及擾亂經濟市場的金融投機日益猖狂；5. 形象倫理：媒體的過度包裝；6. 團結倫理：全球問題關係到全人類，人與人要相互合作，以利生存。以上新倫理觀要得到國家層次的回應，才能真正建立起來。[48]

全球性的問題產生日益複雜且相互影響，在宏觀、全局與未來的思考中，殊值各國更加以注意。相較於前述新世界倫理，中國傳統文化中，向來重視倫理關係，其中人與人、人與物、

人與自然的和諧互動關係相當受到重視，在文學、繪畫等面向亦常能見其呈現。在竭慮思考解決方案之際，或可將之納入其中。

---

47 喬詹・蘭德斯（Jogen Randers）著，《2052：下一個 40 年的全球生態、經濟與人類生活總預測》，頁 19-20。

48 羅馬俱樂部（The Club of Rome）著，《第一次全球革命》（*The First Global Revolution*），黃孝如譯（台北市：時報文化，1992 年），頁 192-193。

　　相對地，自工業革命以來，西方「人定勝天」的說法已出現諸多問題；而且，在「天涯若比鄰」下，人類地球村生氣相通，生死與共，各種人類安全的風險更趨全球化。因此，基於全球正義，從個人，社會、政府、國家或非政府組織，甚至聯合國等國際組織，都應竭盡心力，創造性的思考、調整並形塑全球價值觀，提出有效合理的行動方案，共同解決人類安全威脅，提升人類生活品質，確保有尊嚴的生存，以免於匱乏與恐懼。

我國國家安全戰略的層次與內涵

沈明室 *

壹、前言

　　在有關國際關係與戰略研究的領域中，以國家安全戰略的研究的數量並不少見。但是綜觀這些研究文獻的內容與主題，可以發現一個非常有趣的現象，那就是或許引用理論與觀點的不同，即使研究國家安全政策或戰略的成果非常豐富，但是對於國家安全戰略層次與定義的界定，似乎並不一致。或同樣討論國家安全議題，但其主題與內容往往有所差異。如以討論國家安全議題及戰略的範圍而言，有的偏重在傳統安全領域，有的則擴及現在最流行的非傳統安全議題。而且受到戰略定義多元化的影響，連帶的對於國家安全戰略應該具備那些內涵，並未出現一致的共識。

　　舉例而言，有中共學者認為國家安全戰略主要為一個國家的外交戰略與國防戰略，而經濟發展、改革、科技發展戰略、社會發展戰略與文化發展戰略等則為國家發展戰略。換言之，國家發展戰略與國家安全戰略共同組成一個國家的大戰略。[1] 另如，中共學者將美國的「圍堵」政策，直接概括為冷戰時期的國家安全戰略，不免失之偏頗。[2] 此種分析觀點雖非主流或達成廣泛共識，但作者試圖建構出大戰略與國家安全戰略區分關係的意圖非常明顯，然似乎並不成功。

　　多數學者則除傳統安全之外，也增加論述非傳統安全的內容。[3] 另外，

---

* 　國防大學戰略研究所副教授兼所長

1 　周建明、王海良，〈國家大戰略、國家安全戰略與國家利益〉，《世界經濟與政治》，4 期（2002年），頁 21-26。

2 　梁月槐主編，《外國國家安全戰略與軍事戰略教程》（北京：軍事科學，2000 年），頁 10-16。

3 　夏保成，《國家安全論》（長春：長春，1999 年）。

中共在 2014 年中央國家安全委員會的第一次會議中，習近平提出「總體國家安全觀」的概念，強調包括外部安全，內部安全，國土安全，國民安全等內容廣泛的安全概念。[4]而在中共國際關係研究院所定期出版的《國家安全藍皮書》中，也針對類安全議題提出警示，也非常強調反恐等非傳統安全。[5]

國內研究以建構主義觀點國家安全戰略的巨擘翁明賢教授，他在分析台灣國家安全戰略時，並未明確指出分析指標，但是深入分析台灣國家安全戰略構想與指導方針，並列出國家安全政策區分為中國、外交及國防政策。[6]同樣聚焦在傳統安全領域，雖明確指出國家所面對重要威脅因素及指導方針，但未提及非傳統安全議題。但此處並沒有說明為何強調國家安全的政策，而非戰略？或解決兩者有何不同的討論。

也許因為國家安全戰略難以界定或無官方報告或資料做為參考依據，有學者研究國家安全戰略時，對於國家安全戰略的內涵或指標，採取融合敘述的方式，描述一個國家在安全上的戰略指導方針，卻並未列出分析指標。這種方式可以了解國家安全戰略的思維，但無法與其他國家比較國家安全戰略的差異。如劉慶元在研究中共國家安全戰略時，指出其意涵是和平與發展，但是否應該包含那些戰略，如外交、國防、對台、文化等，則缺乏連結性的敘述。[7]

另有學者研究中共國家安全戰略時，認為國家安全戰略是「國家決策者在針對國際形勢、國內政治、經濟、社會、軍事等面向之狀態進行評估

4　橫路，〈中共通過國家安全戰略綱要 強調黨絕對領導〉，BBC 中文網，2015 年 1 月 23 日，檢索於 2016 年 4 月 19 日，<http://www.bbc.com/zhongwen/trad/china/2015/01/150123_state_security_xi_jinping>。

5　目前尚無公開內容，參見橫路，〈中共通過國家安全戰略綱要強調黨絕對領導〉，檢索於 2016 年 4 月 19 日，<http://www.bbc.com/zhongwen/trad/china/2015/01/150123_state_security_xi_jinping>。

6　翁明賢，《解構與建構：台灣的國家安全戰略研究》（台北市：五南，2010 年），頁 214，527。

7　劉慶元，《解析中共國家安全戰略》（台北市：揚智，2003 年），第 6 章。

後，在國家對外政策上所採行之基本立場與態度。」[8] 此種論斷比較強調對外戰略或政策，並且指稱毛澤東時期的國家安全戰略是「挑戰兩極國際體系尋求權力極大化」、鄧小平時期是「接受兩極國際體系追求安全極大化」、江澤民時期是「在單極國際體系下尋求自保」、胡錦濤時期是「提升中國在單極國際體系之權力地位」等觀點。[9] 若從上述標題來看，其實與其外交戰略或國際戰略難以區分，甚至將國際戰略等同於國家安全戰略。

以上皆為民間學者的觀點，若無官方統一論述報告的依據，其實只要有理論架構，並且言之成理，當然可以形成個人創見，自成一家之言。但是如果要成為一個國家正式的國家安全戰略，或是將敵國國家安全戰略的學者之見，據以擬定反制作為，容易因為各說各話的一家之言，反而造成政策論述的盲點。

過去 2006 年台灣曾經出版官方版的《國家安全報告》，其內容雖未具體指出國家安全戰略應該包含哪些戰略，但明確指出面對何種的威脅，以及因應的國家安全政策，以做為維護國家安全利益的指導方針。但是在 2008 年政黨輪替之後，國民黨政府並未延續公布相關國家安全的報告，可見對於國家安全戰略的定位、層次與內涵，不同政黨並無一致共識。

在蔡英文總統就職之後，是否延續過去 2006 年的作法，制定出一部官方版的國家安全戰略報告，受到各界注目。尤其蔡英文準總統就任前至國防部聽取簡報後，曾詢問在場國防部高階官員「按目前國軍戰略規劃，國軍究竟需要多大規模的兵力結構？」現場高司與各軍種司令，居然沒人應答。使蔡英文強調，「我國果真需要訂定國家級的戰略進行指導」。[10] 足見未來新政府基於戰略指導與政策的一致性，應該會參考美國 1986 年「高尼法案」要求，歷任總統必須於就任後 150 天內向國會提出國家戰略

8　馬振坤，《中國安全戰略與軍事發展》（台北市：華立，2008 年），頁 35。

9　同上註，頁 36-37，40，43。

10　洪哲政，〈蔡英文進國防部稱不忍國軍被糟蹋〉，聯合晚報，2016 年 4 月 15 日，檢索於 2016 年 4 月 18 日，<http://udn.com/news/story/1/1631628-%E8%94%A1%E8%8B%B1%E6%96%87%E9 %80%B2%E5%9C%8B%E9%98%B2%E9%83%A8-%E7%A8%B1%E4%B8%8D%E5%BF%8D%E5%9C%8B %E8%BB%8D%E8%A2%AB%E7%B3%9F%E8%B9%8B>。

報告的模式，依序提出《國家安全戰略報告》及《四年期國防總檢》，以做為整個任期的在國家安全戰略、國防戰略的指導依據。

但問題在於，如同前述，許多學者研究國家安全戰略的文獻中，對於國家安全戰略的層次與內涵，並無一致性看法，如此在建構或描述國家安全戰略時，會有符合理論卻不符合實際狀況的觀點。因此，本文先從國家安全戰略與政策的差異著手，分析大戰略、國家戰略、國家安全戰略的定義及內涵，再提出我國國家安全戰略應該具備的層次與內涵。

貳、國家安全的戰略與政策

一、國家安全的界定

探討國家安全的定義與範圍的文獻數量汗牛充棟，基本上，不外乎強調整合傳統安全與非傳統安全的綜合性安全概念，或是者是因為安全化因素，許多過去在冷戰或對抗時期的國內因素，如金融、經濟、犯罪、恐怖主義、跨國犯罪等，都已成為國家必須面臨的主要安全威脅。

一般而言，國家安全威脅區分為傳統的軍事、外交等安全威脅，以及非傳統安全威脅。此兩種威脅的根源，來自於冷戰結束以來國際戰略環境變遷與威脅性質的演變。傳統國家安全概念關切國家如何免於外來的軍事威脅，以及如何免於政治性的壓制或脅迫，關切領土完整、國防安全和政治獨立自主等議題。[11]

至於非傳統安全威脅是指國家內部性的非軍事威脅因素，除了經濟或社會的人為侵害之外，還源自於大自然形成的天然災難，如地震、風災、水災、火山爆發、海嘯及其引發的後續衝擊。如 2004 年年底的南亞大海嘯，造成 28 萬人死亡；2011 年日本福島地震連帶造成的複合性災變，後遺症至今仍存。美國 911 恐怖攻擊，以及 2015 年法國巴黎的恐攻勢事件之後，國際恐怖主義攻擊成為各國國家安全的主要威脅，加上全球化造成

---

11 沈明室，〈變遷中的我國國家安全威脅內涵〉，幼獅教學網，2009 年 1 月 7 日，檢索於 2016 年 4 月 18 日，<http://www.youth.com.tw/db/epaper/es001001/m980107-a.htm>。

非傳統安全威脅的擴散與提升，各國更為重視非傳統安全威脅對國土安全的影響。

如果將國家安全的定義界定在傳統安全的政治、外交、軍事上，談論國家安全戰略其實與分析國家戰略內涵類似，兩者幾乎無重大分野。若將國家安全戰略加以區分為政治戰略、外交戰略、軍事戰略，其實可以針對國家一些迫切性問題討論，應該很適切。但是在非傳統安全廣受重視的安全環境中，討論國家安全議題刻意排除非傳統安全威脅，並不恰當。但問題是，如果將國家安全戰略區分為傳統安全戰略、非傳統安全戰略，與過去對戰略的刻板印象格格不入。

尤其非傳統安全戰略若再區分為經濟戰略、生態環境戰略、文化戰略、心理戰略等，恐怕不容易掌握到國家安全戰略的意涵。但若將其以政策主題及內涵來描述，變成經濟政策、文化政策、生態環境政策，似乎比較能夠切合非傳統安全的實際狀況。而且也會造成戰略與政策的混淆。要釐清國家安全戰略和國家安全政策之前，則必須先界定政策與戰略的內涵與上下關係。

二、戰略與政策

戰略有許多定義，基本上可以區分為五個不同面向，即戰略等於野戰戰略、戰略是統帥軍隊的藝術、戰爭方略與指導、目的、手段及方法的運用及思想與行動的配合。[12] 如果將比較偏重軍事作戰的定義排除之後，不論是目標、方法與手段的運用，或思想與行動的配合，都具體指出戰略其實就是一種為了達成特定目的，而對現有資源如何安排的想法與安排。

另就政策而言，政策同樣有許多不同的定義，通常是指政府對一事務所採取廣泛的行動路線與行為準則。[13] 行動路線意味著按照決策之後所擬定的路線方針，只要加以落實執行即可。對於執行單位者而言，或許在接奉政策指示後，對本單位如何進行資源分配與任務分工產生決策取捨的問

12　沈明室，《台灣防衛戰略三部曲》（台中市：巨流，2011 年），頁 2-12。

13　本文對政策的綜合定義。

題，但毋須針對戰略思維與布局的改弦易轍，只需在方法與手段加以調整即可。

　　綜合而言，戰略與政策最大的不同在於，戰略是一種規劃與安排的思考與布局，可能會是大國毫無顧慮以昭公信的公開報告，也可能是隱而不顯的內心思維與佈局。但是政策不同，政策必須是下級單位能夠執行的指示，而且在執行後會有成果展現。

　　另外，在政策與戰略關係方面，克勞塞維茲曾經認為政策（policy）指導戰略，因為「國家政策也就是一個子宮（womb），而戰爭在其中成形。」[14]更何況「假使戰爭為政策的部分，政策將決定戰爭的性格。當政策變得較有雄心與熱情時，戰爭也會如此。」[15]可見，在克勞塞維茲的觀念中，戰爭是執行國家政策的工具，而戰略乃規定須於何地、何時，以幾何之戰力從事戰鬥，以贏得戰爭，故由政策指導戰略。

　　中共學者時殷弘則認為克勞塞維茲主張「戰爭是政治另一手段的延續」，德文原文中的「政治」（politik）被翻譯成為「政策」（policy），故其所指的政策原為政治之意涵。[16]換言之，克勞塞維茲所指的政策並非公共行政領域所指的政策，而是一種政治戰略或指導。政策常被界定為處理一項問題所採取有目的行動方案，同時也是一組執行計畫的行動規則，政策屬於方法或如何做的內涵，就是一種確立的行動方案，其位階反而是在戰略之下。[17]

　　但另一方面，如果這個政策屬於國家戰略層次，成為國家政策或是國家安全政策，一旦國家戰略決策者決定發動一場戰爭，藉以達成國家戰略的政治目的，軍事戰略將會服從於國家戰略的指導，另以戰爭為手段來執行國家政策，此時政策就會引導軍事戰略。這其中的關鍵就在於戰略層次

14 克勞塞維茲原著，《戰爭論精華》，鈕先鍾譯（台北市：麥田，1996 年），頁 253。

15 克勞塞維茲原著，《戰爭論》，鈕先鍾譯（台北市：軍事譯粹社，1980 年），頁 953。

16 時殷弘，《戰略問題三十篇：中國對外戰略思考》（北京：中國人民大學，2008 年），頁 12。

17 純粹個人觀點。

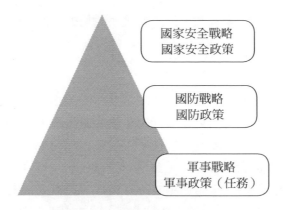

圖 1：戰略與政策區分

的區分。每一個不同層次戰略可以區分為戰略與政策，規劃與佈局是戰略，行動準則與路線則為政策。不同層次戰略與政策區分如圖 1。

　　在國家層次可以區分國家安全戰略與國家安全政策，戰略是布局與思維，政策是具體作為。但是在國防層次要執行國家安全政策時，必須經過國防戰略的思考與形塑過程，才產生具體可行的國防政策。軍事層次執行國防政策當然須經過軍事戰略思考，才擬出各部隊據以遵行的軍事政策或任務。不同層次戰略與政策的指導與支持關係就圖 1 所示。除了釐清國家、國防與軍事的層次之外，也瞭解戰略與政策的關係。

參、我國國家安全戰略的層次

　　戰略層次當然不僅是上述的國家到軍事層次而已，其實戰略可以區分大戰略、國家戰略、國防戰略、軍事戰略、野戰戰略 [18] 等，而此種區分方式與現代戰略區分又有不同。如聯合作戰戰略可以放在軍事戰略層次，也可放在野戰戰略層次。大戰略通常指國家戰略以上的戰略運用，因此，是最高層次的戰略。儘管不是第一位提出大戰略概念的戰略家，但李德‧哈特對大戰略觀念的提倡及闡明，貢獻非常大。他認為大戰略的任務在「協

---

18 野戰戰略是指野戰軍團作戰所使用的戰略，亦稱大軍作戰。中共及美國則稱為作戰戰略。

調和指導所有一切國家資源，以達到戰爭的目的，而這個目的則由基本政策所決定。」[19] 主要強調國家總體資源的分配與運用，以維護國家利益，達成國家目標。

他也進一步說明軍事僅為大戰略工具之一，必須計算國家經濟資源和人力，以支持戰鬥兵力，更應該考慮和使用財政壓力、外交壓力、商業壓力及道義壓力，以削弱敵方的意志。[20] 李德・哈特的這些觀點更說明大戰略的範圍，已經超過軍事以外，擴及其他如政治、經濟、外交及道德等層面，不僅適用於戰時，也可運用於和平時期。換言之，大戰略可以透過強化武力的使用及減少武力使用的方式，去達成平時與戰時的政治目的，[21] 而非如軍事戰略一般，必須以贏得某項戰役的顯著戰果來達成戰爭目的。

有關大戰略與國家戰略關係及層次區分，學者有三種不同的說法；第一種認為大戰略高於國家戰略，如我國早期國軍軍事思想。[22] 我國早期《國軍軍事思想》將戰略區分為大戰略、國家戰略、軍事戰略、軍種戰略及野戰戰略四個層級。[23] 但是並未提及國防戰略。大戰略指的是同盟戰略，及兩個或以上的國家基於共同利害所制定的共同策略，以求對共同敵國或共同假想敵國採取一致之步驟，此種策略之指導藝術，即為大戰略。[24] 美軍現行亦將大戰略視為為國家安全戰略的上位層次戰略，但是隱而不顯，可能散見於總統的文告或演講之中，而須透過學者或分析家加以歸納而成為書面論述。

第二種則認為大戰略係國家戰略論及有關國家安全的內涵，故應位居國家戰略之下，如美國戰略學者柯林斯（John M. Collins）將大戰略界定為

19 Basil H. Liddel Hart, *Strategy: the Indirect Approach* （New York: Frederick A. Praeger,1954），pp.335-336.

20 Basil H. Liddel Hart, *Strategy: the Indirect Approach*, p.336.

21 時殷弘，《戰略問題三十篇：中國對外戰略思考》，頁 12。

22 類似觀點參見吳春秋，《大戰略論》（北京：軍事科學，1998 年），頁 15-16。

23 國防部編印，《國軍軍事思想》（台北市：國防部，1978 年），頁 108-109。

24 同上註，頁 108。

「在所有一切環境下使用國家力量，透過威脅、武力、間接壓力、外交、顛覆及其他可以想像的手段，用以對對方發揮理想程度和類型的控制，因而達到國家安全和目標的藝術與科學。」[25] 柯林斯強調以國家的力量達到國家安全和目標。但這樣的說法又似乎與國家全戰略概念重疊，國內學者鈕先鍾認為戰略主題本來就是國家安全，所以不必疊床架屋，還有特別另創新詞。[26]

第三種觀點認為大戰略等同於國家戰略，只不過內外有別。大戰略係指對外戰略而言，國家戰略則是對內的範疇。[27] 然而此種分析方式，僅限於少數人的觀點，如有學者認為中共一帶一路是大戰略，但是也包括對內發展意涵，可以國家發展戰略或經濟、外貿戰略加以分析。

國內學者鈕先鍾也認為大戰略等同國家戰略，而將同盟戰略視為大戰略，並位居國家戰略之上，其實是完全錯誤的。[28] 因為國家同盟只是臨時性的安排，任何國家不會放棄主權而聽命於同盟。如果實施同盟作戰，其所追求的目標也須符合自己國家需要的利益。因此，現今台灣將大戰略與國家安全戰略等同視之，所以在官方戰略層次界定中，並無代表官方的大戰略的層次及內涵，我國最高層次的戰略仍為國家安全戰略。

所以在傳統上，戰略層次可以區分如圖 2。

在上述戰略層次區分當中，國家層次戰略有時可以區分為三種不同的戰略，其中大戰略並勿訴諸官方報告，但是許多學者參照大戰略的定義，分析不同國家的大戰略，其主要內涵可能是國家長期戰略，如中共的一帶一路；也可能是對國家未來前途的戰略指導。如學者對美國、中共大戰略的分析。國家安全戰略與國家戰略多數混用，主要是指國家對於國家大政

25 John M. Collins, *Grand Strategy: Principles and Practices*（Annapolis, MD: Naval Institute Press,1973）, p. 14. 中譯本參見柯林斯原著，《大戰略》，鈕先鍾譯（台北市：黎明文化，1982 年），頁 41。

26 鈕先鍾，《戰略研究入門》，頁 32。

27 伊藤憲一，《國家與戰略》（北京：軍事科學，1988 年），頁 3。

28 鈕先鍾，《戰略研究入門》，頁 32。

國家	・大戰略：原則性指導論述 ・國家安全戰略：傳統安全、非傳統安全 ・國家戰略：政治、經濟、心理、軍事、科技
國防	・國防戰略：指導方針與構想、四年期國防總檢 ・國防政策：具體政策如募兵制、全民國防、女性服役等
軍事	・軍事戰略：軍事作戰指導方針，如台澎防衛作戰指導。 ・軍種戰略：軍種戰力運用，如空地作戰、以陸制空。 ・野戰戰略：軍團作戰、作戰區防衛作戰。

圖 2：我國戰略層次區分

方針的重要規劃。如果是一綜合性的論述，其實毋須區分國家安全或國家戰略。但是如果要將其定義或內涵列為分析指標，國家戰略必須區分為政治、經濟、心理與軍事戰略。國家安全戰略則區分傳統與非傳統戰略。國家戰略無法兼顧非傳統安全面向的內容。

若以行為者來論，國家戰略就是國家追求國家利益，達成國家安全的戰略，故亦稱為國家安全戰略。美國早期將國家戰略界定為「在平時與戰時，發展與使用國家的政治、經濟、心理權力，連同武裝部隊，以確實達到國家目標的藝術與科學。」[29] 這個定義將國家戰略區分政治、經濟、心理與原有的軍事權力，為國家戰略建構了四個可藉以觀察發展的指標。美國最新的軍事準則（military doctrine）認為國家可以運用的權力包括外交的、資訊的（informational）、軍事的與經濟等四種力量，其他潛在的力量還包括社會心理與政治。[30] 這樣的區分方式，符合了現代高科技戰爭或反恐戰爭的需求。

柯林斯對於國家戰略的界定較為簡潔，他認為國家戰略是「在一切環

---

29 轉引自鈕先鍾，《戰略研究入門》（台北市：麥田，1998 年），頁 30。

30 J. Boone Bartholomees, Jr., "A Survey of the Theory of Strategy," U.S. Army War College Guide to National Security Issues, Vol. 1, *Theory of War and Strategy*（Carlisle, PA: U.S. War College, 2008），p.18.

境之下使用國家權力以達國家目標的藝術與科學」，[31] 與李德・哈特不同的是，柯林斯整合所有國家可以運用的權力，而以國家權力稱之，雖可涵括所有國家權力，但不容易進行指標性的分析。另外，也容易與國家其他內涵戰略，如國家發展戰略、國家安全戰略的概念混淆。

與軍事思想的界定不同，目前我國戰略區分為三層次，即國家安全戰略、國防戰略與軍事戰略。雖然有軍團存在，但是偏向獨立防衛作戰或是聯合作戰形態，已經沒有指揮數個師旅在廣大地區作戰的戰略形態，故無野戰戰略的內涵。在軍事戰略之上不再統稱國家戰略，而是將之一分為二，區分為國家安全戰略與國防戰略，並分由總統及國家安全會議、行政院制定。[32] 美國的軍事戰略是由參謀首長聯席會議所制定，[33] 因此也稱國家軍事戰略，而我國軍事戰略則由國防部制定，內容可見每一版的國防報告書。

總結而言，或許國防與軍事戰略在國家安全戰略內涵中扮演重要角色，但並非等同國家安全戰略，關鍵在如何運用，以及軍隊如何執行各種國家安全任務。區分為國家安全、國防與軍事三個層次，既符合政府不同層次分工，權責與功能也非常清楚。

肆、我國國家安全戰略的內涵

若就字義來說，國家安全戰略是關於維護國家安全的戰略規劃，不論是戰時或平時，組織及運用國家軍事、政治、經濟、外交等綜合力量，以實現國家安全目標的藝術和科學。[34] 方法、手段與國家戰略類似，只不過更強調實現國家安全目標，國家戰略的目標卻不只是國家安全而已。美國）

---

31 John M. Collins, *Grand Strategy: Principles and Practices* （Annapolis, MD: Naval Institute Press, 1973）, p.14.

32 國防法第 10 條：「行政院制定國防政策，統合整體國力，督導所屬各機關辦理國防有關事務。」國防法第 11 條指出：「國防部主管全國國防事務，應發揮軍政、軍令、軍備專業功能，本於國防的需要，提出國防政策之建議，並制定軍事戰略。」

33 Joint Chief of Staff, *The National Military Strategy of United States of American* （Washington, D.C.: Joint Chief of Staff, 2015）.

34 劉靜波，《21 世紀初中國國家安全戰略》（北京：時事，2006 年），頁 1。

現行最高的戰略層次是國家全戰略，總統必須定期公布此項文件，以發展運用及協調國家權力工具去達成國家目標及維護國家安全。[35]

我國早期軍事思想將國家戰略界定為「建立和運用國力，使有關諸因素發揮統合力量，以求獲得國家目標之藝術。並區分政治戰略、經濟戰略、心理戰略及軍事戰略。」[36] 因此，我國傳統國家戰略的界定皆循此內涵，但已有不同觀點。[37]

台灣過去曾經 2006 年公布《台灣國家安全報告》，並且指出國家安全的內涵包括了以下九項：[38]

1. 中共軍事崛起的威脅
2. 台灣周邊海域的威脅
3. 中共外交封鎖的威脅
4. 財經安全的威脅
5. 人口結構安全的威脅
6. 族群關係、國家認同與信賴危機的威脅
7. 國土安全、疫災與生物恐怖攻擊及重大基礎設施的威脅，資訊安全的威脅
8. 中共對我三戰及其內部危機的威脅

根據上述九項威脅，同時也制定了九項國家安全策略，[39] 做為未來維護國家安全的指導方針。這也可以看出，台灣官方版的國家安全報告與美國白宮所出版的《美國國家安全戰略》（*National Security Strategy*）相比，[40]

35　U.S. Department of Defense, *Department of Defense Dictionary of Military and Associated Terms*, Joint Publication 1-02, As Amended Through 17, October 2008, p.378.

36　國防部編印，《國軍軍事思想》（台北市：國防部，1978 年），頁 108-109。

37　從近年國防報告書的內容可以看出這樣的趨勢。但國內中華戰略學會相關國家戰略的論著仍以傳統內涵為主。

38　國家安全會議，《2006 國家安全報告》（台北市：國家安全會議，2006 年），頁 33-84。

39　同上註，頁 85-148。

40　The White House, *National Security Strategy*, (Washington, D.C.: The White House,2015).

少了戰略兩個字。但有趣的是，到了 2008 年出版修訂版時，九項國家安全策略已改成為國家安全戰略。[41] 由此可看出台灣版的《國家安全報告》的確想建構出類似美國的國家安全戰略報告。

但是美國版的《國家安全戰略》並未細分國家安全戰略之下包含哪些戰略，但是指出了一些國家安全戰略的重要議題。以 2015 年版的美國《國家安全戰略》為例，其內容章節除緒論與結語外，區分為安全（security）、繁榮（prosperity）、價值（value）、國際秩序（international order）四項，[42] 比較像是美國的國家利益或是國家目標的論述，而其指導方針內涵，或是戰略目標（end）、方法（way）與手段（mean）的結合，則在報告內容中敘述，[43] 並未出現在標題中。

2008 年之後，台灣原本已經建立的國家安全報告制度並未延續，外界也無從探知馬政府的國家安全戰略內涵為何？但會從其外交及兩岸政策進行歸納，以做為國家安全戰略的內涵。如「在中華民國憲法架構下不統、不獨、不武」、「和中、友日、親美」等。但這樣的論述則又回到外交與兩岸政策內涵，認定國家安全戰略主要是外交與兩岸政策或戰略。

馬英九總統於 2011 年 5 月中旬與美國華府「戰略暨國際研究中心」（Center for Strategy and International Studies, CSIS）舉行視訊會議時，提出國家安全的三道防線。爾後在不同的場合中，更進一步的加以補充論述，強調國家安全三道防線的重要性。在馬總統所提的國家安全三道防線中，第一道防線是兩岸和解的制度化；第二道防線是增加臺灣在國際發展上的貢獻；第三道防線是結合國防與外交，來強化中華民國的國家安全，並確保未來的長治久安。[44]

41　國家安全會議，《2006 國家安全報告 2008 年修訂本》（台北市：國家安全會議，2008 年）。

42　The White House, *National Security Strategy*, pp.7, 15, 19, 23.

43　Nathan J. Lucas & Kathleen J. McInnis, "The 2015 National Security Strategy: Authorities, Changes, Issues for Congress," *Congress Research Service Report*, April 5, 2016, accessed April 12, 2016, <https://www.fas.org/sgp/crs/natsec/R44023.pdf>.

44　〈總統晚間與美國華府智庫「戰略暨國際研究中心（CSIS）」視訊會議〉，中華民國總統府，民國 100 年 5 月 12 日，檢索於 2016 年 4 月 12 日，<http://www.president.gov.tw/Default.aspx?

　　第一道防線是透過模糊的九二共識，擱置兩岸主權爭議，以持續互動往來促進兩岸相互了解，緩和兩岸衝突情勢。因此，馬總統才會說，中國歷史的分分合合都是利用戰爭來解決，而兩岸透過自願性簽訂與執行協議，則是第一次運用和平方式解決爭端。明確的說出希望簽定協議形成永久性的和平。

　　第二道防線是在不觸及主權議題下，以軟實力或救災行動輸出，爭取國際社會的同情與支持。如對於海地地震、四川震災、日本海嘯複合式災害的救援，建立了臺灣很好的形象。第三道防線是以國防結合外交係透過外交爭取軍售與軍事合作，以強化國防武力，作為有效嚇阻的憑藉。[45]

　　這三道防線以兩岸和解的制度化為重要前提，如果兩岸關係處於緊張衝突時期，恐怕在中國大陸外交打壓下，恐怕很難獲得國際社會的同情，更無從獲得外力的奧援。因此，馬總統「不統、不獨、不武」維持現狀政策與國家安全三道防線相輔相成。若僅僅企求維持現狀，恐將有戰爭風險，唯有兩岸互動的制度化，才能確保兩岸永久和平。

　　馬總統的第二任期開始，他提出「國家安全是中華民國生存的關鍵，以兩岸和解實現臺海和平、以活路外交拓展國際空間、以國防武力嚇阻外來威脅，是確保臺灣安全的鐵三角，我們必須同等重視、平衡發展。」延續了過去三道防線的論述。[46] 有時外界會以國家安全戰略鐵三角來描述兩岸和解、活路外交及國防武力的運用。但同樣的問題，這樣的建構方式仍將國家安全戰略侷限在傳統安全議題。

　　而且更應該注意的是，無論是「不統、不獨、不武」，或國家安全三道防線與國家安全鐵三角，其實都是在追求現狀的維持，也就是強調方法，

tabid=131&itemid=24285&rmid=514&word1=%e4%b8%89%e9%81%93%e9%98%b2%e7%b7%9a>。

45 陳一新，〈三道馬防線捍衛臺灣〉，國政評論，2011 年 5 月 17 日，檢索於 2016 年 4 月 12 日，<http://www.npf.org.tw/post/1/9171>。

46 〈中華民國第 13 任總統、副總統宣誓就職典禮〉，中華民國總統府，民國 101 年 5 月 20 日，檢索於 2016 年 4 月 12 日，<http://www.president.gov.tw/Default.aspx?tabid=131&itemid=27200&rmid=514>。

卻未明確說出未來長遠目標為何？因為沒有目標，看不出長遠的規劃，這些執行方法的適切性，也就無從驗證。新政府對於兩岸政策同樣提出維持現狀的主張，也未提出長遠性的規劃，同樣也會落入馬政府不敢公開國家安全戰略的窠臼。

　　根據民進黨國防政策藍皮書第三號報告《建立權責相符的國家安全會議》所述，國家安全會議應於每任總統就職後六個月內，向立法院提交《國家安全戰略報告》，以增加國家安全治理的透明度，並讓各部會充分知悉總統未來的國家安全戰略方針，利於爾後的協調整合。[47]可見未來蔡英文政府在就任後六個月之內，就會提出《國家安全戰略報告》。

　　但是就小國而言，如果將戰略意圖完全透明化，恐怕會引來外界莫大壓力，若刻意隱晦，原本溝通與透明的企圖就會受到影響。未來至少可以做到一點，就是比照過去兩個版本的國家安全報告內容，列出目前面臨國家安全威脅，以及制訂的國家安全戰略目標及分析指標為何。如國家安全戰略內涵，可以依照綜合性安全觀點，先區分傳統安全與非傳統安全，並區分為不同的戰略，如政治戰略、外交戰略、國防戰略、海洋戰略、經濟戰略、文化戰略、生態環境戰略、資訊戰略、心理戰略等面向討論。

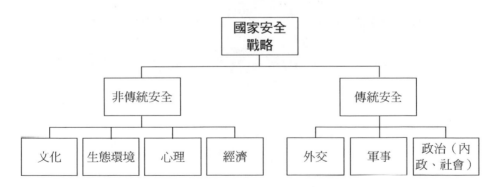

圖 3：我國國家安全戰略內涵分類

---

47 新境界文教基金會國防諮詢小組，《國防政策藍皮書第三號報告：建立權責相符的國家安全會議》，2013 年 6 月，頁 6。

平心而論，過去《2006 國家安全報告》所列九項威脅或因應戰略，都可以包涵在上述各項戰略之中，本文嘗試參考美國國家安全戰略及我國國家安全報告內容，將其綜合整理成為簡明易懂的表格是我國國家安全戰略在層次、內涵與類別的擬案。主要在建立分析指標與架構，有關威脅與因應作為僅原則性論述，尚待進一步的論述。

表 1：我國國家安全戰略層次、內涵與類別擬案

我國國家安全戰略			
國家利益：民主、人權、繁榮、主權、安全			
國家目標：兼顧國家經濟繁榮與安全下，維護國家主權，保障民主與人權			
類別	安全威脅	分項戰略	因應政策（方法與手段）
傳統安全戰略	中共對台軍事武力威脅	國防戰略	有效嚇阻的制空、制海與地面作戰武力
	周邊海域領土主權與漁權衝突	海洋戰略	維護海洋利益，確保海上安全
	中國外交封鎖與打壓	外交（國際）戰略	務實與靈活外交政策與手段
非傳統安全戰略	財經、糧食安全的威脅	經濟戰略	強化經濟體質，提高糧食自給率
	人口結構安全的威脅	政治（內政、社會）戰略	人口與移民政策的強化因應
	族群關係與國家認同	文化戰略	建構與強化融合性的文化與國家認同
	國土安全、疫災、恐怖攻擊與關鍵基礎設施維護	生態環境戰略	強化國土與災防機制與國家危機管理機制
	資訊安全威脅	資訊戰略	強化資安攻防能力
	中共對我三戰威脅	心理戰略	堅守法律正統、靈活反應輿情、強化心理攻防能力

伍、結語

　　過去常有學者評論我國從無國家戰略或國家安全戰略的指導，此種論點立基於我國並無官方國家戰略報告。或者在無國家戰略具體內涵的隱晦下，各部會呈現資源錯置與政策矛盾的情況。[48] 雖然從 2006 年起，總算出版《國家安全報告》，但因為已屆執政末期，對坐等輪替的政府事務官們，當然無法產生政策指導與整合的功能。加以接任政府並未持續出版《國家安全報告》，更使國家安全戰略的功能難以彰顯。

　　在民進黨政府即將就職之際，本文提出我國國家安全戰略的層次與內涵，就是希望有志之士先了解國家安全戰略在整個國家戰略體系中的定位與層次，以免將大戰略、國家安全戰略與國家戰略混淆。另外，則結合綜合性安全的觀念，提出國家安全戰略的內涵，及所屬分項戰略及因應政策，以完善整個國家安全戰略的建構。雖然戰略環境不斷在改變，但是戰略分析與制訂戰略內涵的架構必須是常態性的。

　　更重要的是，國家安全戰略可以當作是一種溝通性的透明作為，但絕非一種政治表態的文宣，必須針對國家利益與目標，檢視國家可能面臨威脅，衡量可用資源與籌碼，制定出有效的因應政策。如果擔心太過透明反而失去戰略主動權，大可採取隱晦的方式，刻意彈性與模糊，避免被對手箝制。如果如此，戰略決策團隊必須要有絕佳默契，不會因可以追求彈性與模糊而失焦或內耗。不論是針對傳統安全戰略或是非傳統安全戰略都是如此。

48　如主張抗衡中共卻又削減國防武力，企圖與中共政治互動卻又大量購買高科技武器。

解放軍的蛻變與台灣戰略地位的轉變

林穎佑 *

壹、前言

　　自 1927 年 8 月 1 日成軍以來，中國人民解放軍經過了近 90 年的演進，從最早的兩把菜刀鬧革命、小米加步槍；一路至兩彈一星的發展以及近年積極發展的一體化聯合作戰，都顯示出經歷多年戰爭的教訓以及從後冷戰的多場戰爭中所學習到的成果，都逐漸呈獻在近期的解放軍上。特別是在 2015 年年底，解放軍軍事體制進行了大幅的改變，並將過去七大軍區改制成五大戰區，藉由組織的改變來面對未來的作戰。[1] 在解放軍的變化中，除了軍備上的進步之外，戰略上的調整以及在面對未來作戰環境所做出的改變，也讓解放軍無論是在部隊編制，或是作戰部署上都更能貼近未來戰爭的型態。即便有些許用詞仍然承襲過去的字眼，但其內含與作戰的本質確有與過去相當大的不同。如積極防禦一詞，雖然早在 1970 年代便已出現在解放軍的軍事用語之中，更成為中國對外宣傳時的一大利器，象徵其不會發動侵略，過去的作戰都是基於防禦與自衛的前提而不得不為。但直到近期，在習近平對軍事發表相關談話時，積極防禦一詞依然經常出現在文中，只是其概念也會隨著中國國力與解放軍的戰力，而隨之「與時俱進」有所變化，其意義與過去鄧小平時期絕對有所不同。[2] 無論是從過去所倡導的人民戰爭到現今的一體化聯合作戰，這些作戰指導方針所代表的不只是解放軍在戰力上的變化，更象徵了其軍事戰略思維的改變。甚至對解放軍

---

* 銘傳大學國際事務與外交學程兼任助理教授

1　〈習近平提 12 字方針：軍委管總 戰區主戰 軍種主建〉，文匯報，2015 年 11 月 27 日 <http://paper.wenweipo.com/2015/11/27/YO1511270001.htm>。

2　關於積極防禦一詞的變化，請參閱沈明室，〈中共積極防禦戰略的根源、演變與傳統〉，發表於「第八屆國軍軍事社會科學學術」研討會（桃園市：國防大學，2009 年 11 月），頁 244-246。

而言，其任務也隨著中國國力而產生變化，中國也開始利用解放軍積極從事軍事外交、應急突處等海內外非戰爭軍事行動，讓解放軍除作戰本務外，負擔了更多的使命。[3]

對我國來說，最大的威脅來源仍然是中國，雖然自 2008 年馬英九執政以來與中國的積極互動，讓兩岸關係有所緩和，但解放軍在軍備與戰略的變化，成為中國與周邊國家處理領土主權爭議時的雄厚資本，其戰力更以非昔日吳下阿蒙，在解放軍的戰力成長之下，也會讓我國的戰略地位的受到些許的衝擊。過去在評估我國戰略地位時，多半都採用地緣戰略的角度對我國進行戰略評估，也使許多研究皆從島鏈封鎖的角度，或是認為台灣島剛好位於東海與南海之中心，更是解放軍嘗試進入太平洋的「戰略遏止點」。上述的戰略思維是許多探討我國戰略地位研究的立論基礎，亦讓我國在早期擁有「永不沈沒的航空母艦」之稱。[4] 但值得思考的是，在解放軍投射能力增加，並且積極向南海甚至印度洋發展之時，我國是否還擁有如同過去一般的戰略地位？雖然在美國積極執行亞太再平衡戰略時，勢必會與亞太盟邦進行合作，但在解放軍的任務改變時，我國除了過往的地緣戰略外，是否能發揮其他戰略價值，以確保我國在亞太安全甚至國際安全上的地位。

貳、解放軍精進後的投射能力

雖自 1988 年赤瓜礁海戰以來，解放軍就無直接參與戰爭，但解放軍依然從後冷戰的各項戰爭中，[5] 獲取不少經驗並應用於解放軍，以及在眾多與外軍進行的聯合軍演中認知到與外軍的差距，這些經驗都讓解放軍了解自身須努力的方向。[6] 並且在透過外國的技術合作轉移、甚至是利用間諜的

3　Andrew Scobell, Authur .Ding, Phillip C. Saunders, and Scott W.Harold, *The People's Liberation Army and Contingency Planning in China*, (WA:National Defemse University Press), pp. 1-11.

4　可參見 James R.Lilley & Chuck Downs, *Crisis in the Taiwan Strait* , (DC:America Enterprise Institute), <http://www.dresmara.ro/resources/carti/CTS.pdf>.

5　後冷戰的四場戰爭一般所指為：波斯灣戰爭、科索沃戰爭、阿富汗戰爭、伊拉克戰爭。請參閱王淑梅，《四場戰爭與美國新軍事戰略》（北京：軍事科學，2007 年），頁 1。

6　如從波斯灣戰爭中體認到新軍事事務革命、伊拉克戰爭中瞭解一體化聯合作戰的重要。

手段來取得外國新武器的資料，讓中國逐漸的建立起軍工產業的能量。[7] 並在近年成為主要的軍備出口國，也開始達到國防自主的目的，其自製的質與量都讓解放軍的戰力有所增長，[8] 不再是過去被西方國家戲稱的「垃圾場裡的軍隊」（junky yard army）、或是「世界上最大的軍事博物館」（the world largest military museum）。[9] 雖然並無經過實戰的考驗，解放軍的實力仍然是未知數，但在其近年演訓以及許多非戰爭軍事行動中（包括：亞丁灣護航、撤僑、海內外救災），都可觀察到其投射能力的增強，以及在聯合作戰上的精進。

過去解放軍受限於科技技術，讓解放軍並無能力進行遠程兵力投射，特別是在國力不足與當時國際強權一較長短之下，中國也無積極對外擴張的需求與能力。這些原則可從其對軍事戰略方針的演變看出，無論是人民戰爭、現代條件下的人民戰爭、高技術條件下局部戰爭、打贏信息條件下的局部戰爭都是將解放軍可能會遭遇的武裝衝突，設定於周遭地理。[10]

在 2015 年 5 月，中國在其國防白皮書《中國的軍事戰略》中，雖仍堅持積極防禦戰略但開始提到重心前移、海外利益攸關區、打贏信息化戰爭，這代表解放軍的任務不會只有本土防禦，許多海外利益以及與國家有關的任務都會由解放軍來負責，特別是中國首次將海軍「近海防禦、遠海護衛」與空軍「空天一體、攻防兼備」戰略要求寫入白皮書，[11] 象徵其作

7　Bill Gertz, "NSA Details Chinese Cyber Theft of F-35, Military Secrets", *The Washington Free Beacon*, January 22, 2015, <http://freebeacon.com/national-security/nsa-details-chinese-cyber-theft-of-f-35-military-secrets/>.

8　關於中國軍工產業的發展可參閱 Mikhail Barabanov , Vasily Kashin, Konstantin Makienko , *Shooting Star: China's Military Machine in the 21st Century: A Report by the Centre for Analysis of Strategies and Technologies* (MN: East View ,2012). Tai Ming Cheung, *China's Emergence as a Defense Technological Power* (NY: Routledge ,2012).

9　黃介正著，〈檢視中國人民解放軍研究領域兼論淡江學派：20 年經驗的回顧〉，在《當代戰略理論與實際》，翁明賢編（新北市：淡江大學國際事務與戰略研究所，2011 年），頁 255-262。

10　張明睿，《解放軍戰略決策的辯證》（台北市：黎明文化，2004 年），頁 53。

11　〈陸戰略轉向打贏戰爭→防止戰爭〉，聯合新聞網，2015 年 5 月 27 日，<http://udn.com/news/story/7331/927805-%E9%99%B8%E6%88%B0%E7%95%A5%E8%BD%89%E5%90%91-%E6%89

戰的區域以及軍隊的任務以與過去有所改變。這些改變憑藉的就是解放軍軍備的進步。

　　自 1992 年解放軍取得 Su-27 開始，便象徵了解放軍的裝備開始走向下一代。其利用冷戰結束的機會從俄羅斯取得相當多相對較為先進的軍備，與授權生產逐步打下國防工業發展的基礎。並在此基礎上，透過國際合作與間諜技術的配合，讓其自主研發的軍備更上一層樓，其低成本的武器，也逐漸成為第三世界國家軍火供應的首選。

一、逐步走向遠海的海軍

　　解放軍海軍近年除了以號稱「下餃子」的速度量產艦隻外，更積極強化其防空與反潛的作戰能力，大型化、匿蹤化、模組化更是未來發展的趨勢，其成果應會在日後建造的萬噸驅逐艦 055 上看到。[12] 在這之前，解放軍的主力驅逐艦應還是以 052D 為主，配合即將完全服役的 054、054A、056 以及新型的 056A 護衛艦。[13] 而做為中國首艘航艦的遼寧號，在 2013 年服役後，即展開一系列的訓練與測試，在 2014 年 4 月返回青島進行中期維護保養，也象徵前期驗證已到一階段，其基本上只是單純作為訓練海軍官士兵以及艦載機飛行員的試驗艦，作戰能力相當有限。對此，解放軍正積極建造第一艘純為中國生產的航艦（遼寧號前身為俄羅斯的瓦良格號），預料其仍然為傳統動力搭配滑跳甲板，基本上與遼寧號類似。[14] 根據分析解放軍未來至少需要三艘航艦，以維持其海上利益，其主要的任務還是在於艦隊防空以及在進行海軍外交、兵力投射與走向遠海的指標。而水下戰力一直是解放軍重點發展的項目，過去在蘇聯海軍戰略的指導之下，潛艦

%93%E8%B4%8F%E6%88%B0%E7%88%AD%E2%86%92%E9%98%B2%E6%AD%A2%E6%88%B0%E7%88%AD >。

12　KDR 編輯部，〈055 萬噸級戰鬥艦艇戰鬥力〉，《漢和防務評論》，總 119 期（2014 年 9 月），頁 42-44。

13　應天行，〈中國海軍 054A 型護衛艦〉，《全球防衛雜誌》，總 358 期（2014 年 6 月），頁 87。

14　〈中國首艘自製航母照曝光 專家：即將下水〉，蘋果電子報，2016 年 3 月 30 日，<http://www.appledaily.com.tw/realtimenews/article/new/20160330/828115/>。

是符合以小博大、不對稱作戰思維的兵器，也是解放軍海軍突穿島練的首選，更是多次利用潛艦與生俱來的匿蹤特性尾隨美國海軍艦隊，來達到牽制與干擾美艦的目的，甚至直接在美艦附近上浮。近期解放軍海軍潛艦除了持續在西太平洋活動外，更利用亞丁灣護航的機會，開始將艦隊深入印度洋海域。2014 年解放軍海軍宋級潛艦停靠斯里蘭卡可倫坡港，是首次證實出現於印度洋，[15] 2016 年 2 月解放軍海軍劉公島號潛艦救援艦亦前往該港進行訪問。[16] 這些行動的意義除了展現解放軍潛艦之實力之外，亦有從南對印度包圍，展現印度洋非印度掌握的意涵，以掌握海上絲綢之路。

二、日益精進的空軍

解放軍空軍近期透過自身的技術以及透過駭客從美國竊取的相關資料，無論是瀋陽飛機工業集團公司所設計，自費研發的殲 -31，或是成都飛機工業集團公司的殲 -20 都是外界的亮點。但對解放軍整體作戰影響最大的應該還是在運 -20 發展上。大飛機一直是過去中國心中的痛。原有的運 -8 以及從俄羅斯引進的 IL-76，在數量以及任務適用性上仍然不足。由西安工業集團製造的運 -20 除了代表中國航太工業的成長之外，更重要的在於其未來的衍伸應用，如空中預警機、加油機、電戰機，都對解放軍的戰力有相當助益。[17] 另外在戰術運用上，空降 15 軍是中國重要的機動作戰部隊，不論是作為戰略預備隊或是快速反應部隊，在裝備運 -20 後必是如虎添翼。而無人機的發展，已是未來航天工業的新戰場，特別是在戰場上的應用，如解放軍在朱日和進行的和平使命 -2014 聯合演習時，亮相的翼龍（攻擊一型）、彩虹 -4 型無人機便標榜可以達到偵、察、打一體化。[18] 而在 2012 年時已有消息指出解放軍裝備無人直昇機於海軍艦艇上，在珠

---

15 平可夫，〈一帶一路與中國武器〉，《漢和防務評論》，總 130 期，2015 年 8 月，頁 64-67。

16 〈解放軍萬噸巨艦僅裝水槍 卻讓印度拉響警報〉，中華網，2016 年 3 月 7 日 <http://military.china.com/kangzhan70/zhjw/11173869/20160307/21736912.html >。

17 〈俄專家解讀中國運 20 開發細節與性能指標〉，中國評論新聞，2016 年 4 月 5 日，<http://hk.crntt.com/doc/1041/8/3/4/104183414.html?coluid=91&kindid=2710&docid=104183414&mdate=0405074430 >。

18 揭秘彩虹系列無人機：戰之利器 察打一體〉，中國評論新聞，2016 年 3 月 4 日 <http://www.chinareviewnews.com/crn-webapp/touch/detail.jsp?coluid=91&kindid=2751&docid=104146243 >。

海航展中已證實為 S-100。甚至在 2014 年 9 月北京無人機展上，也有廠商展出利用無人機前往釣魚台列嶼進行空拍的照片，顯示出其技術的成熟，都可能會在未來中國自製的無人機上看到。

　　近年解放軍空軍屢次表現出「首戰用我」及「空天一體、攻防兼備」為實現中國夢、強軍夢提供堅強力量支撐的企圖心。[19] 這也與解放軍高層的變化有關，副軍委主席許其亮是中國第一個飛行員出身的軍委副主席，在其許多的發言與談話中都有提到對空軍的重視，再配合之前擔任副總參一直相當活躍於國際場合的馬曉天與積極筆耕的國防大學政委劉亞洲的宣傳，解放軍空軍的地位並不亞於過去主導軍務的陸軍。[20]

三、邁向聯合作戰的陸軍

　　相對於海空軍，解放軍陸軍在近期的打貪反腐以及在七大軍區改為五大戰區的影響下，許多戰力都還需要持續觀察，特別是在集團軍的變化在各大戰區的聯合後勤以及演訓的表現。過去解放軍的演訓中，其實已在演練「一體化聯合作戰」，但受限於資訊技術，以及組織體系，因此難以達到成果。之前的演訓雖然多次標榜進行聯戰整合，但其演訓內容還是先從各軍種內部整合開始，如跨軍區演習、海軍三大艦隊聯合軍演，很少達到真正的跨軍種聯合作戰。[21] 解放軍也深知此問題，因此在 2011 年將朱日和戰術訓練基地改建成全軍唯一陸軍聯合作戰實驗場，並作為未來部隊的實戰訓練場。日後不論是陸軍跨軍區、並與空軍、火箭軍進行聯合操演的「跨越 -201XA-F」軍演、「衛勤使命 -201X」、「聯合行動 -201X」軍演。[22] 演習中也進行紅藍軍的實兵對抗，藉此模擬實戰中可能遭遇到的狀況。雖然

19　余元傑、王志鵬，〈習近平的國防政策對台灣之影響〉，《中共研究》，第 50 卷，第 1 期（2016 年），頁 62。

20　金千里，《習近平五虎將治軍》（香港：夏菲爾，2015 年），頁 243-275。

21　Ying Yu Lin, "The Implications of China's Military Reforms" *The Diplomat*. March 03, 2016, <http://thediplomat.com/2016/03/the-implications-of-chinas-military-reforms/?.>.

22　關於解放軍近期的演習請參閱沈明室，〈近期共軍系列軍事演習分析〉，《中共研究》，第 48 卷，第 10 期（2014 年），頁 93；陳建仲，〈解讀共軍跨越 -2015 朱日和對抗演習〉，《中共研究》，第 49 卷，第 10 期（2015 年）。

在資訊技術的進步之下，突破了陸空資料鏈的傳輸問題，逐漸朝網狀化作戰邁進，但無論是指揮管制、陸空聯繫、火力協同，特別是在跨軍種的思維與習慣用語等許多尚待整合的問題，都在聯合作戰中陸續出現，如何透過演訓探索新的指揮模式，便是未來戰區聯戰尚需磨合的一環。

四、核常兼備的火箭軍

　　至於在正名為火箭軍之後的解放軍飛彈部隊，依然是解放軍重要的威懾力量，特別是在核子嚇阻上發揮了相當的效用。東風 -31B 型洲際彈道飛彈於 9 月到 11 月間進行試射，據稱最大射程有一萬公里。而更新型的東風 -41 洲際彈道飛彈，雖早在 1992 年就有資料顯示中國正進行研製，[23]但一直到 2014 年 6 月才有中國官方網站在其工作報告中透露「中航四院四十三所 DF-41 戰略導彈（飛彈）研製保障條件先期啟動竣工環保驗收現場監測」，才讓東風 -41 證實。[24] 其在 2014 年 12 月完成第三次試射，並成功試驗多彈頭獨立重返大氣層載具（MIRV）技術，代表著「中國完成洲際導彈多彈頭戰鬥部署試驗」。東風 -41 可攜帶 10 枚核彈頭，射程達一萬兩千公里，同時具稱擁有突破美國彈道飛彈防禦系統的能力。搭配原先的東風 -31 以及東風 -31A 型飛彈，讓美國過去擁有的飛彈防禦優勢受到極大的挑戰。而被稱為「關島快遞」的東風 -26 型，首次曝光於 2015 年的北京閱兵，其具備 3000-4000 公里的射程，正是以第二島鏈的關島基地為主。[25]而在短程彈道飛彈的發展上，具有「沖繩快遞」之稱的東風 -16 型，在 2014 年中正式曝光。其具備 1000 公里左右的射程，剛好補足東風 -11/ 東風 -15 至東風 -21 之間的射程空隙，配合 MIRV 與多種彈頭的運用，對台灣以及駐日美軍而言，更是具備威脅。[26]

---

23 平可夫，〈東風 41 洲際彈道導彈研製進度分析〉，《漢和防務評論》，總 115 期（2014 年），頁 44-49。

24 〈陝西文件 證實東風 41 飛彈存在〉，中時電子報，2014 年 08 月 1 日。<http://www.chinatimes.com/realtimenews/20140801004076-260409>。

25 〈東風 26 覆蓋美基地定位特殊 彌補中國弱點〉，中國評論新聞，2015 年 10 月 14 日。<http://hk.crntt.com/doc/1039/6/3/3/103963301.html?coluid=4&kindid=17&docid=103963301&mdate=1014100907 >。

26 〈「改進型」東風 -16 彈頭有尾翼！子母彈絕殺畫面火爆曝光〉，東森新聞雲，2016 年 2 月 15 日，

　　從上可知，解放軍在軍備科技上的進步，固然先進的裝備只是基本，在戰略指導以及人才是否能到位，才是能否發揮科技優勢的主因。特別是對中國領導階層來說，解放軍的實力增強，也代表其能負擔更多的任務，特別是將解放軍視為達到中國國家戰略的一樣重要工具，透過許多非戰爭軍事行動、或是採取別有含意的軍事行動來達到對外傳達訊息的作用。這些新的使命也是解放軍在蛻變時所面臨的新任務。[27]

參、解放軍任務的轉變

　　在全球化經濟的影響之下，大國之間發生戰爭的機率有限，各國為了有效利用軍隊的功能與特性，逐漸的讓軍隊任務開始更加多元化。由於軍隊具有政府公權力，也擁有較為精良的裝備，讓軍隊可以在短時間內面對各種不同的危急狀況。因此如何善用軍隊發揮效力，變成了各國政府都必須思考的問題，但軍事戰略畢竟只是國家戰略底下的一環，最重要的國家戰略方向為何，才是真正的決定性因素。主導國家戰略的北京政府也有一套大戰略方針來應對新的世代，簡稱為「北京大戰略」。[28]

　　北京的大戰略可追溯到鄧小平，其曾說過：「我們和美國人交涉立場非常強硬，但絕不會斷絕關係」。這正是北京一貫以來的做法。[29]延續至今的主要戰略目的便是「不戰而主東亞」。武力雖然是這個戰略的支柱，但北京打算同時藉由經濟、外交、心理、文化及傳媒等非軍事手段達到目的。[30]解放軍的信條為：「隨時作好準備，但是儘可能不必動用。」因此

　　<http://www.ettoday.net/news/20160215/647931.htm >。

27 Authur S. Ding & Ying Yu Lin, "Military Diplomacy: PLA's Fourth Mission?" paper presented at the "The PLA Steps out: Reacting to the Pivot or Living the Dream" (CAPS-NDU-RAND 2014 International Conference on PLA Affairs November 21-22,2014).

28 Chong Pin Lin, "BEIJING'S NEW GRAND STRATEGY: AN OFFENSIVE WITH EXTRA-MILITARY INSTRUMENTS", *Association for Asian Research*, December 18, 2006, <http://www.asianresearch. org/articles/2983.html>.

29 〈中國大陸的亞太戰略 林中斌：欲不戰而主宰東亞〉，今日新聞網，2011 年 12 月 18 日 <http://www.nownews.com/2011/12/18/11490-2766597.htm>。

30 林中斌，《偶爾言中》（台北市：黎明文化，2008 年），頁 117-119。

北京大戰略是為了符合國家當前利益所做出的戰略判斷，為了達到這個目
的，必須善用國家一切資源以及任何方式來達成目標。

　　類似的原則也被應用在解放軍身上，特別是軍隊擁有國家象徵性，因
此在進行活動時，更能運用軍隊的特性以及其在國際空間上的運作彈性，
來發揮其功能與影響力。「北京大戰略」主要是利用各種途徑來達到國家
戰略的目標，為了能有效達到國家目標，如何善用軍隊，便是一個操作的
藝術，軍事外交便是軍隊在國家政策上服務的一個新突破點。剛好結合了
軍隊的特性以及在外交上的應用，因此在北京大戰略的原則指導之下，利
用軍隊來達成國家政策的宣達或是意志的展現，這都讓解放軍在新任務的
應用中，有了新的地位。[31]

一、國際貢獻

　　在索馬利亞政府的同意之下，各國紛紛派出軍艦前往亞丁灣擔任護航
的工作。對解放軍而言，派遣軍艦到亞丁灣護航有幾重意義。首先，這是
一個實戰任務，除了遠航訓練之外，亞丁灣護航得以讓其海軍士官兵親臨
戰場，體驗戰爭的氣息，因為海盜是有可能開火還擊造成傷亡，這比起自
己舉行的演習更增添了許多風險以及不確定性。這對於海軍人員臨戰的心
理養成會比單純的演習更為有效。自 2008 年到 2016 年 4 月為止，解放軍
已經派出 22 批編隊前往亞丁灣進行護航任務，同時也利用在亞丁灣護航
的機會與其他國家的護航兵力進行了登艦互訪、編隊護航、聯合操演以及
情報交流，更在北約護航艦隊指揮官的邀請之下，解放軍海軍護航編隊指
揮官，進行會晤與交換心得與意見。並透過水星網向世界各國公布解放軍
海軍每月的護航計畫，中國籍的船隻還可以透過中國交通部網站連結取得
相關資訊。[32] 只要提出申請，各國的船隻都可以加入中國護航編隊的保護，

31　Paul Godwin, "From Land Power to Maritime Power and Beyond: The PLA's Gradual Turn Outwards,"
　　paper presented at the "The PLA at 90: Evolutions, Revolutions, Legacies, and Disruptions" (CAPS-
　　NDU-RAND 2015International Conference on PLA Affairs November 13-14,2015).

32　劉竟達、邱采真，〈護航：我海軍軍事外交的重要平台〉《海軍工程大學學報》，第 4 期（2011
　　年），頁 71-74。

讓許多經過亞丁灣的船隻為了海上安全，願意配合中國護航編隊而調整航行計畫。[33] 海軍司令員吳勝利也指出，亞丁灣護航是中國首次派遣軍事力量赴海外維持國家戰略利益，是中國軍隊首次組織海上作戰力量赴海外履行國際人道主義義務，是中國海軍首次在遠海保護重要運輸線安全，更具有重大意義，必將把中國軍事外交特別是海軍外交推展到一個新的高度。[34] 對於中國而言，更有塑造正義之師、參與國際貢獻的形象。[35]

雖然早在 1989 年解放軍便參加聯合國維和行動，但其效用有限，非當地國很難感受到其影響。因為維和部隊只是一個「點對點」的軍事外交作為，只對兩國和其鄰近國家產生效益。但亞丁灣護航則是具有「線」的用意，只要航線所及之處遍佈周邊國家，因此在效益上超過派遣維和部隊的功用。特別是從第二批護航編隊開始，其海軍也利用編隊輪調的機會，前往其他國家進行友好訪問。而除了水面艦之外，解放軍海軍也在 2014 年 9 月首次派出潛艦前往亞丁灣參與護航，並於斯里蘭卡進行公開訪問。對解放軍海軍而言，除了測試其潛艦的潛航性能以及周邊海軍的偵測能力之外，更大的意義在於透過「展示國旗」（Showing the Flag）的方式告訴印度，印度洋已經不是其內海。此外，除了對其他國家展示解放軍海軍的遠洋能力之外，亞丁灣護航也有對內宣示的效益，直接告訴民眾軍隊的價值。並且在透過護航行動中，也表達了捍衛國家利益的目的。這些都是在護航之中，解放軍可以達到的效益。[36]

二、應急處突 [37]

對於非傳統安全威脅的浮現，由於軍隊擁有充分的訓練，精良的裝備，

---

33 柏子、靳航，《護航亞丁灣沈思錄》（北京：華藝，2013 年），頁 14。

34 肖天亮，《新中國軍事外交》（北京：國防大學，2011 年）。

35 何奇松，〈中國軍事外交析論〉，《現代國際關係》，第 1 期（2008 年），頁 52-53。

36 謝游麟、何培松，〈中共海軍亞丁灣護航行動六週年之回顧與啟示〉，《海軍學術雙月刊》，第 50 卷，第 1 期（2016 年），頁 120。

37 中國對應急處突此一名詞，大多應用於嚴重自然災害、突發性公共衛生事件、公共安全事件及恐怖攻擊。

以及代表政府的意涵，形成救災任務中的主力。在軍隊前往外國救災的過程中，更是直接展示其後勤補給、指管通信、和投射能力。除了達成國際貢獻之外，更是在救援行動中，藉由媒體的傳播效果，達到宣揚國威以及國際貢獻的形象，成為拓展全球利益的軍事外交作為。

過去中國雖於 2001 年成立中國國際緊急救援隊（China International Search and Rescue Team, CISAR），針對因地震災害或其他突發性事件造成建築物倒塌而被壓埋的人員實施緊急搜索與營救，但大部分國家對解放軍入境執行救援任務仍存疑慮，多採取拒絕方式來回應解放軍的善意。同意入境者亦採取限制活動範圍方式，突顯各國仍然對解放軍感到「威脅」仍大於「善意」。

而相對於救難隊所遭遇到的困難，醫療艦較不受國際限制。與傳統砲艦外交不同的是，醫療艦相對較容易受到各國的歡迎。醫療艦雖然隸屬於海軍，但其艦體側身所描繪的紅十字標誌，讓其在國際法上受到特別的保護。也可利用救災，或進行海外醫療任務時（如歷年所進行的「和諧使命」），洞察可用的海外整補據點，結識友軍，必要時還可以技巧的派遣軍艦實施護航演訓，或與盟國配合各種海上人道救援演練。[38] 而醫療艦上更可部署部分的武裝人員或保安部隊與他國交流演訓。這些行為都可以增進外國民眾對於解放軍的好感，藉此增加其正面形象以及國際聲望。[39] 2014 年解放軍也派出「和平方舟號」參與環太平洋演習（RIMPAC-2014），並且與其他國家海軍進行聯合操演、醫學交流，並開放其他國家海軍參觀。在結束演習之後也前往其他中南美洲國家進行代號為「和諧使命 -2014」的跨國醫療服務。

2014 年 3 月 8 日馬來西亞航空 MH370 班機，在馬來西亞與越南交界處失蹤。當下中國便立刻派出艦艇參加搜救行動。共計派出 4 艘軍艦和 5 艘公務船參與搜救，並且，調動各型衛星進行觀測支援搜救。媒體報導，除

---

38 解放軍報，〈「和平方舟」號赴亞非五國：創海軍四個首次〉，中國新聞網，2010 年 11 月 26，<http://www.chinanews.com/gn/2010/11-26/2683037.shtml>。

39 李訓，〈和平方舟海外醫療的外宣思考〉，《對外傳播》，第 8 期（2011 年），頁 13。

了遙控重新輸入指令，且與北斗系統與三軍聯合信息分發系統整合運作支援。同時，有些衛星需轉變軌道，可能因此耗損其燃料降低衛星運作壽命，花費高達 7500 萬人民幣。此次搜救號稱是解放軍最大規模的救援任務。[40]

　　對中國來說，此類透過軍隊進行救災以及護航任務是過去較為罕見的行為，也是對軍隊的新運用，對此解放軍提出了「軍事硬實力的軟運用」此一名詞。[41] 所謂硬實力主要指軍事力量，軟運用則是指以非戰爭軍事行動、人道貢獻為主要目的，與過去透過軍隊行動所要表達的威懾以及強制外交有明顯的不同。但這不代表解放軍從此成為紅十字救難隊，反而更靈活的運用軍隊作為傳遞訊息的工具。利用許多國際貢獻的機會來消除中國威脅論。隨著解放軍軍力的成長，中國威脅論的聲調依然持續不斷，中國在進行應急處突時，也同時在對外宣稱其已非過去在天安門屠殺學生的劊子手，而是力求國際貢獻、為世界人民服務的軍隊。因此在維和行動、亞丁灣反海盜、馬航搜救、醫療船、海外救災、人道救援這些非戰爭軍事行動，都是中國在此方面的努力。[42] 對影響面而言，非戰爭軍事行動的影響力不只對單一國家發揮作用，更是在國際政治中發揮外交性與建立國家形象的一個重要方式，但這些影響不只對外，更對中國內部產生相當的作用。特別是在中國國防預算連年高漲之下，非戰爭軍事行動給與軍隊一個新的任務與表現機會，避免民眾質疑軍隊存在的價值，對軍人的社會地位或是對於募兵來源都會有所影響。對此，軍隊在進行應急處突任務時，除了協助達成國家戰略之外，也在某種程度上也是對國內民眾有所交代。[43]

---

40 林穎佑，〈軍事軟實力？從馬航事件觀察解放軍救災〉，《全球防衛雜誌》，總 357 期（2014年），頁 16。

41 肖天亮，《軍事力量的非戰爭用途》（北京：國防大學，2009 年），頁 10。

42 林麗香，〈中國大陸軍事軟實力的發展與作為〉，《中共研究》，第 49 卷，第 7 期（2015 年），頁 63-84。

43 Authur S. Ding & Ying Yu Lin, "Military Diplomacy: PLA's Fourth Mission?" paper presented at the "The PLA Steps out: Reacting to the Pivot or Living the Dream" (CAPS-NDU-RAND 2014 International Conference on PLA Affairs November 21-22,2014).

肆、台灣戰略地位的轉變

　　無論是在硬體科技面或任務面，解放軍皆與昔日有相當的變化，特別是在解放軍兵力投射能力（海軍以及火箭軍）已經超過第一島鏈，甚至未來根本不往太平洋發展的情形之下，以及發生戰爭的機會下降的情形之下，台灣是否還擁有不沈的航空母艦與第一島鏈樞紐的戰略地位。[44] 這都在近年引發許多的討論與研究，其中較為偏激的少數言論便是認為美國應該放棄台灣的「棄台論」。

　　在這些論述中，有主張無條件棄台但多以投書社論短評為主。而在主流期刊上大多以專文呈獻的並不是無條件的放棄台灣，而是強調美國在中國尊重台灣的現況下，減少對台灣的安全聯繫，以建立中立緩衝區的模式來面對中國。除此之外亦有學者認為，面對持續崛起的中國，台灣遲早無力抵抗，即便美國給予適當援助，但台灣並沒有重要到讓美國承擔這樣高的風險，因此最終只有放棄台灣。[45] 當然這些論點的依據大多都是中國的國力成長是不可逆，兩岸間的戰力已經嚴重失衡，而台灣的地緣戰略優勢已經在科技的進步下逐漸喪失，這都是上述論點的立論基礎。但這些基礎都是在單純的中國戰力發展的前提下所做出的推演，許多分析更是直接以美中台發生直接的軍事衝突的能力比較，作為研究的參數，而忽略了平時可進行的間接路線。在現今國際關係的局勢下，發生全面戰爭的機會實屬有限，特別是在解放軍進行軍改之時，其對組織改造所產生的衝擊是否也代表轉型中的解放軍需要更多的時間去磨合，以適應新的組織體系，也降低了近期發生大規模軍事衝突的可能。在此情勢之下，也代表台灣的戰略價值不會是只有戰時軍事價值。

44　可參考 Roy Kamphausen, David Lai ,Andrew Scobell, *Beyond the strait PLA Missions other than Taiwan*, (PA: Military Bookshop, 2009).

45　關於棄台論的分析，詳見楊仕樂，〈棄台論？新世紀美中競合下的台灣戰略地位〉，發表於「美中台關係專題研究 2014-2015」研討會（台北市：中研院歐美研究所，2015 年 12 月 3 日），頁 2-6。

一、反介入 / 區域拒止的內線作戰

　　在解放軍的反介入 / 區域拒止作戰（Anti-Access/Area-Denial, A2/AD）中，主要憑藉的就是利用火箭軍與海空軍的配合，試圖攻擊美軍可能會進入台海附近的航艦部隊，以及部署在菲律賓以及日本的美軍基地，以延遲美軍介入台海。[46] 就當前解放軍的演訓中可以觀察到外界稱呼的「航母殺手」東風-21D中程彈道飛彈，參與了在 2014、2015 年與解放軍海軍、空軍、陸軍舉行的「聯合行動 2014」、「聯合行動 2015」實兵演習，其主要參演科目為「反介入 / 區域拒止」戰術戰法的實兵演練。這也代表解放軍深知在進行上述作戰時，不是只單靠單一軍種的力量，而是應透過火箭軍（東風-21D）海（反艦飛彈、潛艦）、空中載具等各軍種的合作才有可能突破敵軍的防空網，進行打擊，仍然不外乎以「系統對抗」與「不對稱打擊」的方式來對抗美軍。[47] 所謂「系統對抗」是利用傳各軍種的合作來嘗試突破美軍的神盾防護系統，並以火箭軍、海空中武力形成的火網來達到「飽和攻擊」對付美軍航空母艦。[48] 這也與當前解放軍將大軍區改成戰區的作為相符，以戰區作為進行各軍種聯合作戰的統合領導中心。[49] 而要完成上述的目標，其必須重視海面偵搜與定位的問題，並有賴航天科技的導航與各軍種間資料鏈路的連線，並輔以資訊科技 C4ISR 的輔助才有可能完成。[50]

　　由於美軍在第一島鏈的基地受到直接的威脅，因此美軍將許多基地後

46　Tiehlin Yen, "Evolving Cross-Strait Relations and Its Impacts on the PLA" paper presented at the "The PLA at 90: Evolutions, Revolutions, Legacies, and Disruptions," (CAPS-NDU-RAND 2015International Conference on PLA Affairs November 13-14,2015).

47　林穎佑，《海疆萬里：中國人民解放軍海軍戰略》（台北：時英出版社，2008 年 5 月），頁 78。

48　Rebecca Grantr 著，李永悌譯，〈解放軍對美國航空母艦之潛在威脅〉(A specter Haunts the Carrier>)《國防譯粹》，第 37 卷，第 4 期（2010 年 4 月），頁 82。

49　鳳凰網，〈國防部談五大軍區級別、歸誰領導〉，鳳凰網，2016 年 2 月 1 日，<http://news.ifeng.com/a/20160201/47322884_0.shtml>。

50　Dennis Blasko, "The PLA and Joint Operations", paper presented at the" paper presented at the "The PLA Steps out: Reacting to the Pivot or Living the Dream," (CAPS-NDU-RAND 2014 International Conference on PLA Affairs November 21-22,2014).

撤，減少地面作戰人員維持費並憑藉高機動能力以及亞太盟邦的協助維持對亞太的牽制。這也是空海整體戰（也有翻譯為：空海一體戰）的基本概念構想，並利用網路化、整合性、縱深攻擊的能力來突破解放軍的反介入戰略。[51] 除了海空軍之外，更包含了網路部隊以及太空衛星的運用，利用與盟邦的關係在 C4ISR 上嘗試達到部分的合作，在情資共享的情形之下，只需要動用部分的美軍，以及友邦部隊的協助便可達到期望的效果。並在 2015 年 1 月 8 日，美國防部簽署備忘錄，將空海整體戰更名為全球公域介入與機動聯合概念（Joint Concept for Access and Maneuver in the Global Commons, JAM-GC）主要是因為現有的空海整體戰觀念已經不敷使用。必須提高其三軍能力，平衡運用現有的國防預算。[52]

因此，台灣地理位置的重要性便再度浮現，在解放軍進行反介入作戰時，與美軍在第一島鏈與第二島鏈之間交火的同時，若國軍能適時發揮戰力，可以發揮「內線作戰」的效果，配合美軍做出裡外和應，應能對解放軍做出更大的打擊。[53] 如第二次世界大戰中太平洋戰爭裡的瓜達康納爾島爭奪戰中，早期美軍並無控制瓜島周遭的制海權，甚至無力對從臘包爾出發運補的「東京快車」[54] 進行攔截，但憑藉著掌控瓜島機場，即便多次遭到日本聯合艦隊的砲擊，依然可以恢復航空戰力，牽制聯合艦隊的行動，逐步確保美國海軍艦隊的優勢。[55] 美軍能獲得最後的優勢，關鍵在於始終控制著機場，持續保有對外投射兵力的能力（海空軍）。這也是可供我國

51　Mark P.Fitzgerald 著，周敦彥譯，〈空海整體戰之發動〉，《國防譯粹》，第 40 卷，第 2 期（2013 年 2 月）2013 年 2 月，頁 56-57。

52　舒孝煌，〈由空海整體戰到全球公域介入及機動聯合概念美國作戰概念的改變與實踐〉，《戰略與評估》，第 6 卷，第 2 期（2015 年），<https://www.mnd.gov.tw/Upload/files/DSAA Vol6Issue2%E5%85%A8%E7%90%83%E5%85%AC%E5%9F%9F%E8%81%AF%F5%90%88%E4%BB%8B%E5%85%A5%E5%8F%8A%E6%A9%9F%E5%8B%95-%E8%88%92%E5%AD%9D%E7%85%8C（1）.pdf>。

53　關於我國可行之軍事戰略具體作為，請參閱沈明室，《台灣防衛戰略三部曲：思維、計畫與行動》（台北市：巨流圖書，2011 年），頁 257-266。

54　日軍為求運輸安全，將物資與人員直接裝載於驅逐艦上，利用夜間從臘包爾出發，對瓜島的日軍進行運補，由於高速且定時開往瓜島海域，因此美軍稱為東京快車。

55　關於瓜島攻防戰的敘述，可參閱國防部史政編譯局譯印，《日軍對華作戰紀要：瓜島攻防戰與海運力量之調整》（台北市：國防部史政編譯局，1990 年）。

參考之處。因此如何在解放軍第一波攻擊後，仍能有效的保有作戰能量便是關鍵。[56] 除了空中戰力之外、岸基飛彈以及海軍艦隊的確保，都能在中國執行反介入作戰時，提供美軍援助。特別是潛艦為天生的匿蹤兵器，若能擁有一定的水下戰力，必能對解放軍產生相當的威脅。這便是我國在戰時能發揮的戰略效益。

二、南海的經略

現今南海地區，中國憑藉國力在南海大規模填海造島，引起各國的關切。從戰略效用上觀察擴建島礁的目的相當明顯。對中國而言，南海絕對是其發展海權的重要關卡，無論是早期所謂的「珍珠鏈」戰略、「21世紀海上絲綢之路」的規劃，或是其兩洋戰略（太平洋、印度洋）的發展，南海都是其必經之路。特別是在周邊主權爭議上，除了東海的釣魚台列嶼之外，南海一直都是中國與周邊國家角力的主要戰場。擴建島礁可增加中國在南海的前進基地，透過填海造陸的方式將其整建為海空軍據點，以補強在南海地區的雷達監控網。[57]

中國執行的戰略面上，可以參考過去「鄉村包圍城市」的戰略，先藉由控制區部著手，並以點、線、面的擴張方式逐漸蠶食。對照今日，中國先由擴建島礁開始，並積極與國外合作，以建立海外戰略支撐點的模式，配合海上絲綢之路的名義（一帶一路）確保海上交通線，最後取得南海地區主導權，甚至將勢力延伸至印度洋。而在具體戰術上，雖然這些島礁設施經不起戰火的考驗，但在平時中國可以島礁做為基地，以「組合拳」或是「包心菜」戰術，利用武裝漁船、海上民兵、海上執法單位（海警）、鑽油平台、海軍甚至民間遊艇聯合出動宣示主權或是騷擾進行任務的美艦，甚至不排除以「圍點打援」的方式，包圍其他國家（包含我國的太平島）的島嶼（礁），這些都是中國可能應用的戰術。[58]

---

56 平可夫，〈從漢光演習看台灣空軍的應急作戰能力〉，《漢和防務評論》，總123期（2015年），頁 60-63。

57 平可夫，〈中國還會在南中國海填海？〉，《漢和防務評論》，總 132 期（2015 年 10 月），頁 52。

58 林中斌，〈林中斌／漁船遊艇對軍艦〉，聯合新聞網，2016 年 3 月 08 日，<http://udn.com/

對我國而言，南海最重要的據點便是太平島，雖然目前島上防務是由海巡署負責，但在運補以及其他相關防務仍然與軍方有直接的關係。島上雖然有機場跑道，但相關地面設施仍有相當大的加強空間，若能起降如電戰機或是反潛機，更能發揮戰略價值。目前島嶼碼頭設施仍在興建中，若能停泊海軍或是海巡署的大型船艦才能進行島上建設或長期停泊，發揮一定的影響力。[59]

而在太平島的防禦上，現在並無防空飛彈部署只有 40 高砲作為簡單的對空防禦武器。過去曾配備欉樹飛彈車，但隨著防務移交海巡署而撤出。雖然欉樹飛彈只能單純的進行「點防禦」最大射程只有約 10 公里，與中國目前部屬於永興島紅旗九的效用相去甚遠。但若能先以此類在軍事效用不大，但具有象徵意義的裝備機動部署在太平島，並以「明修棧道、暗渡陳倉」的方式進行建設，逐步加強雷達設備，以及未來戰機起降的補給後勤裝備，讓我國於局勢緊張時，可以直接進行兵力調派，才有效達到彰顯主權的意義。

而在現行的政策中，每逢夏季，我國國防部皆有舉辦全民國防南沙研習營，類似的活動可擴大辦理，除部分學者所題的學術研討會外，[60] 亦可藉由民間經常性的活動來證明我國在太平島與南海的主權。但需注意的是中國經常以實際作為，配合三戰（輿論戰、心理戰、法律戰）的模式，取得國際上的關注以及建立對己方有利的態勢，如在 2016 年 1 月民航機於永暑礁起降、設立三沙市、甚至劃定禁漁區以海洋資源保育的名義限制他

news/story/7340/1548175-%E6%9E%97%E4%B8%AD%E6%96%8C%EF%BC%8F%E6%BC%81%E8%88%B9%E9%81%8A%E8%89%87%E5%B0%8D%E8%BB%8D%E8%89%A6>。

59 洪哲政，〈記者直擊／太平島新碼頭、荷槍逐船 首曝光〉，聯合新聞網，2016 年 3 月 24 日，<http://udn.com/news/story/9335/1584104-%E8%A8%98%E8%80%85%E7%9B%B4%E6%93%8A%EF%BC%8F%E5%A4%AA%E5%B9%B3%E5%B3%B6%E6%96%B0%E7%A2%BC%E9%A0%AD%E3%80%81%E8%8D%B7%E6%A7%8D%E9%80%90%E8%88%B9-%E9%A6%96%E6%9B%9D%E5%85%89>。

60 蔡佩芳，〈宣示主權 外交部將登太平島開國際會議〉，聯合新聞網，2016 年 1 月 30 日，<http://udn.com/news/story/6656/1476703-%E5%AE%A3%E7%A4%BA%E4%B8%BB%E6%AC%8A-%E5%A4%96%E4%BA%A4%E9%83%A8%E5%B0%87%E7%99%BB%E5%A4%AA%E5%B9%B3%E5%B3%B6%E9%96%8B%E5%9C%8B%E9%9A%9B%E6%9C%83%E8%AD%B0 >。

國漁船進入，都是上述作為的表現。由於地緣關係，我國在南海議題上必會有接觸的機會。或是在中國與越南或菲律賓發生衝突時，我方的態度以及第一線官兵的處置作為，可能都會影響南海局勢發展。我方在探討此議題時，需謹慎應對避免陷入中國統戰的陷阱，或是弱化我國在南海的地位與發言權。這些都是我國必須要注意之處。

在南海防務上，我國過去大多偏重在於島嶼的防務作為，而非以經略海洋的觀點對周邊海域進行戰略規劃。但在海軍外交的概念中，一國政府可以透過軍艦的行動來表達國家對事件的立場態度以及主權的維護。如2014年4月於太平島進行的「衛疆演習」便演練了規復島嶼的作戰計畫，是自2000年1月28日，陸戰隊將太平島防務移交給海巡署後，海軍在太平島周邊海域最大的一次艦隊集結，更是陸戰隊將防務移交給海巡署後，首度以建制野戰部隊重返太平島，不論在計畫驗證、主權宣示或嚇阻敵人等方面，都具有相當意義。[61]此外，若海軍能積極在周邊海域巡弋，透過「展示國旗」的方式，並配合太平島上的守軍進行操演，來向外國表達我國的立場與價值，以經營海域的理念取代單純的島嶼防衛，或許更能增進我國戰略地位。

三、虛擬戰場的價值

除了傳統的陸海空火箭軍之外，中國於2015年底新成立的戰略支援部隊，除了整合過往解放軍的情報組織之外，更將技術偵察、網路作戰、電子對抗、航天作戰、甚至心理戰、輿論戰相關作為都納入其管轄。[62]特別是在虛擬的網路作戰空間中，過去中國網軍大多歸屬於總參三部的麾下，[63]但其多半偏重於技術領域的駭客，現今若與總參二部的人事情報與

61 〈7軍艦20輛兩棲突擊車攻太平島！「衛疆作戰」宣示主權〉，東森新聞雲，2014年4月28日，<http://www.ettoday.net/news/20140428/351355.htm>。

62 田斌，〈習近平推動軍隊改革組建信息軍〉，《前哨》，2016年2月，頁31。

63 Mark A Stokes, Jenny Lin and L.C. Russell Hsiao, "The Chinese People's Liberation Army Signals Intelligence and Cyber Reconnaissance Infrastructure," *Project 2049 Institute*, November 11, 2011, <https://project2049.net/documents/pla_third_department_sigint_cyber_stokes_lin_hsiao.pdf >.

分析能力進行整合，勢必會讓中國網軍的實力如虎添翼。[64]

　　由於網路空間的特性使然，在匿名性以及超地緣性的掩護下，各國可以將網路攻擊發揮至極限，攻擊產生的作用也隨著資訊技術的進步以及人類對科技的依賴程度而增加，讓網路空間已成為各國角逐的新戰場，數位軍火的出現更讓資安產業成為新的軍工產業。[65] 各國之間的網路競爭短期內不會有停止的一天，雖然兩國在部分網路議題上有出現共識的跡象，特別是在打擊網路犯罪上的合作已經逐漸著手。但在國家利益的考量之下，仍是處於「競爭大於合作」的狀況。

　　在此種複雜的局勢中，正是我國的契機。我國在資安技術上的表現一直以來都頗受國際重視，特別是在分析惡意程式以及在駭客攻防上，都有傑出表現，多次在國際資安賽事中屢創佳績。且不少資安公司的經驗與技術都受到國外的肯定，甚至在 2015 年美台國防工業會議中，隨行的資安廠商成為被美國政府與美商包圍深談的對象，這都是我國資安實力的最佳證明。[66] 由於政治因素，中國網軍經常將我國做為駭客攻擊的試驗場，甚至透過殭屍網路作為對外攻擊的「跳板」。但也因此得以讓我國資安產業累積大量分析樣本，並配合過去的資訊優勢，在技術上有所突破。[67] 未來戰爭中，網路安全絕對是致勝的關鍵之一，數位軍備在戰場能發揮的影響

---

64 關於解放軍戰略支援部隊請參閱 Ying Yu Lin, "The Secrets of China's Strategic Support Force" *The Diplomat*, August 31, 2016, <http://thediplomat.com/2016/09/the-secrets-of-chinas-strategic-support-force/.>

65 請參閱林穎佑，〈必也正名乎：從國安角度論網軍〉，論文發表於「淡江戰略學派年會暨第十一屆紀念鈕先鍾老師戰略國際」研討會（新北市：淡江大學國際事務與戰略研究所，2015 年 5 月 30 日）；Ying Yu Lin, "PLA Cyber warfare &Taiwan's information security," (paper presented at TamkangSchoolofStrategicStudies2015 annual events，Taipei, April 26, 2014)；Joe McReynold, "Chinese Thinking on Cyber Deterrence," (paper presented at The PLA Prepares for Military Struggle in the Information Age: Changing Threats, Doctrine, and Combat Capabilities, Taipei, November 14-15,2013).

66 陳文政，〈國防產業不能有顏色〉，蘋果電子報，2015 年 10 月 15 日，<http://www.appledaily.com.tw/realtimenews/article/new/20151015/711363/ >。

67 叢培侃，〈以色列科技的資安快打部隊：人才布局、資料科學與交戰守則〉，論文發表於「2016 台灣資訊安全大會」研討會（台北市：iThome，2016 年 3 月 8 日）。

絕不亞於傳統軍工業，如何結合人才技術以及軟硬體的發展，以國防產業的思維來培植資安產業，藉此強化國安與經濟，是我國可發展的方向。[68]

此外，我國在國際政治上受到許多的限制，造成在許多傳統安全的國際場合缺席，但在網路安全領域中，我國若能以國家戰略的高度，整合我國資安實力以及長期對解放軍研究累積的能量，以情報分析的思維與資安技術作為與國際合作的籌碼（如參與美國舉辦的網路風暴國際資安聯合演習）開拓國際空間，或許也是我國參與國際，於新興的數位戰場建立戰略地位的新機會。

伍、結論

對於解放軍在進行非戰爭軍事行動時，我國能操作的選項便十分有限，如中國在亞丁灣的護航、以及利比亞撤僑等非戰爭軍事行動，或是出動救災的應急處突，與我國並無直接的關係。但從解放軍任務變化的觀察中，最大的意義應在於解放軍任務轉變，而非在於其所參與的行動。中國也在 2015 年發佈的國防白皮書《中國的軍事戰略》中直言：在可預見的未來，世界大戰打不起來，總體和平態勢可望保持。[69]而當前國際經濟互賴也迫使大國在面臨衝突危機前都會有所克制，許多對外強硬的行為事實上是對內表態，讓大國之間形成「鬥而不破」的局面。[70]

除前文所述之具體作為之外，對我國而言，透過學術研究的能量，亦是可以發揮的一環。在解放軍研究議題上具有一定的研究優勢與累積的成果。許多官方或是民間組織所籌辦的研討會也經常以中國問題或是解放軍研究為主軸，其成果也頗受國際肯定。雖然在國際現實環境之下，或許很難在軍事外交的領域上與中國分庭抗禮。但若能善用我國對解放軍與中國

68 王承中，〈駭客練兵場 造就台灣新國防產業〉，中央通訊社，2016 年 02 月 12 日，<http://www.cna.com.tw/news/aipl/201602120056-1.aspx >。

69 中華人民共和國國務院新聞辦公室，〈2015 中國的軍事戰略〉，《中華人民共和國國防部》，2015 年 5 月，< http://www.mod.gov.cn/auth/2015-05/26/content_4586723.htm >。

70 〈南海衝突升溫？ 林中斌：中美「鬥而不破」〉，蘋果電子報，2016 年 2 月 17 日。<http://www.appledaily.com.tw/realtimenews/article/new/20160217/797831/>。

研究的累積能量，與傳統兵學的認識，透過學術的力量定期發表中國相關的研究內容，建立我國的學術影響地位。[71] 如美國固定發表的中國軍力報告書便是國際研究中國問題的重要參考，近年日本也開始透過發布國際安全報告方式達到對外宣傳的目的。因此若能有效利用民間智庫或學術機構作為合作編撰的對象，發揮「第二軌道」交流的功能與外國接觸，吸收其他國家各自的學術專長更能擴大對解放軍研究的認識與了解。利用軍事學術外交，透過產官學的互動，發揮文武合一的力量，建立我國在解放軍研究上的影響力，藉此掌握戰略主動權，發揮國際影響增加我國戰略地位。

今日我國在戰略地位的考量上，若仍以中國與外國必有一戰作為評估台灣戰略效益的前提，則難免會陷入傳統的地緣戰略論點以及發生全面軍事衝突時的軍力比較。從此觀之，台灣的戰略地位必定無法與過去相比，甚至會因為解放軍軍事裝備成長而不如從前。但隨著國際局勢與科技的變化，台灣的戰略地位與價值又會以不同的方式出現。若過強調戰時的效益，反而是將自身地位限制在框架之中，而喪失行動自由。固然過去的地緣戰略優勢逐漸下降，但這不代表台灣的戰略地位消失，更不代表台海有中立化的條件。若仍以過去的評估模式來看待台灣戰略地位，自然會得出悲觀的結論。如同薄富爾將軍所言：歷史的風若吹起時將壓倒人類的意志，但預知風暴的來臨並克服他們，且使其為人類服務則又還是在人力範圍之內，要控制就要先知，最壞的就是觀望，那經常是無為的藉口，決定命運的是人的決心與智慧。不幸的是這兩者常感缺乏，於是帝國的崩潰不是由於敵人打擊而是由於其內在的矛盾。為了預防在犯同樣的錯誤，我們必須掃瞄未來，戰略的要義是預防而非治療。過去一切的失敗經驗可以歸納為兩字，太遲。[72]

---

71 王承中，〈學者：台灣應成為解放軍研究重鎮〉，中央通訊社，2016 年 04 月 05 日。<http://www.cna.com.tw/news/aipl/201604050029-1.aspx>。

72 Andr'e Beaufre, *The Suez Expedition:1956,*（NY: Faber & Faber,1969），pp 13-14，轉引自鈕先鍾，《戰略研究與戰略思想》（台北市：軍事譯粹社，1988 年），頁 174-175。

從全民災害防救與防衛動員
探討全民國防教育的實踐與作為

戴振良 *

壹、前言

　　臺灣地處副熱帶，並位於環太平洋地震帶上，故每年都有遭受颱風、豪雨、乾旱、寒流及地震等天然災害侵襲之虞。依據 2014 年《災害防救白皮書》說明我國受地震、颱風等天然災害影響，造成之人員傷亡雖較往年為低，然而發生於 2014 年 7 月 31 日高雄氣爆造成共有 32 人死亡、321 人受傷的慘劇。[1] 該事件導致建築物嚴重損傷，道路塌陷，多數災民生活大受影響，顯示出許多政府管理的問題，無論事前、事中抑或是發生災難後都有一些值得改進之處，若能適當的提前準備，即能降低災害的衝擊，甚至可避免事故的發生。[2]

　　再就歷年資料統計，平均每年約有 3~4 個颱風侵襲臺灣，而發生規模大於 5 的地震為平均 24.4 次。就氣象災害而言，臺灣因災害性天氣所造成的直接財物損失，年平均約高達新臺幣 150 億元（間接的損失更難以估計），其中 85% 左右與颱風有關，11% 由 5、6 月之豪雨所造成；在地震災害方面，平均約 1 年發生 1 次災害性地震。[3] 2016 年 2 月 6 日高雄美濃發生芮氏規模 6.4 強震，造成「台南地震維冠大樓倒塌」，統計台南市 116 死，其中永康維冠大樓 114 死、歸仁區 2 死。另受傷緊急送醫有 507 人，

---

* 淡江大學公共行政學系兼任助理教授

1 中華民國行政院，〈104 年災害防救白皮書〉，2015 年 10 月 22 日，<http://www.cdprc.ey.gov.tw/Upload/UserFiles/ch1.pdf>。

2 曾志超，〈從高雄氣爆事件論政府應變之道〉，財團法人國家政策研究基金會，2014 年 8 月 12 日，<http://www.npf.org.tw/3/13967>。

3 交通部中央氣象局，〈天然災害災防問答集〉，2015 年 8 月，<http://www.cwb.gov.tw/V7/prevent/plan/prevent-faq/prevent_faq.pdf>。

已出院 438 人。[4] 特別是在 2016 年春節前夕造成全臺灣人民很大的傷痛，再次論證天然災害防救重要性，應做好防患準備。

　　事實上，從這次台南地震大樓倒塌情形，可以充分的檢視了臺灣在地震後所重新建構的防災救災機制仍嫌不足，也曝露了國土規劃及保育的脆弱。事實上，政府應負有保護人民生命、財產之安全責任，其中尤以災難救援工作為第一要務，為落實全民防衛功能，應加強平時之災害救護，戰時支援軍事作戰，有效整合災害防救及全民防衛的雙重配套作為，並透過全民國防教育多元型態的教育功能，以提高全民憂患意識、整合軍民總體力量，以強化國防建設，增強國防實力，達到維護國家安全的目的，如此可避免再造成巨災的重演，達成防災及防衛作戰雙重任務。因此，本文先針對災害防救機制緣起及運作加以探討，再提出防衛動員機制運作的檢討與分析，進而論述災害防救與防衛動員的規劃與實踐，最後提出如何以全民國防教育強化災害防救與防衛動員的具體作為。

貳、災害防救機制緣起及運作之探討

　　在 1965 年以前，當時並無任何天然災害處理辦法，直至《臺灣省防救天然災害及善後處理辦法》訂頒，這是屬於省層級，另外，臺北市、高雄市分別於 1975、1981 年訂頒。而中央無任何災害應變之規定。1981 年後，政府體認到自然、人為災害的增加，需要有一套管理制度，遂令行政院國家科學委員會，開始著手於災害的研究，使得防災體制略具雛形。1994 年 1 月 20 日訂定《災害防救方案》，同時，即開始著手《災害防救法》研擬工作。同年 7 月 16 日成立內政部消防署籌備處。8 月 4 日《災害防救方案》奉行政院核定函頒。此外，為建立涵蓋所有重大災害均可適用的完整法律，行政院遂指示將散見於各級行政機關、地方政府行政法規或相關法律之規定加以整合，於 1995 年 11 月 24 日提出《災害防救法》草案送立法院審議，在未完成立法前各部會及省、市政府依「災害防救方案」執

4　〈台南市震災區 計 116 人罹難〉，中央通訊社，2016 年 2 月 13 日，<http://www.cna.com.tw/news/firstnews/201602135003-1.aspx>。

行之，其間共約五年皆採此一方案進行災害防救。[5]

　　為落實法制層面，1998 年 10 月 9 日立法院通過《臺灣省政府功能業務與組織調整暫行條例》，將原來四級「（中央、省、直轄市、縣（市）及鄉鎮（市、區）」等層級）防災體系修正為三級「（中央、直轄市、縣（市）及鄉鎮（市、區）等層級）」，同時，《災害防救法》草案配合修正，1999 年適逢「九二一大地震」，使得國家整體災害防救體系及緊急應變能力，遭受空前未有的考驗與挑戰。[6]各界殷切期盼早日完成立法，遂於 2000 年 6 月 30 日三讀通過《災害防救法》全文共 52 條，7 月 19 日總統公布施行，為強化防災功能該法分別於 2002 年 5 月 29 日總統公布增訂第 39-1 條條文；2008 年 5 月 14 日總統公布修正第 2、3、13、22 ～ 24、27、31 ～ 33、36、38、39、40、46、49、50 等條文；增訂第 37-1、37-2、43-1 等條文；並刪除第 29、39-1、42 等條文；2010 年 1 月 27 日總統增訂公布第 47-1 條文；2010 年 8 月 4 日總統公布修正第 3、4、7、9 ～ 11、15 ～ 17、21、23、28、31、34、44、47 等條文；2012 年 11 月 28 日總統公布修正第 26 條條文等多次修正；2016 年 4 月 13 日總統公布修正第 2、3、7、41、44、47-1、52 條條文；並增訂第 44-1 ～ 44-10 條條文；除第 44-1 ～ 44-10 條條文自 2015 年 8 月 6 日施行外，自公布日施行。[7]整個災害防救體系的建構可算完成，該法主要的精神在於健全整體災害防救體制，強化災害防救功能，確保人民生命、身體、財產之安全及國土安全網。有關中央災害防救體系組織架構，如圖 1、中央至地方防救體系架構，如圖 2。

5　李建中、李至倫，〈災害防救政策之研究〉，財團法人國家政策研究基金會，2003 年 1 月 27 日，<http://old.npf.org.tw/PUBLICATION/SD/092/SD-R-092-004.htm>。

6　李維森，〈災害防救體系〉，《科學發展月刊》，第 410 期（2007 年），頁 59。

7　有關《災害防救法》沿革，參閱《法務部全國法規資料庫》，<http://law.moj.gov.tw/LawClass/LawHistory.aspx?PCode=D0120014>。

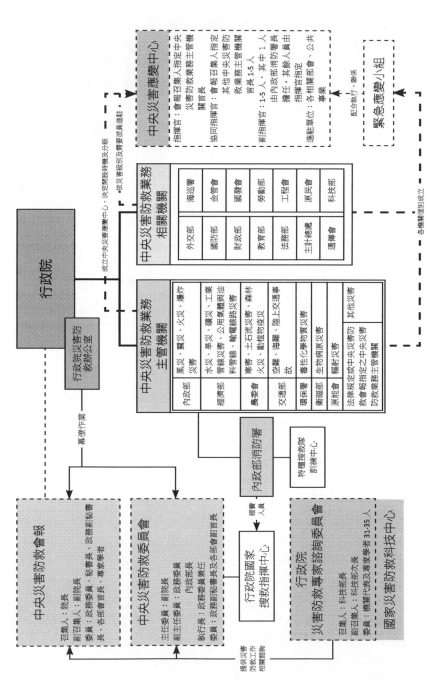

圖 1：中央災害防救體系組織架構圖

資料來源：行政院，〈中央災害防救體系組織架構〉，《中央災害防救會報》，2015 年 10 月 1 日，< http://www.cdprc.ey.gov.tw/cp.aspx?n=AB16E464A4CA36508&s=97ED16B8B0435D35>。

中央災害防救體系組織架構圖說明如下：

一、中央災害防救會報及委員會：

1. 行政院為推動災害之防救，依《災害防救法》設「中央災害防救會報」。
2. 中央災害防救會報置召集人、副召集人各一人，由行政院院長、副院長兼任；委員若干人，由行政院院長就政務委員、秘書長、有關機關首長等派兼或聘兼之。
3. 為執行中央災害防救會報核定之災害防救政策，推動重大災害防救任務與措施，行政院設中央災害防救委員會，置主任委員一人，由行政院副院長兼任。

二、會報及委員會幕僚單位：

依《災害防救法》設行政院災害防救辦公室，置專職人員，處理有關業務。

三、中央災害防救業務主管機關：

依《災害防救法》各種災害之預防、應變及復原重建，下列機關為中央災害防救業務主管機關：

1. 風災、震災、火災、爆炸災害：內政部。
2. 水災、旱災、公用氣體與油料管線、輸電線路災害、礦災：經濟部。
3. 寒害、土石流災害、森林火災：行政院農業委員會。
4. 空難、海難、陸上交通事故：交通部。
5. 毒性化學物質災害：行政院環境保護署。
6. 其他災害：依法律規定或由中央災害防救會報指定之中央災害防救業務主管機關。

四、中央災害防救業務相關機關：

依《中央災害應變中心作業要點》，於災害發生或有發生之虞時，經

評估可能造成之危害，必要時立即通知相關機關（單位、團體）派員運作。包括如下：外交部、國防部、財政部、教育部、法務部、衛福部、主計總處、海巡署、金管會、研考會、勞委會、工程會、原民會、通傳會、國科會等。

五、專家諮詢委員會及國家災害防救科技中心：

依《災害防救法》第 7 條第 3 款由行政院災害防救專家諮詢委員會、國家災害防救科技中心提供中央災害防救會報及中央災害防救委員會，有關災害防救工作之相關諮詢，加速災害防救科技研發及落實，強化災害防救政策及措施。

六、行政院國家搜救指揮中心及內政部災害防救署：

依《災害防救法》為有效整合運用救災資源，中央災害防救委員會設行政院國家搜救指揮中心，統籌、調度國內各搜救單位資源，執行災害事故之人員搜救及緊急救護之運送任務。

七、中央災害應變中心：

依《中央災害應變中心作業要點》，重大災害發生或有發生之虞時，中央災害防救業務主管機關首長應視災害之規模、性質、災情、影響層面及緊急應變措施等狀況，決定應變中心之開設及其分級，並應於成立後，立即口頭報告中央災害防救會報召集人（以下簡稱會報召集人），並由召集人指定該次災害之中央災害防救業務主管機關首長擔任指揮官。

八、緊急應變小組：

依《災害防救法》，災害發生或有發生之虞時，為處理災害防救事宜或配合各級災害應變中心執行災害應變措施，災害防救業務計畫及地區災害防救計畫指定之機關、單位或公共事業，應設緊急應變小組，執行各項應變措施。

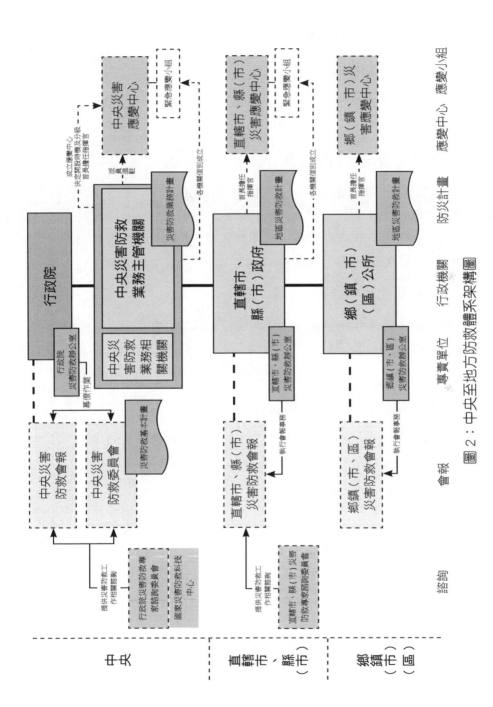

圖 2：中央至地方防救體系架構圖

資料來源：行政院，〈中央至地方防救體系架構〉，《中央災害防救會報》，2014 年 4 月 14 日，<http://www.cdprc.ey.gov.tw/cp.aspx?n=AB16 E464A4CA3650&s=B7411BDCD003C9EC>。

中央至地方防救體系架構圖說明：

一、中央及地方災防體系三級制：

我國災害防救體依災害防救法規定，區分為「中央」、「直轄市、縣（市）」及「鄉鎮（市、區）」三層級。

二、會報及委員會決定災防政策：

1. 中央災害防救會報及委員會：如圖 1：「本圖說明」：一、1. 2. 3.。
2. 直轄市、縣（市）政府依《災害防救法》設直轄市、縣（市）災害防救會報。鄉（鎮、市）公所依《災害防救法》設鄉（鎮、市）災害防救會報。

三、科技諮詢強化政策研擬：

1. 依《災害防救法》由行政院災害防救專家諮詢委員會、國家災害防救科技中心提供中央災害防救會報及中央災害防救委員會，有關災害防救工作之相關諮詢，加速災害防救科技研發及落實，強化災害防救政策及措施。
2. 直轄市、縣（市）依《災害防救法》，設直轄市、縣（市）災害防救專家諮詢委員會提供直轄市、縣（市）災害防救會報災害防救工作之相關諮詢。

四、各級政府設專責幕僚單位：

1. 行政院依《災害防救法》，設行政院災害防救辦公室，如圖 1：「本圖說明」：二。
2. 直轄市、縣（市）政府依《災害防救法》，設直轄市、縣（市）災害防救辦公室執行直轄市、縣（市）災害防救會報事務。
3. 鄉（鎮、市）政府依《災害防救法》，設鄉（鎮、市）災害防救辦公室執行鄉（鎮、市）災害防救會報事務。

五、以計畫為基礎推動災防業務：

1. 依《災害防救法》災害防救基本計畫由中央災害防救委員會擬訂，中央災害防救會報核定。

2. 依《災害防救法》中央災害防救業務主管機關應依災害防救基本計畫，就其主管災害防救事項，擬訂災害防救業務計畫，報請中央災害防救會報核定後實施。

3. 依《災害防救法》直轄市、縣（市）災害防救會報執行單位應依災害防救基本計畫、相關災害防救業務計畫及地區災害潛勢特性，擬訂地區災害防救計畫，經各該災害防救會報核定後實施，並報中央災害防救會報備查。

4. 依《災害防救法》鄉（鎮、市）公所應依上級災害防救計畫及地區災害潛勢特性，擬訂地區災害防救計畫，經各該災害防救會報核定後實施，並報所屬上級災害防救會報備查。

六、災害應變中心構成應變核心：

1. 依《災害防救法》重大災害發生之虞時，中央災害防救業務主管機關首長應視災害之規模、性質、災情、影響層面及緊急應變措施等狀況，決定中央災害應變中心開設時機及其分級。

2. 依《災害防救法》為預防災害或有效推行災害應變措施，當災害發生或有發生之虞時，直轄市、縣（市）及鄉（鎮、市）災害防救會報召集人應視災害規模成立災害應變中心，並擔任指揮官。

3. 依《災害防救法》災害發生或有發生之虞時，為處理災害防救事宜或配合各級災害應變中心執行災害應變措施，災害防救業務計畫及地區災害防救計畫指定之機關、單位或公共事業，應設緊急應變小組，執行各項應變措施。

　　從上述「圖 1：中央災害防救體系組織架構」及「圖 2：中央至地方防救體系架構圖」可以觀察政府在災害防救體系的組織運作已相較以往的規範完善，已確立中央至地方災防體系三級制「中央、直轄市、縣（市）及鄉鎮（市、區）等層級」；且中央至地方各機構依《災害防救法》規定，

災害防救基本計畫由中央災害防救委員會擬訂，中央災害防救會報核定；直轄市、縣（市）災害防救會報執行單位應依災害防救基本計畫，擬訂地區災害防救計畫，經各該災害防救會報核定後實施，並報中央災害防救會報備查；鄉（鎮、市）公所應依上級災害防救計畫及地區災害潛勢特性，擬訂地區災害防救計畫，經各該災害防救會報核定後實施，並報所屬上級災害防救會報備查。另於災害發生時，分別成立災害應變中心，結合各機關內部之緊急應變小組執行災害應變事宜。中央體系主要有中央災害防救會報、中央災害防救委員會、災害防救專家諮詢委員會及國家災害防救科技中心等組織構成，依各單位不同而有其不同任務與權限，推動災害緊急應變措施，以及推動國土安全及災害防救事宜等功能與職掌。

　　事實上，我國的防災體系雖已建立完善體制，但災害防救工作尚在起步、轉型及調適階段，不論是平時的工作推動，或者災害時的緊急應變上，都存在著一些值得檢討的問題。換言之，災害防救是一項整體性、長期性、專業性的工作，目前我國政府單位或民間均缺乏專業人力資源來規劃及推動有關災害防救之各項業務。[8] 就如：國家災害防救科技中心在「我國災害防救體系之認識」簡報中說明，災害防救體系值得檢討之處有：1. 中央災害應變中心之運作採取跨部會任務編組方式，人員流動性高且缺乏核心參謀研判功能；2. 中央災害應變中心在預警、通訊、連繫、新聞發佈、網路訊息流通、協調民間力量等方面皆有改善空間；3. 國軍在災防工作上扮演重要角色，但現行組織架構並未清楚界定國軍主動救援的方式；4. 地方政府災防體系薄弱，災害發生時無法有效整合資源；5. 地方政府指揮功能癱瘓時，欠缺中央緊急支援（或接管）機制等。[9] 因此，對於整體運作較難以落實，使得整個災害防救體系之功能較無法有效發揮，有待災害防救與防衛動員組織及機制，檢討現行法規制度與執行窒礙問題如何解決之道。

8　張溯，〈對我國災害防救工作之反思〉，《現代消防》，第 100 期 (2004 年 3 月)，頁 87。

9　有關「我國災害防救體系之認識」簡報，請參閱國家災害防救科技中心，2011 年 12 月，頁 44，<http://140.115.103.89/ta_manage/speechreport/GS3344_505_2_20120112132154.pdf>。

參、防衛動員機制運作的檢討與分析

從上敘述所知，現行政府災防職掌與分工組織架構龐大，本文僅針對防衛動員機制運作內涵加以分析，檢視我國動員法制體系建構完整，《全民防衛動員準備法》則為整體動員工作推動的依據，就全民防衛動員區分為：「動員整備」（指平時實施動員準備時期）與「動員實施」（指戰事發生或將發生或緊急危難時，總統依《憲法》發布緊急命令，實施全國動員或局部實施動員時期）兩個階段，其中動員準備階段推動之原則，是由中央各機關及地方政府納入年度施政計畫推動實施。因此，動員準備又區分為「行政動員」與「軍事動員」兩個子系統；為使「軍事動員」與「行政動員」緊密結合，於兩者間另設有「全民戰力綜合協調組織」作為介面，擔任政、軍間之銜接、協調、融合等之橋梁工作。[10]

依據 2015 年《國防報告書》說明國軍持續強化地區「全民戰力綜合協調組織」跨域整合功能，及直轄市、縣（市）政府動員準備、戰力綜合協調及災害防救三會報聯合運作，配合汛期及戰況模擬，以天然災害及作戰災損搶救為主軸，納入定期「兵棋推演」研討。每年度上、下半年直轄市、縣（市）政府動員、災防、戰綜三合一會報等定期會議，在執行階段提出工作重點、法規適用及協調解決窒礙問題，以充分發揮協調整合功能。[11] 有關全民防衛動員體系圖，如圖 3、全民防衛動員機制圖，如圖 4。

事實上，為確保國人生命財產安全，依據 2010 年新修正《災害防救法》第三十四條增列之第四項，明定發生重大災害時，國軍將災害防救工作列為中心任務之一；國防部遂於 2010 年 10 月 15 日訂定《國軍協助災害防救辦法》，劃分國軍協助災害防救作戰區及救災責任分區，與跨區增援事宜；指定作戰區及救災責任分區救災應變部隊、任務及配賦裝備事宜；建立國軍協助災害防救之指揮體系及資源管理系統；督導作戰區及救災責任

---

10 陳慶霖，《全民國防教育－防衛動員》(新北市：新文京開發，2013 年)，頁 10。

11 中華民國「國防報告書」編纂委員會，《中華民國 104 年國防報告書》（台北市：國防部，2015 年），頁 154。

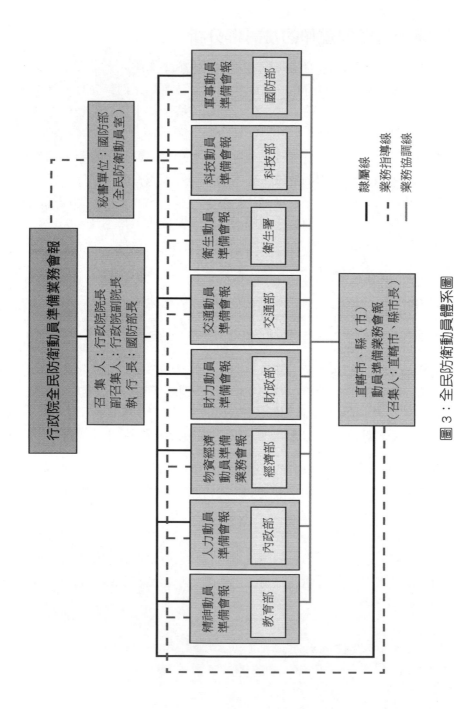

圖 3：全民防衛動員體系圖

資料來源：中華民國「國防報告書」編纂委員會，《中華民國 104 年國防報告書》（台北市：國防部，2015 年 10 月），頁 154。

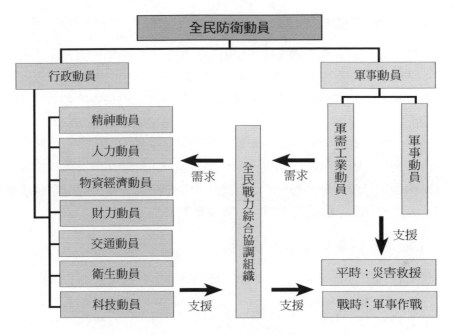

圖 4：全民防衛動員機制圖

資料來源：有關〈全民防衛動員機制圖〉，參閱中華民國「國防報告書」編纂委員會，《中華民國 104 年國防報告書》（台北市：國防部，2015 年），頁 154。

分區依計畫實施演練等事項。[12] 因此，當重大災害發生時，在不影響戰備之原則下，採「超前部署、預置兵力、隨時防救」等積極作為，全力投入救災工作。[13] 國人在歷經「九二一震災」、「八八水災」、「台南地震維冠大廈倒塌」等引發之天然災害的重創，大多數國人已感受到災害防救與防衛動員工作的重要性，然在執行與運作仍有些缺失存在有待檢討改進，分述如下：

---

12 有關「我國災害防救體系之認識」簡報，請參閱國家災害防救科技中心，2011 年，頁 34，<http://140.115.103.89/ta_manage/speechreport/GS3344_505_2_20120112132154.pdf>。

13 〈國防施政透明化 建軍備戰衛家邦〉，青年日報，2016 年 3 月 20 日，<http://news.gpwb.gov.tw/news.aspx?ydn=026dTHGgTRNpmRFEgxcbfcCSN9Fhd8KFbqLRgMWauV%2BJ46euCOvzUUdiyw057XjqE0IKVSP1C%2B0SXQLIN5RLmN6G2P8XsDsmwpq2J1Ln63w%3D >。

一、各級行政機關較不重視行政動員機制

　　因動員工作大都延續國家總動員時期的觀念，統由軍方對動員之人、物力等戰爭資源實施規劃及統籌，然法制化後，法律所賦予各級行政機關應負責之動員準備工作，平時較不受重視，部分行政首長對於各項動員準備業務會報等會議均未能親自主持，且會議人員出席率低或與會人員代理情形較多，參與意願不夠熱烈，也無法對重大政策做出任何決定及裁示，致使行政動員各項機制流於形式，對重大災難或事件發生時，機制之啟動及協助處理之時效較為緩慢。[14] 以至於未能及時掌握先機，採取緊急救援措施，導致人員及物品災害損傷增加情事發生。

二、法規之執行及功能事權不一致

　　我國現 重大的災害防救處 災害的範圍包括 天然及人為的風災、震災、重大火災、爆炸災害、水災、旱災、公用氣體與油 管線暨輸電線 災害、寒害、土石 災變、空難、海難及 上交通事故、毒性化學物質災害及核子事故、重大傳染病等。雖然災害防救法具備 基本法的概 ，但是 是針對個別災害分別 法，使各種災害應變機制係針對特定災害 運作，雖有其功能考 ，但是在整合上有所 足。[15] 且《災害防救法》、《全民防衛動員準備法》及《民防法》各設有不同之組織，各自掌理任務之執行與推動，並分別職權執行任務推動，雖然各個法規所規定之召集人均為同一人（分別為行政院院長、或直轄市、縣市長），但因三法所規定之職權各不相同，一旦重複徵調動員，究以何者為優先？故於運用之際，該召集人究係依何法之名義，行使何法之職權，實有整合之必要。

三、組織架構相互重疊較不符效益

　　全民防衛動員體系在中央部各部會編組，與災害防救組織體系相互重

---

14 王高成、戴振良，〈全民防衛新視野—從八八水災論防災應變功能之探討〉，論文發表於「第一屆全民國防教育學術」研討會（高雄市：東方技術學院，2009 年 11 月 26 日），頁 196。

15 沈明室，〈防衛動員體制與緊急應變體制的整合：全民國防的觀點〉，發表於「八十三週年校慶基礎學術」研討會（高雄市：陸軍官校，2007 年 6 月 1 日），頁 PO-79。

疊，業務分屬不同單位主管，或秘書單位不同；另地方政府部分在縣（市）動員會報、災害防救會報與戰力綜合協調會報，其召集人皆為縣（市）政府首長，納編者均為縣（市）政府各局、室人員，形成「一套人馬，多塊招牌」的現象，雖部分縣（市）政府在實質上已將三會報合一，然秘書單位仍屬不同，且縣（市）戰力綜合協調會報在法律的位階上僅為行政規則，與其他二會報之法規命令位階亦不同。[16]

四、救災與動員的職掌與功能不彰

臺灣是一個多地震、颱風、暴雨水災的國家，當災害發生時，國軍都會義無反顧投入救災行列，但只靠國軍的力量是不夠的，仍須由中央、地方及各部會共同努力，在全民防衛動員上應要有新的思維，以因應未來災害，並結合「緊急應變」體系，使動員機制具備軍民相容、平戰結合的全民防衛功能。[17] 因此，在國軍部隊投入救災工作之前，中央、地方應明確釐訂災害之等級，而非動輒動員國軍部隊，勿因救災而忽略了國軍部隊之本職，危及國防安全。國防安全及戰力的保持，與救災工作孰輕孰重，未必得以量化比較，而應思考斟酌事務分工，各有所司，不宜顧此失彼，破壞國家運作之常軌。[18] 同時，國軍應運用陸、海、空軍、憲兵及後備等系統，推動全民國防教育，以凸顯機關及部隊特色，其實施成效自屬不同。另該部所屬之後備指揮部體系龐大，服務對象為數眾多且據點扎根社會基層，影響極為深遠，卻未能善加運用使成為推動全民國防教育的吃重角色；凡此皆肇因國防部推動全民國防教育之任務分工，僅侷限於「政治作戰局」一個單位。[19] 換言之，善用國軍具備之能力與資源，充份與其他救災單位

16　王高成、戴振良，〈全民防衛新視野—從八八水災論防災應變功能之探討〉，頁 197。

17　〈行政院研討全民防衛動員結合災防機制〉，軍事新聞通信社，2010 年 8 月 26 日，<http://mna.gpwb.gov.tw/ > 。

18　陳世偉，〈災害防救法制之研究—以日本法為借鏡〉（碩士論文：國立台北大學，2002 年），頁 189。

19　中華民國監察院，〈案由：劉委員德勳、孫副院長大川、江委員綺雯提「全民國防教育政策執行成效之檢討」專案調查研究報告〉，《監察院調查報告》，103 國調 0028，2015 年 9 月 10 日，頁 23，<https://www.cy.gov.tw/CYBSBoxSSL/edoc/download/19088>。

配合，善用全民國防教育宣教，方能全面提昇災害防救工作之效能。

肆、災害防救與防衛動員的規劃與實踐

基本上，我國建立災害防救體系以全民防衛動員準備與災害防救體系之整合構想，包含全民防護（防救災害）及全民防衛（自衛自保），期能融合於平、戰時軍民總體戰力，以整體防衛優勢，兼顧安全防護及決戰求勝，至於如何將災害防救與防衛動員的規劃與實踐，分述如下：

一、軍文一體，事權統一

依美國《憲法》規定：國民兵之組織、武裝、訓練，及指揮管理，召集服務由各州保留之。當國家對外宣戰或進入緊急狀態時，總統有權召集國民兵轉服聯邦現役成為美國正規軍之一部分，其餘依《憲法》精神，各州的國民兵仍是屬於各州管轄武力，州長即有權召集或動用國民兵實施救災及擔任緊急應變之任務。[20] 因此，宜參考美國災害防救體系採軍文一體化，規劃從中央以至地方，應由文官（中央、直轄市、縣（市）及鄉鎮（市、區）首長任指揮官，後備司令以至團管指揮部指揮官及動員後之警備後備部隊長兼任副指揮官，平時由文官指揮災害搶救及治安維持重大問題，可避免遭受無謂之軍人干政之疑慮；戰時地方縣市首長有守土之責，指揮保衛地方支援前線作戰，同時，作戰部隊不被平時救災支援影響軍事訓練，也可以專心致力於建軍備戰本務工作。

二、平戰轉換，無縫接軌

全民國防戰略思維，在於平日能結合民間力量以強化國家戰爭潛力，使國家安全環境是在「不分軍民的全民性」、「平戰一體的全程性」、「不分政經軍心的全向性」之全方位要求下具體提升軍隊戰力，此種平日即已建構的全民國防，亦是國家總體戰力顯現的重要標的。[21] 從歷次災害發生，

---

20 Hans Binnendijk; Patrick M. Cronin 編，《文武合一：複合式行動的關鍵力量》，余忠勇譯（台北市：國防部史政編譯室，2011 年），頁 320-321。

21 張延廷，邱伯浩著；鍾堅主編，《國防通識教育》（台北市：五南，2007 年），頁 103-104。

均抽調國軍部隊參法防救，因災害特性影響兵力不斷增加，影響戰備訓練，形成軍政指揮系統於平戰轉換替代而產生間隙或空檔，所牽涉之問題。因此，在平時應利用民防組織編成救護災害之作業部隊，依專長充實電力、電信、瓦斯、供水等修護編組，消防、交管、醫療救災、水中救生等單位，並依編組充足之救災部隊、單位，在平、戰時均能執行防救災害，支援地區損害管制任務。

三、全民防護，強化編組

　　全民防護意即動員與運用全民力量實施安全防護，在人力資源方面，擴大義警、義消、救難等人員之動員，並將慈善機構及義工納入編組，增強防救力量。另一方面對民生必需品及急救藥品、材料囤儲於安全場所。並整備清理地區內閒置工廠、軍營，並指派專人管理，以利民眾避難，老弱婦孺列為優先；並增設臨時醫院，增大醫療容量。運用全民人、物資源於安全防護將增大其源源不絕之動能，實質上乃以全民後勤支援作戰。[22] 因此，妥善運用全民力量實施安全防護，結合人、物資源於安全防護將增大其源源不絕之動能，主要依據《民防團隊編組訓練演習服勤及支援軍事勤務辦法》，所律定直轄市、縣（市）政府必須編組民防總隊，並授命警察局局長為首席副執行長，負責辦理民防團隊之任務編組、訓練、演習、服勤等事務。其下游組織則由鄉（鎮、市、區）公所及警察分局（所）負責編組、調查、列管與執行民防工作。[23] 目前《災害防救法》、《全民防衛動員準備法》《民防法》、中，針對災害發生後搶救事宜已有明確規範，有關災害處理流程圖，如圖5。

22　王高成、戴振良，〈全民防衛新視野─從八八水災論防災應變功能之探討〉，頁 200-201。

23　〈民防團隊編組訓練演習服勤及支援軍事勤務辦法〉，中華民國內政部，2015 年 1 月 21 日，<http://glrs.moi.gov.tw/LawContentDetails.aspx?id=FL021932&KeyWordHL=>。

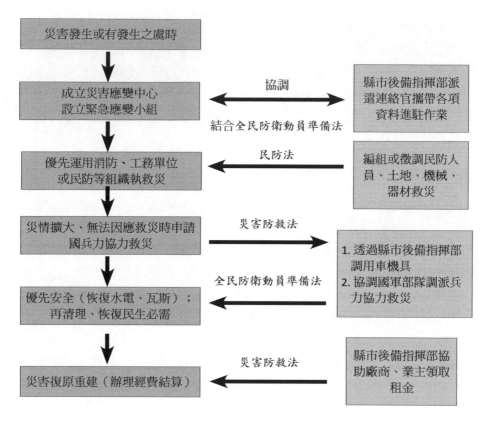

圖 5：災害處理流程圖

資料來源：幼獅文化公司編輯部，《全民國防通論》（台北市：幼獅，2006 年），頁 173。

四、全面動員，建立能量

　　由於《全民防衛動員準備法》的立法，確立了國軍動員機制的角色與地位，目前我國地區災害處 動員軍方支援處 之方式區分為平時及戰時，其主導之單位與協調之組織均 相同，平時是由直轄市、縣（市）災害應變中心協調相對層級全民防衛動員戰 綜合協調會報派員進駐，協調國軍支援災害處 事宜。戰時救災則由作戰區全民防衛動員戰 綜合協調會報統籌

調。[24] 平時建立起完備的組織架構與運作關係,整合作戰地區總力,在「納動員於施政、寓戰備於經建」之動員政策指導下,依據全民國防理念及防衛作戰構想,全民共同戮力合作,建立全民防衛支援作戰力量,落實全民國防所需要的法制化,以因應戰時或緊急危難之所需。

五、穩固後方,支援前線

臺灣地區面對天然災害侵襲影響甚鉅,2001 年國防部訂定《申請國軍支援災害處理辦法》在此階段,國軍之救災任務尚僅屬被動、消極性質。至 2009 年「八八水災」的災情曝露出災害防救體制嚴重缺失與不足,《災害防救法》於 2010 年 8 月 4 日修正公布,確立國軍主動支援救災機制,已確定國軍救災必然趨勢。[25] 對於國軍而言,此類非屬戰爭性威脅的興起也顯示軍隊在國家整體的安全架構下,必須謹慎扮演支援性與輔助性的角色,以協助國家遂行維護社會安全的任務。而軍隊的組織與功能也必須朝向高度適應性轉變,以因應更多元難測的安全挑戰。[26] 特別是,為達成平戰一致目標,除了從軍文一體之指揮系統,平戰轉換之防救災害能力及設施整備之外,加之以全面動員諸措施之相互配合,將立即產生支援前線強化戰力。後方地區在平時即已整備之防救災害部隊、器材、裝備,避難掩蔽、醫療設施,對後方地區人民生命財產,提供安全維護,民防自衛隊與警備後備部隊,憲、警等單位實施全民災害防救體系之整合。

伍、以全民國防教育強化災害防救與防衛動員的 具體作為

「全民國防」乃二十一世紀世界各國國防發展之主軸,也是檢驗國家

---

24 王銘 ,〈我國派遣軍隊從事災害救援之執 現況與問題改善之研究〉(碩士論文,國立中央大學,2008 年),頁 7。

25 趙晞華,〈國軍救災之法制演變與問題對策〉,《軍法專刊》,第 58 卷,第 4 期(2012 年),頁 105-107。

26 戴振良,《國防轉型發展趨勢》(台北市:幼獅文化,2007 年),頁 45。

面臨外患時，能否禁得起戰爭考驗之必要機制。[27] 基於全民國防教育的重要性，我國於 2006 年 2 月 1 日開始實施《全民國防教育法》，從此依法國民都有受國防教育的義務與權利；以確保國家各階層人士均能接觸到國防教育的薰陶，並培育愛國意志、防衛意識及能力，有效實踐全民國防。這對我國國家安全而言，實具重要的意義。[28] 因此，如何以全民國防教育強化災害防救與全民防衛動員體系的精進作為分述如下：

一、確立軍文一體與法制規範

　　我國有關災害防救的法律主要是依據《災害防救法》其目的在健全災害防救體制，強化災害防救功能，以確保人民生命財產安全及國土的安全。對於政府三層級的 政部門，以及民間、社區、民防、國軍等單位及組織在內的防救災體系建置，皆明白制定出各主要單位所應負責在災前、災時、災後等重要工作項目及其運作。而在法制上達成全民國防在災害防救上的法律準備。[29] 同時，建立軍政一元化，權責專一，機制統一，全責策劃及執行全民防衛動員與災害防救體系運作之指揮系統。[30]

二、加強國家安全與防災意識

　　從國家安全的角度探討全民國防教育的意義，可以包括兩個層面：一是透過支援軍事作戰，所產生的預防戰爭功能；另一個則是透過支援災害防救，有效回應非傳統安全威脅。惟有積極推動全民國防教育，讓國人認知目前國家所面臨的安全威脅，堅定防衛意志，支持及參與國防發展，厚植防衛力量，才能有效確保國家及個人安全。[31] 事實上，透過支援軍事作

---

27 〈全民國防教育研討 集思廣益 深化共識〉，青年日報，2007 年 8 月 10 日，<http://news.gpwb.gov.tw/news.aspx?ydn=026dTHGgTRNpmRFEgxcbfcCSN9Fhd8KFbqLRgMWauV%2FFtSQpuaMr3AQ2abYBDQsfKef85m1vEs6XQv4haWRtviUdlpFf%2BAgWgTU5%2B9EtDyk%3D>。

28 王高成，〈全民國防教育與國家安全〉，青年日報，2007 年 9 月 16 日，<http://www.youth.com.tw/db/epaper/es001001/eb0257.htm>。

29 沈明室，〈防衛動員體制與緊急應變體制的整合：全民國防的觀點〉，頁 PO-79。

30 王高成、戴振良，〈全民防衛新視野—從八八水災論防災應變功能之探討〉，頁 202。

31 王高成，〈全民國防教育與國家安全〉，青年日報，2007 年 9 月 16 日，<http://www.youth.com.tw/db/epaper/es001001/eb0257.htm>。

戰主要在於建立全民防衛動員的概念；支援災害防救觀念主要是加強民眾防災意識，透過社區大學加強社區的防災知識，舉辦防災課程、防災演講或短期災訓練課程，要求社區發展協會、鄰里長或社區巡守隊隊員參與課程，推動「社區自救」與「社區結盟」的活動，以培養基本的防災能力，以教育提升社區的抗災與防災能力。[32]

三、宣導全民國防與動員理念

全民國防建構就是在著重如何透過防衛動員體制，整合軍民資源與功能，充分運用全民資源，達成平戰結合目標。[33]自《全民國防教育法》公布施行以來，政府便積極推廣全民國防，其意義在於「納動員於施政、寓戰備於建軍、藏熟練於演訓」，使全體國民建立「責任一體、安危一體、禍福一體」的共識，達到全民關注、全民支持、全民參與、全民國防的最高理想。[34]特別是，應推動各項相關活動及各縣（市）政府全民防衛動員演習等時機，共同策辦全民國防宣教活動，持恆強化全民國防教育，凝聚全民防衛意識。[35]換言之，依據全民國防理念及防衛作戰構想，全民共同戮力合作，建構以全民國防教育為體，全民防衛動員演練為用的全民國防教育體用兼備體系，[36]並進一步以戰略教育作為全民國防教育的重點內涵，培養戰略觀，對國際情勢與國家安全會有正面積極的認知。[37]只有全體軍民一體共同配合與支持，方能確保國家生存與發展。

---

32 賴信宏，〈大高雄地區防救災機制運作之研究－兼論國軍救災之精進作為〉，《陸軍學術雙月刊》，第51卷，第540期（2015年），頁49。

33 沈明室，〈兩岸新情勢下的全民國防教育〉，（論文發表於2010年兩岸關係與全民國防學術研討會，台北市，2010年4月10日），頁83。

34 朱士君，〈全民關注國防 建構安全基石〉，青年日報，2015年2月25日，<http://news.gpwb.gov.tw/news.aspx?ydn=026dTHGgTRNpmRFEgxcbfZXmgIZG56InU4h6FA541oBi2jPtC1N0AcxXccfdcCvvonyD2mpz9595FliDk%2fQLl0dnRdT8ZHMN18CrNm4q65s%3d>。

35 中華民國國防部政治作戰局，〈民國105年推展全民國防教育工作計畫〉，政戰資訊服務網，2016年3月11日，<http://gpwd.mnd.gov.tw/Publish.aspx?cnid=521&p=4036>。

36 王高成、湯文淵，〈策頒「各級學校全民國防教育課程內容及實施辦法」未來展望〉，（論文發表於年全民國防教育學術研討會，台北市，2010年9月15日），頁21。

37 翁明賢，〈結論〉，在《新戰略論》，翁明賢等主編（台北市：五南，2007年），頁541。

四、充實救災準則與作業規範

　　傳統安全威脅與非傳統安全威脅等問題正逐漸產生，非傳統安全議題以往可以透過軍事手段來解決，目前任何一項議題，除了跨國界、超國家團體之外，還在於威脅性是長遠性、潛在性，短期間無法突出問題的嚴重性，長期以來，等到問題發生之後的解決更是複雜。[38] 因此，冷戰後開始流行的「非戰爭軍事行動」（Military Operation Other Than War, MOOTW）術語，是愈來愈受到重視的一種軍事行動。美國陸軍在其 1993 年版《作戰綱要》（FM100-5 號野戰條令）中提出，在國際環境中，和平與戰爭之間的界限變得更為模糊，軍事力量在技術上的靈活性與多元化，已使得一個國家可以運用軍事手段去實現許多政治目的，無需經過戰爭手段來達成。[39] 因此，我可借鑒美軍經驗，由相關部門共同研編救災相關準則、作業程序及實際投入救災行動程序之重要參考。其他復原重整階段如安頓災民身心靈的行動，開始協助清查人口，清理尚存的建築之外，展開一連串的發放與撫慰，持續依命令由政府或民間救援單位接續處理，以掌握防災制變先機。[40]

五、舉辦防災與動員演訓及驗證

　　國軍平時致力各項戰備整備工作，同時加強各項搜救演練，在歷次重大空難、颱風及無數大小天然災害發生時，均在第一時間全力投入，展現「非戰爭軍事行動」的高度效能。可見軍隊在災難防救工作上本就具有相當基礎與經驗，只不過是我國向來過於偏重軍隊災難救援的宣傳成效，而未真正將其視作基本任務與戰備演訓成效檢討。[41] 然我國災害防救組織體系及運作和防衛動員準備體系並 相同， 者如何密 銜接與整合，須透過 斷

---

38 翁明賢，《解構與建構：台灣的國家安全戰略研究（2000-2008）》（台北市：五南，2010年），頁 154。

39 The U.S. Headquarters Department of the Army, Field Manual 100-5 Operation, 1993, <http://www.fprado.com/armorsite/US-Field-Manuals/FM-100-5-Operations.pdf>.

40 湯文淵、戴振良，〈國軍在災害防救體系之角色及作為〉，論文發表於「慶祝建國百年暨第三屆國防淨評估論壇」學術研討會（台北市：國防部整評室，2011 年 11 月 19 日），頁 199。

41 同上註。

的實際運作與驗證 逐步強化。事實上，為強化動員準備具體作為，驗證動員效能，政府均已辦理「全民防衛動員（萬安）演習」，結合「全國災害防救演習」，由直轄市、縣（市）政府主導，區分「兵棋推演」及「綜合實作」2 階段，置重點於複合式災害防救演練。[42] 持續強化地區戰力綜合協調會報跨域整合功能，及直轄市、縣（市）政府動員準備、戰力綜合協調及災害防救三會報聯合運作，配合汛期及戰況模擬，以天然災害及作戰災損搶救為主軸，納入定期「兵棋推演」研討。每年度上、下半年直轄市、縣（市）政府動員、災防、戰綜三合一會報等定期會議，以發揮協調整合功能。[43] 並設定狀況模擬演練，以驗證地區內動員、災防、戰綜等會報的作業與執行能力，藉由參與演訓的驗證過程中，達到全民國防教育的體驗成效。

六、執行青年服勤動員教育訓練

全民國防教育由軍訓課程、國防通識課程轉型而來。過去軍訓課程延續戰爭動員青年訓練的思維，著重在青年編組與訓練，國防實務要求較高。即使現代，不論「全民防衛動員（萬安）演習」仍須演練青年服勤動員的內容。[44] 因此，依教育部頒布《105 年度學校青年服勤動員準備計畫》規定：高級中等以上學校在學男女青年，平時運用全民國防教育相關教學及社團活動時間培養專長教育，以交通管制、簡易急救、宣慰、消防、行政支援（人力支援、物力管理）等為主要服勤內容，戰時或遇重大災害立即於學校基地開設緊急應變及收容中心成立社區服務，結合全民總動員，展現全民防衛意志。[45] 因此，青年服勤動員準備計畫主要透過《災害防救法》、《全民防衛動員準備法》、《民防法》的相關法規及其子法權責分明，其立法意涵及讓青年學生瞭解災害防救、全民防衛動員、民防法的立法原意，

---

42 中華民國「國防報告書」編纂委員會，《中華民國 104 年國防報告書》，頁 155。

43 同上註，頁 153。

44 沈明室，〈軍事訓練役與全民國防教育的整合與發展〉，論文發表於「2015 年淡江戰略學派年會暨第十一屆紀念鈕先鍾老師戰略國際研討會」（新北市：淡江大學國際事務與戰略研究所，2015 年 5 月 29 日），頁 330。

45 教育部，《105 年度學校青年服勤動員準備計畫》（台北市：教育部，2015 年），頁 2。

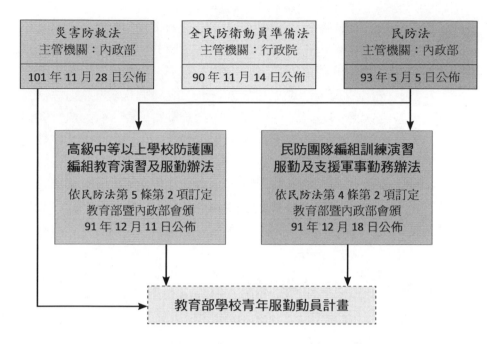

圖 6：學校防衛動員實作相關法規體系圖

資料來源：陳慶霖，《全民國防教育－防衛動員》（新北市：新文京開發，2013 年），頁 33。

藉以提升全民國防教育與全民防衛動員 者之間的 帶關係以及相互影響的程 。透過全民國防教育的推展，使其具備基本國防概 與防衛技能的體會，俾利於建立保國衛民的理念，以確保國家安全的目標。有關學校防衛動員實作相關法規體系，如圖 6。

陸、結論

　　本文針對災害防救機制緣起及運作研究發現，我國的防災體系雖已建立完善體制，但災害防救工作推動，或者緊急應變上，都存在著一些值得檢討的問題。包括：中央災害應變中心之運作採取跨部會任務編組方式；國軍在災防工作上現行組織架構並未清楚界定主動救援的方式；地方政府災防體系薄弱，災害發生時無法有效整合資源等等。因此，對於整體災防

運作之功能較無法有效發揮，有待檢討改進如何解決之道。

其次，在防衛動員機制運作方面，雖然「全民戰力綜合協調組織」跨域整合功能，及直轄市、縣（市）政府動員準備、戰力綜合協調及災害防救三會報均能納入實際聯合運作，並定期「兵棋推演」研討及各級政府動員、災防、戰綜三合一會報等會議，不過，在執行階段仍有些缺失存在包括：各級行政機關較不重視行政動員機制、法規之執行及功能事權不一致、組織架構相互重疊較不符效益、救災與動員的職掌與功能不彰等問題也亟待相關單位共同提升災害防救與防衛動員機制整合功能。

再次，在災害防救與防衛動員的規劃方面，我國建立災害防救體系以全民防衛動員準備與災害防救體系之整合構想包含：軍文一體，事權統一、平戰轉換，無縫接軌、全民防護，強化編組、全面動員，建立能量、穩固後方，支援前線等，才能建構一個合乎我國國家安全　的防災應變機制之功能，達到國家民生災害防救與全民防衛機制合而為一，達成維護國家安全及守護國土安全雙重使命之關鍵。

最後，雖然《全民國防教育法》公布施行以來，基本上，全體國民已建立全民國防的意識，這對我國國家安全而言，實具重要的意義。不過，全民國防教育是透過不同型態的全民國防教育內涵，提高全民的憂患意識，整合軍民總體力量與資源，強化國防建設，增強國防實力，並在結合災害防救後，達到維護國家總體安全的目的。[46] 因此，全民國防教育強化災害防救與防衛動員的作為方面包含：確立軍文一體與法制規範、加強國家安全與防災意識、宣導全民國防與動員理念、充實救災準則與作業規範、舉辦防災與動員演訓及驗證、執行青年服勤動員教育訓練等，平時即妥為整備、教育、演訓及驗證，使能適用於戰時。一旦戰爭發生，立即轉化為支援軍事作戰，達到「國防與民生合一」的目標。

---

46 〈十二年國民基本教育課程綱要全民國防教育（草案）〉，國家教育研究院，2016 年 2 月，< http://www.naer.edu.tw/ezfiles/0/1000/attach/89/pta_10117_8492502_00447.pdf>。

全民國防教育連結社會體育休閒活動暨
產業發展之研究

湯文淵 *

壹、前言

　　2016 年甫獲得新民意支持而準備全面執政的民進黨政府，基於優質戰力良性循環與兼顧役男生涯規劃的認知，希望在 2 至 4 年的過渡期（2020年）讓完成部隊以志願役為主的改良式募兵制提上軌道。也就是希望志願役在 4 年服役期內，對未來職場生涯有幫助，讓服役期間變成有意義學習。這是針對台灣社會特色、符合國家安全需求並兼顧青年生涯規劃發展出的改良式募兵制。新當選的總統蔡英文曾指出，改良式募兵制度，是對人才的珍惜和善用，希望從人才的招募來源、人才在軍中的培養和運用、以及人才退伍後的生涯銜接，上中下游的每一個環節來推動革新。也就是讓年輕人在軍中所做的訓練，有助於他們的成長，能提升他們回到民間後的競爭力，因此產生投身軍旅的誘因。兵役制度，不只侷限在國防的思維，也有助於產業及社會的人才培養。蔡英文說，如何讓現役軍人能夠在退役前，具備有高度就業競爭力這一點，是提昇軍人的社會地位與形象的關鍵，有重視提高薪給助於募兵制的推動。[1]因此，全民國防教育的推動設計與軍中訓練內涵如何緊密聯繫，以作為改良式募兵制的有力支撐，成為本文研究的主要動機。此外，從 2013 年起即在軍事圈出現的新名詞與新運動「軍事體育」多元化發展的激勵，則更是全民國防教育連結社會體育休閒活動暨產業發展研究的主要推力。

　　「軍事體育」是基於軍人提高身體能力、強化戰技與特殊專業技能

---

*　中華安全暨健康力發展協會籌備處執行長

1　鄒麗泳，〈綠推改良式募兵制　執政後提國防總檢討〉，中國評論新聞，2015 年 9 月 3 日，<http://www.zhgpl.com/doc/1039/1/4/1/103914184_3.html?coluid=93&kindid=2931&docid=103914184&mdate=0903005757>。

下的體育競賽，2015 年俄國在莫斯科郊區主辦首屆「國際三軍大賽」
（International Army Games 2015），來自 17 個國家，共計 57 隊在 13 個
項目相互較勁，另外還有 6 國 20 組觀察團一起參與這場盛會，其競賽科
目較傳統「軍事體育」，融合了更多載具操作與技術能力，更接近實戰情
況，也更能驗證參賽各軍的戰技能力。「軍事體育」的項目與傳統體育相
當接近，包括馬術、擊劍、射擊到武術、精準跳傘、定向越野，乃至於陸
海空軍各軍種的「五項全能」等科目，其早在第二次世界大戰戰後就逐漸
成形，1995 年起開始舉辦、每四年舉行一次的「世界軍人運動會」，也是
以這類競賽項目為主。[2] 因此，本文基於新政府國防兵役政策指導趨勢與軍
事體育運動多元開展的啟發，依序就全民國防教育發展的核心理念、社會
體育休閒活動與產業發展現況的檢視，指出全民國防教育聯結社會體育休
閒活動暨產業發展的願景，供推動全民國防教育未來發展的政策參考。

貳、全民國防教育核心理念

　　現行全民國防教育五大領域課程發展，其實有一個嚴格的戰略邏輯思
維與發展程序，也就是戰略行動力的社會實踐。教育部的全民國防教育政
策主管單位提出相關論證，說明國防部的全民國防教育五大領域是隨機發
展不具整合與邏輯發展意涵，因而極力主張在十二年國教新課綱的全民國
防教育領綱規劃，不必全部參照國防部主管機關五大領域課程的規範實施
規劃，而在新課綱規劃時，強力主張推動以全民國防的重要性、我們的國
防與防衛動員的課程結構設計，並不惜動用國家教育研究院的課程發展委
員會強力阻擋與杯葛以戰略為思考主軸的課程綱要設計，國防部職司全民
國防教育課程規劃的主管機關也未提出五大教育主軸設計需要的具體反駁
意見。

　　凡經歷過軍中實兵對抗演練與實際參與作戰會議的軍職國防教育人
員，都能認知情報是作戰方案擬具與作戰決心下達的基石，更是作戰計畫

2　王光磊，〈軍事體育多元化 提升戰技能力〉，青年日報，2015 年 8 月 4 日，<http://news.
gpwb.gov.tw/news.aspx?ydn=026dTHGgTRNpmRFEgxcbfb0e%2b%2beJP7D3HGsxhDrckoVxfU8y7EZY
fKgg%2bDOodmcZ4%2ftwN8%2fqC0gci7OdJbnO%2fE7E8LMdrdrU42ESKnxsiHU%3d>。

完整擬定的主要依據，就連工商企業管理決策的下達，相關精準情資的收集也是決定公司決策勝負成敗的關建。因此，全民國防教育五大領域乃把「國際情勢」擺在第一位乃至第一層，即重視對客觀環境情勢的正確判斷，而不是以主觀的價值遵循為優先，以避免陷入主觀的價值盲從與爭議。接著，經由內省程序反思自己本身的任務及主客觀條件，而將傳承自軍政一體戰略思維、軍文共治國防體制與文武合一教育實踐的「全民國防」戰略文化，[3] 即學校全民國防教育前身的軍訓教育體現與現行結合預算資源分配的「國防政策」予以檢視與分析，以找出最適切的政策指導原則，最後再以「全民防衛」行動結合「國防科技」運用與發展予以具體實踐，幾可構成促進生活條件與戰鬥條件合一而以能力為核心的完整國際戰略行動學發展體系，作為往上銜接大學相關學系與職涯發展，並往下紮根於國中小的童軍教育與綜合活動領域課程的基石。以此嚴謹的邏輯思維作為新課綱規劃的準據，卻受到教育主管單位的排斥與拒絕。因此，回歸全民國防教育五大領域課程的核心設計理念，全民國防教育的縱貫整合實效，應是推動全民國防教育國際眼、戰略腦與文武行的研究—教育—訓練整合發展，開創戰略行動能力為主軸的發展方向，進而以此結合發展自杜威教育即生活體驗教育哲學的社會體育休閒活動的推展，創造全民國防研究—教育—訓練—體育—休閒緊密連結的綜合效益，以達成將軍事戰略 ALL-OUT 的陸海空軍戰略行動內化昇華為全民國防 ALL-UP 的陸海空域體驗活動目標與期許，以提升全民競爭力，開創全民國防新藍海。

　　2008 年「北大西洋理事會」（North Atlantic Council）曾宣布，「為確保擁有可因應 21 世紀不斷更迭之安全挑戰的正確能力，將進行必要的轉型、調適與變革。轉型是種持續的過程，需要持續與積極的關注。」美國與北約的國防規畫遂積極從「威脅導向」思維，轉為「能力導向」（capabilities-based approach）的行動取向，[4] 此亦即能力導向部隊必須具

3　湯文淵，《全民國防心素養 ALL-UP 台灣夢攻略學》（台北市：幼獅文化，2015 年），頁 53-57。

4　史考特・賈斯柏（Scott Jasper）編，劉慶順譯，《國防能力轉型：國際安全新策略》（台北市：國防部史政編譯室，2012 年），頁 13- 21。

備說明目標與綜效、充分理解環境、建構共同作戰圖像、部署監偵系統、具深刻文化意識、精準作戰、多層次安全防護與整合軍民資源的廣泛能力。[5] 除了上述的廣泛能力需求外，軍隊尤其需要堅實的體適能作基礎，才能有效承載各型能力需求的負擔。因而未來軍隊訓練所需能力不僅需要不斷充實與擴大，更應聚焦在相關體適能、技藝能與學識能的整合發展，亦即新政府改良式募兵制所需的軍隊訓練內涵與國際軍事體育發展趨勢，也正好是全民國防教育規劃發展核心理念的具體實踐，其著眼即在努力擴大轉化常備體系國防建軍備戰的陸海空軍戰鬥行動，昇華充實為全民預備與後備體系結合的陸海空域體育休閒活動。即將常備體系建力（power）的理念，昇華為全民預備與後備體系蓄積能力（capabilities）的理念，並透過擴展常備體系的軍事戰略行動（action）為預備與後備體系的體育休閒活動（acivities）途徑，以此聯結社會陸海空域各型體育休閒活動並將重點置於海域體育休閒活動，以支撐台灣海洋國家發展的願景。

參、社會體育休閒活動暨產業發展現況檢視

社會體育休閒活動暨產業，在學術單位及社團組織不斷引進體育休閒新觀念與新模式，尤其是其倡導的體驗教育與探索冒險活動的引導下，社會體育休閒企業不斷努力尋求結合國家發展目標，尤其對海洋國家的發展目標，更展現政府與民間企業強烈的企圖心與發展成效，各型陸海空域體育休閒活動型式與新進產業不斷推陳出新，尤其陸域山訓活動與海域體育訓練活動與休閒場域及設施的緊密結合，更使相關體育休閒產業與活動不斷出現與全民國防教育核心理念結合發展的新契機，此發展趨勢值得全民國防教育決策單位密切關注與採取必要行政措施與預算補助適時配合，以持續擴大全民國防教育成效，開展全民國防教育新氣象。

5　同上註，頁 33-35。

一、學術社團觀念引進與示範

（一）亞洲體驗教育學會（AAEE）

　　2005 年亞洲體驗教育學會成立，成為台灣從事社會體育休閒體驗活動與教育訓練單位及產業的學術支援平台。[6] 體驗教育已進入台灣高等教育的科系發展，像是台灣師範大學、東華大學、屏東科技大學及體育大學等，也包括在碩士班的學分課程，並促進教育部將服務學習列為必修課程，尤其服務學習的方法論就是體驗學習，所以服務學習在台灣推動就是體驗學習的另一種典範模式，讓服務與學習做結合，進入學校以外的社區，甚至進入國際社會推動。部分大學推動所謂的博雅課程以及領導力的 program，也是用體驗學習的方式，每年也都會有與體驗教育相關的學術論文產出，企業教育訓練也用企業訓練的模式，如團隊凝聚力、團隊溝通、領導力的影響等相關議題推動體驗訓練。目前在台灣的非營利組織或社福機構都將體驗教育用來做諮商輔導的應用，中小學更正式推動綜合活動領域等整合性課程，把所有元素整合成做中學的模式，推動探索教育課程。[7]

（二）中華民國水中運動協會

　　中華民國水中運動協會在 1991 年 1 月 6 日成立，基於統一管理、保障潛水活動的安全、全面推展休閒潛水等因素成立，提倡水中競技、協助政府推展水中運動、確保水上活動安全；協助各團隊推廣相關水中運動，以實現海洋國家為宗旨。[8] 其主要推動任務為宣導水上安全教育，進行水域救援及水域安全訓練，授予救生員、救生教練證書並配合縣市消防隊進行水上緊急救難拯溺服務。[9] 推動的活動項目主要有蹼泳、潛水、帆船（風浪板）、滑水、溯溪、水中有氧、衝浪、游泳，並分別設有日月潭月牙灣水訓中心，苗栗縣水域活動專區與俱樂部，其他南部與北部水運訓練中心更在各主要海域負責各項水上活動的教育訓練與活動管理及師資認證。

6　請參考亞洲體驗教育學會，<https://www.asiaaee.org/index.asp>。

7　謝智謀，〈2009 第二屆亞洲華人體驗教育會議（澳門）體驗教育在台灣十年發展簡介〉，亞洲體驗教育學會，2009 年 12 月 12 日，<https://www.asiaaee.org/content.asp?id=15>。

8　請參考中華民國水中運動協會，<http://www.cmas.tw/modules/tinyd/>。

9　請參考中華民國水中運動協會，<http://www.cmas.tw/modules/tinyd/index.php?id=8>。

（三）中華民國飛行運動總會

中華民國飛行運動總會為中華民國體育運動總會團體會員，且加入國際航空運動聯盟 FAI（Fédération Aéronautique Internationale）為會員，英文名稱為 CHINESE TAIPEI AEROSPORTS FEDERATION（CTAF），以發展推廣飛行運動、舉辦全國與國際比賽、提昇飛行運動水準為宗旨。主要任務為推展各項飛行運動、輔導各項飛行運動聯賽、加強飛行運動科學研究，並辦理教練、裁判及相關飛行運動休閒專業人員研習活動、儲訓、檢測、發證、推薦、建檔管理。[10] 其所推動成立的飛行學校，已在 2014 年由天際航空公司於臺東成立，並積極協助推動台東縣政府國際熱氣球觀光活動，並培訓相關技術人員與成立環境教育中心，推動熱氣球環境解說與教育，增進大眾對熱氣球之了解，進而喜愛熱氣球與珍惜自然環境資源的維護知能。[11]

（四）台灣山訓協會

台灣山訓協會成立宗旨以從事研究、發展、推廣山訓技能活動，響應全民運動，透過山訓具體學習經驗，傳授山訓技能與野外求生知識，進而推廣正當休閒活動，並結合山訓教育專家，提升山訓技能學習之真諦。主要任務為推動山訓與野外求生技能並辦理山訓場地管理輔導及專業教練培訓。[12] 其推動相關活動具體成效已普及社會企業、政府組織與各級學校的營隊活動與國防探索活動，更由於其積極主動與淡江大學整合戰略與科技中心的全民國防教育組、新竹女中全民國防教育學科中心、苗栗縣學生校外會完成策略聯盟並配合成立全民國防教育訓練基地，已具有成為中等以上學校國防教育向上連接大學社團與幹部訓練、橫向連接公民訓練與縱貫統整國中小童軍隔宿訓練與綜合活動課程的示範雛形，其在新北市淡江中學所長期推動的花蓮秀姑巒溪的泛舟活動，更可成為學校國防教育與體育休閒活動成功結合的學習典範，其所培養的山訓教練團隊，更遍及台灣各

10　請參考中華民國飛行運動總會，<http://www.rocsf.org.tw/about_us/about_us_7_page.asp?file=DB15061430181.htmL>。

11　請參考台東縣觀光旅遊網，<http://tour.taitung.gov.tw/zh-tw/Travel/ScenicSpot/1281/%E5%A4%A9%E9%9A%9B%E8%88%AA%E7%A9%BA-%E9%A3%9B%E8%A1%8C%E5%95%9F%E8%92%99%E5%9F%BA%E5%9C%B0-%E9%A3%9B%E8%A1%8C%E5%AD%B8%E6%A0%A1->。

12　請參考〈台灣山訓協會組織章程〉，<http://www.akrg.com.tw/new_page_19.htm>。

休閒育樂中心與場域，主要訓練基地設於苗栗明德水庫旁的飛鷹堡山訓中心，建有台灣最具冒險與挑戰特性的中高空山訓設施，尤其以承續其源自海軍陸戰學校特戰訓練精神與模式最具特色。[13]

二、體育休閒產業倡導與創造

（一）中國青年救國團

　　救國團是國內歷史最悠久，服務與活動涵蓋範圍最廣，備受社會肯定的青年服務單位。其基本工作理念，以服務青年、輔導青年、幫助青年建立自立自強、自我肯定的觀念與服務人群、奉獻社會的回饋人生觀為工作取向，提供各種有益身心及有助國家、社會發展的活動與服務。從觀念上、生活上、學術上、事業上幫助青年、引導青年，使青年在潛移默化中認識時代潮流，瞭解國家社會，也認清自己的方向及責任，從而激勵青年奮發向上，發揮一己的聰明才智，以求對國家、社會、人群有所貢獻。救國團舉辦具有教育性、服務性、趣味性、挑戰性、學術性及益智性的假期活動，帶領青少年上山下海，走向自然、造訪世界，擴大個人視野，拉近彼此距離，進而自我成長、自我實現。[14]救國團更曾在台灣恢復學生軍訓時承接主辦角色，其與國防部政戰局的前身政治部亦曾有緊密的連結關係，1998年引進經驗教育模式，把「探索教育」列為六大核心工作之一，並首先在復興活動中心霞雲坪營區，建立戶外「探索教育學校」，增添高低空繩索課程設施，為探索教育提供更完善的訓練場所與服務，接著，並陸續於澄清湖、曾文水庫、金山、日月潭等休閒活動中心增設探索教育學校，推動師資培訓與各型探索訓練活動，[15]是台灣陸海空域體驗活動發展最具規模的社會體育休閒產業代表。

（二）台灣外展教育中心

　　另一較具影響力的社會體育休閒企業，則為廖炳煌所領導專注團

---

13 請參考飛鷹堡探索事業，<http://www.akrg.com.tw/custom_6747.html>。

14 請參考救國團全球資訊網，<http://www.cyc.org.tw/>。

15 請參考救國團探索教育中心，〈探索教育的發展現況〉，<http://adventure.cyc.org.tw/PapersDetail.asp?ID=10986>。

隊訓練的台灣外展教育中心。2005 年該中心首次得到 Outward Bound International 在台灣的授權（Provisional License），2008 年 8 月 5 日並在原行政院青輔會（現教育部青年署）支持下，成立行政院青輔會所屬財團法人基金會—台灣外展教育基金會，旋即於 2008 年 11 月得到 OBI 完全授權（Full License），正式為台灣的冒險教育開啟國際化的新頁。[16] 目前外展中心 OBI 設有花蓮美崙基地、龍門海洋發展中心、台南樹谷基地、龍潭渴望基地，其中占地約 7 千坪的龍潭渴望基地，擁有亞洲最大、依據美國 ACCT 安全標準建立之戶外高、低空繩索挑戰場，以及提供特殊需求者使用之高、低空繩索挑戰場，並備有設備完善的露營地，也是台灣外展在國內最早建置的專業挑戰繩索場。OBI 戶外教育課程，傳承全球各分校之教育理念，以山野、溪流與海洋等自然環境為教室，透過體驗式學習，鼓勵青少年自我察覺，重塑生命價值，繼而激發創造力、促進群我團隊之和諧關係與問題解決能力，成為具備國際競爭力之青年領袖人才。[17] 因應全球化時代的來臨，外展國際（Outward Bound® International）亦啟動「和平建立中心」（Center for Peacebuilding），結合外展課程中體驗教育的專業性、理念，以及人員的技能、創意與多元性，將關懷觸角與服務對象延伸至「衝突預防」、「衝突管理」、「後衝突調解」等全球議題。[18]

　　歸納上述兩大社會體育休閒企業，主要熱衷推動的活動項目，在陸域活動主要有野外求生與闖關、繩結與鋼索搭設、露營、山訓垂降（高空垂降、垂直下降、座位式下降、十字滑降、懸空下降、高空滑降、極限攀登、巨人梯、戰場體驗與漆彈對抗），自行車、高爾夫、釣魚、登山、路跑、健行、攀岩等，海（水）域活動則主要有帆船、泛舟、海水浴場、釣魚（船釣）、遊艇、潛水、衝浪、賞鯨豚、獨木舟的水上操舟、海上橡皮艇、溯溪等，屬於空域活動的則有飛行傘、滑翔翼、特技風箏、輕航機及含涉於陸域活動的空中（高空雙三繩吊橋、高空獨木橋、高空蔓藤路、高空大擺

---

16 請參考財團法人台灣外展教育發展基金會，<https://www.104.com.tw/jobbank/custjob/index.php?r=cust&j=5e3a436c386c3f2230423a1d1d1d5f2443a363189j01>。

17 請參考〈什麼是外展〉，台灣外展教育基金會，<http://www.obtaiwan.org/?FID=15&CID=3>。

18 請參考〈什麼是外展〉，外展教育基金會，<http://www.obtaiwan.org/?FID=15&CID=154>。

盪等，其他體健活動如中國功夫、武術等，室內運動（包含撞球館、撞球、溜冰）、健身中心（包含健身房、運動場及瑜伽等）、球類等也是配合全民體育與全民運動推動的熱門項目。

肆、發展願景

一、政府法令與政策激勵及專責組織

　　由於台灣訓練活動體育化、體育活動休閒化與聚焦海域活動需求的發展趨勢，交通部觀光局督導辦理的有關遊憩活動如陸域活動、水域活動、體健活動、藝文活動、夜間活動、空域活動等與教育部體育署主辦的體育活動如學校體育、全民運動與運動設施發展已日趨緊密連結。[19] 相關青年志工活動與服務學習的人力資源與運用，亦由教育部的青年署負責，主要強調以「正規教育接銜，多元體驗學習」的功能與主體性，推動青年生涯輔導與提升青年就業能力等活動。[20] 因此，推動全民國防教育核心理念結合相關社會體育休閒遊憩活動，不僅可獲得相關政府機關業務支持，也有相當完備的法令支援，如觀光發展條例、水域遊憩活動管理辦法、台灣地區近岸海域遊憩活動管理辦法、遊艇管理辦法、娛樂漁業管理辦法、海岸巡防法、海洋污染防治法等，以此搭配相關學術社團與學校及企業的專業證照制度，如水域運動指導人員證照（TASSM）、救生員（紅十字會；水上救生協會）、游泳教練裁判證照、潛水員證、獨木舟教練證、風浪板帆船教練裁判證、遊憩船舶、衝浪、動力小船等的指導與激勵，將使各型陸海空域體育休閒運動相關產業如休閒服務業、休閒用品製造商、儀器設備製造、批發、零售或進出口商、休閒運動設施營建業及相關訓練課程、體驗課程的民間團體、專業人力資源培養機構與學校體育運動休閒相關科系等不斷蓬勃發展。

---

19 教育部體育署，〈教育部體育署組織法〉，華總一義字第 10100022791 號令，2012 年 2 月 3 日，教育部體育署，<http://www.sa.gov.tw/wSite/ct?xItem=3113&ctNode=274&mp=11>。

20 教育部青年發展署，〈青年署簡介〉，2013 年 12 月 9 日，<https://www.yda.gov.tw/Content/Messagess/contents.aspx?SiteID=563426067575657313&MmmID=563426105120410336>。

1987 年以前，在傳統「國防第一」的政策下，海防與海禁讓民眾難以接近海岸或從事親水活動，台灣總是「重陸輕海」，因此國人對海洋普遍覺得很陌生。解嚴後，政府為了促進近岸海域遊憩活動發展，修訂遊艇、近岸海域及水域遊憩活動等管理辦法，民眾才有機會開始從事游泳、衝浪、潛水、風浪板、拖曳傘、水上摩托車、獨木舟、泛舟、香蕉船等經主管機關公告的水域活動。行政院經濟建設委員會（現為國家發展委員會前身）在「國家永續發展願景與策略綱領」中明確地指出「台灣屬於海島型生態系統」，擁有豐富的水域、海域觀光遊憩資源，具有充足的條件發展水域相關產業。[21] 政府對海洋事務的重視，是從 1998 年召開「國家海洋政策研討會」開始。接著陸續公布「海洋政策白皮書」，宣示「海洋台灣」、「海洋立國」精神，更成立「行政院海洋事務推動委員會」，並訂定「海洋政策綱領」，而跨部會規劃的「海洋事務政策發展規劃方案」更成為海洋事務推動及海洋政策指導的原則。[22] 教育部於 2003 年推動「學生水域運動方案」，並召開會議討論「學生海洋暨水域運動推動計畫」，執行「提升學生游泳能力中程計畫」、「推動學生水域運動方案」、「推動學生游泳能力方案」，公布「海洋教育政策白皮書」、「推動海洋台灣體系」等政策，開始有較深入的海洋運動規畫。交通部觀光局也針對許多水域活動場所的規定鬆綁，經濟部商業司對水域活動業者更制定規範並開放營業登記，使得推展水域運動與觀光遊憩的協力產業能夠合法經營。[23]

立法院更在 2015 年 6 月 16 日三讀通過《海洋委員會組織法》，明定行政院特設海洋委員會掌理海洋總體政策、環境保護規劃等，並設海巡署、海洋保育署為次級機關，執行巡防和保育事項。海洋委員會成立後立刻組成海洋保育署及國家海洋研究院籌備處，並於 12 個月內完成協商整合移撥事宜後正式成立。法案明定，海洋研究院掌理海洋政策研究、海洋保育

---

21 國家發展委員會，〈台灣 21 世紀議程國家永續發展願景與策略綱領〉，頁 28-30，2007 年 3 月 30 日，<http://www.ndc.gov.tw/Content_List.aspx?n=3E72BFD8B42F96D8>。

22 行政院海洋事務推動小組，〈海洋政策白皮書〉，頁 15-18，2011 年 8 月 25 日，內政部海域資訊專區，<http://maritimeinfo.moi.gov.tw/marineweb/LayFrom0.aspx?icase=T02&pid=0000000083>。

23 許振明，〈海洋運動與休閒〉，《科學發展》，475 期（2012 年），頁 14-16。

與海巡執法人員的教育、訓練、認證及管理。條文也明定，海委會的編制得在不超過編制員額 1/2 範圍內，就官階相當的警察、軍職人員及民國 89 年隨業務移撥的關務人員派充，使軍職人員進入海洋委員會等組織任職成為法律的可能，有助社會體育休閒活動國防化與海洋化的目標推動。[24]

二、港口休閒運動與設施日趨開放與競爭

　　依據行政院農業委員會及各縣市政府公告，遊艇得申請停泊於八斗子漁港（碧砂港區）、烏石漁港、竹圍漁港、新竹漁港、安平漁港、鼓山漁港、旗津漁港、將軍漁港、興達漁港、新港漁港、金樽漁港、七美漁港、吉貝漁港、龍門漁港、大果葉漁港、沙港西漁港、通樑漁港、岐頭漁港、後寮漁港、馬公第三漁港及赤崁漁港等 21 處，不僅使傳統漁港重獲生機，更使海洋活動與海洋教育獲得充裕的發展空間。[25] 南部海域主要活動港灣高雄興達港，為配合高雄海洋局的海洋政策規劃發展，積極鼓勵民間海域休閒產業參與投資與建設，民間廠商華偉國際漁業集團在 104 年 3 月 2 日，已首先向高雄市政府自提 BOT 開發案，準備投資 22 億元，在包括陸域 12 公頃、以及水域 20 公頃的範圍內，開發 400 席的遊艇碼頭，發展遊艇休閒產業，並結合後線土地，建設修造船廠、遊艇俱樂部、會館等，從遊艇的製造、銷售、一直到後端的遊艇服務、海洋遊憩等，建構完整的遊艇產業鏈。[26] 除了打造高雄興達港成為大型且多元的漁業加值產業園區外，剩下可開發的 32 公頃土地和海域基地，也由民間廠商廈門台商遊艇大廠唐榮遊艇和慶富造船積極爭取 BOT 開發權。由於唐榮遊艇公司董事長許財旺，早在 2002 年，即已前進大陸廈門海滄設廠，專為美國知名遊艇品牌 NORDHAVN（諾德哈芬），代工生產客製化遠洋豪華型遊艇，年產量最高曾到 28 艘遊艇，實力雄厚，因此，國內遊艇業界對此　投資案，都抱持樂觀態度。造廠大本營原在旗津的慶富，也針對該範圍內的 6 公頃提 BOT

---

24 張晏彰，〈政院設海洋委員會綜理海洋政策〉，青年日報，2016 年 3 月 22 日，<http://news.gpwb.gov.tw/news.aspx?ydn=026dTHGgTRNpmRFEgxcbfbBlvy%2f7DopDATM56oOni4Rozi0QtsOj9NENRsXWGDOpQJ85V4Lzar5k7jlMx2jlZ39gF8eEll24raLiFO3Gn2Y%3d.>。

25 行政院農委會漁業署，〈休閒樂活主題網〉，<http://www.fa.gov.tw/recreation/index.aspx>。

26 高雄市政府海洋局，〈南星計畫遊艇產業園區〉，<http://kcmb.kcg.gov.tw/?idn=160>。

案。[27]

　　高雄市政府海洋局舉辦「2015兩岸遊艇暨遊輪產業經濟圈研討會」時，兩岸相關產業台灣港務公司、台灣遊艇公會、廈門國際遊輪母港集團瀚盛遊艇工業公司、嘉鴻遊艇集團、麗星遊輪和官方齊聚高雄，天津遊輪遊艇協會長李培生更專程參訪高雄港9號碼頭遊輪旅客通關設施。[28]中國大陸已從北邊的大連港到南邊的三亞港的沿海港口城市規畫遊艇碼頭及其配套服務設施。台灣豪華遊艇標榜的就是手工打造，大陸豪華遊艇內需持續增加，台灣豪華遊艇產業發展機會更大，藉此也可帶動周邊海域活動適業的整體發展。台灣持續更新遊艇碼頭及相關配套建設與服務的提供，將可有效引入更多國際遊艇玩家與富豪遊艇，強化遊艇產業保養維護與相關海域活動的商機。[29]

三、海上旅遊休閒活動興盛與特色發展

　　各地方政府在結合海洋政策與地緣優勢的激勵下，已陸續發展各具特色的體育休閒產業，如屏東縣政府在每三～五月於後壁湖漁港發展的飛魚季與平時海底玻璃船觀賞珊瑚礁及海洋生物活動、屏東大鵬灣和台南七股、四草等沿海地區的搭小艇賞潟湖遊內海活動，[30]尤其屏東大鵬灣國家風景區位於台灣西南海岸，地處屏東縣東港鎮與林邊鄉交界處，西南濱臨台灣海峽，可目視小琉球，台灣地區最大的囊狀潟湖正屬大鵬灣，水域東西長約3,500公尺，南北寬約1,800公尺，湖域面積532公頃，平均水深2-6公尺；全年約有300個日照天，年平均溫度約為25度。大鵬灣國際開發股份有限公司，於2004年正式取得[民間參與大鵬灣國家風景區建設BOT案]特許經營權，專職大鵬灣的整體開發規劃與經營，同時，大鵬灣開發案亦為台灣最大之遊憩產業BOT開發案，特許經營年期為50年。未來總

27 顏瑞田，〈高雄興達港開發 唐榮遊艇、慶富造船搶著要〉，中時電子報，2015年7月6日，<http://www.chinatimes.com/newspapers/20150706000136-260204>。

28 顏瑞田，〈兩岸共創遊艇和遊輪產業新契機〉，中時電子報，2015年7月1日，<http://www.chinatimes.com/realtimenews/20150701003640-260410>。

29 鄭博文，〈台灣遊艇產業危機四起〉，中時電子報，<http://www.chinatimes.com/newspapers/20150701001023-260310>。

30 〈飛魚季觀光閒活動集錦〉，屏東滿州鄉旅遊資訊網，<http://www.manjhou.url.tw/>。

投資金額預計將超過 103.4 億元，開發面積將超過 257 公頃，採分期方式開發本風景區之建設，概分為碼頭區、海灣區、高爾夫球區、生態區四大主題，第一期開發重點包括遊艇港區、水上俱樂部、G2 賽車樂園、輕航機俱樂部等休閒建設，未來大鵬灣將成為亞洲鄰近地區一國際級濱海休閒度假勝地。[31] 此外，雲嘉地區外傘頂洲生態之旅、基 東 角地區的近海（ 色公 ）、高雄及東海岸地區的賞鯨或賞景、諸離島如金門、馬祖的賞鳥（燕鷗）等活動，各休閒育樂區的體育休閒活動與設施更不斷推陳出新，像大鵬灣國家風景區青洲濱海遊憩區的沙灘車、坦克滑板車、獨木舟、風浪板、水上摩托車、香蕉船、大力水手、海戰車、甜甜圈、衝浪板、趴板、沙灘排球、風箏等活動琳瑯滿目，[32] 主要善加規劃與政策激勵及補助，各型結合地方發展特色的陸海空域體育休閒體驗活動將成為全民國防教育核心理念推動的主要發展場域。

伍、結語

2008 年，金車教育基金會曾針對台灣 11 ～ 18 歲青少年進行海洋觀的調查，發現 22％青少年在過去一整年都沒去過海邊，68％青少年只在暑假去過，顯見台灣青少年普遍沒有親近海洋的習慣。[33] 經由上述全民國防教育與社會體育休閒活動暨產業連結發展的研究發現，具備與全民國防教育核心理念緊密連結的社會體育休閒產業，即具備培養全民國防教育核心理念與素養—戰略行動力涵括全民國防所需的體適能、技藝能與學識能而以海域為核心並重視健康餐飲供應的社會體育休閒產業，[34] 如從事社團、企業、校園（新生訓練、社團幹部訓練、國防探索訓練、公民訓練、隔宿露營、生活體驗、特殊教育體驗活動等）教育訓練活動的產業，即應為國防教育

---

31 陳俊廷，〈恆春半島衝浪躍國際！ASC 亞洲衝浪巡迴賽首列台灣〉，民報，2015 年 10 月 12 日，<http://www.peoplenews.tw/news/cba036bf-00bf-4516-85be-45ed1ddd9913>。

32 〈青州濱海遊憩區〉，<http://www.dbnsa.gov.tw/user/Article.aspx?Lang=1&SNo=05003208>。

33 〈青少年海洋觀調查〉，金車教育基金會電子報，2005 年 5 月 8 日，<http://kingcar.org.tw/>。

34 湯文淵，〈台灣國際戰略行動理論建構與實踐模型之研究〉，《淡江國際與區域研究半年刊》，第 3 期（2015 年），頁 96-99。

決策單位鼓勵並予以積極補助的戰略體育休閒產業。台灣各型遊樂區與體育休閒育樂中心，已在政府相關部會與法令政策積極鼓勵下日趨蓬勃發展並卓著成效，唯獨缺少國防主題意涵，只要將國防部政戰局的寒暑假國防體驗活動納入學校全民國防教育課程與活動整體規劃，並在社會體育休閒活動積極注入全民國防因子並予以適切的政策引導與經費補助，則創造全民國防教育連結社會體育休閒活動與產業發展的綜合效益將更能彰顯，並可為常備體系—後備體系—預備體系連結的全民防衛體系與全民國防政策的實踐提供社會最厚實的支撐。

全民國防教育管理組織變革的
異化與優化之研究

李文羍 *

壹、前言

　　全民國防教育的根源脫離不了學校軍訓的發展軌跡，尤其在民國 26 年七七事變爆發後，為緊急應變教育部與軍事委員會訓練總監部會同制定「高中以上學校學生戰時後方服務組織與訓練辦法大綱」，以加強與戰事有關科目之訓練，組織戰時後方服務隊，以協助軍事推進，凡防空、防護、難民救濟等課程，均增列於軍訓學科之內，[1] 使學校正常的軍事教育質變為學生軍事訓練，在面臨承平時期，尤其是兩岸和平發展時期，以軍事訓練為主的國防教育觀日漸產生異化與弱化，亦即在國防主管機關錯認學校國防教育育不重要，一般民間社會更誤認學校國防教育不必要與不需要，而忽略或默視國防教育是我國文武合一教育的重要傳承意涵。美國學生軍訓隸屬於國防部和三軍總部所管轄，中國大陸設立全國學生軍訓最高的督導業務單位—國防教育處，其職掌除學生軍訓並涵括全國的國防教育業務，可說是教育與各級軍事部門密切合作與支持結果。從文獻探討中發現，全民國防教育發展的歷史觀點研究投入學者較多，但現代組織變革觀點的研究較少。由於國防教育組織變革的成效攸關國防組織順利的發展與否，故國防教育組織變革所採取的因應策略如與國防組織發展目標悖離，則不僅無助於國防組織發展目標的達成，反而形成國防組織變革的阻力。[2] 故本文依組織變革要義與流程，並聚焦在國防教育管理組織的變革面向，以求檢視國防教育管理組織變革事項及流程與國防組織變革目標吻合之程度，以促進國防教育決策單位依「全民國防教育法」主管機關權責，主動檢視修

正轄屬業管單位之權責，並提出有效因應對策，建構中央跨部會、地方政府跨機關（單位）及學校之垂直、水平整合機制與平台，以提升全民國防教育之效能。

貳、組織變革與流程

「組織變革」的定義不同，主因「組織變革」是很複雜的情境，其中包括組織過程（例如角色、人際關係）、人員（例如管理技巧、風格）和工作技術（例如更多的挑戰及慣性）等各方面較難界定概念，如 Webber（1979）政策結構、吳秉恩（1986）組織文化、謝安田（1982）外在環境、比爾（M.Beer，1980）組織發展內涵、維爾（P.B.Vaill，1989）組織任務及目標、佛蘭奇與貝爾（W.French and C.H Bell，1995）高階主管引導和支持等，國內外學者有關組織變革定義及基本概念就呈現各有偏重與執著。[3]此外，將組織變革背景因素的錯綜複雜性，作進一步具體說明及有關組織不得不主動或被動實施變革的觀點，如 Pfeffer and Salancik（1978）的「資源依賴」觀點，Daft（1983）「策略選擇」觀點，Zucker（1987）「制度化」觀點，Meyer，Brooks and Goes（1990）「競爭壓力」觀點，Kelly and Amburgey（1991）「組織慣性」，Haveman（1992）「立法和技術變革」，Fox-Wolfgramm，Boal and Hunt（1998）的「持續變革的一致性與形象」，Tushman and O ielly（1996）的「生態學」等，[4]都證明組織變革是必然發生且無可避免的。因此，一般將有關組織變革的事項，概分為策略變革、結構變革、文化變革、流程變革等四項構面，有關變革類型則主要區分為計劃性與非計劃性變革兩類，計劃性變革源自於策略性的決策，以改變組織運作的模式，而非計劃性變革是由外界對組織所形成的力量，包含人口、經濟、政治、法律、科技及國際市場等因素。[5]

3　陳霈山，〈組織變革對員工權益保障影響分析-以精省為例〉（碩士論文：大葉大學，2002年），頁 18。

4　王孝文，〈組織變革導入國軍監察體制可行性之研究〉（碩士論文：大葉大學，2003年），頁 24。

5　簡芳忠，〈環境變遷與組織變革之研究-以日本鐵道（JR）為例〉〉（碩士論文：大葉大學，2000年），頁 54。

　　有關組織變革的模式或程序，以勒溫（K.Lewin）過程取向變革模式的三階段：解凍（Unfreezing）、變革（Change）、復凍（Refreezing）變革程序模式最簡明易懂與實踐。因此，組織變革的要義在國防教育管理組織變革方面可歸納為，國防組織全體成員為有效因應組織內外在環境的變化，而對組織達成發展目標，實施各種軟硬體變革所採取的態度認知及支持行為。而勒溫（K.Lewin）的解凍、變革、復凍三階段變革模式，則足以用來說明全民國防教育決策部門，面對內外在環境衝擊與挑戰時，所能採取因應的變革模式。全民國防教育為達成國家安全戰略發展目標最重要的憑藉，而國家安全戰略發展目標則為全民國防教育最主要的指導，全民國防教育組織變革是否吻合國家安全戰略發展目標，是觀察全民國防教育組織變革成效的重要指標。由於全民國防教育組織變革工作，雖在法制及課程上已粗具規模，並在師資結構上尚存市場需求與軍訓教官師資格問題的小障礙外，在管理組織的變革上存有較大的阻力。在國防教育管理組織變革歷程中，有基於外在事件的刺激，而採取非計劃性的變革，亦有因決策當局主動追求組織有效發展，所採取的計劃性變革，因此，不論國防教育管理組織的變革是基於計劃性或非計劃性，面對組織內外環境激烈變化的強烈需求，都不得不主動或被動應對。因此如何激勵國防教育管理組織依循組織變革流程，針對變革阻力設法尋求有效變革，以求解凍主要現狀，並力求朝向預期的目標進行改造或變革，最後予以再復凍，以確保組織變革成效有利於國家安全發展目標之達成，實為當務之急。

參、管理組織變革發展

一、解凍

　　這段發展流程指學校軍訓開始實施並歷經大陸時期的軍訓與在台恢復軍訓的彈性任務編組時期。

（一）大陸時期

　　1928 年學生軍訓開始實施時，因將學生軍訓視為軍事教育之一部分，故由國民政府 11 月成立的「訓練總監部」負責，12 月 3 日改由自國民革

命軍總司令部撥隸訓練總監部的「國民軍事教育處」主管，1932 年因應中日軍事情勢日趨緊迫，2 月 6 日軍事委員會恢復，訓練總監部改隸於軍委會，學生軍訓重點遂從軍事教育移轉至軍事基本訓練。抗戰爆發後，「軍事委員會」專責抗戰事宜，無暇兼顧學生軍訓事務，遂將中央主管之軍訓工作下移至各省、市政府教育廳（局），並設立「國民軍事訓練委員會」專職負責。1938 年訓練總監部改為軍訓部，學校軍訓由新成立之政治部掌理，各省軍訓委員會裁併於各省軍管區司令部內，在各軍管區司令部政治部內成立國民軍訓處，負責推動各省高級中等以上學校之軍訓工作。11 月上旬，長沙最高軍事會議，軍政部與政治部各提出「調整兵役與國民軍訓機構案」，經蔣委員長裁決後，1940 年學生軍訓業務再由軍事委員會的「政治部」移轉至「軍訓部」主管。1946 年 5 月軍事委員會改組並成立國防部，負責學校軍訓的軍訓部因應軍訓與國民兵役制度配合實施的指示，改轄各科兵監及國防部預備軍官教育處。[6]

（二）在台恢復軍訓時期

　　1953 年在台恢復學生軍訓初時，政府組成專案審查小組，由行政院長陳誠為召集人，作為決策機構，7 月 1 日復成立學生軍訓設計督導委員會，作為學生軍訓專案審查小組之執行單位，以國防部代表為主任委員，後來決定由於 1952 年 10 月 31 日成立的中國青年反共救國團負責主管，救國團主任由時任國防部總政治部主任蔣經國兼任，救國團總團部設第一組（以後改為軍訓組），主辦學校軍訓業務。1960 年 7 月 1 日行政院明令移歸教育部並設立軍訓處專責辦理學生軍訓事宜，1962 年 7 月 1 日台灣省政府教育廳成立軍訓室，接辦省屬大專院校及公、私立高級中等學校之軍訓業務，並建立軍訓督導制度，於每縣、市設軍訓督導一員，負責督導轄區內各高級中等學校之軍訓業務，駐於救國團各縣、市團委會，並接受其指導，此期間大學以派總教官、高中職派主任教官權充中等以上學校軍訓組織，負責統一指揮學校軍訓工作之之規劃與實施。1967 年 7 月台北市改為院轄市，台北市政府教育局奉准增設軍訓室，由於省、市軍訓室及縣、市

6　張芙美，《中華民國台灣地區軍訓教育發展之研究》（台北市：幼獅文化，1999 年），頁 32-35。

軍訓督導之先後設置，使軍訓工作得以充分發揮逐級授權、分層負責之組織功能。1968 年 2 月 12 日教育部軍訓處在總統修正公布《教育部組織法》後，正式從任務編組單位成為法制組織單位。1994 年教育部修訂《大學法》時，正式明訂「大學設軍訓室，負責軍訓與護理課程之規劃與教學」之學校軍訓組織法源，但 1995 年司法院大法官會議第 380 號對軍訓等共同必修科目違憲的解釋案及 1998 年第 450 號對大學設軍訓室不符大學自治旨意之解釋案，使大學軍訓的法制定位回歸大學自治範圍。

2002 年教育部與內政部會銜發布《民防團隊編組訓練演習服勤及支援軍事勤務辦法》及《高級中等以上學校防護團編組教育演習及服勤辦法》，教育部頒行《學校青年服勤動員計畫》，此乃成為學校聯繫社會全民防衛動員演練機制的重要依據，並成為校園安全維護工作結合災害防救演練發展的重要基石，教育部並在 2003 年 10 月 20 日頒布《教育部構建校園災害管理機制實施要點》，作為健全校園災害防救體系並強化災害防救功能，以為維護校園及學生安全之依據。為積極落實前開要點，2008 年 7 月 18 日完成修正 2001 年 11 月 15 日策頒之《教育部校園安全及災害防救通報處理中心作業規定》，[7]自成立以後積極發揮校園安全及學生安全維護之功能，為充實大專校院軍訓教官退役所造成之校安工作中斷遞補功能，大專校院學輔工作創新遞補人力類別中，正式設置危機管理人員（即校安人員），校安人員須維持 24 小時待命，其任務為負責校園內外（含教職員工生）緊急事件處理、通報、急救（視狀況）及校園內人員安全防護相關業務。[8]

在大學軍訓組織法制發展過程中，高級中等學校並未相應檢討修訂相關法令，故高級中等學校之軍訓工作實施至今仍無相關之組織法源依據，也使軍訓教官在校之角色與定位一直備受質疑與爭議，然而在教育政策鬆綁及學校自主的趨勢發展下，多元與學校自主的發展需求，使學校軍訓工作在日趨多元與複雜化時，日漸朝向學生生活輔導及校園安全維護為主、

7　教育部編印，《校園安全工作手冊》，2008 年，頁 15。

8　同上註，頁 9。

軍訓教學為輔的發展型態。

二、變革

這段變革主要指調整學校軍訓轉型為全民國防教育並制頒全民國防教育專法與教育部組織改造，朝向學校全民國防教育專責單位位階的法制時期。

（一）「全民國防教育法」制頒時期

2001 年《全民防衛動員準備法》頒布後，將教育部明訂為精神動員主管機關，2005 年通過《全民國防教育法》，明訂國防部為全民國防教育之主管機關，並將教育部主管的學校軍訓教育納入全民國防教育範疇統一規範。2002 年修正《國防部組織法》第 4 條第 16 項規定，國防部掌理關於國防教育之規劃、管理及執行事項，但在同法有關國防部業管事項管理單位的第 5 條，卻未明訂國防部有關國防教育的專責組織，故在「全民國防教育法」頒布後，國防部專責單位由原國防部人力司軍事教育處兼管，後移轉國防部法規會，再交由國防部總政治作戰局心戰處，直至 2012 年訂定《國防部政治作戰局組織法》第 2 條第 2 項，才明定由國防部政治作戰局負責全民國防教育之規劃、督導。《全民防衛動員準備法》主管機關為國防部，而《全民國防教育法》的主管機關亦律定為國防部，2005 年後在全民國防教育的業務移轉過程，其任務編組的發展軌跡，當時未正視依法行政規範之嚴肅意涵，直至 2012 年國防部依法制規範，才訂定國防教育專責機關，惟身兼全民國防教育與全民防衛動員主責機關國防部，應落實國防法第五章第 29 條國防教育之推廣之立法要旨，積極有效整合精神動員與全民國防教育管理組織職能，以利發展國防教育為體，精神動員為用的全民國防體用兼備完整體系。

（二）教育部組織改造時期

在《全民國防教育法》頒佈施行前，高級中等以上學校之軍訓督考，由教育部學生軍訓處負責，國防部介派國軍軍官支援並納入教育部軍訓教官管考體系，學生軍訓實質為全民國防教育之全部，《全民國防教育法》公佈後，學校軍訓頓時變成全民國防教育四大系統之一的學校國防教育，

全民國防教育主管機關亦歸屬國防部，教育部原學生軍訓則轉型為全民國防教育，並仍由原督考單位學生軍訓處繼續負責學校全民國防教育執行之督考，直轄市政府（台北市、高雄市）亦由教育局下設軍訓室負責，教育部中部辦公室則沿襲由第六科及各縣、市軍訓聯絡處負責原台灣省公、私立高中職校之全民國防教育督考，各縣、市學生校外生活指導委員會則由軍訓教官任務編組，縣、市政府首長擔任主任委員，負責協調各地方政府教育局（處）有關國中小學之全民國防教育督考事宜，各地方政府則依「全民國防教育法」指定相關之負責單位，負責全民國防教育全般督考事宜。大學及專科學校則依「大學法」由設立的軍訓室負責全民國防教育之實施，並由教育部督考單位選任校園安全暨國防教育資源中心學校，負責協調各區大學及專科學校之全民國防教育推廣事宜。

　　2013 年 1 月 2 日教育部完成組織改造，除大幅整併原有業務單位外，並以加強政策規劃研究功能、重視學生事務與學生輔導、強化特殊教育與原住民族教育為要，將原學生軍訓處與訓委會、特教小組等整併為學生事務及特殊教育司，長期負責學生軍訓與全民國防教育推動工作的最高決策與督導單位轄屬學生事務與特殊教育司，並分設為軍護人力科、全民國防教育科與校園安全防護科，[9] 原教育部中部辦公室第六科，亦經整編為教育部國民及學前教育署學生事務及校園安全組所轄校園安全防護科。[10] 學生軍訓管理自大陸時期國民政府的軍事委員會提案經全國教育會議決議實施開始，歷經國民政府、軍事委員會、行政院國防部、國防部政治部、中國青年反共國團、教育部的變遷發展，在 2013 年組改後由教育部學生事務及特殊教育司主管（如表 1）。

9　「教育部組織法」第 2 條掌理事項 - 第 6 項：學生事務之輔導及行政監督、學校全民國防教育、校園安全政策之規劃、輔導與行政監督，學校軍訓教官與護理教師之管理及輔導，請參見教育部，《教育部組織法》，第 10100022781 號，2012 年 2 月 3 日，<http://www.president.gov.tw/PORTALS/0/BULLETINS/PAPER/PDF/7017-8.PDF>。

10　參見教育部組織改造主題網，<http://moesun52.edu.tw/news_content.aspx?CNT_ID=13>。

表 1：學生軍訓管理組織變遷表

時間	主管機關	業務主管單位	地方主管機關	學校業務單位
民國 17 年 11 月 1 日	軍事委員會籌備國民政府訓練總監部接辦			
民國 17 年 12 月 3 日	國民政府訓練總監部	國民軍事教育處		
民國 21 年 2 月 6 日	軍事委員會訓練總監部	國民軍事教育處		
民國 22 年 3 月 6 日	軍事委員會訓練總監部	國民軍事教育處	省（市）國民軍事訓練委員會	
民國 22 年 3 月 13 日	軍事委員會訓練總監部	國民軍事教育處（公布「各地駐軍協助國民軍事教育訓練辦法」）	省（市）國民軍事訓練委員會	
民國 26 年 6 月 1 日	軍事委員會訓練總監部	國民軍事教育處軍政部兵役司（督導地方國民軍事訓練）	省師（團）管區司令部	
民國 27 年 2 月 6 日	軍事委員會政治部（接管學生軍訓，原訓練總監部改為軍訓部）			
民國 29 年 6 月 30 日	軍事委員會軍訓部（學生軍訓改由軍訓部主管）			
民國 35 年 6 月 1 日	行政院國防部（學生軍訓劃歸國防部管轄）			
民國 41 年 10 月 31 日	國防部政治部中國青年反共救國團（蔣經國為國防部政治部主任兼救國團主任）	中國青年反共救國團救國團第一組（主管軍訓）		
民國 47 年 4 月 1 日	中國青年反共救國團	救國團軍訓組（救國團第一組改為軍訓組）		

時間	主管機關	業務主管單位	地方主管機關	學校業務單位
民國 49 年 7 月 1 日	教育部（學校軍訓正式移由教育部主管）	學生軍訓處		
民國 50 年 7 月 1 日	教育部	學生軍訓處	台灣省政府教育廳軍訓室（台灣省政府教育廳軍訓室正式成立）	
民國 51 年 3 月 1 日	教育部	學生軍訓處	台灣省政府縣市軍訓督導（台灣省政府核定建立軍訓督導制度，於每縣市設軍訓督導一員）	
民國 51 年 3 月 5 日	教育部	學生軍訓處		軍訓教官（教育部令將高級中等學校軍訓教員職稱，改稱軍訓教官，暨規定軍訓主任教官與教官職掌劃分原則）
民國 56 年 8 月 28 日	教育部	學生軍訓處	台北市政府教育局軍訓室正式成立	
民國 58 年 2 月 12 日	教育部	教育部學生軍訓處總統修正公布「教育部組織法」其第 4 條設學生軍訓處。		
民國 68 年 7 月 1 日	教育部	學生軍訓處	高雄市政府教育局軍訓室成立	
民國 87 年 3 月 27 日	教育部	學生軍訓處		大法官釋字第 450 號大學法及施行細則明定大學應設置軍訓室並配置人員違憲。業經本院釋字第 380 號軍訓列大學共同必修科違憲釋示在案。

時間	主管機關	業務主管單位	地方主管機關	學校業務單位
民國 88 年 7 月	教育部	學生軍訓處教育部中部辦公室第六科（臺灣省政府教育廳軍訓室改隸）		
民國 93 年 2 月 27 日	教育部	學生軍訓處教育部中部辦公室第六科		大學法施行細則第 13 條：「大學依其組織規程設軍訓室者，置主任一人、軍訓教官、護理教師若干人。」
民國 99 年 12 月 25 日	教育部	學生軍訓處教育部中部辦公室第六科	臺北縣、臺中縣市、臺南縣市改制直轄市自行設立軍訓室或校安室	
民國 102 年 1 月 1 日	教育部	軍訓處組改為學生事務及特殊教育司所轄軍護人力科、全民國防教育科與校園安全防護科。教育部中部辦公室第六科（軍訓科）組改為教育部國民及學前教育署學生事務及校園安全組校園安全防護科。		

資料來源：湯文淵，〈台灣國家安全教育戰略〉（博士論文：淡江大學），頁 125-127。

三、復凍

　　從 2005 年《全民國防教育法》頒布實施迄今已歷經近十年的實踐，2013 年教育部組織變革至今也已過《行政程序法》2 年修法的時限，正是檢視前一階段組織變革成效並重新復凍的良機。2002 年《國防部組織法》

雖明定國防部掌理關於國防教育之規劃、管理及執行事項，惟未明定設立管理專責單位，而當時國防部總政戰局文宣處依據《總政治作戰局組織條例》，其主要法制任務為國軍政治作戰事項之管理，與實際的全民國防教育工作內涵有相當的落差，因而滋生國防部國防教育管理組織權責不符現象。直至 2012 年訂定《國防部政治作戰局組織法》才律定由國防部政治作戰局為全民國防教育之規畫與督導權責機關。國防部為全民國防教育主管機關，即應對其國防教育之法治規範有所釐清與建立中央跨部會、地方政府跨機關（單位）之整合機制，否則將折損全民國防教育之推廣成效。

2013 年 7 月 10 日教育部修正《高級中等教育法》第 31 條，學校維持設置軍訓主任教官及軍訓教官，[11] 但未比照「人事室」及「會計室」將通稱的「教官室」法制化或參考《大學法》設立「軍訓室」；另各縣、市軍訓聯絡處主要負責督導地方縣、市政府學校國防教育推動指揮單位，亦長期附屬於縣、市校外會任務編組單位，係法制外單位參與學校國防教育執行工作。

教育部透過《全民國防教育法》、《全民防衛動員準備法》、《災害防救法》整合全民國防教育與校園安全維護工作，是學校學生事務單位工作最重要的一環，也是學生維護本身安全增強災害防救能力的重要途徑，2000 年內政部修訂《兵役法》時，於第 16 條規定學校軍訓課程 8 節課可折抵一日役期，將學校軍訓時數納入役期折抵計算，雖然學校國防教育課程未與兵役管道完成緊密銜接且太多重疊，但學校軍訓與國防教育已正式開始與國民兵役完成法制上的聯結。此外，學校校安中心的校安人員主要成員由退役之軍官或社會具有安全維護經驗之專業人員與軍訓教官組成，並由教育部專責培訓，使校安人員與軍訓教官已組合成為培育及維護全民防衛體系校園預備體系之基石，並作為聯繫常備體系與後備體系安全網絡建構之樞紐。校安中心在教育行政體系的緊急應變與制變功能及成效，校安人員專業嫻熟的國防與災害應變知能，是軍職人員在學校軍訓工作轉型全民國防教育最珍貴的資產及最顯著的成效。

11　〈高級中等教育法〉，全國法規資料庫，< http://law.moj.gov.tw/Law/LawSearchLaw.aspx >。

肆、建議

　　基於上述管理組織變革發展的分析，回歸法制途徑與正視立法要旨，是全民國防教育管理組織變革對日漸異化並趨向優化的關鍵。因此，下述建議值得全民國防教育決策機關參考。

一、強化「國防部全民防衛動員室」統合全民國防教育與全民防衛動員權責

　　《國防法》規範國防體制包括總統、國家安全會議、行政院及國防部。此體制區分兩個層級，一個是國安層級，以總統為主導，國安會為運作平台，總統藉助國家安全會議之平台，以決定國家安全（包括國防、外交、兩岸關係及國家重大變故之相關事項）有關之大政方針，或因應國家重大緊急情勢，[12] 國家安全會議召開時，國家安全有關事項之主管機關皆參與其間；另一個行政層級，是以行政院為主導，行政院會議及其相關會報或委員會為平台，則歸屬為國家安全決策執行體系，國家安全決議所形成的決策或指導，由國家安全決策執行體系予以落實與貫徹，並將實務問題帶回國家安全會議，再度形成國家安全決議之決策指導運作循環體制與機制。

　　依據憲法，總統決定國家安全大政方針，國防、外交明定為國家安全重要事項，屬於總統權責，國家安全會議又是總統決定國家安全大政方針的重要諮詢機關。2001 年《全民防衛動員準備法》通過，2002 年 6 月成立「行政院全民防衛動員準備業務會報」，而「國防部全民防衛動員室」為秘書單位。[13] 對於「國防部全民防衛動員室」依相關法律規範調整，已具有統籌國家安全戰略、全民國防教育與全民防衛訓練等工作內涵，完成國家安全教育網絡決策職能與連接國家安全會議、行政院之位階。

　　《國防法》將全民國防教育之實施規範於第五章全民防衛動員之第 29

---

12 「列席國安會人員」，參見〈「國家安全會議組織法」第 4 條〉，全國法規資料庫入口網站，<http://law.moj.gov.tw/LawClass/LawContent.aspx?PCODE=A0010021>。

13 〈全民防衛動員準備，務期達成用而有備〉，青年日報，民國 90 年 2 月 13 日，版 3。

條，透過《全民防衛動員準備法》之規範，「全民防衛動員室」可將全民
國防教育督考工作融於全民防衛動員之精神動員準備分類計畫，以統合指
導精神動員準備與全民國防教育政策制訂、管考事宜，使國防部《全民國
防教育法》及《全民防衛動員準備法》的政策督考與執行權責趨於專一，
再藉由國防大學發揮國家安全戰略研究聯繫平臺效用，以完備全民國防教
育、全民防衛動員的決策體系。中共亦有由國防動員委員會成立國家國防
教育辦公室之成例可參考。

二、增訂「全民國防教育暨災害防救指導委員會」法源

　　為求有效發揮《全民防衛動員準備法》與《全民國防教育法》整合成
效，中央政策主管機關應參酌《全民國防教育法》及《全民防衛動員準備
法》立法要旨，增訂中央層級跨部會「全民國防教育暨災害防救指導委員
會」辦法與地方縣、市政府設立「全民國防教育暨災害防救推動委員會」
辦法之法源依據。

　　前開中央跨部會「全民國防教育暨災害防救指導委員會」，由國防部
全民動員室擔任主政機關，結合相關部會（包括國防部、教育部、內政部、
衛生福利部等）指導聯繫平臺，制定相關全民國防教育、全民動員防衛、
災害防救等中央政策及督導事宜，主動協調整合中央目的事業主管機關之
事項與督導權責，收事權統一綜效。並於地方縣、市政府層級建構「地方
政府全民國防教育暨災害防救推動委員會」，結合相關地方政府機關（包
括各地區後備指揮部、教育、警政、社政、軍訓聯絡處等）聯繫推動平臺，
落實執行中央跨部會「全民國防教育暨災害防救指導委員會」相關決議事
項，其執行成效並受中央督導考核。而地方縣、市政府透過縣、市學生校
外會及各地區後備指揮部整合為垂直連繫管道，並增強所屬國中、小學校
之國防教育及精神動員能量及全民國防教育。另縣、市地區之全民國防教
育推動執行單位，積極結合社區、學校教學研究會、社教民防機構及營區
部隊任務訓練，落實執行推動中央全民國防教育、全民防衛動員、災害防
救之政策與執行。

三、軍訓教官辦公室法制化並成立「國防教育暨災害防救委員會」

　　大專校院軍訓室之設置，依據大法官會議釋字第 450 號解釋文，尊重大學自治精神，已由各大學校院自主決定是否設置軍訓室，而高級中等學校軍訓教官辦公室可充分因應教育組織變革需求，與學校生輔組緊密結合甚至合併完成學校編組法制化目標，進而提升校安中心編組職能。另各級學校成立「國防教育暨災害防救委員會」指導下，成為學校常設單位，並執行中央跨部會「全民國防教育暨災害防救指導委員會」相關決策事項，其執行成效受中央督導考核，因此，透過全民國防教育管理組織平台整合與法制化，是實踐完備全民防衛動員體系之網絡可行作法。

伍、結語

　　經由上述組織變革發展的檢視，國防教育管理組織變革與國家安全戰略發展目標，個人認為「國防部全民防衛動員室」依相關法律規範調整，已具有統籌國家安全戰略、全民國防教育與全民防衛訓練等工作內涵，完成國家安全教育網絡決策職能與連接國家安全會議、行政院之位階，國防部依《全民國防教育法》及《全民防衛動員準備法》的督考與執行權責趨於專一，以統合指導精神動員準備與全民國防教育相關政策，以完備全民國防教育、全民防衛動員的決策體系。

　　然未建立中央層級、地方政府之垂直、水平整合機制與聯繫平台，造成目前中央部會間因權責各自為政，並未貫徹落實《全民國防教育法》及《全民防衛動員準備法》立法意旨與精神，更無法建置從中央政府到地方政府之決策、執行、督導考核機制，導致國防部只就現有職掌過度彰顯並日益強化文宣成效，而教育部因課程擠壓與軍訓教官角色定位等問題，致全民國防教育推展成效有弱化與異化現象，因此個人認為有必要增訂成立中央跨部會「全民國防教育暨災害防救委員會」、地方縣、市政府「全民國防教育暨災害防救委員會」之法源依據，俾利整合垂直、水平連繫平台與管道，建構國防教育、精神動園、災害防救之中央決策與督導機制，並由地方政府、基層單位（各級學校）落實執行之務實作法，建立國防教育

為本，精神動員為用之全民國防教育體系。

　　有關大專校院軍訓室之設置自 2006 年起已由各大學校院自主決定。而 2013 年 7 月 10 日教育部修正《高級中等教育法》第 31 條附帶決議略以：有關教官之職能雖已朝向多元，對於校園安全與國防教育有其貢獻，教育部在學生安全及校園安定無虞之下……與國防部會商讓教官回歸國防體系。103 年 1 月 14 日立法院審議 103 年度中央政府總預算決議「…要求教育部應審慎評估，以校園安定、學生安全為優先，不可率然處置，造成學校人員浮動，致影響校園安定、學生安全。」綜上，為讓校園安定及學生安全為優先考量，仍宜儘速將學校國防教育暨災害防救編組法制化與職能化。

　　根據行政法與行政程序法的規範，政府各級組織的有關法令規章，應在其頒布實施後的 2 年期限內完成相關法制規範，以符合依法行政之規定。國防教育管理組織變革應確實依據各相關法律規範，回歸各自機關與單位應有之法制職能、職掌，並適時修訂相關法令，建立中央層級、地方政府之垂直、水平整合機制與聯繫平台，實為國防教育管理組織功能順利運作重要關鍵。

從「R2P」原則檢視國際組織的人道干預

廖秋鄉[*]

壹、人道干預

「人道干預」（Humanitarian intervention）可定義為：一國或多國聯合或國際組織對他國所實施的強制行動，促使該國居民之人權至少獲得最低限度的保障。[1] 狹義的「人道干預」是指為防止大規模人權迫害或種族淨化，無論有沒有獲得當事國授權，而施以武力的干預行為；廣義的「人道干預」則是由國際組織、團體等非國家行為者提供醫療、糧食、庇護等措施的人道協助（Humanitarian aid 或 Humanitarian assistance）行為。[2]

一、人道干預的正當性

人道干預可說是一種基於傳統義戰（Just War）發展而來的概念。古代義戰有所謂「出師有名」，現代人道干預的先決條件也必須符合正當性。學者 Ian Clark 就此提出道德性（moral）、憲政性（constitutional）、與合法性（legal）三種正當性要素。道德性所應對的是理想主義（Idealism）的應然面，是人性對人道慘劇最根本的反應；憲政性則是指透過國家間折衝周旋以達成共識；合法性就是應對理性主義（Rationalism），這跟國際法的淵源一脈相承，是授權干預的正當性問題，目前國際社會的規範共識即是聯合國安理會的授權。[3]

學者 Nicholas J. Wheeler（1962- ）強調，人道干預行動的正當性可說是構成國家干預行動的基本要素，如果沒有合理的正當理由，國家的行為

---

* 淡江大學國際事務與戰略研究所博士候選人

1　鍾志明，〈區域組織實施人道干涉的合法性基礎：西非共同體部隊與賴比瑞亞內戰〉，《問題與研究》，第 36 卷，第 11 期（1997 年 11 月），頁 45。

2　蔡育岱，〈聯合國與國際社會人道干預的標準？〉，《新世紀智庫論壇》，第 60 期（2012 年 12 年 30 日），頁 16。

3　同上註，頁 17-18。

將受到限制。[4] 從國際社會人道干預行動實證結果觀察，其關鍵並不在於道德性的人道要求與考量，而是有沒有合法授權。由於人道干預具有大國政治下強權利益的動機，國家不會單純為了仁慈（mercy）對他國施以人道干預，而是藉由干預行為取得保護其國家利益的途徑，[5] 因此，國際政治現實之下，純粹的道德原則不太可能會實現。

二、人道干預的理念論述

冷戰於 1990 年代結束後，世界並沒有因此帶來穩定和平與安定，國與國間的緊張衝突局勢雖然降低，但是國家內部因為族群衝突、權力鬥爭、宗教排斥所導致的衝突事件與內戰卻接踵而至；這些發展不但造成區域動亂，也引發多起種族屠殺的人道迫害慘劇及公然侵犯人權的事件。

迫於緊張形勢，強制性人道干預很難避免；為強化干預行動的正當性，國際社會興起「人道主義干預」的理念論述，從人道主義觀點出發，提出對別國內政進行強制性干預的主張。其立論是指一國或國家集團為了防止或終止對非本國國民基本人權的大規模嚴重侵犯，而超越國家疆界，在不徵得對象國同意的情況下，在其境內使用或威脅使用武力。[6]

「人道主義干預」打著維護人權或人道救援的理由，對一個國家實行軍事干預，其目的是迫使被干預國家改變政策、國家制度、政府形式，可說具有很強的政治意圖。其核心內涵是「人權高於主權」，認為保護種族、宗教和少數民族免遭衝突危害和政府排斥，是國際社會不可推卸的責任。[7] 這項倡議也衍生出國家主權與人權孰重孰輕，以及對《聯合國憲章》（以下簡稱憲章）不干預內政原則的挑戰。

4　Nicholas J. Wheeler, *Saving Strangers: Humanitarian Intervention in International Society* (Oxford: Oxford University Press, 2000), p.287.

5　蔡育岱，〈聯合國與國際社會人道干預的標準？〉，頁 17-18。

6　張旗，〈道德的迷思與人道主義干預的異化〉，《國際政治》，第 10 期（2014 年），頁 16-17。

7　劉月琴，〈中東劇變中的「大國干預」與中東政治走向〉，《國際政治》，第 1 期（2014 年），頁 49。

三、突破干預行動的限制

　　國際社會頻仍發生的人道危機緊迫狀態必須及時介入，但為免導致對國家主權的侵犯，引發干預一國內政的疑慮，使得干預行動趨於戒慎，因而人道危機的搶救常遭到拖延，人道慘劇更加擴大與惡化。單以道德性動機或打著「人道主義干預」的理念旗號，並不足以解決這些問題。

　　1992 年 6 月 17 日，聯合國第六任秘書長蓋里（Boutros Boutros-Ghali，1922-2016）提交《和平議程：預防外交、和平建立與和平維持》（*An Agenda for Peace：Preventive Diplomacy,Peacemaking,and Peacekeeping*）　報告，[8] 為安理會干預一國內政提供新的理論依據。

　　聯合國第七任秘書長科菲・安南（Kofi Atta Annan，1938－）分別於 1999 年和 2000 年聯大會議上提出論述，強調國家主權不應成為人道救助的障礙，[9] 呼籲安理會發揮道德職責，代表國際社會採取干預行動，對抗危害人類的犯罪。[10] 安南的報告開啟人道干預的討論議題，請求國際社會制定共同遵循原則，以在人道危機發生時採取強制行動，以保護遭到迫害陷於困境的人民，為動武合法性預設討論空間。

貳、國家保護責任（R2P）

　　安南的呼籲促成聯合國及國際社會積極進行研究，一個被稱為「保護責任」（The Responsibility to Protect，簡稱 R2P 或 RtoP）的概念開始在國際社會形成，並透過多項文件逐漸發展其具體內涵，形成國際社會人道干預行動的新準則與共識。

8　United Nations Security-General, *An Agenda for Peace: Preventive Diplomacy,Peacemaking,and Peacekeeping* (June 1992),< http://www.un-documents.net/a47-277.htm >. (Accessed 25 March 2016)

9　R2P 論述著「主權隱含責任」這一要素，讓擁有主權的權利成為一種條件式，設定國家獲得主權規範的權利前提在於盡到保護其國民的義務，若國家無此能力，必須由更廣泛的國際社會來承擔這一責任。參見蔡育岱，〈聯合國與國際社會人道干預的標準？〉，頁 17。

10　United Nations, We the Peoples, *The role of the United Nations in the 21ˢᵗ Century*, 2000, <http://www.un.org/en/events/pastevents/we_the_peoples.shtml>. (Accessed 28 March 2016)

一、「R2P」原則的倡議

2001 年，干預與國家主權國際委員會（The International Commission on Intervention and State Sovereignty，簡稱 ICISS）發佈名為《保護責任》（*The Responsibility to Protect, R2P*）的報告，倡議主權需涉及保護公民的責任，且若國家無力或不願保護公民，其保護責任將落於國際社會。[11]

「R2P」原則的推動，使得聯合國在施以國際人道干預的法源上，多了一道論述基礎的程序與主張，[12] 將國家主權從「權利」發展到「責任與義務」，之後透過幾個重要文件逐漸形成實踐的原則。

首先是 2004 年由聯合國「威脅、挑戰與變革高階小組」（High-level Panel on Threats，Challenges and Change）向安南提交《一個更安全的世界：我們共同承擔的責任》（*A more secure world: Our shared responsibility*）研究報告。[13]

該報告支持「R2P」的倡議，使得「R2P」被納入聯合國秘書長的考慮範圍；這份報告著重強調「預防」的責任與義務（duty to prevent），[14] 使得主權成為一種「條件性」規則，國家不再是單純的「自由能動者」（free agents），而是「國際共同體的成員」，並且被期望能夠遵守共同體演進中關於正當性的相關規範。[15]

2005 年 3 月 21 日，安南發表《更大的自由：實現全人類的發展、安全和人權》（*In larger freedom: Towards Development, Security and Human*

---

11 United Nations , *The Responsibility to Protect*, 2001, <http://www.un.org/en/preventgenocide/adviser/responsibility.shtml>. Kelly-Kate S.Pease, *International Organizations:Perspectives on Governance in the twenty-first century*, p.287.

12 蔡育岱，〈聯合國與國際社會人道干預的標準？〉，頁 17。

13 United Nations, *A More Secure World: Our shared Responsibility*, 2004 ,<http://www.un.org/en/peacebuilding/pdf/historical/hlp_more_secure_world.pdf>.

14 Lee Feinstein, Anne-Marie Slaughter, "A Duty to Prevent," *Foreign Affairs*, Vol. 83, No. I (January / February 2004), pp. 136-150.

15 毛維准、卜永光，〈負責任主權：理論緣起、演化脈絡與爭議挑戰〉，頁 9。

rights for All）報告，強調集體的國際保護責任，同時將「R2P」定性為「未來規範的雛形」，以促進共同發展和治理，而不僅是全球和平與安全性原則。[16]

二、規範化的發展

「R2P」倡議最重要的里程碑，是在 2005 年 10 月 24 日第 60 屆聯合國大會由 150 多個國家元首支持通過的《世界高峰會議成果文件》（*World Summit Outcome Document*）。這份文件將「R2P」原則推上一個新的高度，第 138 與 139 條文確認「每一國家均有責任保護其人民免遭種族滅絕（genocide）、戰爭罪（war crimes）、種族清洗（ethnis cleansing）和危害人類罪（crimes against humanity）之害」。強調「如果和平手段不足以解決問題，而且有關國家當局顯然無法保護其人民免於這些迫害，國際社會隨時準備根據《憲章》，包括第七章，通過安理會逐案處理，並酌情與相關區域組織合作，及時、果斷地採取集體行動」。[17]這份文件使得「R2P」從民間研究報告發展為聯合國運作實務的正式文件，可說是建構成國際規範的重要起點。

2006 年 4 月 28 日，安理事會通過《1674 號決議》，確認並重申 *2005 World Summit Outcome* 在武裝衝突中國際社會對於平民所應承擔的保護責任。[18]這是安理會針對「R2P」原則所通過的第一份決議，對於國際社會根據「R2P」原則進行人道干預具有指導性意義。

為了防止各國或國家集團基於不當目的而濫用「R2P」原則，聯合國第八任秘書長潘基文（Ban Ki-moon，반기문，1944 －）於 2009 年 1 月 12 日向聯大提出《貫徹保護責任》（*Implementing the Responsibility to Protect*）報告，確立在 *2005 World Summit Outcome* 中有關「R2P」原則的

16　United Nations, *In Larger Freedom :Towards Development, Security and Human Rights for All* , 2005, <http://www.un.org/en/events/pastevents/in_larger_freedom.shtml>.

17　United Nations Document, *2005 World Summit Outcome* (October 24, 2005), <http://www.un.org/womenwatch/ods/A-RES-60-1-E.pdf>. (Accessed 20 March 2016)

18　UN Security Council Official Website, *Resolution 1674* (2006).

核心概念，提出履行保護責任的三大支柱（Three Pillars），包括：1. 保障人權是主權國家的重要責任；2. 假如一個國家本身無法保護自己人民的基本人權，國際社會其他國家有提供協助的責任；3. 國際發生大規模的暴力行為造成人民傷亡時，國際社會有責任採取有效、及時與果斷的行動權（包括軍事行動），以保護基本人權。[19] 這份報告在執行細則上的具體化，直接影響聯合國干預行動的實踐，將「R2P」帶入安理會的行動框架，並聚焦於執行層面的觀點。

　　「R2P」結合國際關係、法律、政策、道德、人權和人類安全，演進成為取代「人道主義干預」的理念，希望形成新的國際規範，並最終成為從道德基礎出發的國際習慣法規則。

　　從「R2P」原則的倡議與其規範化發展的內涵觀察，「R2P」原則主張需要在內部功能與外部義務方面把「主權」理念從「控制的主權」（Sovereignty as control）轉變為「責任的主權」（Sovereignty as responsibility），[20] 強調本國政府和國際社會的雙重責任。同時提出軍事干預行動必須符合的限制條件，以強化干預的合法正當性，並且避免因為政治意圖而導致武力被濫用。

　　從聯合國陸續提出與「R2P」相關的報告，以及 *2005 World Summit Outcome* 文件獲得 150 多個國家簽署認可的成果，「R2P」原則在正當性上已經獲得突破；這些過程都可以看出，「R2P」確實一直在從「人道主義干預」理念到國際規範（norm）的持續規範化和法制化這個方向突破與發展，以成為執行人道干預行動的一種新依據。

參、國際組織人道干預的依據

　　聯合國的首要目標是維護國際和平與安全，《憲章》第六章規範會員

---

19 General Assembly, *Implementing the Responsibility to Protect*, 2009, <http://responsibilitytoprotect.org/implementing%20the%20rtop.pdf >.

20 毛維准、卜永光，〈負責任主權：理論緣起、演化脈絡與爭意挑戰〉，頁 8。

國必須透過和平方式解決爭端，第七章規範集體強制行動，會員國對於強制行動必須全力配合。[21] 作為授權和執行人道干預行動的主體，聯合國在《憲章》第八章規範了區域組織的功能與角色；並透過相關的國際規範，作為人道干預行動的準則。

一、聯合國系統下的人道干預

在聯合國系統下的「人道干預」模式，普遍的認知即是安理會授權下的「聯合國維持和平行動」（United Nations Peacekeeping Operations，UNPKO）（以下簡稱維和行動）[22] 與強制性的軍事干預。[23]

聯合國創立初期，國際與區域衝突受到安理會五常相互角力與抵制的影響，使得集體安全機制無法有效發揮；為突破這個困境，時任聯合國秘書長的哈瑪紹爾（Dag Hammarskjöld，1905-1961）創立了「維和行動」的機制與手段，以緩和衝突緊張情勢，基於交戰雙方同意，由聯合國派遣維和部隊，以停止或限制衝突擴大，監督交戰各方所簽署的停火協議或和平協議。[24]

《憲章》第二條第一款明文規定屬於主權國家內部管轄的事務不容許其他國家干預[25]，「維和行動」在此原則下納入同意、中立與非武力三個原則，以確保安理會或區域組織在派遣維和部隊執行任務時，能夠不違反前述《憲章》規定。[26] 這三個原則成為冷戰期間進行「維和行動」派遣緊急武力最重要的指導方針。

隨著國際情勢的發展，「維和行動」由具有預防外交（preventive

21　LeRoy Bennet and James Oliver, *International Organizations: Principles and Issues* (New Jersey: Pearson Education, 2002), p. 60-62.

22　「維和行動」相關資料請參考官方網站 <http://www.un.org/zh/peacekeeping/>。

23　蔡育岱，〈聯合國與國際社會人道干預的標準？〉，頁 16。

24　楊永明，《國際安全與國際法》（台北市：元照，2003 年），頁 217。

25　UN Official Website, *CHARTER OF THE UNITED NATIONS*.

26　楊永明，〈聯合國維持和平行動之發展：冷戰後國際安全的轉變〉，《問題與研究》，第 36 卷，第 11 期（1997 年 11 月），頁 25。

diplomacy）模式的第一代維持和平（peacekeeping），經歷第二代「和平締造」（peacemaking）與「後衝突和平建設」（post-conflict peacebuilding）的「複合維和行動」（complex peacekeeping），使衝突能獲得長期穩定性的解決，[27] 其內涵與功能也更趨完備。

有鑑於冷戰後國家內部衝突增加，導致世界人權狀況的日益惡化，聯合國將「維和行動」轉變為第三代的「強制執行和平」（Peace enforcement），藉由安理會授權會員國組成的聯盟採取「一切必要的手段」以解決衝突，其中包括軍事行動。[28]

至此，「維和行動」逐漸從維護國際和平與安全的影響力，轉向人道干預與救援的功能。由於其功能上帶有強制性軍事干預的性質，似可將其視為「R2P」原則在實踐層面上的一種常態機制。

二、人道干預的法源依據

因應安理會對於集體干預的授權，區域組織在人道干預的角色扮演也愈形重要。「ICISS」在「R2P」報告中確認一系列與《憲章》中國家主權與規定的義務、現行國際法規定的法律義務、以及國家與區域組織和安理會的發展實踐等相關原則，使得國際組織在「R2P」原則的實踐上，有可以參酌考量的法源。而《憲章》第八章的區域安排（regional arrangements），則規範了區域組織在聯合國系統下進行人道干預的責任義務。

依照《憲章》第八章精神，只要原則上符合聯合國維護國際和平與安全的宗旨與精神，不應排除與抹煞區域性國際組織的功能與角色，安理會應鼓勵透過區域安排與機制，以和平手段解決紛爭，而安理會亦可據以採取合適的強制行動（enforcement action），惟在五十三條規定所有作為必

---

27 一代維和及二代維和功能比較，請參閱李大中，《聯合國維和行動：類型與挑戰》（台北市：秀威，2011 年），頁 12。

28 蔡育岱，〈聯合國與國際社會人道干預的標準？〉，頁 16。

須獲得安理會授權。[29]

　　根據這個原則，人權若遭大規模之侵犯，應將區域組織納入聯合國集體安全體系之運作，建立分工與合作模式，並得迅速採取必要之人道救援和干預行動，以防止及因應區域衝突。[30] 這使得區域組織成為聯合國之外實施干預的合法行為體。隨著國內衝突的增加，區域組織成為實踐「R2P」保護責任與「維和行動」中不可或缺的力量。

　　此外，人道干預的法源還包括聯合國大會與安理會通過與人道干預和「R2P」倡議相關的決議文、《世界人權宣言》（*The Universal Declaration of Human Rights*）等與人權和人類保護相關的協議和公約、以及國際組織會員國具有約束力的共識決議。

　　聯合國首次公開干預一國內政，確認一國內部事務會威脅「國際和平與安全」，是在 1991 年 4 月 5 日安理會通過的《688 號決議》，內文譴責對伊拉克境內平民的鎮壓，並表示其後果威脅到該區域國際和平與安全，[31] 2002 年《國際刑事法院羅馬規約》（*International Criminal Court Rome Statute*）正式生效，對於犯下最不人道罪行的肇事者，設立第一個追究責任的永久性國際法庭。[32]

　　2006 年 3 月 15 日，「聯合國人權理事會」正式成立，將人權監督機構提升到與安理會同等的法律地位，並且透過「普遍定期審議」（Universal periodical review）機制的創立，促進對人權的普遍尊重、遵守和保護。[33]

---

29 李大中，《聯合國維和行動：類型與挑戰》，頁 23；LeRoy Bennet and James Oliver, *International Organizations: Principles and Issues*, p.64

30 鍾志明，〈區域組織實施人道干涉的合法性基礎：西非共同體部隊與賴比瑞亞內戰〉，《問題與研究》，第 36 卷，第 11 期（1997 年 11 月），頁 41。

31 UN Security Council Official Website, *Resolution 688* (April,1991).

32 國際刑事法院檢察官：受管轄權所限尚難啟動對「伊斯蘭國」領導人的調查和起訴〉，聯合國新聞，2015 年 4 月 8 日，<http://www.un.org/chinese/News/story.asp?NewsID=23772&Kw1=%E4%BC%8A%E6%96%AF%E5%85%B0%E5%9B%BD&Kw2=&Kw3=>。

33 古祖雪，〈聯合國與國際法結構的現代變遷〉，《政法論壇》，第 33 卷，第 6 期（2015 年 11 月），頁 11-12。

除了取得安理會的授權之外，區域性國際組織也透過各種條約所構成的規範以強化開展干預行動的法律基礎與共識。

例如，「歐洲聯盟」（European Union，縮寫 EU，簡稱歐盟）於 2001 年簽署《尼斯條約》（*Treaty of Nice*），第十七款第二條指出「本條所指問題應包括人道主義和救援任務、維持和平任務以及為進行危機管理包括維和提供戰鬥力量的任務」；2007 年簽署《里斯本條約》（*Lisbon Treaty*），指出，「根據《憲章》原則，聯盟將用於在聯盟以外地區的維和、衝突預防和加強國際安全，將依靠會員國的能力來實施這些任務」。[34]

2002 年，非洲國家在南非德班（Durban）舉行首腦會議，正式成立「非洲聯盟」（Africa Union，縮寫 AU，簡稱非盟）。面對盧安達（Repubulika y'u Rwanda）大屠殺的教訓，「非盟」通過聲明「如果某會員國聽任其人民遭受危害人類罪行，聯盟有責任干預」，成為第一個將「R2P」概念納入指導原則的區域組織。2005 年 3 月 8 日，「非盟」達成「恩祖維尼共識」（Ezulwini Consensus），強調人道干預與保護的責任。[35]

在聯合國的主導下，國際社會和國際組織對於人道干預的觀念逐漸從「權力」發展為「責任與義務」，對於「R2P」原則逐漸形成國際社會的共識合流。這些屬於國際組織內部的決議，對於會員國產生約束力，也成為國際組織干預行動法源依據的重要支撐。

肆、國際組織運用「R2P」原則的人道干預實踐

國際規範的變化、主權概念的擴展、與「R2P」概念的發展，不但使得人道干預規範產生變化，也增強了國際組織從事干預行動的合法正當性。2009 年《貫徹保護責任》報告在執行細則上的具體化，直接影響聯合國干預行動的實踐，使得「R2P」從國際社會的共識轉化為安理會因應相

---

34 趙洋、袁正清，〈國際組織與國際干預行為〉，《外交評論》，第 2 期（2015 年），頁 111-112。

35 高英茂，〈從利比亞案看國際制裁的演變〉，頁 55。

關人權侵犯危機的政策性綱領，進而影響國際社會與國際組織衡量與落實
「R2P」介入人道干預的規範依據與行動準則。

　　儘管聯合國大會尚未就「R2P」的所有條款達成最終決議，但是「R2P」
原則仍然在現有的機制與規定中發揮其影響力，以聯合國、「歐盟」和「非
盟」為代表的政府間國際組織，其所宣導和推行的各種干預活動越來越多，
對國際事務的影響也變得越來越大。截至 2016 年 7 月，保護民眾不受暴
行罪侵害在安理會的工作中變得更加重要，安理會據此提出了 40 多個決
議，並將其直接列入大多數聯合國和平行動的任務規定，要求對平民進行
保護。[36]

　　「R2P」原則已經被不同程度地運用於多個衝突案例中，從 2011 年 3
月到 2014 年底，安理會有 12 項主席聲明（presidential statement）直接引
用了保護責任的語彙，[37] 其中利比亞（Libya）以及敘利亞（The Syrian Arab
Republic）占據了大多數有關保護責任實踐的討論空間。[38]

一、利比亞危機

　　2010 年底阿拉伯之春爆發，引發利比亞與敘利亞兩國嚴重的政治社會
動盪。2011 年 2 月，強人格達費（Muammar Gaddafi，1942-2011）執意鎮
壓日益壯大的反對派力量，對人民進行屠殺。事件發生後，利比亞駐聯合
國大使主動要求聯合國進行干預，保護利比亞人民。[39]

　　2011 年 2 月 26 日安理會通過《1970 號決議》，要求格達費停火，並
行使「R2P」國家保護責任，不得坐視人民遭受危害人類罪行。[40] 在格達費

---

36 聯合國，潘基文，〈動員集體行動：保護責任的下一個十年〉，2016 年 7 月 22 日。

37 ICRtoP Official Website,Gareth Evans, *R2P: The Next Ten Years* (2015), <http://www.
　responsibilitytoprotect.org/index.php/component/content/article/35-r2pcs-topics/5737-gareth-
　evans-r2p-the-next-ten-years>.

38 顏永銘，〈保護責任的第一個十年：國際法規範調校中〉，《東吳政治學報》，第 33 卷，第
　3 期（2015 年），頁 167。

39 蔡育岱，〈聯合國與國際社會人道干預的標準？〉，頁 15。

40 UN Security Council Official Website, *Resolution 1970* (2011).

未予理會的情況下，安理會於 2011 年 3 月 17 日通過《1973 號決議》，譴責格達費政府對人權惡劣與系統性的侵犯，支持採用排除直接軍事佔領的「一切必要手段」以保護平民。[41]

　　《1973 號決議》認定利比亞局勢繼續對國際和平與安全構成威脅，根據《憲章》第七章採取行動，設立禁航區（No fly zone）。[42] 在英、美、法聯軍以「奧德賽黎明」（Operation Odyssey Dawn）為代號的軍事行動下，格達費被迫下臺。[43]

　　若從「R2P」在聯合國框架內採取軍事行動的五項基本原則來檢視，利比亞危機同時滿足這些要件：1.「北約」（North Atlantic Treaty Organization, 縮寫 NATO）各國集體行動，沒有侵略之嫌；2.《1973 號決議》符合安理會授權要件；3. 會受到軍事行動影響的鄰近國家同意配合，「阿拉伯國家聯盟」（League of Arab States，縮寫 LAS，簡稱阿盟）主動提出設立禁航區，埃及（Egypt）、突尼西亞（Tunisia）都對過界難民加以安置；4.《1970 號決議》採取和平手段，未獲正面回應；5. 格達費雇傭外國兵，並且在媒體公開威脅，讓民眾飽受迫害威脅，[44] 處於恐懼當中。

　　儘管《1973 號決議》的「一切必要手段」只說明排除直接軍事佔領，並未明說是否包括軍事手段，這次行動仍被界定為安理會首次在未得到當事國同意的情況下，以保護人權為由授權使用武力。[45]《1973 號決議》的施行，展現國際社會維護人道主義的精神，確立聯合國以「R2P」之名，行「保護公民」之責，[46] 可說是「R2P」重要里程碑，甚至被形容為「R2P」理念的第一次完美實踐。[47]

---

41 蔡育岱，〈聯合國與國際社會人道干預的標準？〉，頁 15。

42 UN Security Council Official Website, *Resolution 1973* (2011).

43 蔡育岱，〈聯合國與國際社會人道干預的標準？〉，頁 15。

44 同上註。

45 陳小鼎、王亞琪，〈從「干預的權利」到「保護的責任」-話語權視角下的西方人道主義干預〉，頁 10。

46 蔡育岱，〈聯合國與國際社會人道干預的標準？〉，頁 15。

47 張旗，〈道德的迷思與人道主義干預的異化〉，頁 16。

二、敘利亞內戰

2011 年初，「阿拉伯之春」撼動北非突尼西亞和埃及的政權，位於中東地區的敘利亞民眾受到激勵，不滿貧富差距懸殊與族群地位不公，於 2011 年 3 月中旬舉行大規模反政府示威活動，要求推翻總統阿薩德（Bashar Al-Assad，1965- ）政權，引發武裝起義和政府的血腥鎮壓，激化國內的衝突態勢，最終升級為敘利亞內戰。[48]

從 2011 年 10 月開始，敘利亞問題進入安理會框架，10 月 4 日，《S/2011/612 號決議》草案，要求安理會考慮對敘利亞實施軍火禁運，並為武力干預「投石問路」。隔年 2 月 4 日，《S/2012/77 號強制性決議》草案提交安理會討論。[49]

安理會對於援引「R2P」原則進行人道干預本就有嚴格限制，加上根據《1973 號決議》執行的利比亞武裝干預引起諸多批評，國際社會趨於保守，對於軍事干預行動產生兩極反應，對阿薩德政權制裁性的決議案在安理會多次遭到否決，僵局未能突破。[50]

在無法採取及時強制行動的情況下，安理會只能訴諸道德呼籲，致力於透過和平途徑解決敘利亞危機，以要求交戰各方停火，對人道救援進行多方努力。2012 年 8 月 3 日，第六十六屆聯大通過《253 號決議》，譴責敘利亞政府侵犯人權，並要求其停止使用重武器，但此呼籲形式大於實質；[51] 安理會於 2014 年 2 月通過《2139 號決議》，呼籲敘利亞政府和武裝團體善盡保護民眾的責任，並要求各方協助，俾使人道救援得以免受阻礙進入各地區。[52]

---

48 〈敘利亞懶人包：2 百萬難民悲歌〉，中央通訊社，2014 年 3 月 14 日，<http://www.cna.com.tw/news/firstnews/201403145005-1.aspx>。

49 甄妮、陳志敏，〈不干預內政原則與冷戰後中國在安理會的投票實踐〉，《國際問題研究》，161 期（2014 年 5 月 15 日），頁 21-35。

50 劉月琴，〈中東劇變中的「大國干預」與中東政治走向〉，頁 48。

51 蔡育岱，〈聯合國與國際社會人道干預的標準？〉，頁 15。

52 UN Security Council Official Website, *Resolution 2139* (22 February 2014).

　　敘利亞陷於惡化與膠著的內戰，導致「伊斯蘭國」（The Islamic State，簡稱 IS）在敘利亞與伊拉克交界地區坐大，甚至在 2014 年 6 月宣布建國，其雷厲風行的殘暴之舉，造成全球恐慌，引發地緣政治衝擊，也導致諸多人道救援與國家保護責任的問題，使得「R2P」原則的實踐面臨更多的挑戰。

　　面對「IS」所導致的人道危機，安理會在 2014 年 7 月通過《2165 號決議》，授權聯合國與其他人道機構可由約旦（The Hashemite Kingdom of Jordan）、土耳其（The Republic of Turkey）與伊拉克進入敘利亞，向最需要幫助的人運送人道主義救援物資，毋須經由敘利亞政府同意。[53]

　　2014 年 8 月 29 日通過《2175 號決議》，強調「IS」的暴行是無法開脫罪責的犯罪行為，有必要依照《憲章》相關規定、國際人道主義法，盡一切努力打擊恐怖主義行為對國際和平與安全構成的威脅。[54]

　　2014 年 9 月 24 日，《2178 號決議》對敘利亞實施人道救援、要求鄰國提供難民協助及實施邊境管制，以阻止外國恐怖份子或恐怖團體入出境參與「IS」侵略行動。[55]

　　除了美國以保護其公民為由、俄國以受到阿薩德政府要求為名，對「IS」佔領地區進行轟炸之外，敘利亞危機並未獲得安理會授權啟動「R2P」原則進行軍事干預；而其所衍生「IS」的勢力擴大，使得人道危機更加無法收拾。政府部隊和非國家武裝團體在內戰中全然無視他們對平民的法律義務。

　　根據聯合國統計，自 2011 年 3 月中旬爆發後，敘利亞內戰在 5 年內已奪走逾 25 萬人命，1100 多萬人因內戰流離失所，政府部隊和非國家武裝團體在內戰中全然無視對平民的法律義務。[56] 另據敘利亞人權觀察組織

53　UN Security Council Official Website, *Resolution 2165* (14 July 2014).

54　UN Security Council Official Website, *Resolution 2175* (29 August 2014).

55　UN Security Council Official Website, *Resolution 2178* (24 Sep.2014).

56　Ban Ki-Moon, *Mobilizing collective action: the next decade of the responsibility to protect*, August

統計，死亡人數恐已超過 27 萬人。敘利亞內戰之前的人口約為 2300 萬人，戰爭使得近半數人口被迫逃離家園、流離失所。根據聯合國難民署數字，約有 650 萬人逃亡至敘利亞境內他處，另有 480 萬人逃往外國，[57] 導致嚴重的難民危機。

　　逃往外國的難民，大量湧入鄰近的黎巴嫩（Republic of Lebanon）、約旦、土耳其等國，使得聯合國人道救援體系遭遇前所未有的艱難挑戰。2015 年開始，難民大量湧入歐洲，在 9 月爆發巨大的政治風暴，造成動盪與不安，「歐盟」會員國在難民收容與救助上歧見叢生，[58] 歐洲社會面臨民族主義與道德責任極大的考驗與衝擊。

　　敘利亞內戰衍生的人道危機，聯合國被動聽取各方調查報告，對於所犯戰爭罪和人權侵犯行為，表示涉及國際社會對「R2P」保護責任的啟動。[59]對於罪行的調查與指控，安理會仍限於「繼續密切關注事態發展」，並沒有任何強制行動的決議，持續其政治性解決的努力，積極斡旋衝突各方進行和談。2016 年 3 月 15 日在瑞士日內瓦啟動的實質性會談，嘗試在人道主義救援等問題上獲得進展，為敘利亞危機的化解打開一扇窗，[60] 持續各種努力以化解人道危機，但各方仍存在許多有待克服的分歧。

伍、「R2P」原則在人道干預上的限制與突破

　　「R2P」原則自 2001 年倡議以來受到國際社會的重視，聯合國更為其

16,2016, http://www.responsibilitytoprotect.org/index.php/component/content/article/35-r2pcs-topics/6140-2016-secretary-general-report-mobilizing-collective-action-the-next-decade-of-the-responsibility-to-protect

57　〈敘利亞 5 年內戰的原由與代價〉，蘋果日報，2016 年 03 月 13 日，<http://www.appledaily.com.tw/realtimenews/article/new/20160313/814810/>。

58　"Syria Conflict Tops Agenda for World Leaders at UN," *BBC News*, 28 September, 2015, <http://www.bbc.con1/news/world-middle-east-34378889>.

59　UN Human Right Official Website, *Rule of Terror: Living under ISIS in Syria* (Nov. 14,2014).

60　〈解決敘利亞內戰危機有望？〉，蘋果日報，2016 年 03 月 15 日，<http://www.appledaily.com.tw/realtimenews/article/new/20160315/816026/>。

投入龐大資源以促成規範的塑造與實踐，但其爭議不斷，實踐過程也面對很多障礙。

在敘利亞危機和衍生而來的「IS」武裝侵略所導致的嚴重人道危機中，國際社會對於啟動「R2P」原則採取強制行動的遲遲無法達成共識，顯示「R2P」原則在實踐上有被「弱化」的現象。即便是被視為「完美實踐」的利比亞案例也衍生許多爭議，並非獲得國際社會的一致肯定，「R2P」原則在人道干預上仍存在許多爭議與限制。基於當今人道干預的必要性與緊迫性，如何找出發展方向與突破障礙的作法，是聯合國及《憲章》定義下的區域組織需要繼續努力的。

針對國際社會對於啟動「R2P」原則進行人道干預的疑慮，中國駐比利時（Belgium）大使曲星教授彙整最常被提到的幾項，包括：1. 可能成為強國干預弱國的工具；2. 選擇性適用；3. 概念會被隨意擴大，成為大國干預他國主權合法化的工具，和導致干預使用的任意性及選擇性，以致影響干預的合法性。[61]

本文則從國際組織的角度嘗試從安理會的授權、適用範圍的限制、以及缺乏強制約束力這三個面向進行初探「R2P」原則所面臨的爭議與限制，希望為「R2P」原則在人道干預上啟發未來可以突破的發展方向。

一、安理會的授權

2005 World Summit Outcome 將定義人道危機、確定人道干預手段的權力掌握在安理會，透過逐案審查，依據內戰、種族屠殺等大規模人道危機對國際和平與安全的威脅程度，決議是否強行介入，成為實施或授權「R2P」的唯一權威。

國際社會對於人道干預的武力使用分歧和疑慮依舊，多數國家也將安理會視為軍事干預的唯一合法性來源，不願賦予他國依據「R2P」使用武

---

61 曲星，〈聯合國憲章、保護的責任與敘利亞問題〉，《國際問題研究》，第 2 期（2012 年），頁 11。

力的自由。[62] 因此，非經安理會授權的干預行動，由於其動機的不可信，因此逐漸被國際社會所拋棄。[63]

如果將各國處理敘利亞和利比亞的態度相比，可發現兩者在「R2P」的條件上很類似，但安理會的反應卻是大相逕庭。利比亞危機讓五常快速達成共識，以「保護公民的責任」為由進行干預；但敘利亞內戰卻在許多平民傷亡甚至引發嚴重難民潮情況下，沒有獲得相同的回應。[64] 先不論是否善盡道德正義的人道保護責任，安理會對於強制性軍事行動授權的趨於謹慎，確實可以化解國際社會對於「R2P」原則可能被濫用的擔慮；反之，則違反了「R2P」「及時、果斷地採取集體行動」的原則。這方面國際社會需要再努力，以尋求兩者的平衡。

二、適用範圍的限制

人權的侵犯會引起內戰與動盪，甚至擴及鄰國影響區域安全，安理會已將此視為對國際和平與安全的威脅。[65] 然而，*2005 World Summit Outcome* 明確將「R2P」限制在種族滅絕、戰爭罪、種族清洗和危害人類罪，顯示聯合國並非毫無保留地開放「R2P」原則對於人權的保護，這是「R2P」在適用範圍根本上的限制。

再者，就人道救援的類型來看，除了「R2P」原則所訂定的四項人道危機，一國政府對天然災害救援的「失能」與「失控」，例如地震、核爆所導致的大量傷亡與災害的持續擴大，甚至殃及四鄰，造成區域的動盪與不安，此時國際社會能否啟動「R2P」原則介入協助？

以 2015 年 9 月大量難民湧入歐洲為例，各國對於難民政策處於排斥

---

62 陳小鼎、王亞琪，〈從「干預的權利」到「保護的責任」──話語權視角下的西方人道主義干預〉，《國際政治》，第 10 期（2014 年），頁 9。

63 張旗，〈道德的迷思與人道主義干預的異化〉，頁 19。

64 蔡育岱，〈聯合國與國際社會人道干預的標準？〉，頁 15-16。

65 Kelly-Kate S.Pease, *International Organizations:Perspectives on Governance in the twenty-first century*, p.288.

與兩難的情況，沒有一個國家能夠獨善其身，也無法各自為政，必須透過區域組織「歐盟」的整合。歐洲各國向來宣稱堅持人道主義和人權價值觀，但是難民潮所引發的人道危機，並不在 *2005 World Summit Outcome* 所界定的「R2P」適用範圍；大量的難民出逃，顯係一國已無法善盡保護其公民的責任，此時能否適用國際社會的保護責任？而除了在一國內部發生的人道保護需求，拒絕外國難民入境的國家是否涉及未善盡「保護的責任」？這些問題對於難民潮所在地的區域國際組織「歐盟」來說，都受到「R2P」原則適用範圍的限制，更是國際社會必須反思及共同面對的難題。

三、缺乏強制約束力

從責任與義務的角度來看，目前與人道干預相關的論述與倡議，無論是把干預視為「權利」的「人道主義干預」，還是視為「責任」的「R2P」，其相關文件都沒有國際法文書的約束效力，[66] 不具備主權國家的法律「義務」。因此，在沒有明確的國際法規範下，無論是對人道干預的目標國，或是國際社會，都無法加諸履行責任的強制約束力。

針對這個現實，Nicholas J. Wheeler 表示，作為民族國家的責任政府，其首要的負責對象，是本國國民（或者選民），而不是遭遇人道災難的「陌生人」（Strangers）；只有在前一種責任充分履行的前提下，政府才可能考慮履行後一種非義務性、沒有強制力的「責任」。當兩者尖銳衝突時，參與干預的政府往往只得選擇滿足前者，而捨棄後者。[67]

再者，聯合國的資源來自會員國，干預行動面臨人員與資金上的困境，可說是捉襟見肘，急需外力支援。因此，干預行動在很大程度上必然受制於會員國，尤其是大國的政治意願以及人員和資金上的支持。

此外，在「非盟」、「歐盟」等區域組織自主性增強的情況下，聯合

66　張旗，〈道德的迷思與人道主義干預的異化〉，頁 19-23。按照《國際刑事法院規約》第三十八條規定，國際法來源包括國際公約、國際習慣法和文明國家公認的法律準則等。而目前宣示「人道主義干預」理念和「保護的責任」理念的文件無一符合上述情形。

67　Nicholas J. Wheeler, *Saving Strangers: Humanitarian Intervention in International Society*, p. 214.

國的約束力也將相對受到擠壓。美國及一些西方國家不願在聯合國框架內開展行動，而更願意以區域組織或聯盟的形式在全球多地開展「和平行動」。當然，有時為了使其行動獲得合法性，也會象徵性地請求聯合國授權。[68] 但是，約束力仍然明顯不足，聯合國所主導的人道干預行動成效也將會被削弱。

陸、區域組織功能的強化

「R2P」在安理會授權、適用範圍、與強制力等實踐層面的限制下，使得人道干預的執行主力有從聯合國轉向區域組織的發展傾向。中國國關學者袁正清教授針對「R2P」實踐過程所反應的當代國際組織干預行為進行探討，初步得出以下四個結論：

第一，國際組織是當前國際舞臺上唯一具有合法性、可以進行干預的行為體。第二，外部規範環境的變化也推動了國際組織的干預行動，特別是主權概念的變化和隨之而來的「R2P」原則的出現，都推動了國際組織的干預行為。第三，國際組織所進行的干預行為其效果並不完全是正面的。國際組織在制定干預計畫、採取干預行動時應當避免「R2P」這一規範被濫用，以將負面影響降至最低。第四，如何處理權力和合法性的關係，特別是對國際組織干預行為的認識，發展中國家與西方國家還是有很大區別。對於中國等發展中國家來說，維護國家主權和領土完整是處於第一位，希望在維護《憲章》宗旨和原則的基礎上進行必要和適當的干預。[69]

這幾項結論，反應了發展中國家對於以「R2P」原則施行人道干預行動的立場、顧忌、與期望。儘管與西方國家的認知有所差異，卻能幫助區域組織在考量施行國際社會的保護責任時，能夠採取更加週延的思考；並且透過處理國內衝突問題的在地優勢，與聯合國的角色功能互補，以確實發揮保護責任。

---

68 張逸瀟，〈從管理衝突到管理和平〉，《國際安全研究》，第 1 期（2015 年），頁 145-146。
69 趙洋、袁正清，〈國際組織與國際干預行為〉，頁 121-122。

一、處理國內問題的在地優勢

聯合國是當今世界最權威的普遍性國際組織，雖然具有與會員國相區別的國際法律人格，但畢竟不是世界政府，只是依《憲章》建立起來的「國家間」組織，從本質上說仍然是「西伐利亞體系」（Westphalian System）的一種制度化延伸，不具有超國家的地位。[70]

在處理國際衝突時，聯合國可以充分發揮身份優勢扮演居間調解者，但在處理國家內部衝突時則不一定得心應手。首先，一些衝突國家認為聯合國受到西方大國影響，為排除重回殖民與帝國主義的疑慮，會抗拒聯合國的善意。[71]

反之，由於衝突的起因往往涉及複雜且根深蒂固的種族、宗教矛盾，區域組織不僅與衝突國有著相近的地理和文化背景與心理的同質性，緊密的經濟及政治關係也使其成為長期合作的利益攸關方。因此，區域組織較能對爭端或衝突各造發揮直接、間接的影響力。

此外，武裝衝突容易產生外溢效應，對鄰國的安全與穩定構成威脅，難民、跨境犯罪等一系列問題都需要衝突國及其鄰國共同應對。區域組織在促進民族和解與政治對話、打擊跨境犯罪、保護難民及弱勢群體等多個領域也可以發揮積極作用。因此，在進行調停時，區域組織或區域大國確實比聯合國更具備身份與在地的優勢，較能被衝突方接受。[72] 基於這些優勢，區域組織可以承擔更多的保護責任，為區域的和平與安定做出更大的貢獻。

二、與聯合國功能互補

國際組織的角色功能之一是對國際政治受害者提供援助，亦可協助國

---

70 古祖雪，〈聯合國與國際法結構的現代變遷〉，頁 4。

71 Kelly-Kate S.Pease, *International Organizations: Perspectives on Governance in the twenty-first century*. p. 288.

72 張逸瀟，〈從管理衝突到管理和平〉，頁 146-148。

家克服集體行動的問題，成為世界新秩序的新興支柱。[73] 聯合國具備人道干預的法源基礎，而區域組織擁有聯合國所不具備的軍事力量與在地資源，彼此透過功能的互補，可以在人道干預上達到相輔相成的功效。

　　此外，區域組織與聯合國可說是處於既競爭又合作的狀態。區域組織擁有在地優勢，對於干預行動的支持不僅可減輕聯合國的負擔，亦有助於在國際關係上強化參與感及共識的凝聚，進一步建立良好的合作與分工體系。聯合國則可提供在維持及確保和平行動上的豐富經驗和各方面問題的專家，其中立及合法性地位較少受到嚴重質疑；在全球實施的經濟或外交制裁措施，也比僅由該地區國家執行更有效。[74]

　　在決策過程，聯合國易受包括安理會五常在內的超級大國意志影響，加上會員國之間外交折衝與政策偏好差距過大，經常導致干預行動未能即時因應與效率低落。反之，由區域組織發展出來的爭端管理機制，行動結果比較有效，[75] 適時彌補聯合國在執行面的弱勢。聯合國可以善用這些優勢，強化區域組織的功能，提高人道干預行動的效益，降低人道悲劇所造成的損害，善盡國際社會保護的責任。

柒、研究心得

　　「R2P」原則的提出，擴大了國家保護義務，同時將國際社會對於干預權力的爭論轉為共同解決問題的責任承擔。2005 年通過的《世界高峰會議成果文件》，成為「R2P」跨出國際規範的起點；但歷經十年之後，人道干預的同意原則與授權機制仍然面臨挑戰；國際社會對於「R2P」的許多疑慮並未解除，不但大多數發展中國家還無法完全贊同，學界也不斷拋出議題，針對「R2P」原則的內涵進行優化。

73　Kelly-Kate S.Pease, *International Organizations:Perspectives on Governance in the twenty-first century*. pp. 69-71.

74　鍾志明，〈區域組織實施人道干涉的合法性基礎〉，頁 47-48。

75　趙洋、袁正清，〈國際組織與國際干預行為〉，頁 111。

其一，從國際組織人道干預的模式來看，「維和行動」必須遵守的同意與非武力原則受到挑戰。冷戰時期「維和行動」的主要介入目標是國家間的衝突，對於國家行為體，可以透過相關的國際規範約束其行為；但是冷戰後國家內部因為種族、宗教等因素而導致的內戰，面對的卻是一國之內的武裝團體或政治派系，國際組織很難在干預行動之前尋求交戰方的明確同意。

同樣的人道危機從「R2P」原則來進行檢視，強制性人道干預行動並未設定「維和行動」的同意原則，但必須採取逐案審議的方式經由安理會授權。授權將引起干預內政的質疑，不授權又將導致以「R2P」原則進行保護責任的人道干預無法實行，陷於兩難的境地。

但是，由於內戰或是種族事件發生時，都會引發各種複雜的人道危機，包括種族屠殺造成的大量死亡、難民流竄所引起的饑荒與疫病流傳…. 這些都需要緊急的人道救援，甚至必須投入強制武力，以遏止人道悲劇的不斷擴大。這個現實考量，勢必對於派遣「維和部隊」或是援引「R2P」原則進行人道救援的同意機制產生轉變的影響；對於《憲章》的不干預內政原則，甚至國內管轄權等問題，也都將形成挑戰。針對這方面的思辯，國際社會與學界還需要透過更多的立論反覆檢討。

其二，「R2P」原則的倡議與實踐，引發國際社會對於「國家主權與人權孰重孰輕」的爭辯。並且從建構主義的理論基礎，提出解構國家主權固有定義的觀點，認為目前法理上的主權概念，係建構於歷史進程中某一個特定的時空與國際現實背景，既然此條件在目前全球化的國際體系已經有所改變，就有必要加以修正。這部份的論述，將因為政治現實的考量，而各有主張。

其三，強制性的軍事干預行動，挑戰《憲章》不干預內政原則，引起一些發展中國家的疑慮，認為不當的授權與目的，將使得干預的實踐遭到扭曲，進而導致以「保護人的安全」為名，行「干預他國內政」之實，反而給衝突國的民眾帶來更大的傷害。因此，針對這些疑慮拋出不同的思考角度，其中較引起關注與迴響的包括：巴西於 2012 年提出「保護中的責任」

（Responsibility while Protecting，RwP）倡議，以及中國學者阮宗澤教授於2014年提倡的「負責任的保護」（Responsible Protection，RP），都是對「R2P」原則進行論述的優化，但是尚處於內涵的修正階段，值得繼續觀察其後續發展。

　　人道干預的正當性取決於道德性、合法性、與憲政性這三項要素，「R2P」原則本身即傾向於道德性的論述；其合法性在歷次的文件中已經明確定義；對於取得國際共識同意的憲政性，除了在「R2P」內涵中反映國際社會對於人道干預的期望之外，大國也透過話語權的掌握，在國際輿論上對「R2P」的主流論述彼此爭鋒，以能夠依照自己的國家利益取向，掌握人道干預的主導權。這些發展，對於國際組織援引「R2P」原則進行人道干預，都將產生直接的影響，值得針對這些發展繼續關注與深化研究。

論《商君書》之行動戰略及其在當代之轉化：
創造性轉化的觀點

江昱蓁[*]

壹、問題意識與說明

　　自周平王東遷以後，王室衰微且威信掃地，王命無法有效地執行。[1]隨著周天子對於諸侯的約束力減弱，再也無力維持國際秩序的穩定，封建天下因此崩潰。此一情勢反映在各國內部，或是大夫欺君、家臣凌主的層出不窮；或是因為嫡長子的繼承問題，引發了國內的動盪；表現在國際社會，則是諸侯彼此兼併，而周天子卻無力制止。[2]

　　若比對許倬雲的統計，更能清晰地呈現此一時期國際體系的不穩定。春秋時期總計有 294 年（西元前 770 年— 476 年），其中承平時期卻僅有 38 年，占總時期的 12.92%；戰爭發生次數超過 1,211 場，其中有超過 110 個政治單位，因此遭到吞滅；到了戰國時期（西元前 476 — 221 年），254 年內承平時期卻僅有 89 年，占此一階段的 35.03%；同時，戰爭次數總計 468 場。兩相比較之下，後者似乎享有較為持久的和平，戰爭頻率也較前者來得更低。然而，真相卻並非如此。由於前一階段的激烈併吞，使得國家的總數大幅下降，才造成前述現象。[3]事實上，戰國時期的戰爭規模不但更為龐大，論及戰場的範圍、戰爭持久性、殺傷力、動員人數與過程的慘烈程度，皆遠遠超過春秋時期。[4]換言之，從春秋至戰國時期，兼併之

---

[*]　淡江大學國際事務與戰略研究所博士候選人

[1]　錢穆，《國史大綱》，上冊（台北市：台灣商務印書館，1995 年），頁 54-55。

[2]　例如，春秋時期在鄭與衛，皆曾經因為嫡長子的繼承問題而引發內亂；在魯國，三桓勢力龐大，侵凌君權。魯宣公時，三桓甚至發動政變，驅逐公孫歸父，共掌魯政。以上請參閱童書業著，童教英校訂，《春秋史》，校訂本（北京：中華書局，2012 年），頁 143-159。

[3]　Cho- Yun Hsu, *Ancient China in Transition* (Stanford, CA: Stanford University Press, 1965), pp. 56-58.

[4]　以上論述綜整於以下資料張文儒，《中國兵學文化》（北京：北京大學，2000 年），頁 50-59；王貴民，《先秦文化史》（上海：上海人民，2013 年），頁 292-297；黃朴民，《先秦兩

勢乃是由激烈轉為劇烈。[5]

　　誠如查爾斯・蒂利（Charles Tilly, 1929-2008）主張的：「戰爭促成國家，國家導致戰爭。」[6]為滿足戰爭需求所進行的相關準備，將使得一國政府更為強而有力；同時，一個大而有組織的社會也隨之誕生；傳統的公民與政府關係，亦將因此而改變。[7]此一國家與戰爭互相影響的關係，亦可見諸於東周期間。前述兼併的情勢為中國歷史帶來以下的影響：第一，諸子百家致力於尋找富國強兵的行動方案。其中法家所發展出的行政與軍事機制，大抵為後續的朝代所沿用；渠等所提出的「君權至上」的概念，亦構成中國政治文化的基礎。[8]第二，由於體系內戰爭的激烈與頻繁，各行為者被迫採取更具效率的行動，以贏得戰爭的勝利。相關行動累積的結果，造成了：1. 不同於西方社會，中國擁有明顯的強國家傳統。商人、發達城市、宗教與軍人等團體，皆無法與國家相抗衡；2. 在秦國統一前後，中國即已經發展出組織完整、層級分明，並且多元化的官僚集團；[9] 3. 不論成效如何，自戰國時期開始，中國已經開始嘗試建立不受私人親屬關係介入的政治運作模式。[10]總結地說，先秦的法家思想對於中國政治的走向，產生了重大

漢兵學文化研究》（北京：中國人民大學，2010 年），頁 123-125。

5　范文瀾，《中國通史簡編》，修訂本（北京：人民，1964 年），頁 156，231。

6　Charles Tilly, *Coercion, Capital, and European States*, AD 990-1992 (Maldon, Mass. : Blackwell, 1992), chapter 3.

7　Ian Morris, *War! What is It Good for? Conflict and the Progress of Civilization from Primates to Robots* (New York: Farrar, Straus and Giroux, 2014), pp.7-11. 有關戰爭如何改變國家與公民之間的關係，國家內涵的轉化，以及國與國之間的關係，尚可以參閱 *Sindey Tarrow, War, States, & Contention: A Comparative Historical Study* (Ithaca: Cornell University Press, 2015).

8　Yuri Pines, *Envisioning Eternal Empire : Chinese Political Thought of the Warring States Era* (Honolulu : University of Hawai'i Press, 2009), p. 2.

9　Dingxin Zhao, *The Confucian-Legalist State : a New Theory of Chinese History* (New York, NY : Oxford University Press, 2015). 由於中國較西方早了一千多年，就已經發展出完整的官僚體系，黃仁宇因此稱中國為早熟的文明。 Huang Ray, *China, A Macro History* (Armonk, N.Y. : M.E. Sharpe, 1997), pp. 33-34.

10　Francis Fukuyama, *The Origins of Political Order : from Prehuman Times to the French Revolution* (New York : Farrar, Straus and Giroux, 2011), pp. 101-102.

且根本的影響。[11]

　　前面論述，大抵都可在《商君書》中尋找到相關脈絡。打擊貴族與氏族，有利於君權的穩固與擴張；[12]重農抑商，讓商人團體相較於君權，呈現弱勢的地位；加速政府處理公務的效率，官吏因此無法循私舞弊，有利於排除公務體系中的親屬關係。[13]另外，《商君書》所內涵的不僅是商鞅個人思想，而是整個商鞅學派的觀點。自商鞅兩次變法後，直到秦王政滅齊而統一中國為止，隨著戰略環境的變化，思想也不停地調整，以適應環境的變遷。因此，該書有時出現論述前後不一的結果。以對「刑與賞」的態度為例，即經歷了「重刑重賞」、「重刑輕賞」與「重刑不賞」三個階段。[14]換言之，研究此書，有助於吾人了解秦國法家思想的長期脈絡，進而有利於掌握前述中國政治發展之趨勢，是為本文的一個目的。

　　其次，現有文獻分析《商君書》所蘊含的思想，豐富而詳實，但是多屬於靜態的分析。本文則作動態的國家行動模式，以為區隔。由最高政治目標為起點，建力與造勢居中，最後為權力的投射以完成目標。貫穿其間者，乃是戰略思想。這樣的行動模式取經於先秦時期的經典，自然需要創造性的轉化，以為今用。按林毓生的定義：「把一些中國文化傳統中的符號與價值系統加以改造，使經過創造地轉化的符號和價值系統，變成有利於變遷的種子，同時在變遷過程中，繼續保持文化的認同。」[15]因此，本文將在保有原書的符號與認同下，加以轉化此一模式，以利於後工業化社

11　如同趙鼎新所說的，中國的政治發展到西漢初年，形成了「儒法帝國」。以儒家思想為統治的意識形態，以法家思想進行政府運作與人民治理。相關論述請參閱 *Zhao, op.cit.* 實際上，戰國時期在齊國的稷下學宮，法家與儒家就已經開始逐漸的整合。詳請參閱馬平安，《中國傳統政治的基因》（北京：新世界，2015 年），頁 96-97。而諸子百家在此一時期彼此爭鳴、交融與激盪，不但造成學術與思想空前的興盛，更奠定了中國後續朝代的政治體制、思想、文化等等層面。因此，鈕先鍾認為此一時期為中國戰略思想的開創與黃金時期。鈕先鍾，《中國戰略思想史》（台北：黎明文化，1992 年），頁 20。

12　Fukuyama, *op.cit.*, p. 113.

13　貝遠辰，《新譯商君書》（台北市：三民書局，2011 年），頁 9。

14　鄭良樹，《商鞅及其學派》（台北市：台灣學生書店，1987 年），頁 6-8，240，281，303。

15　林毓生，《中國傳統的創造性轉化》（北京：新華書店，1988 年），頁 291。

會的運用，此為本文第二個目標。

　　再者，研究秦國何以能夠在諸國中脫穎而出，現有文獻歸納為變革能否仿效，以及國際體系間的權力均勢與制衡兩項因素。例如，法蘭西斯・福山（Francis Fukuyama）認為，商鞅的制度的確使秦國相較於其他國家而言，對於資源汲取的程度、能力與效率來得更高。但是，這種改革與創新，馬上會為其他國家所仿效，使得效益逐漸的遞減。換言之，變法並非秦國包舉宇內的唯一因素。該國致勝的原因，還需要從國際關係的角度加以解釋—即國際體系中，各個行為者彼此的聯盟與制衡。在春秋末年，秦國充其量只能扮演晉、楚之間平衡者的角色。到了戰國初期，利用身處西陲的地理優勢，秦國避免陷入魏、齊等中原諸國的軍事競爭，保全了自我實力；同時，趁此機遇進行改革，使得綜合國力飛躍式成長，奠定稱霸的基礎。[16]

　　與前述觀點大相徑庭。許田波則認為國家權力才是長期軍事競爭的成功基礎，而非均勢、聯盟與制衡。秦國因為推動「自強型改革」，故能夠較其他國家更有效率的動員戰爭相關資源、協調後勤問題，以及制訂更為優秀的戰略。甚至，鞏固新拓展的領土，並且從新征服的人民中，汲取額外資源。其次，為何其他國家無法仿效秦國的「自強型改革」，而與之抗衡？第一，直到西元前 284 年秦、趙、韓、魏五國聯合攻打齊國以前，齊國一直是七國中的首強，而非秦國。換言之，齊國才是其他國家的頭號假想敵。第二，中原諸國或多或少的都曾經採取「自強型改革」，以求在渾沌不安的局勢中自保。但是，並不如秦國來的全面化、系統化，與適應不停變動的戰略環境。第三，秦國因為改革而帶來「後發優勢」，正處於國家權力的巔峰；諸國卻已經過了「改革紅利」的高潮，呈現衰頹之勢，無法與之相比。第四，山東諸國受到強秦不停地攻伐，難以再次獲得改革的機遇期。[17]

　　前述觀點立基於歷史事實的研究。本文則從《商君書》一書中，權力

16　Fukuyama, *op.cit.*, pp. 122-123.

17　Victoria Tin-Bor Hui, *War and State Formation in Ancient China and Early Modern Europe* (Cambridge: Cambridge University Press, 2005), pp. 79-87.

的建構與運用的角度，來解釋前述問題。正如同後面所闡述的，《商君書》所記載的相關政策，對於不論是秦國的人民抑或是六國的百姓，都能產生向心力，這是其他國家所無法達到的。換言之，仿效與否以及權力的均勢與制衡，並非根本因素。因此，提供現有文獻成果更進一步的論點，為本文的三個目的。

貳、《商君書》的戰略思想：計劃與行動的指導

《商君書》的最高政治目標，在於追求國家的治（治安）與富（富強）。「強者必治，治者必強；富者必治，治者必富；強者必富，富者必強。」「國富而治，王之道也。」國家因治、富而強，最終稱王，統一天下。「國無敵者強，強必王。」[18] 為求治安，故推行法治；為求富強，而行農戰。

一、法治

《商君書》推行法治的目的，在於治安。創造內部的安定力，使國強而統一天下。法治的特徵在於強調平等性。西周時期的觀念為「刑不上是大夫，禮不下庶人」。[19] 商鞅學派則主張不論關係親疏或權位貴賤，皆以刑法約束。「君臣釋法任私，必亂。故立法明分，而不以私害法，則治。」[20] 甚至，「法者，君臣之所共操也。」即便是國君，亦須守法。[21] 換言之，西周時期為禮治，以儀文為維持制度的方法，刑法僅是輔佐；商鞅學派則恰好相反，乃以刑法為主。但是這卻不被守舊派所接受。因為法治的推行，不但打擊貴族勢力，封建體制也因此更為崩解，不復存在。[22]

其次，法治講究任法必專，法律為衡量公私的標準。法律的執行不因為私人的言論或關係，而受影響。國君行事更需要「任法釋私」，以杜絕

---

18 貝遠辰，《新譯商君書》，頁 29，47，115。

19 姜義華注譯，《新譯禮記讀本》（台北市：三民書局，1997 年），頁 36。

20 貝遠辰，《新譯商君書》，頁 130。

21 同上註。

22 蕭公權，《中國政治思想史》，上冊（台北市：聯經，1982 年），頁 211，242-243。

國際與民蠹的出現。[23] 換言之，排除政治運作的過程，受到親屬與私人關係的介入。「世之為治者，多釋法而任私議，此國之所以亂也。……。故法者，國之權衡也，夫倍法度而任私議，皆不知類者也。」[24] 這顯然是針對過去的世族政治。在世族政治之下，由於全族的人福禍、榮辱與共。家族利益往往高過國家利益。故有時出現為了犧牲國家，以庇護自身氏族的地位之情形。[25] 也因此國君必須握有法律制裁的權力，一方面樹立權威，另一方面取信於民。「權者，君之所獨制也。……；權制獨斷於君，則威。」[26]

　　商鞅學派視百姓為經濟人，而非道德人。趨利避害的特性，讓人民對於刑、賞，有所回應。[27]「興國，行罰，民利且畏；行賞，民利且愛。」[28] 國家要強盛，就必須設立相應的刑罰與賞祿。積極面鼓勵人民農耕、戰鬥，消極面制止百姓違法、犯紀。然而，《商君書》並非一人一時之作。因此，刑與賞之間的比例為何，隨著不同的時期，有不同的主張。共可分三種：第一，重刑厚賞。這是商鞅的主張，隨後延續於後續商鞅學派，成為基本觀點。將刑與賞限制於農、戰的用途上。[29] 視重刑與厚賞為一體兩面，互為奧援；執行的標準，在於犯過與否、功績多寡，而非親疏遠近。「凡賞者，文也；刑者，武也。文武者，法之約也。……。故賞厚而利，刑重而必，不失疏遠，不私親近。故臣不蔽主，下不欺上。」[30] 第二，重刑輕賞。延續前一時期的觀點，持續重刑的路線，但是對於賞賜則有不同見解。做為治國的主要工具，刑越重越能發揮嚇阻效力以禁邪，故主張重刑；賞居於輔助的地位，如果輕薄，就能顯出刑罰的厚重，加重刑罰的威攝效果，故主張賞輕。[31]「重罰輕賞，則上愛民，民死上；重賞輕罰，則上不愛民，

23　同上註，頁 254。

24　貝遠辰注譯，《新譯商君書》，頁 131-132。

25　何茲全，《中國古代社會及其向中世社會的過度》（北京：商務印書館，2013 年），頁 63。

26　貝遠辰注譯，《新譯商君書》，頁 130。

27　Fukuyama, op.cit., p. 120.

28　貝遠辰注譯，《新譯商君書》，頁 47。

29　鄭良樹，《商鞅及其學派》，頁 241，263。

30　貝遠辰注譯，《新譯商君書》，頁 17，130。

31　鄭良樹，《商鞅及其學派》，頁 281-282。

民不死上。……王者刑九賞一，強國刑七賞三，削國刑五賞五。」、「故刑多則賞重，賞少則刑重。」第三，重刑不賞。主張重刑之下，人民不敢犯。國治民善，又何須賞賜。尤有甚者，為賞而惡不止，故何必賞賜。「故善治者，刑不善，而不賞善，故不刑而民善。不刑而民善，刑重也。刑重者，民不敢犯，故無刑也。而民莫敢為非，是一國皆善也。故不賞善，而民善。賞善之不可也，猶賞不盜。」[32]

　　總結地說，《商君書》強調法治，將法置於治國的核心；儒家則強調世族所發揮的功能與角色。但是，商鞅學派視儒家作法為鞏固君主權力的絆腳石。[33]過去世族結合世官制度，各個世族彼此標榜、扶持，用人惟親。發展到極端，產生大夫欺君、家臣凌主之現象。[34]為矯正此一弊端，商鞅學派打破世族集團，不在透過世族間接管理人民，而是直接將權力及於公民身上。君權因此擴張。其次，雖然商鞅學派強調法治。但是此一概念有別於西方社會的法治概念。前者為統治者利益的延伸，後者則是指涉整個社群的道德規則共識。[35]析言之，所保護的是統治者個人私益，與現今社會所保護的法益有所不同。後工業時代所保護的法益，涵蓋個人、團體、社會、政府與國家。侵害前述法益，個人安全感將為之降低，社會安寧與秩序的穩定亦將受到威脅，故以法律加以保護。若僅保護統治者個人的私益，法律容易遭受濫用而淪為統治者的工具。[36]因此，此一概念欲適用於後工業化的社會，必須冠以下原則：1. 不溯及既往性；2. 穩定性，避免頻繁變動；3. 以明確、公開的程序制定法律；4. 保證司法機關的獨立性；5. 法院享有違憲審查的終審權；6. 遵守天賦公正原則；7. 法院不得拒絕任何人的使用；8. 犯罪的執行與預防依法而不能枉法。[37]

32　貝遠辰注譯，《新譯商君書》，頁 47，62，166。

33　Fukuyama, *op.cit.*, pp. 119-121.

34　童書業著，童教英校訂，《春秋史》，頁 80-81。

35　Fukuyama, *op.cit.*, pp. 121-122.

36　林山田，《刑法通論（上冊）》，增訂六版（台北市：台大法學院，1998 年），頁 17-19。

37　Joseph Raz, "The Rule of Law and It's Virtue," *The Law Quarterly Review*, Vol. 93 (1977), p. 195.

二、農戰

《商君書》認為，權力是一國在國際體系中爭霸的基礎。建構超越其他國家的權力，仰賴農戰。「國作壹一歲，十歲強；作壹十歲，百歲強；作壹百歲，千歲強，千歲強者王。威以一取十，以聲取實，故能為威者王。」[38] 戰爭的發動，需要經濟力量的支持，故重農；農業的生產，提供戰爭時所需要的糧食與資金。兩者互為幫補，促成國家的富強。[39]「國之所以興者，農戰也。……國待農戰而安，主待農戰而尊。」[40]

事實上，以春秋戰國時期的戰爭型態來看，軍隊員額的多寡往往關乎戰爭勝負。因此，早自春秋時期開始，各國無不開始擴張軍隊的員額。晉國即從一軍擴張到五軍、六軍。[41] 到了戰國末期，此一趨勢越為明顯。戰爭動員的人數往往達數十萬。[42] 這產生了兩項需求：動員更多公民投入軍隊的能力，以及糧食生產的增產。前者，包含推行小家庭制、郡縣制、設立 20 等軍功制。目的在於將秦國轉換為更有效能汲取資源，以供戰爭使用的國家。[43] 後者，則是強調農戰，以創造更多糧食供部隊使用。改革政策的效益，從秦國轉守為攻即可證明。從春秋時期到戰國初年，秦國與其他國家進行了 161 場戰爭，僅有 11 場是由該國所發動，佔 6.83%；經過了商鞅變法，到秦王正統一中國之前，秦國與六國的戰爭共 96 場，而有 52 場是由秦國所發動，佔 54.17%，並且獲勝 48 場，勝率高達 96%。[44]

商鞅學派所採行的變革，並非創新；但是，較諸其他國家，卻最為系統化且適應當時環境。[45] 其中的重點，在於掌握當時的先進部門—農業，

---

38 貝遠辰注譯，《新譯商君書》，頁 48。

39 趙國華，《中國兵學史》（福州：福建人民出版社，2004 年），頁 136。

40 貝遠辰注譯，《新譯商君書》，頁 26，31，35。

41 黃朴民，《夢殘干戈—春秋軍事歷史研究》（長沙：岳麓書社，2013 年），頁 110-111。

42 楊寬，《戰國史》，增訂版（台北市：台灣商務印書館，1997 年），頁 304-306。

43 Fukuyama, *op.cit.*, pp. 118-119, 122.

44 Hui, *op.cit.*, pp. 65-66.

45 Mark E. Lewis, "Warring States Political Hitory," Michael Loewe and Edward L. Shaughnessy, *The Cambridge History of Ancient China : from the Origins of Civilization to 221 B.C.* (New York :

並且以裁抑商業和學術等部門，以配合農業的發展。[46] 秦國位處西陲，受中原文化的影響較為薄弱，不似山東六國背負著文化與社會的包袱，故能為全面之變革。秦國因此培養出相關資源與其動員能力，進而擁有「霸權潛力」，並以軍事力量的投射表現出來。[47]

參、《商君書》的戰略計畫：「建力」與「造勢」

本階段開始建力與造勢。就建力而言，透過各種行動方案，整建政治力、經濟力與軍事力量，以為後續的軍事行動所使用。就造勢而言，為農民不得不耕之勢；造公民不得為罪之勢；建戰士必須力戰之勢。

一、建構政治力

政治力可概括界定為：為達成政治的目標，所創造與運用的相關力量。具體而言包涵了：1. 政治原動力，為一國推動政治行為的能力；2. 政府組織力，指涉一國政府為管理公民而產生的相關力量；3. 國民向心力，為一國政權的基礎力量；4. 社會安定力，指涉國家維持秩序穩定的能力。5. 國際支助力，指爭取外國政治勢力支持的力量；6. 政府應變力，面臨天災、人禍、戰爭或緊急變故的能力與效率；7. 戰爭持續力，國家承受打擊的能力。[48]

安定力來自於統治力量的強化，與自動自發的社會組織。[49] 由於法治的施行，將氏族自政治活動中排除。國君直接統治人民，君權因此提升，有利於統治力量之強固。同時，重刑可以維持社會的穩定，並成為行之久遠的評量標準。然而，徒有法治仍不足以貫徹命令的實行。需要配合「明法」，使人民知道如何置手足—明白權利與義務的範圍，以及法律如何制

Cambridge University Press, 1999), p. 611.

46　蕭公權，《中國政治思想史》，上冊，頁 250。

47　Ashley J. Tellis et al., *Measuring National Power in the Postindustrial Age* (Santa Monica, Calif. : Rand, 2000), pp. 39-40.

48　方子希，《政治戰略》（台北市：中央文物供應社，1981 年），頁 78-99。

49　同上註，頁 88-91。

定、頒布與執行。在《商君書》一書中，乃是透過設置法吏與法官，教導法律與收藏法律的副本，來達成「明法」的需求。「法令者，民之命也，為治之本也，所以備民也。……故聖人必為法令置官也，置吏也，為天下師，所以定名分也。名分定，則大軸貞信，民皆愿愨，而各自治也。故夫名分定，勢治之道也；名分不定，勢亂之道也。」[50]公民知法，可「知所避就」，國家就會「自治」，有利於社會安定力的建構與揮發。

　　政府組織力受到政治制度是否合理有效、社會結構是否與政治制度相適應，以及政府組織機能等因素之影響。方子希認為，在集權政體下，由於權與責集中在領袖之手，故屬於物理組織。強制性、嚴密，但缺乏彈性為其特徵。難以應變意外的變故。民主政體由於依職責授權，下級單位擁有較大的專斷判斷，故為生理組織。自由且適應能力強，為其特徵。[51]考察商鞅學派的思想。為矯正過去氏族掌權下，君權遭受架空的弊病，故以各種方式擴張君權。但是，此一政府組織，卻是當時諸國中汲取資源效能最佳，最適應於當時國際體系者。故可視為合理有效的政治制度。[52]再者，商鞅學派思想可概略分為三期。其演進的原因，在於時勢不停的變化，必須調整思想以因應時代的脈動。換言之，正如〈問題意識與說明〉所描述的，在激烈且頻繁的戰爭下，若不採取有效率的行動，將無法生存於兼併劇烈的國際體系。因此，難以僅僅因商鞅學派將權力朝君主集中，就認為其為物理的組織，而不具政府組織力。或許，若將物理性與生物性組織分置於光譜左右兩端，商鞅學派當屬中間偏左。

　　政治原動力來自於領導中心的強固，吏治的澄清、效率的提高，以及矯正政府機關的缺失。原動力的建構有利於政策的推行。[53]在商鞅學派的思想中，與此相關的包括：1. 加速政府行政效能，使官吏不得舞弊。「無宿治，則邪官不及為私利於民，而百官之情不相稽。百官之情不相稽，則

---

50 貝遠辰注譯，《新譯商君書》，頁 232，234。

51 方子希，《政治戰略》（台北市：中央文物供應社，1981 年），頁 82-86。

52 在此合理有效的評判標準，不在於制度本質的好壞，而在於該制度能否為國家創造出有效率且達成目標的行動。

53 方子希，《政治戰略》，頁 80。

農有餘日。邪官不及為私利於民，則農不敝。」[54] 2. 推動小家庭制，打擊氏族與父權，進而鞏固君權；[55] 3. 重刑與重賞，使君臣與上下各守本分，不敢僭越或營私舞弊。「故賞厚而利，刑重而必，不失疏遠，不私親近。故臣不蔽主，下不欺上。」[56]

　　正如前述，領袖的鞏固與否，關乎政治原動力的強弱。從法家的角度來看，君王善用「法」、「術」、「勢」，有利於馭臣與治民。君權鞏固，原動力由是生焉。析言之，人主利用賞功與刑罰，駕馭臣下，為術；以刑、賞使人臣不得為或不得不為，為勢。不論勢還是術，君王必需熟悉其操作原則。「人主之所以禁使者，賞罰也。賞隨功，罰隨罪，故論功察罪，不可不審也。夫賞高罰下，而上無必知其道也，與無道同也。凡知道者，勢數也。」至於「術」的實質內涵，則包括：

1. 「壹賞」與「壹刑」：賞專用於戰功。「所謂壹賞者，利祿官爵，摶出於兵」；刑罰的適用，強調平等性。不分親疏、貴賤、賢愚、功勳，必究有罪。「所謂壹刑者，刑無等級。自卿相將軍以至大夫庶人，有不從王令，犯國禁，亂上制者，罪死不赦。有功於前，有敗於後，不為損刑。有善於前，有過於後，不為虧法。忠臣孝子有過，必以其數斷。守法守職之吏，有不行王法者，罪死不赦，刑及三族。同官之人，知而訐之上者，自免於罪。無貴賤，尸襲其官長之官爵田祿。」

2. 法需取信與民，這與前述的明法密切相關。「民信其賞，則事功成，信其刑，則姦無端。」

3. 嚴明刑罰，即可無賞與無刑。「夫明賞不費，明刑不戮，明教不變，而民知於民務，國無異俗。明賞之猶，至於無賞也；明刑之猶，至於無刑也」

4. 君主掌握賞刑大權。「名利之所湊，則民道之。主操名利之柄，而能致功名者，數也。聖人審權以操柄，審數以使民。數者臣主之術，而

54 貝遠辰注譯，《新譯商君書》，頁 9。

55 韓兆琦，《新譯史記》，第六冊（台北市：三民書局，2008 年），頁 2941-2942。

56 遠辰注譯，《新譯商君書》，頁 130。

國之要也。」[57]

　　國民向心力是由本國對國內外公民之吸引力所構成。[58]析言之，一國如果因為政策、文化、理想，具有道德性、正確性，受到國內外的政府與公民接受、喜愛，向心力即產生。[59]檢視商鞅在秦國變法十年。打擊貴族集團的利益，讓「宗室貴戚多怨望者」。但是「行之十年，秦民大說，道不拾遺，山無盜賊，家給人足。民勇於公戰，怯於私鬥，鄉邑大治」。[60]細言之，傳統的宗法與封建制度下，政治權力集中於少數世族菁英手上。由於權力往往不受節制，是故建立有利於自身的經濟制度，以利於自社會中搾取資源。搾取式經濟制度又帶來搾取的政治制度。世族集團因此所得到的利潤，又為其所用，拿來建立未來的政治制度，以供下一代繼續此一惡性循環。[61]換言之，搾取式的制度，讓秦國百姓貧窮而貴族富裕。商鞅變法將搾取式制度的根源摧毀，雖然產生「創造性的破壞」，但是國家與百姓，卻因此富裕起來。同時，商鞅學派又主張「壹賞」，僅有軍功才得以封爵。更加劇了前述制度的崩解。但是符合國內人民的期待，故向心力因此產生。從「故民聞戰而相賀也；起居飲食所歌謠者，戰也。」即可印證之。[62]

　　同樣地，「創造性的破壞」也施行於秦國新征服的土地上，爭取該地的民心。第一，將所攻佔的大城中，會造成治理困難的富賈與貴族，遷移他處；第二，赦免兼併戰爭中獲罪之人，移至新併吞的土地上，補充當地農業勞動力。[63]第三，相較於秦國的地廣人稀，三晉則是地狹人稠，貧困的人沒有田產。是故以免除繇役與田宅的方式，吸引三晉之人來秦開墾。

57　同上註，頁 130，150-151，155，210。

58　方子希，《政治戰略》，頁 86-87。

59　Joseph S. Nye, *Soft Power: the Means to Success in World Politics* (New York : Public Affairs, 2004), pp. 1-13.

60　韓兆琦，《新譯史記》，第六冊，頁 2944，2953。

61　Daron Acemoglu and James A. Robinson, *Why Nations Fail: the Origins of Power, Prosperity, and Poverty* (New York : Crown Publishers, 2012), pp. 73-76.

62　貝遠辰注譯，《新譯商君書》，頁 158。

63　楊寬，《戰國史》，頁 438-439。

「今秦之地，方千里者五，而穀土不能處什二，田數不滿百萬，其藪澤谿谷名山大川之材物貨寶，又不盡為用，此人不稱土也。秦之所與鄰者，三晉也；所欲用兵者，韓魏也。彼土狹而民眾，……今利其田宅，復之三世。」[64]

前面提到 ¬，秦國的統一的原因，現有文獻歸結於秦國變革的經驗難以複製，或是國際體系中權力的制衡與聯盟。但是本文認為，秦國的商鞅學派對於敵我人民所建構的向心力，讓秦國取得軍事勝利後，得以鞏固所併吞之土地。這才是秦國統一的關鍵因素。比對齊宣王攻燕，更可以凸顯此一觀點。齊宣王趁燕國內亂，僅僅用 50 天就征服了該國。然而，齊國對於當地的宗廟、祭器以及人民殘暴的行動，激起當地居民的反抗，最終齊宣王只好退兵。[65]

就國際支助力的整建而言，《商君書》全書不見相關之論述。該書重點圍繞在以「賞罰」與「農戰」強化軍事力量，使國家由「治」、「富」而「強」，最後稱「王」於天下。換言之，權力在國際間的運作模式，僅有直接模式—戰爭。因此不討論爭取與國、聯盟與制衡。[66]

若將政府的應變力，界定於對於天災、疾病的應變能力，[67]則《商君書》也不見相關論述。當然，以當時的時代背景，對此一議題的漠視誠屬自然。然而，隨著進入後工業化時期，都市的環境脆弱，面臨極端氣候的威脅，救災誠屬不可迴避的議題。考量到《商君書》中的力量運用，僅限於軍事力量。思考軍隊在救災中的角色與定位，當為轉化之可行點。甚至，將《商君書》中的戰爭，擴大為海外非戰爭軍事行動，則更可以爭取前述所談到的向心力與國際支助力。[68]

64　貝遠辰注譯，《新譯商君書》，頁 139，142。

65　楊寬，《戰國史》，頁 438。

66　有關先秦時期聯盟戰略的完整論述，可參閱李德義，于汝波主編，《中國古典聯盟戰略》(北京：軍事科學，2004 年)。

67　方子希，《政治戰略》，頁 92-93。

68　有關各種非戰爭軍事行動的內涵，可參閱謝奕旭，〈非戰爭性軍事行動的重新審視與分析〉，

二、建構經濟力：重農抑商

一言以蔽之，《商君書》奉行軍國主義。藉由抑制商人、手工業以及各種遊說、閒散人士，將全國人民投入農業生產與軍事戰鬥。[69] 具體措施則包括：

第一，抑止商人及相關活動。《商君書》指出，「要靡事商賈，為技藝：皆以避農戰。具備，國之危也。」為商會影響國民從事農戰，因此抑商及其活動，使其投入農業生產。諸如：1. 不許商人買進糧食，以免利用荒年進行投機買賣。商人無利可圖，只好投入農業生產。「商無得糴，則多歲不加樂；多歲不加樂，則饑歲無裕利；無裕利則商怯，商怯則欲農。」2. 提高酒肉市價，並課以重稅。「使貴酒肉之價，重其租，令十倍其樸。」3. 取締非法旅館。「廢逆旅，則姦偽躁心私交疑農之民不行。逆旅之民無所於食，則必農」4. 加重關口與市場的賦稅。「重關市之賦，則農惡商，商有疑惰之心。農惡商，商疑惰，則草必墾矣。」5. 為商人家的奴僕造冊登記，並按商人家中人數派給差役；「以商之口數使商，令之廝輿徒重者必當名」[70]

第二，使農民專一於農業生產。相關辦法包括：1. 使農民無法賣糧，迫使懶散的農民努力耕作。「農無得糴。農無得糴，則窳惰之農勉疾。」2. 愚農政策。使農民聽不到新奇言論，無從得到新知，就會專心農業生產「國之大臣諸大夫，博聞辨慧游居之事，皆無得為；無得居游於百縣，則農民無所聞變見方。農民無所聞變見方，則知農無從離其故事，而愚農不知，不好學問。愚農不知，不好學問，則務疾農。知農不離其故事，則草必墾矣。」3 重要的自然資源由政府管理。農民無法藉以牟利，就會致力農業生產。「壹山澤，則惡農慢惰倍欲之民無所於食；無所於食則必農，農則草必墾矣。」[71]

《國防雜誌》，第 29 卷，第 6 期（2014 年 11 月），頁 1-22。

69 馬森，《中國文化的基層架構》（台北市：聯經，2012 年），頁 149。

70 貝遠辰注譯，《新譯商君書》，頁 12-13，15-16，22-23，27。

71 同上註，頁 12，15，19。

　　前面提過，農戰是以犧牲商業與學術，全力挹注資源於農業發展。在後工業時代，採行農戰顯然不符合當前的需求。按《商君書》的邏輯思維，農業的發展，是為了準備戰爭。換言之，後工業時代的產業發展，必須與戰爭需求加以結合。發展該等產業，能讓國家掌握今日、明日與軍事的關鍵技術能力，以滿足戰爭需求。以材料業為例，陶瓷目前被評估為明日關鍵技術。可以適用於飛彈導引系統、紅外夜視系統等軍事用途。[72]

肆、《商君書》的戰略行動：「用力」

　　前述的法治、農戰、刑賞等等，都是為了為軍事行動而造勢，即「無敵於海內」之事。就戰爭而言，可以分為三個階段：戰前的準備、敵我力量的評估，以及實際作戰的用兵之法。

一、戰前的準備

　　對於戰爭的勝負，以政治勝利為基礎。如果政治勝利，百姓就能依照君王的意思，忘死戰鬥。「凡戰法必本於政勝，則其民不爭；不爭則無以私意，以上為意。故王者之政，使民怯於邑鬥，而勇於寇戰。民習以力攻難，故輕死」而政治勝利的實質內涵，則是「錯法」、「俗成」、「用具」。也就是實行法治，養成樂於農戰的風氣，以及做好物質準備。「凡用兵，勝有三等：若兵未起而錯法，錯法而俗成，俗成而用具。此三者必行於境內，而後兵可出也。」「錯法」需要國君的支持，法令才能得到貫徹。國君行事得當，法令才能有威信。因此又回到政勝。「行三者有二勢：一曰輔法而法行；二曰舉必得而法立。」建立強大的軍隊，除了兵甲器械等物質的準備，還需要對三方面有所認識。第一，政治的好壞影響兵力的強弱；第二，法治的興廢，決定農戰的風氣能否養成；心埋力量是以人心對農戰的喜好為根本。「故曰：兵生於治而異，俗生於法而萬轉，過勢本於心而飾於備勢。」[73]

72　Tellis et al., *op.ct*, chapter 5.

73　貝遠辰注譯，《新譯商君書》，頁 107，112-114。

二、敵我力量的評估

如同《孫子兵法》以天、地、道、將、法五個指標，進行敵我國力的評估。[74]《商君書》也有類似的評估辦法。「兵起而程敵：政不若者，勿與戰；食不若者，勿與久；敵眾勿為客，敵盡不如，擊之勿疑。故曰兵大律在謹。論敵察眾，則勝負可先知也。」比較項目為：1. 政治的勝負；2. 物資的勝負；3. 數目的勝負。[75] 戰爭屬於非線性的發展，相關變數複雜而繁多。[76] 如果評估項目越精細，則越能反應出實情。因此《孫子兵法》云：「多算勝，少算不勝。」前述評估項目或許過於簡單，但是比較後工業時期的國力評估項目，可以補充，以為更完整。

表 1：完整國家權力評估表

國家資源	國家績效	軍事能力
1. 技術 2. 企業 3. 人力資源 4. 財政／資本資源 5. 物質資源	1. 基本能力 2. 觀念資源	1. 戰略資源 2. 軍事轉化能力 3. 作戰能力

資料來源：整理自 Tellis et al., *op.ct,*

《商君書》中的政治項目，可以更精確的界定為國家績效，內涵基本能力與觀念能力；物資的勝負則可更細緻地界定為國家資源，包含 5 項評估標準。不過，前面已經提過，在此的企業應該具備掌握今日、明日與軍事的關鍵技術能力；數目的勝負，應該指的是軍隊的規模。在當時的環境，的確數量優勢是重點。但是今日評估軍事能力，則應該從靜態的數量，轉為各種能力。有趣的是，《商君書》認識到將領素質的重要。「若兵敵強

74　孫武撰、曹操等註、楊丙安校理，《十一家註孫子》（北京：中華書局，2012 年），頁 1。

75　貝遠辰注譯，《新譯商君書》，頁 109。

76　Colin S. Gray, *Another Bloody Century: Future Warfare* (London : Phoenix, 2006), pp. 22.

弱，將賢則勝，將不如則敗。」但同時，政治還是戰爭最根本的關鍵。「若其政出廟算者，將賢亦勝，將不如亦勝。」[77]

三、作戰的原則

這類的原則包括：1. 謹慎，「兵大律在謹」；2. 見敵潰而不止，則免；3. 用兵的過錯，如輕敵深入、士兵疲倦不堪、飢渴交加，或是身染重病時與敵作戰。「無敵，深入偝險絕塞，民倦且饑渴，而復遇疾，此敗道也。」4. 守城戰要訣。「守有城之邑，不如以死人之力，與客生力戰。其城難拔者，死人之力也；客不盡夷城，客無從入；此謂以死人之力與客生力戰。城盡夷，客若有從入，則客必罷，中人必佚矣。以佚力與罷力戰，此謂以生人力與客死力戰。皆曰圍城之患，患無不盡死而邑。此三者非患不足，將之過也。」5. 發揮壯男、壯女，與老弱三軍的效用。[78]

伍、結論

本文試圖架構出《商君書》的行動戰略體系。經整理後發現，最高政治目標為內部的治安與富強，以求在國際社會無敵，最後一統中國。就戰略計畫而言，在於建力以造勢。以法治、名法、刑賞，建立各種政治力；以重農抑商，培養作戰的實力。就戰略行動而言，則是軍事力量的打擊。但可細分為戰前的準備，敵我力量評估，以及實際作戰原則。

就創造性轉化來看，《商君書》的法治，與西方的概念有所不同。欲適用於今日必須冠以下述原則：1. 不溯及既往性；2. 穩定性，避免頻繁變動；3. 以明確、公開的程序制定法律；4. 保證司法機關的獨立性；5. 法院享有違憲審查的終審權；6. 遵守天賦公正原則；7. 法院不得拒絕任何人的使用；8. 犯罪的執行與預防依法而不能枉法。至於政治力的建構部分，對於天災、疫疾的應變力，《商君書》也不見相關論述。如果要在今日能有所適用，可以以非戰爭軍事行動為思考點。若要爭取向心力與國際支助力，更可擴

---

77 貝遠辰注譯，《新譯商君書》，頁 109。

78 同上註，頁 109，117。

大為海外非戰爭軍事行動。同樣地，農戰的概念，在今天必須轉化為能與軍事用途的產業，以滿足戰爭的需求。

法國反恐戰略的戰略思考與行動：以 2008 及 2013 年的《國防與國家安全白皮書》為例

鄭智懷 *

壹、冷戰的終結與恐怖主義的狂飆

冷戰期間，國家與軍事安全為國際政治毫無疑問的焦點。Robert Keohane 及 Joseph Nye 便認為 戰高峰時期，國際關係的議題具「層級化」（hierarchy）的現象。簡言之，即軍事安全被 為最優先的項目，其他議題均須配合軍事安全議題，或是順序排在之後。[1]

隨著冷戰於 1989 年終結，國際環境隨之劇變，全球進入新的時代。在此背景下，國家雖仍為主要行為者，但同時受到崛起的非國家行為者的挑戰；軍事威脅對國際安全的影響降低，但非軍事威脅，如政治安全（恐怖主義）、經濟安全（跨國犯罪和毒品走私）、社會安全（難民）與環境安全（水資源）的議題，使威脅的來源與型態多樣化。[2]

在上述的四項安全中，政治安全，即恐怖主義在冷戰後出現快速發展與蔓延的現象，究其原因，主因是國際體系的轉變，使得國際社會無法制約如民族主義的興起與宗教所造成的矛盾。另外，高科技的發展，以及大規模毀滅性武器的擴散，使得恐怖分子造成破壞的手段更多元，殺傷性也日益增加。而部分國家對他國內政的干涉與雙重標準，也是使恐怖攻擊激增的因素之一。[3]

---

* 淡江大學國際事務與戰略研究所博士生

1 Robet Keobane & Joseph Nye, *Power and Interdependent* (Boston: Litlle, Brown and Company, 1977), pp. 26-27; 32-33.

2 夏爾 - 菲力浦大衛（Charles-Philippe David）著，《安全與戰略：戰爭與和平的現時代解決方案》，王忠菊譯（北京：社會科學文獻，2011 年），頁 80-107。

3 王逸舟主編，《全球化時代的國際安全》（上海：上海人民，1999 年），頁 252-257。

　　事實上，恐怖主義有其長遠的歷史，對人類安全造成的危脅也日益嚴重。但長久以來，恐怖主義的研究卻被學界邊緣化。林泰和認為這是由於學界重視國家權力與利益的研究、缺乏政治力的支持，以及恐怖主義無法成為獨立學科，並解決本體論、認識論與方法論的問題所導致的現象。[4]

　　不過，拜911事件所賜，恐怖主義不僅在實務上影響國際政治的議程、全球化的發展及當代的大國關係，[5]同時也推動學界增加對恐怖主義研究的發展。[6]尤其在美國接連發動於阿富汗及伊拉克的反恐戰爭後，「恐怖主義」與「反恐怖主義」遂成為研究的熱點。而美國在反恐的作為，自小布希政府的「先發制人」的概念提出，到歐巴馬宣布退出阿富汗，甚至到現今對伊斯蘭國的打擊，便是相關研究的重點對象。

　　本文要探討的重點便是非國家行為者—恐怖主義者對國家行為者的步步進逼，以及國家如何因應恐怖主義的挑戰。本研究為了增進研究的廣度及檢討反恐的研究，另闢蹊徑，將研究主體轉向歐陸，並以法國的反恐戰略為主體，針對法國最高戰略指導文件—白皮書進行研究。至於為何以法國作為研究對象，主要原因有以下點：

　　第一，法國對於國家安全的看法，恰好呼應世界的潮流。法國於1972年推出的第一本國防白皮書中，重點放在核威懾；[7]1994年的白皮書，同1972年的白皮書一樣，僅論及軍事層次，並以軍隊如何適應後冷戰的戰略環境，促使其專業化為論述的核心。[8]不過，2008年與2013年出版的《國防與國家安全白皮書》（以下簡稱白皮書），便擴大安全的概念，除傳統

4　林泰和，《恐怖主義研究：概念與理論》（台北市：五南，2015年），頁1，11-15。

5　王高成，〈恐怖主義對當前國際關係的影響〉，發表於「第二屆恐怖主義與國家安全學術研討暨實務座談會」（桃園縣：中央警察大學，2006年），頁17-19。

6　Andrew Silke, *Research on Terrorism: Trends, Achievements & Failures* (New York: Frank Cass, 2004), p25.

7　Ministère de la Défense, Le Livre blanc sur la défense de 1972, 1972. <http://www.livreblancdefenseetsecurite.gouv.fr/pdf/le-livre-blanc-sur-la-defense-1972.pdf>

8　Ministère de la Défense, Livre blanc sur la Défense, 1994. <http://www.livreblancdefenseetsecurite.gouv.fr/pdf/le-livre-blanc-sur-la-defense-1994.pdf>

的軍事領域外，還包括天然災害、網路攻擊等，更將恐怖主義的崛起視為影響國家安全的重大威脅之一。[9]

第二、法國在 2015 年遭受兩次恐怖攻擊行動，分別為查理周刊事件與巴黎恐攻，為近年歐陸遭受最嚴重的恐怖攻擊。相較過去法國的恐攻，在這兩次恐怖攻擊中，攻擊者的身分有兩項特色，第一，恐怖分子的組成從殖民地獨立份子、分離主義份子轉向極端宗教份子；第二，恐怖分子成員則從海外人士轉為本土公民。

本研究首先針對相關概念—恐怖主義與反恐戰略作界定與說明，進行操作性定義，將恐怖主義定義為「非國家的行為者在具有政治目的的前提下，以一切形式的暴力為主要手段，針對非戰鬥人員行動，並造成其人身威脅及影響其心理」；反恐戰略則指「國家為打擊恐怖主義，規劃及運用其資源，並透過國內及國際的途徑，進行整體的行動」。接著，本文以法國於 2008 年與 2013 年所提出的《白皮書》為研究的主要對象，分析法國在面對恐怖主義的挑戰，如何根據環境分析、整體的規劃、並進行行動，對抗恐怖主義。

貳、概念的界定與說明

由於法國在《白皮書》並未對恐怖主義及反恐戰略作任何定義，因此，本研究在進行相關分析之前，首先針對恐怖主義以及反恐戰略進行操作性定義，以作為研究過程所需之分析工具。

一、恐怖主義

恐怖主義的研究共同的難處，便是由於恐怖主義並無廣泛為各界所接受的定義，[10] 而根據不同的分類，如行為者、實施目的、思想淵源、攻擊

9　Committee of Defence and National Security, The French White Paper on Defence and National Security, 20008; Committee of Defence and National Security, *French White Paper on Defence and National Security 2013*.

10　Alex P. Schmid, "The Revised Academic Consensus Definition of Terrorism," *Perspectives on Terrorism*,

的手段與活動的平台等，恐怖主義還可細分為多種類型，[11] 造成研究的困難。不過，**Boaz Ganor** 則主張恐怖主義的定義有其必要，因為這項作為將可以幫助國際社會對抗恐怖主義。[12] 他認為恐怖主義是「一種暴力的形式，其被蓄意的針對平民使用，以達到政治目標（如民族，社會經濟，思想，宗教等）。[13]

Schmid 與 Youngman 引用 109 種恐怖主義的定義，並統計各定義中包含的元素，暴力和武力（Violence, Force）出現頻率為 83.5%；政治（Political）有 65%；恐懼或恐怖（Fear, Emphasis, Terror）有 51%；威脅（Threats）有 47%）；心理因素與期待反應（Psychological effects and anticipated reactions）有 41.5%；目標與受害者之間的差異（Discrepancy between the targets and the victims）有 37.5%，故意的、有計畫的、系統性的、有組織的（Intentional, Planned, Systematic, Organized Action）有 32%；戰鬥、戰略與戰術的手段則有（Methods of Combat, Strategy, Tactics）30.5%。[14]

根據上述的統計，Schmid 與 Youngman 便定義恐怖主義是「秘密或半秘密的個人、團體或國家行為者，基於特殊的、犯罪的或政治的理由，以重複之暴力行動使對方至於憂慮中。與暗殺相比，恐怖主義的直接暴力目標並非主要目標，直接的受害者通常是隨機選擇（機會目標），或是從目標人群中特別挑選（具代表性或象徵性的目標），以之作為訊息生產者。

Volume6, Issue2, May 2012.

11 汪毓偉認為，恐怖主義的類型依行為者可分作國家與非國家行為者恐怖主義；依實施目的可分作政治性與社會性恐怖主義；以思想淵源可分為民族型、宗教型、極左型、極右型及意識型態型恐怖主義；按攻擊的手段與活動的平台則可分作生物、核武、毒品、航空、海上、網路、經濟、生態恐怖主義等類型。汪毓瑋編，《國際重要恐怖活動與各國反制作為大事紀：2005 年 6 月 1 日至 2005 年 12 月 31 日》（台北市：幼獅文化，2006 年），頁 8-10。

12 Boaz Ganor, "Defining Terrorism: Is One Man's Terrorist another Man's Freedom Fighter?," *Police Practice & Research*, Vol. 3 Issue 4, 2002, pp.287-304.

13 Boaz Ganor, *The Counter-Terrorism Puzzle: A Guide for Decision Makers* (New Brunswick, NJ: Transaction Publishers, 2005), p. 17.

14 Alex P. Schmidt and Albert I. Youngman et al., *Political Terrorism* (SWIDOC: Amsterdam and Transaction Books, 1988), p. 5

藉由在恐怖分子（組織）、受害人及目標間，基於威脅或暴力所產生的溝通過程間，是被用來操控主要目標（或一般大眾）。基於恐怖分子威脅、強迫或宣傳之訴求不同，再將其轉為恐怖的、需求的或引起注意之目標。」[15]

而在國家政策文件的部分，美國國務院的《2000 年全球恐怖主義形勢報告》（*Patterns of Global Terrorism 2000*）定義恐怖主義為「次國家團體或秘密團體採用有計畫的、具政治目的性之暴力侵犯非戰鬥人員，目標通常是為影響群眾。」[16] 此定義為美國國務院相關報告一直延用至今。

至於在國際組織的層次，聯合國大會於 2006 年 9 月 28 決議通過的《聯合國全球反恐戰略》（*The United Nations Global Counter-Terrorism Strategy, A/RES/60/288*）中定義恐怖主義為「一切以任何形式、方法和表現，旨在對人權，基本自由和民主的破壞活動，威脅到領土完整，國家安全與動搖合法政府。」[17]

綜合上述所言，可見恐怖主義包含四個部分：

1. 行為者為非國家的行為者；
2. 具有政治目的；
3. 以暴力為主要手段；
4. 目標通常為非戰鬥人員及影響其心理。

因此，本文擬定義恐怖主義為「非國家的行為者在具有政治目的前提下，以一切形式的暴力為主要手段，針對非戰鬥人員行動，並造成其人身威脅及影響其心理。」

---

15 轉引自 United National Office on Drugs and Crime, "Definitions of Terrorism," United National Office on Drugs and Crime. At <http://web.archive.org/web/20070527145632/http://www.unodc.org/unodc/terrorism_definitions.html>.

16 The Office of the Secretary of State, *Patterns of Global Terrorism 2000*, 2001, p.3.

17 UN, "*The United Nations Global Counter-Terrorism Strategy (A/RES/60/288)*," UN, December, 2006. At<http://www.un.org/en/terrorism/strategy-counter-terrorism.shtml>.

二、反恐戰略

國家行為者在面對恐怖主義的挑戰，必然需要反恐戰略的總體指導。這是由於恐怖攻擊的不確定性與無法預測性，加上反恐需要多領域、多行為者與政策的搭配，透過戰略的指導與規劃，方能冷靜地分析現狀，並據此行動。事實上，一個持續且穩定的反恐戰略方能使各面向的單位與力量協調與配合。[18] 本文繼恐怖主義意涵的說明與界定後，接著要闡明反恐戰略的內涵，並藉由相關研究之主張，提出研究所需的反恐戰略定義。

大陸學者張家棟認為，所謂反恐怖指「政府、軍隊、警察和團體為了應付恐怖主義威脅或恐怖活動而從事的活動，採取的策略，使用的戰略。」[19] 另外，盛紅生從國際的層面論述反恐的形式包含國際組織內的協調、國際會議與常設機構、聯合反恐演習、強制措施與司法合作。[20] 此二論述雖然說明反恐的主體為國家，及運作的層次包含國際及國內以外，並未對具體作法提出建設性的看法。

美國在 2003 年提出的《國家反恐戰略》（*The National Strategy for Combating Terrorism*）便主張以 4D 戰略—打擊、拒絕、削弱及保衛（4D strategy：Defeat, Deny, Diminish and Defend）作為主要打擊恐怖分子的手段。[21]

相較於美國的直接性的軍事打擊，歐洲國家則採取迥然不同的方式應對恐怖主義。此乃源自於兩者在本質上對於恐怖主義界定的差異，歐盟國家認為恐怖主義是一種犯罪行為；美國則視恐怖主義嚴重威脅全球安全與（美國）國家利益。因此，前者主張以司法手段解決，後者則認為必須以先發制人的手段（包括武力的使用）。[22]

---

18 王偉光著，《恐怖主義・國家安全與反恐戰略》（北京：時事，2011 年），頁 316-317。

19 張家棟，《恐怖主義與反恐怖 歷史、理論與實踐》（上海：上海人民，2012 年），頁 252。

20 盛紅生，《國家在反恐中的國際法責任》（北京：時事，2008 年），頁 68-101。

21 The White House, *National Strategy for Combating Terrorism*, 2003, pp11-12.

22 張福昌，〈歐盟 3P1R 反恐戰略的功能與局限〉，《全球政治評論》，第四十九期（2015），頁 24。

　　在此不同的思維下，歐盟為對抗恐怖主義，建構歐盟反恐戰略（EU Counter-Terrorism Strategy），提出預防（Prevent）、保護（Protect）、追捕（Pursue）與反應（Respond）作為打擊恐怖主義的最高指導原則。[23]

　　Philip H. Gordon 進一步指出歐洲國家應對恐怖主義有五個特點：

1. 反恐行動應優先考慮外交、法律執行和國際情報合作；
2. 軍事打擊有其必要性，但要限縮在有限的恐怖分子目標；
3. 避免落入恐怖份子設下的陷阱；
4. 強調行動的合法性（Legitimacy），建立一個得到聯合國的支持與 與的國際（反恐）聯盟；
5. 重視規劃與解決區域的問題。[24]

　　由此可見，歐盟面對恐怖主義的侵擾，不同於美國以軍事打擊為主的運作模式。

　　對於軍事手段在處理反恐議題的效度之問題，直接的軍事打擊不見得是最有效的工具，反而可能會造成國家在反恐行動的過程中更大的傷害。Adam Roberts 從歷史的途徑分析，認為以軍事干預的手段對抗恐怖主義往往導致悲劇，[25] Paul W. Schroeder 指出國家行為者在運用軍事手段遂行反恐時，要避免進行恐怖分子希望，但國家不希望的戰爭；國家須正視其行為不僅取決於其周遭環境，也要考慮到國際政治的格局；國家必須同時提防勝利及失敗的危險，以免陷入反恐主義的泥淖中，面臨更大的風險。[26] 事實上，國家在反恐怖主義的行動中，單純的鎮壓並未能獲致效果。[27]

---

23 EU, "EU Counter-Terrorism Strategy," At< http://www.consilium.europa.eu/en/policies/fight-against-terrorism/ >.

24 Philip H. Gordon, "NATO After 11 September," *Survival*, vol.43, no.4, Winter 2001-02, pp. 94-96.

25 Adam Roberts, "The 'war on terror' in historical perspective," edited by Thomas G. Mahnken and Joseph A. Maiolo, *Strategic studies : a reader* (London : Routledge, 2008), pp.48-49.

26 Schroeder, Paul W, "The Risks of Victory: An Historian's Provocation," *National Interest*, No.6 Winter2001/2002, p.22.

27 胡聯合，《當代世界恐怖主義與對策》（北京：東方，2001 年），頁 473。

Geraint Hughes 認為武裝力量在反恐行動中仍有一定的角色，但軍力的運用只是總體戰略的一部分，而此總體戰略需以非軍事手段為優先考量。[28] Neil C. Livingstone 提出恐怖主義為政治問題，若無政治方案消除恐怖主義的原因，則恐怖主義將無從解決。[29] 總而言之，對恐怖主義的打擊，軍事手段為選項之一，但更重要的是必須具備全面性的戰略思考。

從上述的分析可見，國家無庸置疑地當為反恐戰略的行為主體；行動的層次涵蓋國內及國際兩個部分；使用的工具也不侷限於軍事打擊或單一面向；目的則為打擊或削弱恐怖主義。因此，本文界定反恐戰略為「國家為打擊恐怖主義，規劃及運用其資源，並透過國內及國際的途徑，進行整體的行動。」

參、法國反恐戰略的思考與規劃

本研究以法國薩克齊政府與奧德郎政府分別於 2008 年及 2013 年所提出的《白皮書》為研究對象，分析法國當代的反恐戰略，說明在面對恐怖主義的挑戰，法國如何根據環境分析，建構對獨特的思考模式，指導整體的規劃、並進行相關的反恐行動。

一、反恐戰略的思考

戰略的目的便是行動，其本身與相關決策不可能來自真空。而是來自現實環境，並且適應之。[30] 因此，在進行法國的反恐戰略檢視之前，必然要先分析法國的政治領導階層是如何評估其戰略環境。概括而言，法國領導階層認為全球化加強恐怖主義者挑戰國家的能量，而法國也並不具備足夠的資源單獨處理恐怖主義的相關問題。因此，法國必須透過全球合作的途徑解決恐怖主義的威脅。

---

28 葛倫特 休斯（Geraint Hughes），《軍隊在反恐行動中所扮演的角色：自由民主國家的案例與意涵》，顏永銘譯（桃園市：國防大學，2011 年），頁 130。

29 Neil C. Livingstone, *The War Against Terrorism* (Lexington Massachusetts: D.C. Heath and Company, 1982), 159.

30 鈕先鍾，《戰略研究入門》（台北市：麥田，1998 年），頁 177。

　　法國自 2008 年後，其白皮書的內容以全球化作為描繪戰略環境的主軸，提出全球化成為影響法國戰略環境的主要因素。[31] 而 2013 年的奧德郎政府《白皮書》承襲相同的概念，並明確指出當前的國家安全威脅源自於全球化所帶來的衝擊。[32] 可見法國在戰略環境的認知上具有內在的一致性。

　　由於全球化的因素，法國主要受到政治與經濟兩個層次的影響。首先，就政治面而言，西方國家（特別指歐陸）逐漸衰落，亞洲國家的國力則穩定的成長。而歐陸周邊地區政治情勢呈現不穩定的現象，尤其是政治脆弱的失敗國家更使跨國犯罪、恐怖主義等獲得汲取養分的沃土。另外，美國作為全球首強及北約的領頭羊，其在安全、經濟等政策的改變皆影響法國的戰略構想。其次，國際金融狀態同樣影響法國的國家安全甚鉅。在近年全球經濟不景氣下，加上金融危機，法國財政壓力難以負擔國家安全相關部門的支出，便削減軍事與民事安全部門支出，[33] 同時，由於平民生活不易，當受到極端份子鼓舞時，將增加恐怖攻擊的可能。

　　2008 年的《白皮書》中提到國家間的衝突正朝向減少的趨勢，[34] 法國面臨的危險程度雖不若 1994 年以前的緊張狀態，但全球化之下的國際體系的改變，以及非國家行為者能力的增加等現象所帶來的多元化挑戰，卻也使得整體戰略環境呈現不確定與不穩定的樣貌。[35] 在上述的前提下，911 事件與後續發生在馬利與倫敦的恐怖主義得以攻擊任意國家的心臟地帶，昭示恐怖主義便成為國家安全的主要威脅之一。[36] 法國便評估恐怖主義造成傷害的規模中等，但可能性極高。[37] 事實上，根據歐盟的統計指出，法國受到恐怖攻擊的次數自 2007 年之後整體呈現下降的趨勢（2012 年出現

---

31 Committee of Defence and National Security, *The French White Paper on Defence and National Security*, p.19.

32 Ibid., p.27.

33 Ibid., pp. .27-30, 33-40.

34 Ibid., pp.13, 20-23..

35 Ibid., pp.13-14.

36 Ibid., pp.27-29.

37 Ibid., p.54.

高峰後，再度下降）；發起攻擊的主體除了主要的分離份子之外，伊斯蘭恐怖分子也逐漸擔綱起重要的角色。[38]

全球化同時也加強恐怖主義採取直接的暴力威脅人民及政府的能力，使得恐怖主義的威脅增高。2013 年的《白皮書》便指出全球化促使國家間的不平等加劇，增加部分國家的脆弱性。同時，各方資源的流通性增加，如科技、人才等，亦造成管制的困難。因此，恐怖主義者在國家管制不力的情況下，獲取先進的武器系統，甚至是大規模毀滅性武器（特別是生化武器）的可能性也大幅提高。[39]

而 2001 年以來恐怖組織的代表—基地（Al-Qaeda）與相關的恐怖組織雖受到美國及盟友重大的打擊趨向衰落，但其組織成員及其他的恐怖份子卻持續分散到其他失敗國家，如敘利亞、索馬利亞及伊拉克等政治及安全皆十分脆弱的國家。加上資訊化時代下，網路空間的運用造成基礎設施的易毀性，[40] 而相關的技術也十分容易為恐怖主義者等非國家行為者在挑戰國家時所用。因此，由於恐怖分子的散佈與科技的改變，造成國家在打擊與防備上的困難程度提升。

此外，法國在國際層次上還受到三個主要國際組織的影響，分別是聯合國（United Nation, UN）、北大西洋公約組織（North Atlantic Treaty Organization, NATO）以及歐盟（European Union, EU）。這是由於法國體認到其國力無法透過單邊的行動便達到國家利益，以及前述提到歐洲國家重視行動的合法性。[41] 法國認為，在聯合國、北約及歐盟的架構下進行行動，能達到事半功倍的效果。事實上，法國雖然提到在反恐，乃至整體的戰略行動一部份是透過全球途徑進行，但在操作面上，其注重的重點是上述三個國際組織。

---

38 Europol, *European Union Terrorism Situation and Trend Report (TE-SAT) 2016*, p.10.

39 Committee of Defence and National Security, *French White Paper on Defence and National Security 2013*, pp.41-42.

40 Ibid., pp.42-43.

41 Ibid., pp. 15, 59-65, 75-115.

　　總而言之，法國在全球化的影響下，不僅政治受到國際權力結構轉變與美國政治的掣肘，同時也因為國際金融的衰退而導致財政難以負擔國家安全支出。相對法國受到全球化的衝擊，恐怖主義者反而因此壯大，提升威脅法國國家安全的能力。因此，法國在國力無力解決恐怖主義問題，以及重視行動的合法性的基礎上，於是在 2008 年與 2013 年的《白皮書》中主張藉由國內組織的調整，以及透過國際合作的模式進行反恐行動。

二、戰略規劃

　　馬平認為，界定國家利益是戰略計劃的起點。當國家利益清楚界定後，方知國家所要達成的目標為何，國家面臨的威脅與敵友的身分也才能設定。[42] 換句話說，國家制定國家利益，並設立政策目標，經過戰略環境之分析後，國家了解其戰略環境的趨勢及可能的威脅來源。接著塑造議程─排列優先次序，分配資源，應對威脅。而所謂的優先順序之評估與判斷的標準，便是由國家在不同層次的利益所決定。[43] 而這也是本研究所界定的反恐戰略─國家為打擊恐怖主義，規劃及運用其資源，並透過國內及國際的途徑，進行整體的行動─涉及規劃的部份。

（一）國家利益

　　2008 年的《白皮書》中，薩克齊政府國家安全戰略所考量的首要國家利益為生存，保障國民及領土的安全；其次為促進歐盟與國際安全；最後是保障共和的價值。[44] 奧德朗政府於《白皮書》中提到，法國的國防與國家安全的戰略基礎有二：維持法國的獨立與主權及確保法國在國內及國際

---

42 馬平，〈國家利益與軍事安全〉，在《強國之略：國家利益卷》，鄧曉寶主編（北京：解放軍，2014 年，頁 33。

43 李楠，《現當代西方大戰略理論探就》（北京：世界知識，2010 年），頁 40。有關國家利益的界定與分類，湯瑪士 · 羅賓森（Thomas Robinson）於〈國家利益〉（National Interests）一文中提出有六種：1. 生存利益；2. 非重要利益；3. 一般利益；4. 特定利益；5. 可變利益；6. 永久利益。其中生存利益為一國之基礎，不容退讓。其他利益則多少可以做出讓步。詳請參閱 Thomas Robinson, "National Interests," James N. Rosenau ed., *International Politics and Foreign Policy: A Reader in Research and Theory* (New York: Free Press, 1969), pp.184-185.

44 Committee of Defence and National Security, *The French White Paper on Defence and National Security*, p.58.

行動的合法性。[45] 在此前提下，法國政府認為其國家戰略的優先順序由上到下為：[46]

1. 保護國家領土和海外的法國人，並保證國家的功能的持續性；
2. 保證歐洲和北大西洋的的夥伴和盟友的安全性；
3. 穩定歐洲附近的夥伴和盟友；
4. 維持中東、阿拉伯和波斯灣地區的穩定性
5. 促進世界和平

　　換句話說，法國的前後任政府，在其《白皮書》的皆主張生存為國家利益的核心。兩者的差別，則是前者注意的是法國及其傳統盟友的安全；後者將涉及國家利益的範圍擴大。而本文要處理恐怖主義議題，便是分類至第一項—保護國家領土和海外的法國人，並保證國家的功能的持續性之部分。其中 2013 年的《白皮書》在此處特別提到恐怖分子使用大規模毀滅性武器所帶來的危機，促使國家必須採取立即性的因應措施。[47]

（二）戰略目標

　　繼國家利益在反恐層次的界定後，就必須據此設立國家目標。2008 年的白皮書中，戰略目標為保障法國的生存的前提下，透過監控、消滅相關人員與物資的流動，另外，也要避免恐怖分子使用生物、化學、放射性與核子武器（Chemical, biological, radiological and nuclear, CBRN）。[48] 奧德朗政府在《白皮書》中認為，恐怖主義的威脅主要來自三項：第一、大規模毀滅性武器的使用；使用簡單的武器非國家行為者；網路攻擊。[49] 因此，其目標便集中在三個部分：[50]

1. 預防風險，藉由合法的情報察覺與無效化，保衛領土受具敵意者的入

---

45 Ibid., pp.19-25.

46 Ibid., p.47.

47 Ibid., pp.47,81.

48 Ibid., pp.58-59.

49 Ibid., pp.47,81.

50 Ibid., p.99.

侵，並且非展政府在對抗輻射性武器的主動性；

2. 保護特別薄弱的空、陸及海上運輸網絡，以及國家的基礎建設與敏感的資訊系統；

3. 透過電子高科技的優勢，以電信、影視監視等方式，保護資訊系統及對抗大規模毀滅性武器。

由上述可見，法國政府的主要目標仍是集中在避免恐怖份子使用大規模毀滅性武器進行對法國本土的攻擊。因此，其在行動上便側重於防止大規模毀滅性武器的擴散。

肆、法國反恐戰略的行動

薩克齊政府與奧德朗政府在國家戰略架構下對抗恐怖主義的行動有所承襲之處，卻也側重不同的層面。前者透過政府組織的改革，加強情報以及政府國家安全相關單位的協調；後者則是在前人的基礎上，進一步強調海外行動的重要。以下分別就薩克齊政府時期與 2008 年的《白皮書》，以及奧德郎政府時期與 2013 年的白皮書進行分析。

一、2008 年《白皮書》—新路線與整合協調

薩克齊政府於 2008 年的《白皮書》提出，由於冷戰的終結與全球化的影響，威脅的來源從單一的軍事層面朝向多樣性的發展。此時的法國為因應威脅，首先在白皮書中檢討國家安全的定義，主張要將國防政策（軍事）、國內安全與一般政策（民事）三者相結合，而非過去將軍事安全與民事安全分開。換句話說，法國政府希望透過國家安全的再定義，將軍事及民事層級連結，以促進國家安全。[51] 在此思維下，薩克齊政府為保障法國國家安全，提出兩個主要的方向，一為提出五項行動的原則：知識及預知（Knowledge and anticipation）、嚇阻（Deterrence）、保護（Protection）、預防（Prevention）與干預（Intervention），二是組織再造。此時法國對抗恐怖分子的行動便在上述的指導架構下進行。

---

51 Ibid., pp.58-59.

就五項行動而言，除嚇阻外，2008 年的《白皮書》皆論及反恐的行動，但重點還是放在知識及預知，以及保護的部分，也就是後續組織再造所提。

薩克齊政府認為，法國整個國家安全架構已跟不上時代的變化。[52] 以法國情報架構為例，《白皮書》指出，法國主要共有四個情報單位涉及反恐怖主義的業務。分別是中央情報總局（Central Directorate of Interior Intelligence, DCRI）、對外情報總局（General Directorate for External Security, DGSE）、軍事情報局（Directorate of Military Intelligence, DRM）、國防保護與安全總局（Directorate for Defense Protection and Security, DPSD）。在上述四個單位中又分為本土安全、對外行動與軍事部分。事實上，法國情報單位一直有結構不穩定，頻繁更換的問題。[53] Christopher Hill 便認為眾多情報單位將導致獲取資訊不易。[54] 另外，法國雖然在 1984 年成立反恐協調中心（Co-ordination unit of the fight against terrorism, UCLAT），以協調多個單位的反恐部隊，確立管轄與隸屬，減少官僚程序的浪費。但在實際的運作中，仍無法改善法國在反恐單位疊床架屋的狀況。另外，情報單位的失能，還存在於對行政部門的不信任，拒絕提供情報的行為。特別是在冷戰期間，情報單位懷疑行政部門中有共產黨，故拒絕分享相關情報，使反恐行動出現困難。[55]

因此，《白皮書》便進行組織改革，協調情報與整合各部門相關行動。首先，在情報部分，薩克齊力推國家情報委員會的組成。國家情報委員會由總統主持，將情報和安全機構負責人，以及行政部門聚在一起進行會議，並透過國防與國家安全委員會秘書長（Secretary General for National Defence）協調情報各單位工作。[56]

---

52 Ibid., p.241.

53 Ibid., pp.129-133.

54 Christopher Hill, *The Changing Politics of Foreign Policy* (New York: Palgrave Macmillan, 2003),pp.66-71.

55 Frank Foley, *Countering Terrorism in Britain and France: Institutions, Norms and the Shadow of the Past* (New York: Cambridge University Press, 2015). pp. 84-128.

56 Committee of Defence and National Security, *The French White Paper on Defence and National*

　　其次，《白皮書》提出成立國防與國家安全委員會（Defence and National Security Council）的構想。本委員會由總統主持，下轄國家情報委員會和核武裝委員會，各自承擔情報協調和核威懾業務。國防與國家安全委員會下設總秘書處，由原來的國內安全委員會總秘書處和國防委員會總秘書處合併而成。總秘書處歸屬總理府，在內閣總理領導下工作，主要任務是協調各部會及促進跨部會在會議的進行。[57] 根據有關法令，國防與國家安全委員會由總統主持，總理、國防部長、內政部長、經濟部長、預算部長和外交部長為正式成員。但在總統認為有必要之時，總統有權指定其他有關部門或機構的負責人參加。[58]

　　因此，在上述的架構下，政府各部門在面對恐怖主義的攻擊時，具有跨部門協調的平台。不僅得以分享情報，使決策高層得以掌握狀況，各部門也也可以彼此支援，快速地進行危機管理與相關處置。[59]

二、2013 年《白皮書》—重組與干預

　　2013 年的《白皮書》基本上延續 2008 年《白皮書》中除了嚇阻之外的知識及預知、嚇阻、保護、預防與干預四項行動的原則，在此架構下進行指導法國相關部門反恐怖主義的行動。不過，奧德朗政府相較於薩克齊政府重視組織改革的方向，其更加強調海外行動的重要。本文將之細分作國內途徑及國際途徑進行分析。

（一）國內途徑

　　在國內途徑的部分，法國的反恐主要集中在知識及預知、保護及預防

Security, pp.129-133.

57　Ibid., pp.242-243.

58　legifrance.gouv.fr, "Decree of 2009-1657 of 24 September 2009 relate to Defence and National Security Council General Secretariat for Defence and National Security," 29 December, 2009. <https://www.legifrance.gouv.fr/affichTexte.do?cidTexte=JORFTEXT000021533568&categorieLien=id>

59　Frank Foley, *Countering Terrorism in Britain and France: Institutions, Norms and the Shadow of the Past* (New York: Cambridge University Press, 2015), pp.87-88.

三部分：[60]

1. 知識及預知，此處指情報的蒐集部分，透過各情報部門的協調及先進科技的使用，監督國內恐怖主義的活動；
2. 保護，透過民事單位與軍事單位的結合，並以國內的反恐警戒計畫（Plan Vigipirate）建立反恐的網絡。
3. 預防，指的是阻止非法交易，如毒品、武器等

（二）國際途徑

在國際途徑的部分，法國的反恐主要集中在知識及預知、保護、預防及干預四部分：[61]

1. 知識及預知，在前述的國內基礎上，透過國家與國家、國家與國際組織的情報合作，獲得一手的恐怖主義及相關情報；
2. 保護，此處指的是法國的海外人民及財產；
3. 預防，除了前述的毒品及武器等非法交易外，主要是指裁軍和防止大規模霧氣的擴散與政治性的和平建設
4. 干預，在聯合國、北約及歐盟的架構下，透過政治手段，如維和、及穩定行動等，使政治動亂或致力不善的失敗國家情勢穩定，進一步剷除恐怖主義者活動的地點。

此時期的法國反恐戰略除了繼續加強國內反恐的安全力量，以及繼續促進情報工作的偵搜、協調等，亦開始強調海外行動。奧德朗政府認為透過海外干預、和平建設等行動，重新建設衰落中的失敗國家的政治秩序，能降低恐怖主義的散播，進而保護法國及其盟友的安全。換句話說，奧德郎政府希望透過更為積極的行動模式，改善整體戰略環境，解決恐怖主義在內的威脅來源，達到維護國家安全目的。

不過，法國由於歐債以來，國家整體經濟發展不佳的限制，以及整體

---

60 Committee of Defence and National Security, *French White Paper on Defence and National Security 2013*, pp.68-72, 74-79.

61 Ibid., pp.68-72, 74-82.

國家戰略方向的轉變。奧德朗政府主張進行軍隊的縮編和重組，在財政負擔與維持國家軍事力量之間平衡。在此情況下，奧德朗政府將更為依賴盟友、聯合國、北大西洋公約組織與歐盟之間的合作，進行情報的分享與海外行動的支持等各項活動。

伍、結論

本文以法國的反恐戰略為研究的主要對象，並以法國《白皮書》的分析與研究為主。本研究首先針對相關概念—恐怖主義與反恐戰略作界定與說明，進行操作性定義，將恐怖主義定義為「非國家的行為者在具有政治目的前提下，以一切形式的暴力為主要手段，針對非戰鬥人員行動，並造成其人身威脅及影響其心理」；反恐戰略則指「國家為打擊恐怖主義，規劃及運用其資源，並透過國內及國際的途徑，進行整體的行動」。接著，本文以上述定義分析《白皮書》中有關現任政府在面對恐怖主義的挑戰，如何根據環境分析，透過戰略層次的思考，確立國家利益，並以整體的戰略規劃，指導反恐行動。

本文認為，法國前後任政府皆重視全球化的影響，從宏觀的角度進行分析與動作，主張以全球途徑解決恐怖主義的威脅。奧德郎政府則在知識及預知、嚇阻、保護、預防與干預五個戰略指導原則的架構下，進一步主張透過海外行動的模式，更為積極的解決恐怖主義等威脅。

但令人遺憾的是，法國在 2015 年遭受兩次恐怖攻擊行動，分別為查理周刊事件與巴黎恐攻，後者乃近年歐陸遭受最嚴重的恐怖攻擊。在後續的相關報告指出，由於法國情報單位之間，以及與國外情報機構缺乏協調的缺失，造成兩起恐怖攻擊的發生，因此相關單位有精簡與合併，並設立國家級的反恐中心的必要性。[62] 由此可見，法國長期建立的反恐體制，依然存在嚴重的漏洞，使得法國無法擺脫恐怖主義等對國家安全的威脅。

---

62 Assemblée nationale, *Relative aux moyens mis en œuvre par l'État pour lutter contre le terrorisme depuis le 7 janvier 2015*. <http://www.assemblee-nationale.fr/14/rap-enq/r3922-t1.asp>.

國際關係中的詮釋學：
兼論與戰略文化研究整合之可能性

巫穎翰[*]

壹、前言

在自然科學與社會科學中，存在不同的研究典範與理論，這些典範與理論不斷的演進、調整自身，以使其核心概念能夠符合世界的現實狀況。科學革命之所以會發生，肇因於舊典範長久無法「消化」（解決）異常現象，使得越來越多科學家懷疑原典範的正確性，開始尋求新典範的可能性。[1]大致來說，自然科學界的研究期望能夠透過觀察外在世界的演變，歸納出一套能夠解釋自然現象的理論，甚至進一步能夠控制並且預測自然現象，例如牛頓在提出力學的觀點後，認為一切的現象都可以經由數學的表達來進行解釋和預測。對社會科學而言，讓人感到掙扎的，就是人類的行為是否能夠完全按照自然科學的方法與邏輯來進行研究。牛頓力學的決定論同樣引發了質疑人類行為中的決定論。因為，如果人類只不過是分子的複雜集合，也就是物質的複雜集合，且如果這些集合根據相同的定律行為，那麼，就不存在真正的選擇自由，只存在這種自由的假象。[2]

或許，將力學的觀點應用於人類活動與其行為的分析與解釋上，或者說嘗試以數學公式分析複雜多變的人類行為，難免讓人感到有些過度簡化。然而這種自然科學方法應用於人類行為之分析是否合宜的爭論，則又是確實發生的事實，而在國際關係研究的領域中，即為傳統主義與行為主義之間的爭論。[3]基本上行為主義可被視為是一個認為國際關係理論能夠成

　　為一個具備更佳細緻度、準確性、簡約化以及預測和解釋能力的一種科學的學術信念。[4] 其要求研究者採取科學的方法與態度。因此針對政治行為提供經驗解釋便成為可行之事，以此測定為何人們從事政治行為以及政治過程與政治體制又是如何發揮作用的。[5]

　　反之，提倡傳統主義的國際關係研究者則反對行為主義國際關係研究者所青睞的研究方法，並且認為哲學、歷史與國際法才是研究國際關係的較佳方式。[6] 雖然今日學界對於這兩種迥異的研究方法已經改採兩者並存，而非互相排斥的看法。但若以現今的理論發展現況而言，這兩種研究取向之間對於理論與研究方法的差異，就好比美國學界與英國學派之間的關係一般。

　　不同取向，反映出對社會科學研究的看法，美國國際關係研究採取科學方法，認為國際政治學這門學科不應停在具體的歷史研究和政策分析上，應從宏觀上科學地證明國際關係的規律性。[7] 同時，其認為世界的構成是以物質為主，物質本身有先驗的意義，因而可以按照意義本身來對國際關係行為者的未來動向做出預測。英國學派則視國際關係為社會現象而非物理現象，國際社會是社會事實，非物理事實，國際社會的探索是屬於社會學範疇。[8] 也因為國際社會屬於社會學範疇，因此英國學派認為在研究上無法達到價值中立的狀態，如 Hedley Bull（1932-1985）即為一例。[9]

閱莫大華，〈國際關係理論大辯論研究的評析〉，《問題與研究》第 39 卷，第 12 期（2000 年），頁 65-90。

4　Robert Jackson and Georg Sørensen, *Introduction To International Relations* (Oxford：Oxford University Press, 1999), p. 219.

5　Ibid, p. 220.

6　有關國際關係中傳統主義對行為主義的批評，可參閱 Hedley Bull, "International Theory: The Case for a Classical Approach", *World Politics*, Vol. 18, No. 3 (April 1966), pp. 361-377.

7　萬泰雷，〈在自然科學與人文學因素的天平上 - 從學科建設角度看爭論中的西方國際關係理論〉，《外交學院學報》2011 年第二期，頁 95。

8　許衍華，〈國際關係研究的詮釋學 - 狄爾泰評介〉，《國際關係學報》第 33 期（2012 年），頁 177。

9　Hedley Bull 對國際關係研究的影響，可參閱 Stanley Hoffman, "Hedley Bull and His Contribution to

　　這兩種不同研究方法，是源自兩種不同概念本體論與方法論之間的差異，就本體論角度而言，物質主義本體論認為國際社會是以物質為基礎，因此可以求取一個客觀規律；理念主義則認為人類賦予物質意義，因此並無絕對客觀規律存在。而在認識論部分，物質主義在認識論上認為研究的對象是客觀存在的現象，可透過科學方法來進行研究；理念主義則認為研究的對象是人類的主觀建構，國際政治的世界是人類透過語言、文字所建構而成，因此並不適用於自然科學研究方式。兩者分歧的本體論與認識論導致了研究方法上的差異。章前明認為這兩種差異表現為國際關係中實證主義和詮釋學（hermeneutics）的爭論。科學派大多堅持實證主義方法，而人文派一般主張詮釋學方法。[10] 雖然實證與詮釋已是兩種並行的方法，但基於前述研究方法的爭論，也顯示詮釋的方法是值得進一步釐清的方法。本文以詮釋學概念為基礎，梳理詮釋學概念應用於國關研究上的意義，嘗試探討其與戰略文化（Strategic Culture）研究整合可能性。

貳、詮釋學的概念 [11]

　　詮釋學一詞有淵遠歷史背景。英語中詮釋學（Hermeneutics），源於希臘動詞中的 hermeneuein，或名詞中的 hermeneueia，兩者都譯為詮釋。[12] 西方詮釋學家將希臘神話中諸神的信使之名 Hermes，當作動詞 hermeneuein 和名詞 hermeneueia 的詞根。[13] 在希臘神話，Hermes 被描述成足蹬雙翼的神，其職責是將上帝的旨意傳達給人類。由於神的語言不同於人類，因此，他還需首先將神的語言翻譯成人的語言；不僅如此，他還必須加以必要的解釋，因為神諭在很多情況下只是一種隱喻，凡人難窺其

International Relations", *International Affairs*, Vol. 62, No. 2 (Spring 1986), pp.179-195.

10 章前明，《英國學派的國際社會理論》（北京：中國社會科學，2009 年），頁 84。

11 詮釋學的概念與典型有多種分類，本文所探討的詮釋學概念以 Friedrich Ernst Daniel Schleiernacher（1768-1834）與 Wilhelm Dilthey（1833-1911）兩者為主，至於其他的詮釋學名家則暫略而不談。

12 Richard E. Palmer, *Hermeneutics: Interpretation Theory in Schleiermacher, Dilthey, Heidegger, and Gadamer* (Illinois : Northwestern University Press, 1969), p. 12.

13 潘德榮，《西方詮釋學史》（台北市：五南，2015 年），頁 30。

奧妙。[14]而詮釋的概念就是從神祇 Hermes 的工作，投射到人類身上的樣態，是故牧師的解經行為，往往被視為是人類最早進行的詮釋工作。

因此在此一層面，詮釋學與宗教有密切淵源。最早的詮釋學乃指向某些特定領域（如宗教和法律），以特定的文本（宗教經典、法典或文學作品）為詮釋對象，與特定的實踐活動（如牧師和法官等的職業活動）密切相關的一種詮釋技藝以及相關的規則方法，因而可以看成是一種特殊詮釋學或局部詮釋學。[15]此處的特殊與局部，乃表明被詮釋的對象被侷限於《聖經》或早期的法律經典，並且特殊與局部的詮釋學大多都是指涉對《聖經》的詮釋，其原因就在於《聖經》在早期的歐洲世界某種程度上即代表戒律，是道德規範的準據。而一般來說，詮釋一詞有三種意義的指向：說或陳述，即口頭講說；解釋或說明，即分析意義；翻譯或口譯，即轉換語言。[16]因此特殊詮釋學或局部詮釋學的核心，即在透過陳述、說明與口譯的方式，將特定的文本意涵以詮釋者的口語表達出來，也就是前述特定實踐活動如牧師對《聖經》講解。由於特定實踐活動的主要模式即為理解文本，並且解釋文本意涵，因此理解與解釋就成為詮釋過程的兩項核心。

而按照 Richard E. Palmer 的看法，詮釋學發展歷程中，詮釋在意義上更有六種不同典型，分別是聖經註釋理論、普遍的哲學方法、語言理解的科學、精神科學的方法論基礎、此在與存在理解的現象學、意義回復與破除偶像詮釋系統，用以掌握神話與符號背後的意義。[17]詮釋學在不同的典型中代表不同的意義，Elizabeth Struthers Malbon 認為上述六種典型會呈現出不同詮釋者的目標，並且與詮釋的三種意義指向有意涵上的連貫。言說的詮釋學朝向哲學或神學；解釋的詮釋學則以方法學為主，無論是在一般意義上的理論或是明確意涵上的聖經註釋；翻譯的詮釋學則以新詮釋學為主，將其重心置於存在與存在理解的現象學。[18]至於潘德榮則是認為，詮

---

14 同上註。

15 彭啟福，《理解之思 - 詮釋學初論》（合肥市：安徽人民，2005 年），頁 10。

16 洪漢鼎，《當代哲學詮釋學導論》（台北市：五南，2008 年），頁 3。

17 Richard E. Palmer, op. cit., p. 33.

18 Elizabeth Struthers Malbon, "Structuralism, Hermeneutics, and Contextual Meaning", *Journal of the*

釋學可被區分為前詮釋學、一般詮釋學、體驗詮釋學、此在詮釋學、語言詮釋學、本體詮釋學。[19]

　　詮釋學最早主要是源自於對特定文本的解讀，詮釋的對象原則上以《聖經》為主體，因此一開始詮釋學被視為一門技術，直到 Friedrich Ernst Daniel Schleiermacher（1768-1834），才將詮釋學概念加以拓展，而後由 Wilhelm Dilthey（1833-1911）將概念完備。儘管 Schleiermacher 在神學等領域有非凡成就，但在二十世紀後期，身為詮釋學家先驅的名聲卻蓋過了他在其他領域的成就。[20] 面對將詮釋對象限縮於特定主體的詮釋學時，Schleiermacher 認為作為理解藝術的詮釋學還不是普遍的存在，迄今存在的其實只是許多的特殊詮釋學。[21] Schleiermacher 期望能夠將這技術應用至其他更多樣化的文本對象，他反對將神學與古典哲學分離，並將所有透過書寫或口說的表達視為詮釋的對象，進而將詮釋從僅是補充或輔助神學的地位予以提高。[22] Schleiermacher 認為文本的意義就是作者的意向或思想，而理解和解釋就是重新表述或重構作者意向或思想。[23]

　　對於如何重新表述或是重構作者意向與思想，Schleiermacher 提出了語法的與技術的方式，[24] 他指出要理解一段言談，通常包含兩個部分：盡可能去理解語言文本系絡中所被表達的事物，並據此理解作者的思想。前者語法方式的對象純粹只針對語言表達本身，透過對特定文本詞語的時代

American Academy of Religion, Vol. 51, No. 2 (Jun 1983), p. 213.

19　可參閱潘德榮，〈當代詮釋學的發展及其特徵〉，《鵝湖學誌》，第九期（2002 年）。

20　Brent W. Sockness, "The Forgotten Moralist: Friedrich Schleiermacher and the Science of Spirit", *The Harvard Theological Review,* Vol. 96, No. 3 (July 2003), p. 345.

21　施萊爾馬赫，〈詮釋學演講〉，洪漢鼎等編譯，《詮釋學經典文選 上冊》（台北縣：桂冠，2005 年），頁 47。

22　Hendrik Birus, "Hermeneutics Today Some Skeptical Remarks", *New German Critique,* No. 42 (Autumn, 1987), p. 73.

23　洪漢鼎，《當代哲學詮釋學導論》，頁 33。

24　技術的方式亦有學者表達為心理的方式，可參閱洪漢鼎，《當代哲學詮釋學導論》，頁 35-37。

性與適用性對比來查明字詞真義。[25] 而後者的技術方式，視文本表達的語言為外在表現，而其目的就是去掌握作者特性與內在思想。技術方式並非透過言詞的語內關係或是現實上對詞語的描述或表達，而是透過言說者的思想來進行理解。[26]

　　Richard S. Rudner 指出，社會研究的目的就是對被研究對象的某種理解，這種理解可以通過研究者的某種移情，或類似移情的，或其他參予行為而獲得，並得到證實。[27] 而在 Schleiermacher 看來，理解不僅是把握一種文字結構的意義，不僅要有一種「設身處地」的精神，而且要超越它，理解的本質在於，通過移情的心理學方法創造性地還原或重建作者所要表達的東西。所以也有人稱 Schleiermacher 為移情詮釋學或心理學詮釋的辯護者。[28] Schleiermacher 將詮釋學從特定文本中解放出來，Hans-Georg Gadamer（1900-2002）就指出 Schleiermacher 的詮釋學由於把理解建立在對話和人之間的一般相互了解上，從而加深了詮釋學基礎，而這種基礎同時豐富了那些建立在詮釋學基礎上的科學體系。詮釋學不僅成為神學的基礎，而且是一切歷史精神科學的基礎。[29] 彭啟福亦稱其使詮釋學走出了聖經詮釋學、語文學詮釋學和法律詮釋學的藩籬，由局部詮釋學轉變為一般詮釋學。[30] 但殷鼎認為 Schleiermacher 的詮釋學煽起了一代又一代人追求古典文化或作品的「原意」的熱情，並且不肯承認，理解永遠是一種更新歷史文化的創造。[31] 而到了 Wilhelm Dilthey（1833-1911）才進一步將 Schleiermacher 的詮釋學發揮，並且把詮釋學本體論、認識論與方法論予

25　Bruce D. Marshall, "Hermeneutics and Dogmatics in Schleiermacher's Theology", *The Journal of Religion*, Vol. 67, No. 1 (Jan., 1987), p. 17.

26　ibid.

27　Richard S. Rudner 著，《社會科學哲學》，曲躍厚、林金城譯（北京：生活．讀書．新知三聯書店，1989 年），頁 145-146。

28　潘德榮，〈當代詮釋學的發展及其特徵〉，頁 140。

29　伽達默爾，〈詮釋學〉，在《詮釋學經典文選 下冊》，洪漢鼎等編譯（台北縣：桂冠，2005 年），頁 214。

30　彭啟福，前引書，頁 19。

31　轉引自 彭啟福，前引書，頁 20。

以確立。

　　在前述的 Palmer 詮釋學六典型中，Dilthey 詮釋學被視為精神科學（Geisteswissenschaften）的方法論基礎，[32] Patrick Heelan 認為方法論的詮釋學是一門詮釋文本的科學與藝術，其目的是要獲取文本所表達的事物本身（the things themselves），在此脈絡下，文本的事物本身是直接由文本傳遞給富有經驗的讀者的。[33] 而文本的事物實際上就是作者的精神思想，因此以廣義的角度而言，就是為了將研究的主體與客體合一。

　　Dilthey 所處的年代，實證主義對社會科學研究有顯著影響，其中 Auguste Comte（1798-1857）更認為實證主義的基本原則就是視所有現象為恆定自然法則的主體。[34] 對自然科學而言，其研究對象是自然世界的事物，是獨立存在的外在事物，是以人去進行外在世界研究，是主體與客體相分離。在 Dilthey 看來，自然科學研究追求「同」、追求自然法則、追求空間、時間、量與運動的關係，在此人將自己（活生生的感覺、價值判斷等）排除在外，「自然」成了「實在的中心」。[35] 自然科學追求法則，並且有意識地將人的因素排除在外，期望能夠獲得真正的價值中立，以此追尋所謂真理。隨著科學方法鼎盛，各學科漸漸開始脫離所謂知識之母的哲學，把所謂形而上的哲學思維拒於門外，使得哲學的發展受到了嚴重的衝擊。而另一方面，秉持歷史主義的學者亦認為，歷史是由人類所構成，且人類的行為與活動往往充斥著突發性與不可預測性，因此主張追求具合理

32　Geisteswissenschaften 為德語，一般譯為精神科學或人文科學，本文採精神科學之譯詞。而 Dilthey 在其著作《精神科學引論》中指出他是沿用 John Stuart Mill 的《邏輯學體系》一書德文版的用詞，他認為使用精神科學一詞是最為適合的。可參閱 Dilthey 著，《精神科學引論 第一卷》，童奇志、王海鷗譯（北京：中國城市，2002 年）。

33　Patrick Heelan, "Natural Science as a Hermeneutic of Instrumentation", Philosophy of Science, Vol. 50, No. 2 (Jun 1983), p. 183.

34　David Lewisohn, "Mill and Comte on the Methods of Social Science", Journal of the History of Ideas, Vol. 33, No. 2 (Apr. - Jun., 1972), p. 320. 而有關 Auguste Comte 的實證主義與知識論的討論，亦可參閱 Johan Heilbron, "Auguste Comte and Modern Epistemology", Sociological Theory, Vol. 8, No. 2 (Autumn, 1990), pp. 153-162

35　張旺山，〈行動人與歷史世界的建造：論狄爾泰的「生命的詮釋學」〉，《中國文哲通訊》，第九卷，第三期（1999 年），頁 79。

性、普遍性與客觀性的知識的哲學，[36] 就遭到了第二重的否定。在此背景下，Dilthey 認為哲學的唯一出路便在於，必須放棄將一切知識統於哲學一身的奢望，不再染指自然科學，採取一種以退為進的方式鞏固形而上學的領地，與歷史主義一爭高下。[37] Jean Grondin 認為 Dilthey 的目的是要將人文科學作為獨立的科學來加以理論化的研究，並捍衛它們不受自然科學及其方法論的侵犯；因此他試圖將它們置於普遍有效的、認識的基礎上，從而在哲學上宣布它們的合法性。[38]

Dilthey 的努力，反映在他的精神科學研究上。他認為，精神科學是由人為主體去研究人的精神客觀化物，是主體與客體相合一。精神科學的知識論基礎是體驗（Erlebnisse）。正是透過內在經驗或體驗，各門精神科學才獲得他們的內在的關聯性和統一性，才能作為一種自主的科學屹立在自然科學之旁。[39] 自然科學與人文學科的分歧，從十九世紀至今皆如此。[40] 對 Dilthey 來說，在歷史世界裡我們不需要像在自然世界裡那樣去探究我們的概念與外在世界之所以相符合的認識論基礎，即解決認識論中所謂主體和客體的同一性問題，因為歷史世界始終是一個由人的精神所創造的世界，因此一個普遍而有效的歷史判斷在他看來並不成問題。[41] 雖然 Dilthey 不完全排斥以自然科學方法研究人類行為，如同 Dilthey 曾斷言的，人類身為自然的一部分，理應可由自然科學方式來說明。就此觀之，精神科學算是借助自然科學得以發展，儘管如此，人類生命並非是完全受制於自然，因為自然科學僅能提供人類自然層面的因果關係解釋；但是在精神層面，人類

36　有關哲學知識的合理性、普遍性與客觀性的討論，可參閱 Robert Paul Wolff 著，《哲學概論》，郭實渝等譯（台北市：學富文化，2006 年），頁 33-36。

37　潘德榮，〈當代詮釋學的發展及其特徵〉，頁 143。

38　Jean Grondin 著，何衛平譯，〈歷史主義的解釋學問題〉，《江蘇行政學院學報》，2006 年第 4 期，頁 13。

39　張慶雄，〈狄爾泰的問題意識和新哲學途徑的開拓 - 論精神科學的自主性及作為其方法的詮釋學〉，《復旦學報 社會科學版》，2007 年第 3 期，頁 45。

40　Rens Bod and Julia Kursell, "Introduction: The Humanities and the Sciences", *Isis*, Vol. 106, No. 2, p. 339.

41　洪漢鼎，《詮釋學史》（台北市：桂冠，2002 年），頁 97。

的堅定與價值都超越了自然層面的因果關係。[42] 而也因為如此，Dilthey 認為自然科學與精神科學在研究的方法須有所區別，由於自然科學所研究與觀察的事物是獨立於人的外在實在，而精神科學則是以人的精神客觀化物作為研究客體，兩者所關注的事物很明顯不相同，因而 Dilthey 就指出對於我們來說，作為經驗的應對物的實在，是通過我們的各種各樣感覺結合在一起的內在經驗給定的，所以在各種科學計算過程之中得到運用的成分，都由於其來源各不相同而不可約通。[43] 而正是因為不可約通，因此其名言「我們說明自然，我們理解精神」便在此基礎上而生。

　　由於 Dilthey 將自然科學與精神科學予以劃分，並表明自然科學以說明為主，後者則以理解為主。這是由於自然科學所追求的法則或規律是建立在獨立於人的外在實在之上，而精神科學由於觀察與研究對象的不同，而有和自然科學的不可約通性。因此兩者在研究方法上與研究的目的上有所不同。而這樣的視角在國際關係研究的領域，也同樣適用，並以實證主義與詮釋的國際關係研究的面貌呈現在研究者面前。

參、國際關係研究中的實證與詮釋

一、實證的方法

　　Martin Hollis 和 Steve Smith 曾指出社會科學研究有兩種知識傳統，其一是外成在，透過自然科學的方式來解釋自然的運作，並將人類範疇視為自然的一部分；另一則是內在的，以告訴我們事件的意義為主，某種程度上與被發掘出來的自然法則有所區別。解釋是前者的途徑，而理解則是後者的歸依。[44]

---

42 Zhang Shiying and Zhang Lin, "The Double Meanings of "Essence": The Natural and Humane Sciences- A Tentative Linkage of Hegel, Dilthey, and Husserl", *Frontiers of Philosophy in China*, Vol. 4, No. 1 (March 2009), p. 153.

43 Dilthey 著，《精神科學引論 第一卷》，頁 24。

44 Martin Hollis and Steve Smith, *Explaining and Understanding International Relations* (Oxford : Clarendon Press, 1990), p. 1.

　　在國際關係研究領域中，反映著上述兩種知識傳統取向的即為美國科學主義與英國學派傳統主義。在 1960 年代興起的行為科學研究取向，很大程度上影響社會科學研究方法，David B. Truman（1913-2003）認為行為科學的目的是透過使用類似自然科學的探索方法來提供，或著說期望能提供有關人類行為之驗證的原則。[45] 這種被泛稱為科學主義的研究方式，目的是期望能夠透過科學方法引進，讓社會科學也能成為真正的科學。此種方法取向被廣為嘗試後，不免引發了學者之間的討論與論戰。認為科學方法具備優勢與堅持傳統研究方法的學者，在社會科學的各領域中都有不同的意見，而 Heinz Eulau（1915-2004）更是將兩種不同取向的爭論稱作古典與現代間的爭戰。[46] 在此之前的國際關係研究，從方法論看，現實主義所採用的仍是歷史和哲學的規範研究方法，即詳實的占有歷史資料，以學者的知識和智慧，通過定性分析和推斷，得出結論。這與自然科學通過定量分析和可重複的實驗得出結論是不同的。[47] 直到 Edward Hallett Carr（1892-1982）在其著作 The Twenty Years' Crisis 中提到科學化和國際政治的問題，[48] 而後又有諸多學者的努力，國際關係研究中的科學主義取向便逐漸成形。

　　科學方法的國際關係研究，本體論上假定所謂國際體系或無政府狀態是客觀實在，[49] 既然是客觀的實在，就能依據對實在的觀察與經驗來建立理論，以此解釋並預測國際關係的未來。亦即本體實在論假定有那樣一個客觀世界存在著，而當與之相應的理論和實在吻合，則理論命題為真。[50]

---

45 David B. Truman, "The Impact on Political Science of the Revolution in the Behavioral Sciences", in edited by Heinz Eulau, *Behavioralism in Political Science* (New York: Atherton Press, 1969), p. 39.

46 Heinz Eulau, "Tradition and Innovation: On the Tension between Ancient and Modern Ways in the Study of Politics", in edited by Heinz Eulau, *op.cit.*, p. 2.

47 萬泰雷，前引文，頁 94。

48 林碧昭，《國際政治與外交政策》（台北市：五南，1999 年），頁 52。

49 實在的意義，即為實際的存在，在哲學上往往以 Realism 來表現，而在學者的論述中亦有使用 out there 來表示實在，而翻譯成中文後，則有實在、實存、事實等不同譯法，由於不同寫作者慣用詞彙皆有不同，且本文的主旨並不在於討論或嚴格界定不同用詞其中的差異，因此本文中依據不同作者用詞所引用之實在、事實等詞，皆指涉實際存在的意涵。

50 Jörg Friedrichs and Friedrich Kratochwil, "On Acting and Knowing: How Pragmatism Can Advance International Relations Research and Methodology", *International Organization*, Vol. 63, No. 4 (Fall,

在這樣的思維下，研究者希望使國際關係領域更加科學化，更具備經驗主義色彩與科技整合，他們偏好使用量化分析、使用大量數據與資料分析及電腦系統的應用，他們的研究規避國際關係中的規範途徑與價值。[51] 較為受到注目的即 Kenneth N. Waltz（1924-2013）的結構現實主義，Waltz 認為國際關係中的國家基本功能大同小異，彼此的差異只在於不同實力，且國家的行為會受到結構制約。[52] 因此，Alexander Wendt 指出雖然 Waltz 提出結構主義，但實際上他是一位個體主義理論方法學者，[53] 就是從個體特徵來解釋整體特徵。[54] Waltz 的理論，因為假定國家功能大致相同，且會受到結構制約而影響其行為，並在此邏輯上進行推論與演繹，具備了簡約性。另外，結構現實主義與傳統現實主義的一大差異是後者論述為是歸納式（inductive），而前者為演繹式（deductive）。[55] 這種途徑研究是為了要能夠使國際關係學科更為科學化。[56]

二、詮釋的方法

　　然而對某些學者而言，卻並非如此，首先對於所謂科學實在與社會實

2009), p. 703.

51 Norman D. Palmer, "The Study of International Relations in the United States: Perspectives of Half a Century", *International Studies Quarterly*, Vol. 24, No. 3 (Sep., 1980), p. 354.

52 Kenneth N. Waltz, *Theory of International Politics* (Reading Mass: Addison Wesley press. 1979).

53 Alexander Wendt, *Social Theory of International Politics*, (Cambridge: Cambridge University Press, 1999), p. 15.

54 對於 Waltz 的結構對國家的制約力量，亦有學者如林挺生認為 Waltz 的理論還是在美國國際關係領域的結構力量作用之下，被詮釋得面目全非。大多數自稱現實主義的學者，只是片段地摘取《國際政治理論》中的概念，繼續以實證主義的方法論來進行研究。上述的論點值得省思。詳可參閱林挺生，〈論戰模式的歷史建構與國際關係理論〉，《台灣國際研究季刊》，第11卷，第3期（2015年），頁107-127。而有關國際關係理論的反思，亦可參閱莫大華，〈國際關係理論反思性、反思現實主義理論之研究〉，《問題與研究》，第53卷，第4期（2014年），頁1-28。

55 包宗和，〈結構現實主義的論點、辯述與反思〉，包宗和主編，前引書，頁64。

56 有關演繹在社會科學中的討論，可參閱 Martin Hollis and Alan Ryan, "Deductive Explanation in the Social Sciences", *Proceedings of the Aristotelian Society, Supplementary Volumes*, Vol. 47 (1973), pp.147-185.

在，這兩者本質上是屬於不同類型的實在，科學實在獨立於人，是外成的實在；而社會實在是出自於人類的主觀建構，是內成的。如同 Max Weber（1867-1920）所言，社會世界並非由物質客觀物構成，而是由相互主觀的意義與價值關係構成。社會科學的知識是建立在理解與解釋之上。[57] 這呼應 Dilthey 所提及的自然科學所研究與觀察的事物是獨立於人的外在實在，而精神科學則以人的精神客觀化物作為研究客體。對社會科學而言，重點在客觀物理存在的假定不適合做為社會科學的基礎。而回到國際關係領域來看，差別即在於國際關係行為主義大多假定了無政府狀態是先驗實在，在這個前提下，行為者受到制約，因此在相同狀況下會做出相同反應，所以對國際關係的研究，行為者內部特質是可被忽略的。這樣的思維大致上可以說是沿襲了科學實在獨立於人的觀點，而既然無政府是獨立於人的實在，在研究上就可按自然科學方法，排除人的因素，進行獨立客觀的研究。[58]

面對科學主義以追求價值中立與可證偽的經驗理論來研究國際關係，英國學派則舉起傳統研究方法的旗幟與之抗衡。[59] 最受到注目的即為 Bull，

57　quote in Jörg Friedrichs and Friedrich Kratochwil, ibid, p. 704.

58　本文並無意針對無政府狀態的實在進行本體論上的顛覆性探討，且認為詮釋亦是可行方法的英國學派亦承認無政府狀態的存在，例如 Bull 承認無政府狀態的客觀性，認為它是國際社會生活的主要事實與理論思考的起點；Barry Buzan 也指出國際體系在邏輯上是更基本且也是先於國際社會的一種概念（System is logically, the more basic, and prior, idea: an international system can exist without a society, but the converse is not true.）。本文的重點即在於向讀者指出，向自然科學取經的科學研究方法固然重要，但另一種以詮釋為出發點的研究思維取向亦是該受到重視的。Bull 對無政府客觀性與其他思想的探討可參閱 許嘉等著，《英國學派國際關係理論研究》（北京：時事，2008 年），頁 247-297。而 Barry Buzan 的觀點則可參閱 Barry Buzan, "From International System to International Society: Structural Realism and Regime Theory Meet the English School" *International Organization*, Vol. 47, No. 3（Summer, 1993），pp. 327-352.

59　國際關係中的英國學派，牽涉許多學者的不同觀念與思想體系，本文無法窮盡，僅以 Hedley Bull 作為代表。而有關英國學派的介紹與討論，可參閱林宗達，《國際關係理論：社會學派與後實證主義學派的相關理論》（台北市：晶典文化，2013 年），頁 103-178。許嘉等著，《英國學派國際關係理論研究》（北京：時事，2008 年）；過子庸，〈英國學派發展之研究 - 探討其對國際社會、制度與研究方法之觀點〉，《國際關係學報》，第 30 期（2010 年），頁 137-186；章前明，〈英國學派的方法論立場及其意義〉，《浙江大學學報 人文社會科學版》，第 36 卷，第 1 期（2006 年），頁 81-88；Balkan Devlen, Patrick James and Özgür Özdamar, "The English School, International Relations, and Progress" *International Studies Review*, Vol. 7, No. 2 (Jun 2005),pp. 171-197.

在他的學術生涯中，他堅持著傳統研究國際關係的方法，並表示若我們遵從嚴格的驗證標準，那國際關係中就沒有甚麼意義可言。[60] 他指出科學途徑的研究，不僅對國際關係理論幫助不大，且科學途徑試著要侵蝕並最終想要取代傳統研究途徑，這是相當不利的。[61] 而這不表示 Bull 是完全的反所謂科學途徑，而是他認為如果人們試圖把國際關係研究限定在嚴格科學範圍內，那麼從它需要邏輯或哲學的論證或者嚴格的經驗程序的檢驗這一方面來看，這種努力是有害的。[62] Bull 認為撇除事件或一連串事件的因果解釋不談，社會科學家需要多努力探尋整體意義，而這需要意義的判斷與假設的驗證。而詮釋，是為了要獲得被解釋事物的意義，其中的藝術成分是超越科學的。[63]

如李少軍所言，研究社會事實其實就是研究歷史，在這種研究中，研究者不可能再現和驗證歷史，而只能詮釋歷史。[64] 李少軍亦指出在當代各種國際互動所形成的社會事實大都會以文本的形態存在下來。[65] 所以研究者面對的是國際關係行為中的參與者或觀察者，以文字、言語等方式所呈現的各項紀錄，如訪談、研究成果、官方書面資料等，但這些文本實際上脫離不了主觀記錄的呈現。因此，以文本存在的社會實在，本質上就是主觀構成的結果，面對主觀構成的實在，詮釋是可以進行的出發點。

三、詮釋運用於國際關係研究的意義

就像北韓與英國德核武對美國有不同意義一樣，學者認為理念會賦予物質意義，國家依照意義來指導行動的機率，並不低於純粹的物質思考，是故在國際關係中那些非物質的要素如理念、文化就重新受到重視。[66] 因

60　Hedley Bull, *op. cit*, p. 361.

61　ibid, p. 366.

62　James Der Derian 編，秦治來譯，前引書，頁 221。

63　Stanley Hoffman, *op.cit.*, p. 182.

64　李少軍，〈國際關係研究與詮釋學方法〉，《世界經濟與政治》第 10 期（2006 年），頁 9。

65　同上註。

66　有關理念與文化對外交政策與國家安全政策的論述，可參閱 Colin Dueck, *Reluctant Crusaders: Power, Culture, And Change In American Grand Strategy* (Princeton: Princeton University Press,2006);

此對於國際關係中的理性概念，就必須要有更多的探討。

　　既然理性是個難以明確化的概念，且理性的形成，往往有其歷史與文化等深遠的主觀因素，因此對於國家行為原因的探討，就有詮釋存在的空間。如 Jack L. Snyder 所提到的，他認為蘇聯的戰略家也是政治家與官僚，且會被其獨特的戰略文化予以社會化，呈現出獨特的危機處理傾向，另外他也指出學界希望能從蘇聯的行為來推測出其行動準則，但行為有時會和文字一樣的模糊（actions can be just as ambiguous as words）。[67] 使學者們開始假定除了權力分配外，尚有每個國家不同的特殊文化信念存在並影響戰略決策。在大戰略層次而言，這套信念被視為一國戰略文化。[68] 曾瑞龍也有類似觀點，指出任何軍事信念都在特定時空環境下存在一個形成過程，可是當這種信念形成後，它就以一個戰略文化的型態被保存，對未來的戰略發生影響。[69] Beaufre 也認為，戰略最高形式的場域就是國際關係，在此領域中，整個民族國家會被視為棋盤上的一只棋子。[70] 因此國家的行動與戰略脫離不了關係，且每一國家的戰略之形成，都有其複雜的背景因素，而文化就正是其中之一。[71] 而本文認為，戰略文化的研究，就正是因

Peter J. Katzenstein, ed., *The Culture of National Security: Norms and Identity in World Politics* (New York: Columbia University Press, 1996); Judith Goldstein and Robert O. Keohane ed., *Ideas and foreign policy : beliefs, institutions, and political change* (Ithaca, N.Y. : Cornell University Press, 1993).

67 Jack L. Snyder , *The Soviet Strategic Culture: Implications for Limited Nuclear Operations* (Santa Monica: RAND Corporation,1977), pp. 4-5.

68 Colin Dueck, *Reluctant Crusaders: Power, Culture, And Change In American Grand Strategy* (Princeton: Princeton University Press,2006), p. 15.

69 曾瑞龍，《經略幽燕‐宋遼戰爭軍事災難的戰略分析》（沙田：香港中文大學，2005 年），頁 156。

70 Andre' Beaufre, *Strategy of Action* (New York: Frederick A. Praeger, 1967), p.34.

71 有關對國家行為造成影響的戰略文化，其內涵的界定曾在學界有許多討論，起初學界認為戰略文化的內涵是相當廣泛，舉凡地理、歷史、信仰、組織等都可以被視為是戰略文化的內涵。然而這樣的論點則被 Alastair Iain Johnston 認為不夠明確，因為過於廣泛的內涵會使戰略文化面臨超定（overdeterminded）與欠定（underdeterminded）的問題。然本文的宗旨並不在對戰略文化的明確內涵之討論，因此有關內涵的問題將略而不談。有關戰略文化內涵的討論，可參閱 Alastair Iain Johnston, "Thinking about Strategic Culture", *International Security*, Vol. 19, No. 4, (Spring 1995), pp. 32-64; Colin S. Gray, "Strategic Culture as Context: the First Generation of Theory Strikes

為強調文化是一種對於國家行為理解的途徑，因此與詮釋的途徑有整合的可能性。

肆、詮釋學與戰略文化整合之初探

一、戰略文化的研究對象

如同前述，詮釋學用於國關研究的意義在於提供國家行為或戰略背後意義的系絡理解；而戰略文化，也有同樣意涵。詮釋學者 Dilthey 以理解的方式來研究社會實在，也就是人類精神的客觀化物，戰略文化學者 Gray 則認為文化是一套理解行為的系絡，而非針對行為的因果機制解釋。兩者都視研究的實在為內成的，也都將研究目的歸為理解，詮釋學以理解作者的原意為主軸，戰略文化則將文化視為理解行為的系絡。

但在討論兩者整合前，要先處理的即為戰略文化研究對象為何的問題。戰略文化雖然視研究的對象為深植於人心的文化要素，並且影響行為，也提供研究者一套理解行為的系絡。但究竟何者可以代表戰略文化？本文認為戰略文化所研究的對象即為進行決策菁英，依 **Jeffery S. Lantis** 的看法，也就是戰略文化的載體（keepers），而 Lantis 進一步指出當代有關戰略文化研究的文獻傾向於將戰略文化描繪成決策者們協商出的現實（negotiated reality）。決策者們明顯的會對諸如多邊主義或歷史責任等信念給予尊重，但許多國家過去的行為也顯示，領導者會選擇何時與何處該以戰略文化的傳統來行事，他們也會決定何時或何處可以突破過往在外交政策行為的界線。[72] 故戰略文化的載體就是決策者或決策群體。

在 Johnson 的著作中亦能發現同樣觀點，**Johnston** 的研究的兩個基本原則就是要說明有超越時間與決策者更替的戰略文化之存在，以及戰略文

Back", *Review of International Studies*, Vol. 5, No. 1 (Jan 1999), pp. 49-69; Alastair Iain Johnston, "Strategic Culture Revisited: Reply to Colin Gray", *Review of International Studies*, Vol. 25, No. 3 (July 1999), pp. 519-552.

72 Jeffery S. Lantis, "Strategic Culture: From Clausewitz to Constructivism", p. 20. <http://www.fas.org/irp/agency/dod/dtra/stratcult-claus.pdf>.

化會影響行為。因此他首先選擇了《武經七書》作為分析的文本，透過該書的成書過程以及該書成為明朝武官教育書籍的歷史事實，來說明確實有超越時間與決策者更替的戰略文化之存在，並解進一步的分析《武經七書》中對於國家安全追求的手段偏好。而後他以明朝邊疆守將與涉入安全決策過程的朝廷官員之文書紀錄與上報朝廷的文件來印證守將及官員與《武經七書》中對於追求國家安全的手段之偏好相符合，以此證明戰略文化對於國家行為確實有影響，也同樣能夠證明戰略文化是國家行為的解釋變量。[73]從 Johnston 著作中的思維理路而言，戰略文化的研究對象就是以決策者為主體。

戰略文化研究往往無法接觸到決策者，因此研究者只能仰賴如新聞、官方宣言，或相關的二手研究，這些又常是帶有主觀意識的文本。因此按照 Dilthey 的觀點，戰略文化研究的對象可被視為是文本作者的精神客觀化物，這些客觀化物往往受到作者主觀價值涉入，故詮釋是一條可以採取的路線。在確定戰略文化研究對象為以決策者或決策圈為主題的文本後，戰略文化與詮釋學在研究對象上就漸趨一致。

二、兩者的整合

戰略文化是一套理解行為的系絡，John Glenn 以 Gray 的觀點為基礎，把理解行為的一套系絡稱為詮釋的觀點，而其目的是要使研究者沉浸於其他文化群體中，以此理解他們的世界觀。[74] Stuart Poore 也指出如果不研究戰略決策背後的文化系絡，那對戰略行為的理解，就只剩下狹隘且無意義的觀點。[75] 本文認為 Dilthey 精神科學中的方法是兩者整合

---

73 Alastair Iain Johnston, *Cultural Realism: Strategic Culture And Grand Strategy In Chinese History*. 然而必須強調的是，Johnston 對於戰略文化研究是希望能夠追求一個可以解釋國家行為的因果變量，而 Gray 則認為戰略文化是提供了一個系絡背景以理解行為。對於兩者的看法孰優孰劣，本文並不提出價值判斷，而是要向讀者說明，解釋與理解（詮釋）的方法，是可以並行的。而國內學者許衍華在其〈國際關係研究的詮釋學 - 狄爾泰評介〉一文中亦有類似的觀點。

74 John Glenn, "Realism Versus Strategic Culture: Competition and Collaboration?", *International Studies Review*, Vol. 11 (September 2009), p. 530.

75 Stuart Poore, "What is the context? A reply to the Gray-Johnston debate on strategic culture", *Review*

議題中，值得嘗試的基礎。Dilthey 精神科學是建立在他人的結構關聯體（strukturzusammenhang）是可以被重新體驗的前提上。[76] 結構關聯體是所有思想的客體，[77] 且歷史本質只能從其他生命的文件中去觸及，因此需要透過理解的方式來克服自我與非自我之間的鴻溝。[78] 根據此觀點，潘德榮認為詮釋學有三個不同向度，分別為：探求作者之原意、分析文本的原義、強調讀者所悟（接受）之義，[79] 而 Hollis 和 Smith 在討論國際關係研究中的理解途徑時，也指出理解是要再現行為者心中的狀態（To understand is to reproduce the order in the minds of actors）。[80]

探求作者原意，是從作者的時代背景、語言系統及作者經歷入手，再現作者創作作品時的心理狀態，並「設身處地」的在多義的文本解釋中確定符合作者原意的解釋。[81] 而分析文本的原意則以文字為主體，按潘德榮的看法，即堅持文本獨立性與文本意義的客觀性，認為「意義」只存在於文本自身的語言結構中。[82] 最後讀者所悟（接受）之義，則是強調文本的意義不是先於理解而存在於文本之中，它事實上是讀者在自己的視界中所領悟到的意義，或者確切地說，是理解主體自身的視界與特定的歷史世界的融合而形成的新的意義。[83] 以國際關係的詮釋研究途徑而言，研究者在面對主觀構成文本時，從作者、文字作為出發點，盡可能去趨近真義，而後在將作者與文字的意義與自身觀點結合，創造新詮釋，才能在研究中獲

of International Studies, Vol. 29, No. 2, (April 2003), p. 284.

76 Bonno Tapper, "Dilthey's Methodology of the Geisteswissenschaften", The Philosophical Review, Vol. 34, No. 4 (Jul., 1925), p. 345.

77 Ibid, p. 341.

78 George A. Morgan, "Wilhelm Dilthey", The Philosophical Review, Vol. 42, No. 4 (Jul., 1933), p. 364.

79 潘德榮，《西方詮釋學史》，頁 16-20。而學者許智偉則是以作者的體驗、文本的表現與讀者的再體驗作為詮釋的基本形式，可參閱許智偉，《西洋教育史新論－西洋教育的特質及其形成與發展》（台北市：三民書局，2012 年），頁 329-334。

80 Martin Hollis and Steve Smith, op.cit., p. 87.

81 潘德榮，《西方詮釋學史》，頁 17。

82 同上註。

83 同上註，頁 18。

得新啟發。

　　故作者、文本與讀者的面向就適合納入戰略文化研究架構中，主因即為大多數戰略文化研究成果，往往面臨針對國家戰略文化屬性做出歸類的問題。如 Johnston 把戰略文化視為因果變量，但最後他的研究結論是中國戰略文化在本質上與西方強權政治無太多差異。[84] 而 Huiyun Feng 卻認為儒家思維是深植於哲學及歷史經驗中的一種過程，這過程由三種特性構成，非攻、防禦與義戰，且從孫子後就塑造了防禦性中國戰略文化。[85] 兩者差異處在於對戰略文化存在形式的不同觀點，Johnston 認為跨越時空與決策者更替的戰略文化以《武經七書》形式存在著，Huiyun Feng 則以儒家思想做為戰略文化存在的形式。對於存在形式的兩種觀點，得出不同戰略文化屬性。因此與其說戰略文化是解釋的變量，毋寧說戰略文化研究其實是文本詮釋的結果。

　　既然戰略文化可視為是文本詮釋結果，那麼詮釋學三向度，就可被用作戰略文化研究過程的方法，透過三個向度，盡可能貼近文本實際意義，做出理想的詮釋，甚至創新的詮釋，才能對國家戰略行為的理解不斷精進。

五、結論

　　本文嘗試梳理詮釋學的概念應用於國關研究，認為其意義在於提供另外一個國家行為或戰略背後意義的系絡理解（contextual understanding），而戰略文化也有類似研究目的。也由於戰略文化研究，常脫離不了對戰略文化屬性分類，因此戰略文化研究途徑可說是詮釋的結果，戰略文化可透過詮釋學中三向度，即作者、文字與讀者的向度來不斷趨近國際關係中主觀文本的原意，以做出理想的甚至創新的詮釋。

　　然而，詮釋的概念用於國際關係研究，並非全然被學者接受，如 Richard Ned Lebow 認為國關巨型理論建構，遭遇詮釋學途徑以所有的理

84　Alastair Iain Johnston, *Culture Realism: Strategic Culture And Grand Strategy In Chinese History*.

85　Huiyun Feng, *Chinese Strategic Culture And Foreign Policy Decision-Making: Confucianism, leadership and war* (London : Routledge Press, 2007).

解都需要建立在歷史觀點之上的反對，[86] 他認為詮釋途徑會使社會科學陷入癱瘓，因為詮釋途徑會限制透過共有觀念來進行文化與時代的比較。[87] 雖然 Lebow 認為詮釋學不利巨型理論建構，但詮釋並非僅是單向的朝著過去來追溯文本真意，還須要配合詮釋者當下的時空環境來將文本意涵進行富有當代意義的轉化。換句話說，詮釋途徑雖然強調歷史的重要性，但並非是被歷史束縛，唯有如此，詮釋途徑才能突破時空限制。由此觀之，Lebow 似乎忽略了視域融合在詮釋學中的重要性。

另外，戰略文化研究發展，本身也遭遇許多問題，如學者對文化的內涵應如何界定，與不同學者按不同世代戰略文化研究而有決定論、工具論的爭議，因此對於戰略文化研究未來發展，依舊有缺乏共識的問題。Gray 在 2006 年總結 11 項戰略文化研究的質疑，分別是過多的解釋、論證的問題、將文化視為萬靈丹、文化的本質、文化可以也確實會改變、文化是分歧的、文化並非是唯一的、戰略文化會借鑒並調整、文化移情不能確保勝利、政策與戰略是協商的結果、慎防陷入方法論的泥沼，並且回應了這 11 項的質疑。最後 Gray 語重心長指出，雖然戰略文化目前可說處於研究的黃金時期（prime time），但戰略文化研究還是可能會被沒入歷史洪流中，因為研究者往往最後會發現文化的概念相當難操作，並且總會有人質疑，透過文化去理解行為，那又如何（so what）？[88]

面對這樣的問題，Gray 並沒有回答，但戰略最高形式的場域就是國際關係，在此領域，整個民族國家被視為棋盤上的一只棋子。[89] 在戰略的最高形式場域中，一切的行動都脫離不了計算，而以理解為基礎的知，是一切行動的基礎。因此我們不能忘記的就是無知固然不能行，無知甚至於也

86　Richard Ned Lebow, *A cultural Theory Of International Relations* (Cambridge: Cambridge University Press, 2008), p. 37.

87　Ibid, p. 40.

88　Colin S. Gray, "Out of the wilderness: The prime time for strategic culture", pp. 1-30. <http://www. fas.org/irp/agency/dod/dtra/stratcult-out.pdf>.

89　Andre' Beaufre, *op.cit.*, p.34.

不能思，而尤其是無知則更不能計。[90]

90 鈕先鍾，《孫子三論》（台北市：麥田 2007 年），頁 276。

親疏有別，輕重有序：
從海上絲路框架探討中國對東協的南海政策

宋修傑 *

壹、前言

　　歐巴馬總統 2015 年 11 月 21 日在「東南亞國協高峰會」（ASEAN Summit），呼籲各國停止在南海建設人工島礁及軍事設施，堅稱美國於南海享有航行自由的權利。22 日，中國在東協會後「東亞峰會」（East Asia Summit）上表示，不會停止在南海的人工島礁上建設軍事和民用設施，並在南海主權爭議上，對自身立場做出強勢的解釋。顯然，當時中國在南海爭議上，一方面對美國、菲律賓等國展現不讓步的意圖，同時頻頻加強與越南、泰國等東協國家的互動，兩相對照下，親疏有別、輕重有序，似乎是中國在此問題上各個擊破的戰略呈現。

　　2013 年 10 月 3 日，習近平在印尼國會發表演講時提出，東南亞地區自古以來就是「海上絲綢之路」的重要樞紐，中國願同東協國家加強海上合作，發展海洋夥伴關係，共同建設 21 世紀「海上絲綢之路」。[1] 中國和平發展後，提出同東協國家共建和平發展的 21 世紀「海上絲綢之路」，注重的是開拓海上自由貿易和文明交流，可以說將各自優勢轉變成務實合作，實現互利共贏。[2] 中國向東南亞國家提出共建「海上絲綢之路」此一倡

---

* 淡江大學國際事務與戰略研究所博士候選人

1　「21 世紀海上絲綢之路」為「一帶一路」的一部分。「一帶一路」是指「絲綢之路經濟帶」和「21 世紀海上絲綢之路」的簡稱（"One Belt and One Road" refers to the "Silk Road Economic Belt" and the "21st Century Maritime Silk Road"）。2013 年 9 月和 10 月，中國國家主席習近平在出訪中亞和東南亞國家期間，先後提出共建「絲綢之路經濟帶」和「21 世紀海上絲綢之路」的重大倡議，得到國際社會高度關注。它是一個合作發展的理念和倡議，將藉由中國與有關國家既有的雙多邊機制，以及既有的區域合作平臺，建立貫穿歐亞大陸，東邊連接亞太經濟圈，西邊進入歐洲經濟圈的大共同經濟圈。

2　蔡鵬鴻，〈啟動「21 世紀海上絲綢之路」建設南海和平之海〉，人民網，2015 年 2 月 6 日，<http://cpc.people.com.cn/BIG5/n/2015/0206/c187710-26521311.html>。

議其背景是，東亞地緣政治格局進入了新的整合與發展時期，周邊海上安全環境呈現出前所未有的新趨勢，其中許多不安定因素大多匯聚於南海及其周邊地區，中國擔心這裡成為大國爭奪霸權的熱點，有引發衝突甚至戰爭的危險，對「海上絲綢之路」的戰略構想形成挑戰。於是在與東協國家之間的南海政策做出必要的因應，變得至關重要。

中國千百年來不斷開拓「海上絲綢之路」，是希望發掘古絲綢之路特有的價值和理念，並注入新的時代內涵，以實現地區各國的共同發展、共同繁榮。如今，「海上絲綢之路」是在新時期擴大對外合作開放的戰略構想，勾畫出亞太地區全面發展的新藍圖，而且合作層次更高，範圍更廣，參與國家更多，可以說是一幅建構中的戰略新地圖。學界對於「海上絲綢之路」可能的效果，多持正面的看法。在「21世紀海上絲綢之路」框架下，中國與東協各國的多領域跨國合作已儼然展開，其重要性與關注性甚至已經高於美國主導下的「跨太平洋戰略經濟夥伴協定（TPP）」，2009年美國提出此一整合東南亞經濟構想時，是試圖吸引東協另選合作管道，如今看來「海上絲綢之路」已經為「一帶一路」戰略開啟了與東協國家往來的管道，此一變化足以牽動中國與東協間的整體政治關係。[3]

惟，面對南海問題，中國必須開始思考新的戰略對策。因為南海不平和，中國的海上絲路就走不出去。中國的南海政策（包括以探勘海底石油維權、填海造島），其重要性或許不比佈局海上絲路來的宏觀，填海造島的工程持續推動，剩下的是要不要軍事化的問題，然此問題並無迫切性，於是緩和與東協國家的關係，顯得格外重要。

「一帶一路」後，推斷中國與東協國家的外交政策優先順序應高於南

3　趙國材認為「海上絲綢之路」可能將中國和東南亞國家，透過海上互聯互通，連通南亞、西亞、北非、歐洲等臨海港口城市，可望形成一個涵蓋數十億人口的共同市場。其次，「海上絲綢之路」所經多為發展中國家，人口眾多，相對年輕，可為未來的產業發展提供龐大的勞動力，吸引大量的資金進入，吸引世界零售企業紛紛進駐東南亞。進一步推動海洋經濟合作，最終形成海上「絲綢之路經濟帶」，再創航海貿易的輝煌，<http://www.observer-taipei.com/article.php?id=270>。整理自趙國材，〈共建21世紀「海上絲綢之路」〉，《觀察雜誌》，2014年4月號，<http://www.observer-taipei.com/article.php?id=270>。

海政策。只要其他國家不刻意製造事端，中國可能以海上絲路的框架與東協外交政策的大局，來制定南海政策。本文將從此一框架，探討面對東協國家中國的南海政策如何調整，中國東協關係的前景如何發展，進一步瞭解中國如何透過雙邊與多邊雙管齊下的方式，管控南海爭議，全面更新與主要東協國家之間的關係，達到支持中國戰略發展的目標。

貳、關於中國南海政策的幾項思考

談到中國南海政策前，應先思考四個戰略問題：

第一，南海在中國外交大局中是什麼位置？是否算是中國的「核心利益」？

第二，中國南海政策與東協政策之間是什麼關係？兩者是否為簡單的從屬關係？

第三，中國南海政策的理想目標是什麼？不同目標間是否有先後順序？

第四，大國博弈對南海形勢的影響為何？是複雜化了南海問題，還是為南海帶來相對穩定因素？

針對上述問題做一簡單探討：

中國外交當前最重要的目標－也可以說是「中國外交大戰略」，是「一帶一路」的建設。從經濟合作原則不涉及主權爭議問題這一官方立場來看，南海問題在「一帶一路」大框架下的排序其實並不特別重要，甚至有點被淡化，大陸沒有明確指出南中國海是中國的核心利益（最接近此一表述的說法僅是「南中國海涉及中國的核心利益」[4]）。中國目前首要的任務仍是實現「中國崛起」，也就是習近平提出中華民族復興的「中國夢」。所以，南海問題不致影響中國復興這個全面性的國家利益。正因如此，南海爭端

4　張鋒，聯合早報，轉載〈中國的南海政策與海上絲綢之路矛盾嗎？〉，北緯40°，2015 年 6 月 24 日，<http://www.bw40.net/5382.html>。

應不致左右中國外交的大方向。

　　中國的南海政策與東協政策之間又是什麼關係？兩者之間的關係，取決於它們在中國外交總體佈局中的地位，而這種地位並非一成不變，可隨局勢上下浮動。廣東國際戰略研究院周方銀教授指出，當南海局勢趨於緩和時，南海問題在中國外交中的排序就不那麼重要；但當南海問題影響到中國外交大局時，其排序就會上升。[5]

　　目前，海上絲綢之路的建設意味著東協在中國外交佈局中佔據了重要地位。如果沒有大部分東協國家的支持，很難想像海上絲綢之路的建設能夠順利推進。大陸學者閻學通甚至指出，東協十國，個個都要爭取。[6]

　　也有大陸學者認為，在南海問題上要有打一場持久戰的心理準備。[7]為順利推進「21世紀海上絲綢之路」這一偉大工程，不能用短快方式解決南海爭議問題，而要做好打一場法律持久戰的心理準備，長期來做。因此，中國的南海政策與東協政策之間不是簡單的從屬關係。當南海緊張情勢上昇足以影響到外界對中國維護主權決心的判斷時，南海在中國外交領域中的重要性就會超過東協。2012年中國與菲律賓之爭，中國不惜強硬動用解放軍海軍積極維權，實現對黃岩島的實際控制，就是一個實例。現在，中國外交重點在「一帶一路」，東協的總體重要性將超過南中國海。只要其他國家不刻意製造事端，中國可能從海上絲綢之路建設的大框架，以及與東協國家關係的大局出發，來制定南海政策。正好說明為何習近平上臺以來，中國在南海問題上不僅對美國的態度發生了微妙變換（本文後續探討），對待東協的角色更是展現明確的禮遇和接受，背後的原因。[8]

　　基本上，對於南海問題中國相信時間在自己一邊，中國在南沙群島幾

5　同上註。

6　同上註。

7　蔡鵬鴻，〈啟動「21世紀海上絲綢之路」建設南海和平之海〉，人民網，2015年2月6日，<http://cpc.people.com.cn/BIG5/n/2015/0206/c187710-26521311.html>。

8　備可親，〈上絲綢之路 催生中國南海新戰略〉，國際觀察海，2015年5月24日，<http://big5.backchina.com/news/2015/05/24/364374.html>。

個島礁進行大規模的填海造島，同時又積極地強化與東協國家的合作，又在南海行為準則（COC）制定等方面顯得不急，展示出相當的靈活性，使得東協國家在該議題上，並沒有太多的發揮空間。這種做法有兩面效果，一是能夠確保東協國家能被自己完全掌控；另一方面，則是不可避免地，東協在安全問題上對境外大國依賴性增加的同時，中國必須面對大國涉入區域的問題。

論及區域外大國的涉入，的確可能使得南海形勢複雜化，但也不無好處。大國之間的博弈，需要考慮的因素眾多，不會輕易讓衝突發生，而會強化危機管控。從這個角度看，南海會顯得相對穩定。

當前的整體態勢是，美國在南海所強調的國家利益：包含確保南海和平與穩定，商業航行自由，與專屬經濟區內的軍事情報蒐集權。在有限度的範圍內，北京的態度已逐漸轉向默認接受，美中雙方爭論的重心變成了經常性巡弋、海上相遇、射控雷達波段截收等不著邊際的技術問題，顯示在南海共同利益上兩國並無重大歧見。日、印兩國，在南海問題上發揮的作用則相當有限；菲律賓的南海利益對於美國來說重要性不高，且美國並不支援菲律賓對「卡拉延群島」[9]的主權主張，使菲律賓牽制中國的力量大受考驗。加上中國推行「一帶一路」，積極與東協國家友好，這些複雜的因素交錯互動下，共同決定了南海不大可能發生直接衝突的景象。

參、近期南海形勢分析

2015 年 5 月 20 日，一架從琉球起飛的美軍偵察機迫近大陸南沙島嶼偵察，以示對中國大陸大規模填海造陸的不滿。21 日，偵察過程與填海造

9　菲方稱「卡拉延群島」係為卡拉延市（他加祿語：Kalayaan），是菲律賓在南沙群島所設置的行政區域。卡拉延市在行政區劃上屬於民馬羅巴區巴拉望省，其行政中心位於中業島，下轄一村。1978 年 6 月 11 日，菲律賓總統費迪南德·馬科斯簽署法律文件，在南沙群島菲占島嶼上設立卡拉延市。其所實際控制的島嶼有：中業島（Pag-asa）、西月島（Likas）、北子島（Parola）、馬歡島（Lawak）、南鑰島（Patag）、楊信沙洲（Panata）、火艾礁（Balagtas shoal）、仁愛礁（Ayungin shoal）和司令礁（Rizal）。卡拉延市自設立以來，一直不被中國大陸、台灣以及越南所承認。

島畫面被有線電視新聞網（CNN）作成專輯報導，大陸外交部隨即在 22 日的例行記者會上表達強烈不滿，雙方爭執遂愈演愈烈。10 月 27 日，美國進一步派出驅逐艦拉森號（USS Lassen）進入大陸人造島嶼渚碧礁與美濟礁 12 海浬範圍巡航，以自由航行（freedom of navigation）通過名義挑戰大陸的越權主張（excessive claims）。此一由大陸在南海大規模填海造陸而引發之主權爭議與可能引發之戰爭風險，使南海主權爭端再度受到世人矚目。

南海島嶼的主權之爭並非新議題，1988 年中國即與越南為了南沙諸島的歸屬爆發赤瓜礁海戰。但與當時不同的是，此次還有中國崛起，挑戰美國亞太區域霸權的背景，使原本的領土與主權之爭轉變成為亞太權力之爭，南海形勢因而變得更為複雜。

正當中美兩國在南海填海造陸爭議上毫不退讓，增兵、開火、誰怕誰等放話，在雙方媒體間你來我往；正當外界憂心爭論是否從嘴上互鬥升級到具體反制行動之際，各方消息則顯示，中方因南海問題，讓海上絲路戰略一籌莫展，有意緩和緊張局勢，美方也將退讓一步，於是南海問題似乎起悄悄起了變化。

在過去兩年內，南海問題事件的重點，在於：菲律賓提出的仲裁案有了新進展，菲律賓海警在半月礁捕捉中國漁民，中菲在仁愛礁發生多次摩擦，西沙海域 981 鑽井平臺事件，2014 年 7 月中旬美國提出凍結南海建設三建議，隨後菲律賓拋出解決南海爭端的「三步走」方案，2014 年 8 月中國提出以「雙軌思路」處理南海問題，[10] 同年 11 月中國表示同意積極開展磋商，以便在協商一致基礎上早日達成「南海行為準則」；2015 年 5 月 16 日，美國國務卿凱瑞（John Forbes Kerry）訪問北京，正式要求中共停止在南海造島。這個可被視為最後通牒的行動遭到拒絕後，美國採取了強

---

10 「雙軌思路」主要內容是：有關爭議由直接當事國通過友好協商談判尋求和平解決，而南海的和平與穩定則由中國與東協國家共同維護。這顯示中國不再固守「南沙爭端也只能通過雙邊談判的立場，東協非聲索國不能參與」的立場，試圖以「適度的地區化」防止南海爭端走向「全面國際化」。

硬動作以宣示立場與決心，否定北京在南海的主權。2015 年 5 月 20 日美軍偵察機展開迫近偵察，美中南海海上對遇，壟罩在擦槍走火的風險中，變成常態性上演的戲碼。這些事件，大致可以歸納為以下幾個特徵：

一、聲索國中，菲律賓與中國摩擦最大：

在東協聲索國中，與中國在南海爭端事件諸多摩擦主要的東協聲索國是菲律賓與越南，而汶萊、馬來西亞與則相對穩定，沒有發生爭端事件。而其中菲律賓是其中最令中國頭疼的國家，中國認為菲律賓是大多數兩國爭端的主動發起方，而中國是屈居於反應方。[11]

2015 年以前，對於南海仲裁案，中菲兩國始終呈現不同調的互信障礙。菲律賓宣稱將把南海問題交由聯合國仲裁，依據的是《聯合國海洋法公約》，稱菲律賓之所以採取這樣的行動是因為已經「嘗試了所有政治和外交途徑，但都沒有進展」，不得不的手段。中方則認為嚴重違反東協國家與大陸在《南海各方行為宣言》中達成的共識，當然予以堅決反對和拒絕。[12]

然 2014 年以後，情勢有了很大的轉變，中國對菲有關南海政策，由昔日推動與中越、中汶在南海的雙邊合作案，目的是想要孤立菲律賓，逐漸轉向成為所謂「彈性調控」的模糊戰略，這當然與 2014 年以後大陸積極推動「一帶一路」有很大的關聯性。

二、處理原則裡，中國從「強力反擊」轉為積極的「彈性調控」：

仁愛礁事件後，中國的做法可說從強硬轉趨積極的調控，不過這種調控也非一成不變。中國對菲律賓與越南的不同調，便能說明。中國透過強化對仁愛礁的行政管理，來監控菲律賓的行動，尤其是防止菲律賓在此修

---

11 事件列舉，如菲律賓於 2014 年 3 月 30 日向《聯合國海洋法公約》仲裁庭提交近 4000 頁的訴狀（memorial），亦於半月礁抓捕中國漁民、及仁愛礁與中國的海上摩擦案等等。

12 張良福著，〈中國大陸的南海政策作為〉，在《2013 年南海地區形勢評估報告》，劉復國、吳士存主編 (海南省海口市：中國南海研究院，2015 年)，<http://www.nanhai.org.cn/uploads/file/file/2013baogao/01.pdf>。

建建築，可以說一改之前一昧的硬性反擊。此外，在中越圍繞 981 鑽井平臺的爭端事件中，中國又變成了主動發起方，充分掌握開始時間，又出乎外界意料地提早結束，彈性調整整個行動的掌控，這可以說是一個明顯的變化。

三、中國與東協各國間「政冷經熱」持續進行 [13]

中國與東協各國間「政冷經熱」的情況，可由中國與東協聲索國間的互動看出：

（一）菲律賓：

2011 年起，中菲之間的貿易連續三年迅速增長，2014 年 1-7 月，中菲雙邊貿易總額 103 億美元，同比增長 19％，中國成為僅次於日本的菲律賓的第二大交易夥伴。此外，中國還是菲律賓最大的進口來源，2014 年 7 月底增長約 20％。2014 年 1 到 8 月，中國與菲律賓進出口總值同比增長 15％，增速在東協國家中位居第二。2015 年，即使全球貿易出現兩位數負增長的背景下，中國外貿 8% 的降幅遠低於其主要交易夥伴和全球貿易降幅，在全球貿易中的份額反而提高一個百分點至 13% 以上。同年，中菲雙邊貿易額再創新高，達到 456.5 億美元，同比增長 2.7%。[14] 同時，中菲雙向投資呈上升趨勢，越來越多的中國企業加大對菲律賓的製造業、服務業、資訊和通訊等行業的投資。對於菲律賓提出的南海仲裁案，中國外長王毅 2014 年 8 月 9 號在中國 - 東協外長會議後的記者招待會上提出了處理南海問題的「雙軌思路」，作為解決南海問題的倡議。[15] 菲方雖反應冷淡，但對照兩國間的經濟往來，「政冷經熱」的景象不言可喻。[16]

---

13 薛力，〈21 世紀海上絲綢之路建設與南海新形勢〉，在《中國周邊安全形勢評估（2015）：「一帶一路」與周邊戰略》，張潔主編（上海市：社會科學文獻，2015 年），<http://www.iwep.org.cn/webpic/web/iwep/upload/2015/03/d20150309154526102.pdf>。

14 駐菲律賓經商參處，〈中國外貿成績不易，中菲貿易逆勢而上〉，中華人民共和國商務部，2016 年 3 月 3 日，<http://www.mofcom.gov.cn/article/i/jyjl/j/201603/20160301267887.shtml>。

15 〈王毅：以雙軌思路處理南海問題〉，中央通訊社，2014 年 8 月 9 日，<http://www.cna.com.tw/news/acn/201408090265-1.aspx>。

16 張海州、海燕，〈中菲關係 40 年：從「血緣之親」到「政冷經熱」〉，中國日報中文網，

（二）印尼

　　至於印尼，東協十國中人口最多的國家，也是東協最大的經濟體，而中國已經是印尼第二大出口市場和第一大進口來源地。更為重要的是印尼坐擁麻六甲、龍目、巽他海峽等海上戰略通道，地處印度洋與太平洋交匯處，也是海上絲綢之路兩條線路的交匯處，是 21 世紀海上絲綢之路聯通大洋洲、歐洲和非洲等地區的關鍵節點。習近平在 2013 年公佈了與東協國家共同建設 21 世紀的「海上絲綢之路」之後，首站選擇訪問印尼並於印尼國會的演講中談到，中國願同東協國家加強海上合作，妥善使用中國政府設立的「中國 - 東協海上合作基金」，發展好海洋合作夥伴體系，共同建設 21 世紀的「海上絲綢之路」，[17] 顯示與印尼的特別友好關係。

　　對於作為全球最大群島國家的印尼來說，海洋基礎設施建設是印尼「全球海洋支點」[18] 構想的主線之一，也是 2014 年年末，新總統佐科為印尼經濟定下了新的五年計劃（2015 ～ 2019 年）中最受矚目的一環。[19] 目前，中印兩國政府已經在基礎設施建設和產能合作等領域達成一系列協議，中國將參與印尼鐵路、公路、港口、碼頭、水壩、機場、橋樑等基礎設施和互聯互通建設。佐科總統除了提出打造全球海洋支點、海洋高速公路等戰略之外，同時提出《2015 年 -2019 年中期改革日程和經濟發展規劃》。[20] 這項龐大的規劃目的在全面提升印尼的基礎設施水準，在 12 個領域加強大型基礎設施項目建設，據估算總投資需要約 3.5 萬億人民幣，可以預期中印兩國未來合作密切程度，將有增無減。

2015 年 6 月 5 日，<http://world.chinadaily.com.cn/2015-06/05/content_20920858.htm>

17　馮創志，〈建設「海上絲綢之路」是中國南海政策亮點〉，新華網，2013 年 10 月 3 日，<http://big5.china.com.cn/gate/big5/opinion.china.com.cn/opinion_84_83584.html>。

18　自 2014 年 10 月 20 日，佐科‧維多多（Joko Widodo）正式宣誓就任印尼第 7 任總統，印尼的國家發展重心逐步由陸地轉向海洋。佐科提出的全球海洋支點願景是這一轉變過程的綱領和藍圖。印尼由此進入重新重視海洋的時代。

19　劉暢，〈重新重視海洋：印尼全球海洋支點願景評析〉，中國國際問題研究院，2015 年 6 月 10 日，<http://www.ciis.org.cn/chinese/2015-06/10/content_7979599.htm>。

20　顧時宏，〈印尼總統公佈未來 5 年宏大經濟發展和建設計畫〉，中國新聞網，2014 年 12 月 22 日，<http://www.chinanews.com/gj/2014/12-22/6900013.shtml>。

（三）越南

　　中越之間經貿往來密切的情形與其他國家也十分相仿。中國連續十年為越南第一大交易夥伴。2014 至 2015 年，中越雙邊貿易額比去年同期增長 25.9%。嚴格來說，繼中越關係因為鑽井平臺事件而顯著惡化後，越南為緩和關係作出了種種努力，但是中方都未予理會。然而，中方的態度從 2013 年以後，似乎已經發生改變。

　　與菲律賓、印尼不同的是，中越關係在政治發展上顯得十分熱絡。有分析認為，這與美越關係迅速升溫有關。[21] 2013 年 6 月 20 日國務院總理李克強在釣魚臺國賓館會見越南國家主席張晉創時，表示「中方願與越方一道努力，加緊推進海上共同開發，為妥善解決南海問題創造條件」。[22] 2013 年 9 月 2 日，李克強總理在南寧會見前來出席第十屆中國－東協博覽會，暨中國－東協商務與投資峰會的越南總理阮晉勇時指出，雙方應加強對話溝通，妥善管控分歧，積極把海上問題帶來的挑戰轉變為合作機遇，為雙方開展重大項目合作營造良好環境。2014 年 8 月底越共中央政治局委員黎鴻英以總書記特使身份訪問中國，[23] 11 月李克強提議把 2015 年確定為「中國 - 東協海洋合作年」。在中越聯合聲明中，雙方同意「從戰略高度和兩國關係大局出發，指導和推進海上問題的妥善解決」。不僅如此，連美軍參謀長聯席會議主席登蒲賽將軍也於 2014 年 8 月 17 日訪問了越南，這是自 1971 年越南戰爭以來，美軍參謀長聯席會議主席首次訪問越南。緊接著，習近平並親自在 2015 年 11 月 6 日訪越並與越南國家主席張晉創，雙方並舉行會談。[24]

---

21 莉雅，〈越南遣使訪問中國的背後含意〉，美國之音，2016 年 4 月 2 日，<http://www.voacantonese.com/content/vietnam-envoy-visits-china-20140828/2430845.html>。

22 劉華，〈李克強會見越南國家主席張晉創〉，新華網，2013 年 6 月 20 日，<http://news.xinhuanet.com/2013-06/20/c_116229132.htm>。

23 〈越特使黎鴻英訪華 中越關係峰迴路轉〉，超越新聞網，2014 年 8 月 26 日，<http://beyondnewsnet.com/20140826-li-hongying-visit-china/>。

24 李忠華、李彬，〈習近平同越南國家主席張晉創舉行會談〉，新華網，2015 年 11 月 6 日，<http://news.xinhuanet.com/politics/2015-11/06/c_1117066847.htm>。

　　幾次高層互訪之後，中國同越南領導人就深入發展中越全面戰略合作夥伴關係達成重要共識，雙方共同認為要繼續增進兩國政治互信，擴大兩國之間的共識，管控和縮小兩國之間的分歧，維護南海地區的和平穩定。兩國總理會談達成的最重要成果，也可以說是中越合作新的突破，就是兩國將正式成立「中越海上共同開發磋商工作組」、「基礎設施合作工作組」、「中越金融合作工作組」三個工作組三頭並進，開展兩國在上述三方面的合作」。雙方同意加快北部灣灣口外海域工作組的工作，力爭灣口外海域共同開發，期望為開展更大範圍海上共同開發，累積經驗。

（四）馬來西亞

　　相較於越南和菲律賓，馬來西亞在南海爭端問題上顯得低調許多。這當然與馬來西亞距離中國較遠等地緣因素有關。大馬政府多次在媒體表示高調處理南海問題對馬國沒有好處，所以傾向透過幕後安靜和平地解決，這種解決方式最符合其國家利益。其次，由於政府刻意的政策，外交和國防議題在馬來西亞常常被視為精英階層的事務，普通人並不關心。於是大馬政府可以放心避免民族主義情緒被煽動，低調平和的面對中國。[25]

　　當然與中國是馬來西亞最大貿易夥伴有關，但這是其中一個考量因素，並不完全是決定性因素。2013 年 10 月，中國國家主席習近平訪問馬來西亞時將兩國關係提升為全面戰略夥伴關係。中國總理李克強 2015 年11 月 23 日上午在吉隆坡出席中馬經濟高層論壇，指出：中國正在制定國民經濟和社會發展「十三五」規劃，馬來西亞即將邁入第十一個五年計畫。雙方應把「一帶一路」建設與東協互聯互通總體規劃對接起來，推動基礎設施、工業化等領域產能合作；進一步擴大貿易規模。中方將向馬來西亞提供 500 億元人民幣合格境外機構投資者（RQFII）額度，按照市場原則購買馬來西亞國債，在馬來西亞發行人民幣債券等利多。

　　依照馬來西亞東方日報在「2016 馬中總商會」的報導，中國連續 7 年成為大馬第一大交易夥伴，大馬也連續 8 年成為中國在東協最大交易夥

---

25 子川，〈馬來西亞專家學者談中馬南海爭議〉，BBC 中文網，2015 年 4 月 22 日，<http://www.bbc.com/zhongwen/trad/world/2015/04/150422_malaysia_china_experts>。

伴，[26] 而依據中國駐馬大使館資料，中資去年來馬的新增投資已經勝過了大馬到中國的新增投資。「一帶一路」使得中馬關係加速增進，面對亞洲基礎設施投資銀行（亞投行）即將正式開業，絲路基金也趕在 2015 年 12 月簽下了首單。2016 年以後的中馬關係，可望在馬國繼續維持對南海事端低調平和的處理原則下，向上發展。

5. 汶萊

中國大陸與汶萊關係這幾年也取得了實質性進展，兩國決定加強海上合作推進共同開發，是最受矚目的一項。2013 年 4 月 5 日，汶萊蘇丹哈桑納爾訪華期間，兩國發表《聯合聲明》，同意支持兩國有關企業本著相互尊重、平等互利的原則共同勘探和開採海上油氣資源。對於爭議問題，則雙方都認為應由直接有關的主權國家根據包括 1982 年《聯合國海洋法公約》在內公認的國際法原則，通過和平對話和協商解決領土和管轄權爭議。雙方並且重申將致力於全面有效落實《南海各方行為宣言》，維護地區和平、穩定和安全，增進互信，加強合作，穩步推進「南海行為準則」進程。[27]

四、從「堅持反對」美日等國插手南海問題到「模糊處理」：

大陸雖多次立場宣示，為體現中國大陸新政府南海政策的連續性、穩定性與建設性，展現出致力於維護南海地區的和平穩定、推進南海合作、化解或減輕有關國家的擔憂和疑慮的誠意。另一方面，隨著中國大陸綜合國力的持續增強，在國際和地區事務上要有所作為，在南海問題上，更不能繼續示弱。當前，對於美國與其亞太盟國、特別是中國大陸的海洋鄰國之間不斷插手中國大陸與海洋鄰國間的海洋權益糾紛，大陸的態度似乎已經有所轉換。中國大陸對南海地區形勢走向的塑造能力將穩步走強的同時，對於美日的態度，已經從「堅持反對」慢慢轉向到「模糊處理」。

---

26 〈中國經濟成長穩中向好〉，馬來西亞東方日報，2016 年 2 月 13 日，<http://www.orientaldaily.com.my/nation/gn45635010486949>。

27 張良福著，〈中國大陸的南海政策作為〉，<http://www.nanhai.org.cn/uploads/file/file/2013baogao/01.pdf>。

習近平在 2013 年揭櫫南海指導原則，係「堅持和平發展，決不放棄正當權益，犧牲核心利益」之後，[28] 基於堅持和平發展的主要道路，面對美艦在南海巡弋，兩國軍艦海上對峙、進行的相關接觸，仿佛進入了常態性的階段，彼此從警戒、備戰，到溫和性的寒暄、問候；[29] 乃至於美偵察機飛越南海上空，中國也保持了極大程度的克制。中國在「雙規思路」之外，似乎並不排斥美國在南海問題中的影響。而當前中國就南海問題同包括印尼、美國在內的國家，雖不至達到「和解」的程度，但避開爭議的意味與默契均已十分濃厚，在沒有高層政治指導之前，兩國軍方似乎都不會輕舉妄動，仿佛彈性空間已經成型。大陸清楚選擇與美國在南海模糊性的「和解」，能夠為中國與東協關係實質性推進爭取時間，因此只要美國懂得節制，不超越大陸的紅線，對於美國軍事存在亞洲，大陸似乎也較以往更能夠容忍。

肆、從海上絲路框架探討中國對東協南海政策的前景

學界普遍認為南海問題難以升溫，除了是來自大陸戰略格局自身的制約。也就是說，自 2013 年「一帶一路」倡議後，中國的南海戰略就已逐步調整。[30] 中美雙方似乎私下已有默契，彼此雖然有一些隔空交手，但雙方都有所節制。特別是美國防部長卡特要求，所有南海造陸的國家都須停止，大陸會如何應對？目前的發展看來，一旦所有東協國家都停止填海，各方坐下來談，中國會傾向願意配合的態度。因為中國在永暑島等島礁的跑道與建設工程，差不多要完工，南海之爭似乎呈現「各自達到階段性目標」的共識，見好就收。

從海上絲路框架探討中國與東協南海問題的前景，可以歸納為下列：

---

28 〈習近平：堅持和平發展 決不放棄正當權益犧牲核心利益〉，人民日報，2013 年 1 月 30 日，<http://big5.cri.cn/gate/big5/gb.cri.cn/27824/2013/01/30/2625s4006963.htm>。

29 萬仁奎，〈南海巡航相遇 中美危險寒暄〉，中時電子報，2016 年 4 月 1 日，<http://www.chinatimes.com/newspapers/20160401000436-260102>。

30 朱劍陵，〈陸拚海上絲路 南海戰略降溫〉，中時電子報，2015 年 6 月 18 日，<http://www.chinatimes.com/newspapers/20150608000442-260108>。

一、在「海上絲綢之路」的框架下，使南海趨向和平穩定

　　建設區域過渡期秩序的南海海洋合作機制，一直是中國當前的目標。美中盡管面對許多緊張的海上相遇、對峙，然始終未能觸發傳統上的軍事對抗，這些氛圍為建立互為接納的過渡期秩序，開啟了美好的願景。在這樣的背景下，南海周邊國家必定要逐漸融入新的潮流，與美中兩大國一起走向新型的區域政治秩序之中，甚至是安全合作架構之內。也就是說，美中互不否認彼此大國的地位與影響力。

　　美國認定中國在全球和區域事務中發揮著不可或缺的結構性作用，中國接納美國進入亞太合作軌道。美中關係極可能在中國「21 世紀海上絲綢之路」倡議後，進入另一個外交坦途。

二、利用「21 世紀海上絲綢之路」深化與東協之海上合作

　　透過「21 世紀海上絲綢之路」之框架，中國隨時可以向東南亞國家提供海上運輸、海洋資源開發，還涉及海洋科研、海洋環保、海上旅遊、海上防災、海上執法合作、海上人文交流等領域的合作；包括成立「中國—東協海洋合作中心」，建設「中國—東協海上緊急救助熱線」，設立「中國—東協海洋學院」等。特別是中國宣佈 2015 年為「中國—東協海洋合作年」的契機，[31] 更將推使中國與東協國家進行海上長期合作項目。

　　有關中國在這部分的努力，很快地得到泰國、越南、馬來西亞等國的支持。以泰國為例，中國正在協助其加強港口互通，擴建海港，以應對越來越多的海上貨運。開通連接柬埔寨、越南以及中國泛北部灣各港口之間的新航道。隨著東協一體化實施，東協—中國自貿區建成，互聯互通將為泰國帶動更多的人員、貨物、資金的流動。

　　對於「21 世紀海上絲綢之路」，印尼官方的反應也相當積極。佐科的「全球海洋支點」設想中，印尼將重點建設 24 個港口樞紐，其所需投資

31　王辛莉，〈中國—東協海洋合作年啟動 楊潔箎與泰副總理出席儀式〉，中國新聞網，2015 年 3 月 28 日，<http://big5.chinanews.com/gn/2015/03-28/7166751.shtml>。

至少為 7000 萬億印尼盾（約合 3.54 萬億元人民幣）。這些港口所覆蓋的爪哇島和蘇門答臘島等地區當前對印尼 GDP 的貢獻占比為 70% 左右，其建設會直接帶動當地吸引投資。中國的「21 世紀海上絲綢之路」無疑有助於印尼實現從最大群島國家向「全球海洋支點」的發展。印尼漢學家翁鴻鳴（Agustinus Wibowo）則認為，「一帶一路」的目的是通過合作實現持久共贏，這符合印尼的國家利益與發展需求。[32]

並且，印尼積極回應亞洲基礎設施投資銀行的倡議，並成為亞投行第二十二個意向創始成員，佐科甚至提出過將亞投行總部設在印尼首都雅加達，並讓印尼在亞投行中扮演重要角色的要求。2015 年 3 月中、印尼兩國簽署的《關於加強兩國全面戰略夥伴關係的聯合聲明》表示，雙方同意發揮各自優勢，加強戰略交流和政策溝通，推動海上基礎設施互聯互通，深化產業投資、重大工程建設等領域合作，推進海洋經濟、海洋文化、海洋旅遊等領域務實合作，攜手打造海洋發展戰略夥伴。

此外，中國國家海洋局已和泰國、印尼、柬埔寨、馬來西亞展開海洋生物多樣性保護、季風爆發監測、海岸帶管理、減災防災、人才交流培養等合作，加深加廣的合作觸角不斷伸展，使得中國與東協國家的南海問題，顯得更不迫切。

三、利用中國 – 東協區域機制，創造南海合作平臺

中國在東協的努力，獲利最多的，還有柬埔寨。過去十年，中國幫助柬埔寨融資建設了 2500 公里的公路；近期，更由中國華電集團公司投資近 5 億美元修建魯塞芝羅河（Stung Russey Chrum Krom），興建一座運作容量為 33.8 萬千瓦的水電站。[33] 在中國的資助下，柬埔寨經濟發展態勢良好，GDP 增長達 7%。未來，柬埔寨需要更多的道路、港口、機場，交通等基礎設施，還要全面開發旅遊資源，建設旅遊綜合度假區，投資規模和

---

32 李峰，鄭先武，〈「21 世紀海上絲綢之路」建設中的印尼角色〉，中國社會科學報，2016 年 2 月 18 日，第 907 期，<http://sscp.cssn.cn/xkpd/gjyk/201602/t20160218_2870942.html>。

33 〈外媒：柬埔寨首相為中國資助建設的大壩辯護〉，參考消息，2015 年 1 月 14 日，<http://www.cankaoxiaoxi.com/world/20150114/627402.shtml>。

投資項目都需要中國的資助。柬國上下引頸期盼中國倡議的亞投行，可以幫助海上絲綢之路沿線國家和地區投資建設基礎設施等，更可以使東協國家內部發生跟進的效果，使自己從中獲利。[34]

　　中國與東協區域的合作，主要的途徑有二：一是「中國—東協自貿區合作平臺」，中國東協自貿區是雙方各自對外建立的第一個自貿區。經過幾年的運行，取得了不錯的成果，目前正進行自貿區升級版談判。中國期望把「21世紀海上絲綢之路」議題列入中國與東協合作進程。另一方面，是利用亞太經合組織（APEC）平臺，與「21世紀海上絲綢之路」連接起來，使中國在亞太區域組織中，站穩其領導的地位。2015年APEC峰會已在菲律賓舉行完畢，[35]習近平同艾奎諾會晤期間互動雖不熱絡，但雙方秉持不提南海問題的共識，兩國關係實現了檯面上的和諧，也算是轉圜。

　　此外，中國與東協區域的合作，主要目標之一是反轉「東協聲索國在幕後、區域外大國站臺前」的景象。[36]日前，美國透過「亞太再平衡」大幅度的向亞洲導入勢力，強化與東協盟國之間的合作；例如在馬尼拉表示支援菲律賓以和平方式解決南海問題，卻又表示將強化對菲律賓的軍事援助與支持，雙方並舉行了規模空前的肩並肩年度軍事演習；在韓國指責中國在軍事化南海的同時，卻又表示要在亞洲部署尖端武器；在日本表示反對南海軍事化，卻與日本達成聯合監控南海的共識。甚至與印度簽署美印兩國聯合公報中，也不忘強調美國的南海立場。[37]南海爭端在東協聲索國與中國之間，增加美日印等大國與中國之間的博弈因素，但中國似乎有意想全世界宣示前者永遠無法被後者所取代的景象，對於美國的介入採取

34　王辛莉，〈中國—東協海洋合作年啟動 楊潔篪與泰副總理出席儀式〉，中國新聞網，2015年3月28日，<http://big5.chinanews.com/gn/2015/03-28/7166751.shtml>。

35　〈習近平出席APEC峰會只與菲律賓總統寒暄2分鐘〉，新浪軍事，2015年11月19日，<http://mil.news.sina.com.cn/2015-11-19/1119844291.html>。

36　薛力，〈中國應加快調整南海政策〉，FT中文網，2015年4月27日，<http://www.ftchinese.com/story/001061744?full=y>。

37　2015年元月份，歐巴馬訪問印度並簽署美印兩國聯合公報中強調：「確保南中國海航行自由，以及透過國際法和平解決海洋主權爭端，對於區域繁榮安全至關重要」，這對極少涉入南海爭端的印度來說，可謂相當不尋常。

必要回應。未來，中國堅決反對區域外大國涉入的基調固然可能維持，但東協聲索國本身與中國在合作方面的成果，也將發揮作用，在不依賴太深也不過度刺激中國的前提下，東協各國對區域外大國涉入區域安全事務態度，會轉趨向保守、防範。

四、不使南海問題影響中國與東協關係大局

東協是中國第三大貿易夥伴，政治、安全、經濟等多方面的因素，決定了東協國家不僅是中國建設成海上絲綢之路的首要物件，還事關中國此一戰略的成敗。而南海爭端是中國與東協關係的其中一環，是東協最為人所關心的區域安全問題，雖具有現實的緊迫性，中國可能不時拓展在南海的軍事存在，以捍衛主權。但整體而言，南海問題不能算是中國的核心利益，爭端如未能控制得宜，將大大影響中國與東協關係的發展，對「中國夢」大戰略，影響更大。因此，在強化南海存在、獲取國家利益的同時，不影響中國－東協關係大局，仍是中國處理南海爭端的準則。

菲律賓方面，隨著中菲關係於近年跌入谷底的同時，雙邊經貿往來卻保持了穩定增長的情況下，菲律賓國內也出現對艾奎諾三世的不滿聲浪，認為他在外交上的錯誤選擇將中菲關係帶入危險，呼籲政府採取更實際的態度處理對華關係。菲律賓外交部外交服務研究所國際問題專家安德里亞·克洛伊·王（Andrea Chloe Wang）就在 2014 年 7 月的一篇評論中寫道：兩國間解決紛爭並不意味著要將海上矛盾和領土糾紛完全邊緣化，而「是將這些問題從兩國關係的中心移開，為其他更積極、更有成效的合作創造機會」。她直言「儘管保護領土主權完整是至高無上的，一個國家也必須同他國合作實現互利共贏。因此菲律賓同作為鄰國的中國，在地緣政治和安全顧慮同時開展積極接觸是不可或缺的」。[38] 因此，菲律賓也有一些務實的舉動，例如該國很早就宣佈申請成為亞投行的成員國。菲律賓問詢者報 5 月曾報稱菲律賓準備為亞洲行注資 9 億美金，做為準備。[39] 南海問題將不

---

38 張海州，海燕，〈中菲關係 40 年：從「血緣之親」到「政冷經熱」〉，中國日報中文網，2015 年 6 月 5 日，<http://world.chinadaily.com.cn/2015-06/05/content_20920858.htm>。

39 〈中國駐菲外交官遭槍擊 嫌犯為工作人員家屬〉，深圳之窗，2015 年 10 月 22 日，<http://

影響中國與菲律賓間的經貿往來，兩國將繼續朝向務實的關係發展，由此可見。

此外，中國還要防止美國利用南海問題分化中國和東協關係。[40] 美國一直希望在東亞出現一個既能與中國抗衡，又與美國保持密切關係的地區組織。然而，東亞地區是以經濟為核心構建的區域關聯式結構，其中中國和東協的合作關係扮演核心支柱的作用。所以對美國來說，要恢復在亞太地區的領導地位，面臨的最大挑戰是東亞區域合作的發展。因此，美國要透過參與地區多邊機制來獲得領導地位，其首要目標就是拉攏東協。希拉蕊在談論美國亞太政策時表示，「我們把東協視為區域的結構支點。我們也把它視為政治、經濟和戰略問題上不可或缺的一個區域組織」。[41]

從 1992 年東協通過南海問題宣言開始，美國就一直希望將南海問題變成中國和東協之間的問題。2002 年中國和東協簽署《南海各方行為宣言》之後，美國採取了對菲越在南海擴張行為視而不見的作法，間接對中國施加壓力。2009 年美國未將南海列入與東協會談的核心議題。2010 年借菲越兩國幫助，先將勢力伸入東協地區論壇，而後又將南海問題納入第二屆美國－東協領導人會議，然會議達成之共識卻十分有限。2011 年 8 月，中國和東協通過「落實《南海各方行為宣言》指針」，使美國大感壓力，遂於 2012 年 9 月派國務卿希拉蕊訪問印尼，督促東協國家在和中國討論南海問題時要「形成統一陣線」。[42] 這些舉措，都說明美國杜防中國構建地區安全架構的政治意圖依然存在。大陸將傾外交、經濟及軍事之力，全力與東協國家交往，不使美國有機會主導南海問題，也不能使得南海問題影響中國－東協關係大局。

---

toutiao.com/i6208307627878056450/>。

40　時永明，〈美國的南海政策：目標與戰略〉，美麗島電子報，2015 年 6 月 22 日，<http://www.my-formosa.com/DOC_82672.htm>。

41　U.S Department of State, Hillary Clinton, "America's Engagement in the Asia–Pacific,"October 28, 2010, "U.S Department of State," <http://m.state.gov/md150141.html>.

42　Matthew Lee , "Clinton urges ASEAN unity on South China Sea," CNSNEW, September 4, 2012, < http://www.cnsnews.com/news/article/clinton-urges-asean-unity-south-china-sea>

伍、結語

　　21 世紀海上絲綢之路的建設原則上不涉及爭議問題，這是中國的官方立場。[43] 但從 2015 年開始升溫的新一輪南海爭議來看，很難將南海問題與海上絲綢之路的建設完全區隔開來。中國希望東南亞國家加入到「一帶一路」的經濟合作中，擱置或模糊淡化南海這類有爭議的安全議題，卻不免從地緣政治的角度解讀中國的合作倡議，使得中國在對東協各國的南海政策，呈現親疏有別、輕重有序的情景。惟，中國當前此般模糊戰略與「一帶一路」整體來說是相互矛盾的。南海問題是中國－東協最為關鍵的區域安全問題，此一問題不解決，中國與東協的關係僅能侷限在經濟交流，而無法擴展至安全、政治等範圍，建立命運共同體之路將遙遙無期。

　　儘管在 2015 年 12 月 31 日，東協輪值主席國馬來西亞外長阿尼法發佈聲明說，東協各國已達成協議，於這一天建成以政治安全共同體、經濟共同體和社會文化共同體三大支柱為基礎的「東協共同體」，同時通過了《東協 2025：攜手前行》，為東協未來 10 年的發展指明方向。但因東協很多成員國國力有限，成員國之間發展差距大，國家間的經濟水準相差甚遠。因此，東協共同體此時宣告建立，在很大程度上講，多少有「先建成、後一體」的意味。[44] 時間進入 2016 年，中國與東協建立對話關係已屆 25 周年，中國－東協自貿區升級版和區域全面經濟夥伴關係協定談判進程，也將在更大程度上為雙方帶來利益。向來在南海問題上與中國不睦的菲律賓，即將在 2016 年 5 月舉行總統大選，下任菲律賓總統能否修補與中國的破損關係？菲律賓對中國提出的國際仲裁案，是否能由下屆菲律賓政府恢復與中國的雙邊談判？應特別關注。如果下任菲律賓總統決定繼續現任政府的親美政策，修補與中國的關係將變得更複雜，馬尼拉與北京之間病入膏肓的政治關係雪上加霜。反之，讓菲律賓有機會與中國在經濟領域上合作，擴展到其他領域的合作，建立必要的信心，克服在南海爭端的分歧，

---

43 張鋒，〈中國的南海政策與海上絲綢之路矛盾嗎？〉，2015 年 6 月 24 日。

44 丁子、張志文，〈東協共同體推動地區一體化進程：中國—東協經貿合作迎來更多發展機遇〉，人民網，2016 年 1 月 1 日，03 版，<http://paper.people.com.cn/rmrb/html/2016-01/01/nw.D110000renmrb_20160101_2-03.htm>。

使中菲關係發展向上提升，是另一項值得期待的事。

　　當前中國南海政策的戰略目標，是防止亞太國家在美國的主導下，形成一個從反對中國南海政策而擴大為反對中國的聯盟。現在，因為東協各國在南海問題上的意見不一，反對中國的聯盟還沒有形成，亞太國際關係處於高度不確定中，中國必然會抓住這個關鍵時機，以雙邊與多邊雙管齊下的方式管控南海爭端，並全面更新與主要東協國家之間的關係。未來與中國－東協間多方面的關係發展，仍值得密切關注。

平衡與轉移的爭論：
當代美中在東亞權力競逐的理論探索

鄒文豐 [*]

壹、前言：如果這是一場賽跑

　　繼 John Mearsheimer 的 *The Tragedy of Great Power Politics* 之後，Michael Pillsbury 亦以 *The Hundred-Year Marathon* 講述「中國崛起」對全球政治、經濟乃至於國際權力格局的深遠影響。Mearsheimer 以攻勢現實主義為理論基礎，層次分明的觀察、分析、歸納，而預測美、中兩國戰略利益衝突已勢不可免；Pillsbury 則提出實務經驗的驗證，表述中國大陸欲取代美國、稱霸世界的野心。[1] 那麼，對於這樣巨大的、正在進行的、對未來世界發展影響深遠的國際權力變動現象，有沒有其他不同的主張？如果我們回歸國際關係理論有關「權力」的經典論述重新審視，又會有怎樣的結果？

　　事實上，古典現實主義或新現實主義均以權力平衡（balance of power）為核心概念，講求在國際社會的無政府狀態下，唯有保持權力相互制約與均衡，才能有助於國際體系穩定運作並確保國家維繫生存，從古代希臘、近代歐洲、兩次世界大戰與冷戰的歷史，都可顯現權力平衡的作用和運作方式。[2] Kenneth Waltz 進一步指出，在以權力分配為主導的國際政治中，由於權力的動態變化，使得追求權力平衡成為指引國家對內與對外行動的法則，以避免因權力失衡危害國家安全。[3]

---

[*]　淡江大學國際事務與戰略研究所博士生

[1]　詳細論述內涵分見於 John Mearsheimer, *The Tragedy of Great Power Politics* (New York: W.W. Norton & Company, 2014); Michael Pillsbury, *The Hundred-Year Marathon: China's Secret Strategy to Replace America as The Global Superpower* (New York: Henry Holt and Company, 2015).

[2]　鄭端耀，〈搶救權力平衡理論〉，在《國際關係理論》，包宗和編（台北市：五南，2011 年），頁 69。

[3]　Kenneth N. Waltz, "Structural Realism after the Cold War," *International Security*, Vol. 25, No. 1(Summer 2000), pp.39-40.

　　相對於此，**A.F.K. Organski** 認為，權力分配不均衡才是國際關係特質，權力平衡不利於國際體系穩定，權力不平衡的金字塔式層級體系才有助於維持和平，因為國際體系穩定主要依靠支配性強權（dominant power）的優越實力，透過建立制度、提供公共財等方法，確保國際秩序，當其逐漸無法保有領先地位時，體系穩定便會受到衝擊，衝突就很可能在新興強權挑戰支配性強權時發生，而支配性強權與新興強權間的地位變化即為權力轉移。[4] 參證 19 世紀歐洲的普法戰爭與亞洲的甲午戰爭，以及兩次世界大戰，都是新興強權挑戰支配性強權所引發的衝突。

　　由上可知，同樣從「權力」出發，同樣的歷史事件，不同的理論觀點與假設，卻能提出相異的解釋及論述。這不僅彰顯國際關係現象的複雜性，也表現出國際關係理論豐富且有趣的一面。學者以為，就權力平衡與權力轉移而言，21 世紀的美中關係可謂天然匹配的國際關係理論研究實例，[5]原因在於，中國大陸正在經歷經濟與軍事力量的迅速成長，自然被視為東亞區域的新興強權，其與既有霸權美國，在東海、南海、台海，乃至於區域整合及政經制度建構等議題上，均存有一定程度的權力競逐矛盾張力，[6]在這樣的脈絡下，東亞已可謂崛起強權與既存強權的兵家必爭之地，[7]本文即嘗試從美、中兩國在東亞區域的權力競逐關係及現象出發，以國際關係現實主義家族裡，權力平衡與權力轉移理論的觀點，探討促使美中進行戰略競爭的動因為何？美中彼此的對應舉動是正在採取權力相互制衡？還是強權地位爭奪的對抗已經展開？權力平衡或轉移，何者有助於我們瞭解強權競爭與國際現勢？未來東亞區域的權力結構又將如何演變？以及最終的根本性問題，區域權力結構的變化，是否能直接放大到整體的國際權力格局？

4　A.F.K. Organski and Jacek Kugler, *The War Ledger* (New York: Alfred A. Knopf, 1980) pp.19-21.

5　吳玉山，〈權力轉移理論：悲劇預言？〉，在《國際關係理論》，包宗和編，頁 389-390。

6　相關爭議的近期發展，可參考宋秉忠，〈南海摩擦凸顯中美安全上非夥伴〉，旺報，2016 年 10 月 27 日，焦點新聞版；〈社評－中美戰略歧異擴大非亞太之福〉，旺報，2016 年 10 月 18 日，論壇廣場版；〈從杭州歐習會看中美爭鋒的表裡〉，聯合報，2016 年 9 月 7 日，社論；林永富，〈求同存異，中美合作與對立共存〉，中國時報，2016 年 9 月 1 日，焦點新聞版。

7　黃介正，〈美國盤點亞洲再平衡〉，聯合報，2016 年 4 月 6 日，民意論壇版。

本文首先將整理權力平衡與權力轉移理論的概念、要點及問題，其次擇要概述美中兩國於冷戰後在東亞地區的權力競逐作為；透過不同理論主張的檢視，分析美中行為與理論各自間的符合程度，以探索推動美中戰略競爭的趨力，並試圖對上述問題逐一解答，提出理論啟發以及對區域、國際權力結構變化的看法。假使國家間的權力競逐是一場馬拉松式的賽跑，在抵達終點之前，領先者與挑戰者的糾纏追逐，始終是比賽最扣人心弦的看點。

貳、理論意涵：決勝策略的基礎

現實主義假設國際社會處於無政府狀態，而國家為最主要的行為者，採取理性決策，目標在尋求權力與安全的極大化，並以權力運作及分配形成國際體系的面貌。Hans J. Morgenthau 接續此假設，其所著 Politics among nations 是二戰後影響國際關係學界最深遠的巨作，以權力政治途徑分析世界政治，藉由「權力」的核心概念及對國家利益的界定，認為如何增強自身權力與國家利益，是各國最重要的政策目標。[8]

有別於 Morgenthau 的觀點，Kenneth N. Waltz 則提出「生存」才是國家的首要目標，權力係為手段，在其 Theory of International Politics 書中提出「國家構成結構，結構造就國家，國際結構影響國家作為」的「結構現實主義」主張，一方面確認國際政治無政府狀態與衝突的本質，另一方面則強調國家自助與自利的傾向，在國家追求生存安全的最終目標相對利得思考下，失去權力平衡就是失去安全，因此國家必然採取權力平衡策略，也唯有權力平衡能維繫國際和平。[9]

圍繞「權力」概念的思考，Organski 提出完全相反的權力轉移論述，認為傳統權力平衡理論誤解權力分配型態與國際體系穩定間的因果關係，[10]

8　Hans J. Morgenthau, *Politics among nations: the struggle for power and peace* (New York: Alfred A. Knopf, 1985), p.5.

9　Kenneth N. Waltz, *Theory of International Politics* (Mass: Addison-Wesley, 1979), pp.71~75.

10　吳玉山，〈權力轉移理論：悲劇預言？〉，頁 391。

與霸權穩定論類似，權力轉移論（power transition theory）著重於新舊強權交替時產生的結構性衝突，以及新舊強權的雙邊關係。Organski 指出，在國際體系的層級結構下，當新興強權與既有霸權國力接近時，新興強權將有能力及野心挑戰既有霸權，不同於霸權穩定論重心在探討層級體系如何建立與鞏固，權力轉移論則聚焦層級體系如何崩解、支配性強權如何被超趕，亦為傳統意義的國際關係理論。接下來，將分別概述權力平衡論與權力轉移論的意涵，並進行理論的檢視。

一、權力平衡理論要旨

二戰後，大部分國際政治學者都採取現實主義研究途徑，而權力平衡則為其中主要的檢視理論之一。[11] Morgenthau 將權力平衡視為國際政治的既定狀態，因為無論各國權力如何競爭，國際間都會因各國將權力平衡作為一致政策而自動達到平衡。[12] 以此為發展根源的權力平衡理論意義在於：[13]

1. 平衡是處理國際關係的特殊手段，亦即為建構或維繫國際體系的方式，而非僅為單純的權力分配。
2. 平衡是處理國際關係的特殊政策，也就是促成、維持或消除某種現狀的均勢的政策。
3. 平衡是國際體系的穩定狀態，意指各國在彼此力量不均的情況下，希望建立有利於己的平衡，也就是並非單純的均勢，而是使自己不受他國支配，但對他國卻有決定性影響力之平衡。

然而，由上述可知，「權力平衡」的意義卻容易引起混淆，例如其中至少包括描述既存權力分配（國際情勢）、行為者政策（國家對外作為），

11　Jack Donnelly, *Realism and International Relations* (Cambridge: Cambridge University Press, 2000), p. 6.

12　Hans J. Morgenthau, *Politics among nations: the struggle for power and peace*, p.13.

13　Richard W. Mansbach, *The Global Puzzle: Issues and Actors in World politics* (Boston: Houghton Mifflin, 1994), pp. 90-91.

及行為者間為確保國際體系穩定的相對權力分配等用法。[14] 基於本文的問題意識，在此依據 Waltz 對權力平衡的看法，認為當國際體系權力不平衡時，將對其他國家形成安全威脅，自然會產生恢復權力平衡的動力，雖然無法預測每個國家都會採取平衡策略，但從國際體系是無政府狀態與國家是主要分析單元的前提出發，權力平衡將形成一種期望行為，因為追求權力平衡是國家維持生存與保障安全的重要依賴。[15] 也就是將權力平衡視為國家對體系狀態的期望與採取的政策手段。進一步以此歸納學者對權力平衡目的與功能的看法，包括：[16]

1. 防止大國建立世界性霸權。
2. 維繫國際體系穩定。
3. 確保國際社會秩序。
4. 藉由權力制衡策略強化與延長和平。

而在方法上，國家追求權力平衡可分為兩種方式，一是透過自身內部調節，包括提升國力、強化軍力、擴展經濟實力等「內部平衡」手段；二是向外尋求援助，包括締結軍事聯盟、採取聯合行動等「外部平衡」手段。至於在對外政策方面，維繫或恢復平衡的傳統方式，從和平到衝突，還有外交協商、劃分勢力範圍、建立緩衝地帶、裁軍談判或軍備競賽、外交干預、展示武力及動武、戰後安排等。[17] Waltz 指出，若權力平衡瓦解，國家會以各種方式使其恢復，平衡一旦達成，國家將會設法使其維持，因此，權力平衡不僅是一種體系狀態，也是反覆進行的過程。[18]

儘管 Waltz 提出不同國際權力結構會形成不同的權力穩定狀態，兩極

---

14 Richard W. Mansbach, *The Global Puzzle: Issues and Actors in World politics*, pp. 94-95.

15 Kenneth N. Waltz 著，《國際政治體系理論解析》，胡祖慶譯（台北市：五南，1997 年），頁149。

16 同上註，頁 148-162；高金鈿、顧德欣編，《國際戰略學概論》（北京：國防大學，1995 年），頁 124-125；謝奕旭，〈論國際關係理論中的權力平衡理論〉，《復興崗學報》，第 78 期（2003 年 12 月），頁 115-118。

17 謝奕旭，〈論國際關係理論中的權力平衡理論〉，頁 119。

18 Kenneth N. Waltz, *Theory of International Politics*, p.128.

結構下的權力平衡最為穩定，多極結構的權力互動則較為複雜與多變，而單極結構中的權力狀態最不穩定；不過，此權力平衡論述雖能解釋冷戰時期美蘇對抗下的國際體系穩定，卻無法解釋後冷戰時期，尤其是 1990 年代，雖有以美國為獨霸的「一超多強」國際體系成形，然並未出現各國聯合制衡美國的情況，同時權力失衡也沒有導致大規模衝突。[19]

由於權力平衡論述與國際現勢發展的差異，使其受到學界許多批評，對此，Waltz、Willian C. Wohlforth 等現實主義學者各從不同面向重新解釋、定義或建構權力平衡理論，試圖合理化權力平衡在國際關係的不運作，或不同形式的運作型態，使權力平衡發展朝「權力平衡理論」（balance of power theory）、「平衡權力理論」（theories of power balances）與「制衡理論」（theories of balancing）三個方向前進。[20] Walt 認為，現實主義理論只能說明什麼事將會發生，而無法說明什麼時候會發生，國際體系本質與運作規則並未改變，權力平衡理論可以更豐富其內涵以增加理論適用能力，但依然是不可動搖的國際體系運作原則。

二、權力轉移理論要旨

針對既有霸權與新興強權彼此關係進行探討的國際關係理論就是權力轉移論，其與霸權穩定論、東亞層級論、權力不對稱論等，均為現實主義家族中的層級理論。Organski 於 1958 年 World Politics 一書首先提出相關論述，將國際體系層級視為金字塔型結構，各國依權力大小區分為支配性強權、一般強國（great powers）、中等國家（middle powers）與小國（small powers）等四個等級；其中支配性強權只有一個，一般強國有數個，中等國家數目較多，最多的是小國。權力轉移的核心概念明顯挑戰傳統權力平衡的論述，認為權力不均衡的層級體系才有助於維繫和平，因為支配性強權決定國際秩序，管理國際體系，所以是滿足現狀的；而其他國家權力越小，影響國際秩序的能力也越小，因此不願衝擊現狀故能確保體系穩定。[21]

---

19 鄭端耀，〈搶救權力平衡理論〉，頁 69-71。

20 同上註，頁 71-78。

21 A.F.K. Organski, *World Politics* (New York: Alfred A. Knopf, 1958), p.292.

但 Organski 也提到，國家權力大小與其對國際現狀的滿意程度呈反比，故在國家是否會挑戰體系現況的意願上，為原始論述留下深入討論的空間。

後來，Organski 在古典權力轉移論框架下，於 1980 年與 Jacek Kugler 合著 *The War Ledger*，依社會科學量化研究趨勢，將權力轉移論的命題以統計模型應證，完成理論建構。[22] 其由權力觀點出發，認為只有大國才有足夠力量挑戰既有霸權，中小型國家即使對現狀不滿，也欠缺改變現狀的能力，因此大國間權力變化才是影響體系穩定的關鍵因素，復以個別國家不平均的權力增長，使體系內權力對比不會一成不變，而是隨時間此消彼長。在探討戰爭發生可能性時，其提出均勢（parity）與超越（overtaking）的概念，前者指當某一大國國力發展到佔既有霸權 80% 以上時，就成為潛在挑戰者，而當挑戰者國力超過既有霸權 20% 時，均勢便告結束；後者則指崛起強國實力遽增，其經濟實力擴張較既有霸權更為迅速時，便發生超越，在此過程中，由於挑戰者和既有霸權的競逐，戰爭可能性就會大增。[23] 因此確認，權力分配不均時，戰爭爆發機率較小，強國間權力分配均等或出現後者超越先行者的現象時，戰爭才會發生，論證階層性國際關係有利於體系穩定，權力平衡才會導致戰爭。[24]

2000 年時，支持權力轉移論的學者們，再將其研究成果集結成 *Power Transitions: Strategies for the 21st Century* 一書，[25] 將國家意圖的變項加入權力轉移論，認為若新興強權滿足現狀，即使權力達到均勢甚且是超越，戰爭也不會爆發。因為著重國家意圖的角色，新權力轉移論試圖以權力、意圖與和戰關係等科學方法判定國家是否對現狀滿意，並提出多個區域層級體系鑲嵌在全球層級體系中的觀點，認為每個區域體系皆有支配性強權、

22　向駿，〈權力轉移理論與美國的「中國威脅論」〉，在《2050 中國第一？權力轉移理論下的美中臺關係之迷思》，向駿編（台北：博揚文化，2006 年），頁 46。

23　同上註，頁 61。

24　A.F.K. Organski and Jacek Kugler, *The War Ledger*, p.19.

25　Tammen, Ronald L., Jacek Kugler, Douglas Lemke, Allan C. Stam III, Mark Abdollahian, Carole Alsharabti, Brian Efird and A. F. K. Oranski., *Power Transitions: Strategies for the 21st Century* (New York: Chatham House Publishers, 2000).

強國與弱國，並受全球層級體系影響，而所有區域支配國家都受全球支配
國家的制約。

　　權力轉移論將人口、經濟力及政治力組合成衡量國家權力大小的指
標，每個因素對國家權力有不同影響，如人口數量短期內難以改變，卻能
形成長期且巨量的乘數轉變；經濟成長的改變相對迅速，但也需要一段時
間才能對權力變化產生作用；而政治能力則能在短期內影響國家權力。[26]
具有上列條件的國家，可望在國際社會快速崛起，逐漸與既有霸權國力接
近並形成均勢，在此過程中，權力轉變就會對體系穩定產生衝擊。事實上，
在 Kugler 與 Douglas Lemke 於 1996 年合編的 *Parity and war* 書中即明白指出，
中國大陸因綜合國力不斷提升，且漸次擁有對國際現況表達不滿的實力，
未來勢必將成為美國霸權的挑戰者。[27] 關鍵在於中國大陸是否對其在國際
社會的對應地位感到不滿，若然，則中國大陸在國力追逐美國的階段將是
國際體系極不穩定的時期，發生權力轉移衝突的可能性將大幅增加。[28]

　　相反的，若新興強權滿足現狀，即使擁有可觀權力也未必會挑戰既有
體系，甚至可能形成整合或成為維持國際體系的助手。[29] 因此，在面對新
興強權崛起時，既有霸權可能試圖以增加新興強權安存於現有國際體系的
方式，避免危機產生，例如分享權力、調整國際規範，或鼓勵新興強權融
入現有體系。[30] 權力轉移論顯然將新興強權的挑戰動機歸因於特定比例的
權力差距，暗示在未達此種權力指標前，新興強權會順從既有霸權主導的
國際制度。

　　至於權力轉移論的問題，首先是忽略既有霸權與新興強權在其他領域

26　王高成、王信力，〈東亞權力變遷與美中關係發展〉，《全球政治評論》，第 39 期（2012 年），
　　頁 46。

27　Jacek Kugler and Douglas Lemke, *Parity and war : evaluations and extensions of The war ledger* (Ann
　　Arbor, Mich. : University of Michigan Press, 1996), p.145.

28　Tammen eds, *Power Transitions: Strategies for the 21st Century*, p.137.

29　吳玉山，〈權力轉移理論：悲劇預言？〉，頁 392。

30　王高成、王信力，〈東亞權力變遷與美中關係發展〉，頁 46。

的競爭，尤其是在國際制度內的互動面貌；其次，霸權並非由單純擁有優勢的物質權力構成，國際領導地位正當性與治理權威，也是構成霸權的重要因素；第三，新興強權國力能快速成長，顯示既有霸權主導的國際體系容許各國發展，提升國際地位，並創造新興強權最終改變原有國際權力分配架構的可能。[31]

三、理論啟發

由以上理論意涵的回顧可知，權力始終是觀察與評估國際體系變化的重要關鍵。靜態的力量展示，呈現國家間影響力的強弱區別，使國際體系形成不同層級的各式結構；動態的力量變化，則凸顯國家間的策略運用，使國際體系向不同秩序轉型。儘管現實主義包括以國家為主要分析單位，是理性的單一實體、國際社會處於無政府狀態，國家之上沒有更高權威、國家面臨始終存在的安全威脅，必須自力更生、國家講求物質實力，以國家利益至上等核心概念，但權力平衡論與權力轉移論的假設與主張截然不同，主要差異為：

1. 權力平衡論認為均衡的權力分配對國際體系和平有利，視均勢為國際政治的既定狀態，倘若未達均勢，也會逐漸向此狀態過渡；權力轉移論則認為權力不均才是國際政治常態，均勢容易導致衝突。
2. 權力平衡論認為國際體系可分為單極、兩極與多極等架構，以兩極體系最穩定；權力轉移論則認為國際體系為金字塔型的層級體系，唯有支配性霸權存在，才能確保國際和平。
3. 權力平衡論認為面對體系內權力變動，國家將採取內、外等平衡策略，設法恢復均勢；權力轉移論則認為體系內權力變動乃常態，國家採取的策略固然在追求國家的最高利益與更高的國際地位，但是否挑戰或維繫既有體系，取決於國家對既有霸權及體系的看法。

除此之外，權力平衡論事實上與現實主義中的「安全困境」（security

---

31 陳欣之，〈國際體系層級的建構與霸權統治〉，《問題與研究》，第 46 卷，第 2 期（2007 年 6 月），頁 24-31。

dilemma）概念邏輯相似，所描述的國際體系結構均為「無政府狀態」，也同樣假定國家是自私自利的，國際政治是國家自助以求自保的一種行為現象，因此不若權力轉移論者重視國家對所處現狀是否滿意的「意圖」，而著重於給定的國家行為模式，認為一方面國際體系的權力均勢係為常態，權力結構偶發的轉變僅為體系內的變化，而非體系本身的轉型，雖然會影響國家行為，但不會改變國際體系運作的原則；[32] 另一方面，國家為追求權力的均勢或有利於某方的優勢平衡，必將採取尋求力量保障自身生存與安全的作為，因此安全困境勢不可免。[33] 這樣的理論隱喻，將使我們對新興強權與既有霸權的權力互動，以及對國際體系發展變化的分析，產生有顯著差異的看法。

　　接下來，本文就將從當代美中在東亞的權力互動現象出發，探討美中之間的戰略競爭，究竟是其彼此正在追求體系內的權力平衡？還是正在進行霸權地位轉移的對抗？

參、當代東亞的權力競逐：較勁方酣

　　經過廿餘年「和平崛起」的過程，中國大陸綜合國力幾已堪與美國媲美，[34] 在中共「十八大」後，以習近平為首的中共領導集體，將中華民族偉大復興的「中國夢」做為國家總體目標，遵循既有的「和平與發展」國家戰略基調，一方面試圖與美國建立「新型大國關係」，保持「鬥而不破」默契，並持續深化與俄羅斯等西方國家的合作；另一方面，則以推動「絲

32　Kenneth N. Waltz, "Structural Realism after the Cold War," *International Security*, Vol. 25, No.1 (Summer 2000), pp.39-40.

33　陳亮智，〈尋找解釋美中戰略競爭的驅動力量：安全困境，權力平衡，或是 權力轉移？〉，《中國大陸研究》，第 52 卷，第 1 期（2009 年 3 月），頁 92-108。

34　2014 年 9 月，世界銀行以購買力評價法（PPP）計算，推斷中國大陸的國內生產毛額（GDP）將於 2015 年超越美國，儘管事實上，在不同的計算方式下，「中」美經濟實力仍有很大差距，但美籍諾貝爾經濟學獎得主 Stiglitz 在 2015 年 1 月號《浮華世界》（*Vanity Fair*）的撰文〈中國的世紀〉（The Chinese Century），即已宣告兩國國力此消彼長的事實。Joseph E. Stiglitz, "The Chinese Century" ,*Vanity Fair*, 2015.1, <http://www.vanityfair.com/news/2015/01/china-worlds-largest-economy>.

綢之路經濟帶」及「海上絲綢之路」的「一帶一路」建設，透過「經貿外交」
手段，維繫與中亞、東協等周邊國家關係，逐步營造區域強權地位。是以，
學者認為，中共外交政策已有從「韜光養晦」向「有所作為」移轉的跡象，
漸次醞釀出全新的對外戰略指導方針。[35]

　　然而，卻有論者進一步指出，由於中國大陸經濟動盪、高調展現軍力，
以及網路安全等問題，致使美國精英階層越來越將中國大陸視為威脅，中
國大陸也越來越認為美國阻礙其獲得應有的國際地位，使美中關係正在惡
化而接近崩解的「臨界點」。[36] 2015 年 9 月「歐習會」前夕，美國前亞太
助卿 Kurt Campbell 甚至表示，因為中共領導人習近平有別於過去中國大陸
的對外政策，與對國家地位崛起的期待，諸如在釣魚台海域、南海採取的
強硬立場，以及不斷向外派遣軍力的作為，正將美中關係推向近代最緊張
的時刻。[37] 從美中兩國長期存在許多足以影響彼此關係的結構性問題，以
及中共改變既有對外政策模式的情況看來，美中之間似乎正形成「行動—
反應—反制」的策略互動循環，而這是否代表國際權力格局與霸權地位爭
奪的變動已然展開？

　　探討權力格局變化，首先必須界定範圍與時間。為聚焦於研究主旨，
本文以冷戰結束後，1990 年代迄今的東亞區域權力格局為研究範疇，畢竟
即因中國大陸國力增長，才開啟了美中權力地位競逐的國關理論議題。以
下謹依廿餘年來美中於東亞對應關係的發展，作為觀察兩國權力競逐的面
向。

---

35 黃介正，〈習近平主義〉，聯合報，2014 年 6 月 3 日，兩岸要聞版。

36 藍普頓：美中關係惡化 接近臨界點〉，世界新聞網，2015 年 9 月 19 日，<http://www.
worldjournal.com/3436480/article-%E8%97%8D%E6%99%AE%E9%A0%93%EF%BC%9A%E7%BE%8E
%E4%B8%AD%E9%97%9C%E4%BF%82%E6%83%A1%E5%8C%96-%E6%8E%A5%E8%BF%91%E8%87%
A8%E7%95%8C%E9%BB%9E/?ref=%E6%8E%A8%E8%96%A6%E9%96%B1%E8%AE%80>。

37 劉屏，〈美國前亞太助卿：美中關係緊張！緊張！緊張！〉，中國時報，2015 年 9 月 18 日，兩
岸國際版。

一、1990 年代：緩步領先

冷戰結束與第一次波灣戰爭勝利，使美國在 1990 年代初即獲得全球政軍強權獨霸地位，後冷戰時期的國際權力格局即由兩極對抗迅速進入一超多強的狀態，就當時東亞各國力量而言，僅中國大陸和日本得以稱為區域強權。[38] 而美、中、蘇戰略三角互動趨緩，以及天安門事件等因素，均促使美國重新看待與中國大陸關係的發展，然因美國經濟持續疲軟，復以新孤立主義（neo-isolationism）聲浪再起，是時其藉重訂「美日安保條約」、建構亞太經濟合作機制（APEC），試圖將冷戰以來維護東亞安全與帶動區域發展的責任，轉移到地區性集體安全和多邊整合機制上，被視為美國有意從全球霸權地位退卻。[39]

不過，1996 年台海飛彈危機成為促使美國重新評估參與區域權力佈局的關鍵轉折。原因在於，飛彈危機並非影響台海安全的單一事件，並有以下刺激：[40]

1. 事件中的軍力對峙與接觸，讓美國開始注意中國大陸國力持續提升與可能發生的衝突；[41]

2. 由於台海衝突勢將威脅東北亞安全，日本不僅提出必須強化美日同盟應變能力的需求，區內國家亦對美國能否維繫區域秩序產生懷疑。

---

38 蔡東杰，〈當前東亞霸權結構的變遷發展分析〉，《全球政治評論》，第 9 期（2005 年 1 月），頁 112。

39 具體政策如自布希政府時期即提出「新圍堵政策」，主張美國應透過人權外交、亞太經濟合作與多邊安全論壇，間接保障美國政經利益；柯林頓政府後，更於1993 年提出「新太平洋共同體」倡議，從美日同盟、多邊安全、對中交往、經貿合作、民主價值等面向，與東亞各國建立新夥伴關係。這些作為，都在刺激東亞權力格局的「多極化」。James Baker, "American in Asia：Emerging Architecture for a Pacific Community," *Foreign Affairs*, 70：5(1991), pp.1-18. President Clinton, "Building a New Pacific Community," *Dispatch*, 4：28(1993), pp.485-488.

40 Thomas J. Christensen, "China, the U.S.-Japan Alliance, and Security Dilemma in East Asia," *International Security*, 23(1999), pp.64-69.

41 美國政府與國會於 1999 年陸續公布「亞太地區戰區飛彈防禦建構報告」與「考克斯報告」，已逐漸透露將中國大陸視為軍事假想敵的趨勢。*U.S. National Security and Military/Commercial Concerns with the People's republic of China* (Cox Report)(Washington, D.C.:U.S. House of Representative Select Committee, 1999).

二、2001 至 2008 年：轉折

1999 年 5 月，美軍誤炸中共駐前南斯拉夫大使館，引起兩國關係惡化，中國大陸並流傳美國有意刺探其反應等陰謀論述；[42] 2001 年 4 月，美軍與共軍戰機在南海擦撞，再度為兩國關係蒙上陰影，並對日後美中評估彼此意圖產生一定影響。不過，隨 2001 年發生震撼全球的九一一事件，促使美國在 21 世紀初再度將戰略焦點從東亞轉向中東、中亞等地，並以其優勢國力，在國際政治、軍事、經濟等政策上採取「單邊主義」，進行其反恐霸業。然而，美國先後發動的阿富汗戰爭與第二次波灣戰爭，由於曠日廢時，對其國力造成重大耗損，在與其他區域強權間的物質力量對比亦有一定程度下滑，[43] 使美國為減輕負擔，開始轉為要求區域盟國分攤應有責任。

於此同時，中國大陸綜合國力則開始迅猛增長。事實上，自 1997 年亞洲金融風暴以來，中國大陸就努力在國際社會營造「負責任大國」的形象，並醞釀「和平崛起」的輿論環境，[44] 努力融入國際社會，成為其對外政策主軸，而在美國深陷單邊主義泥淖之際，對榮景可期的中國大陸經濟增長趨勢也並未採取反制作為；另外，在強勢國力支助下，中國大陸軍事現代化成果亦漸顯浮現，其海、空軍及導彈部隊以中國大陸周邊海域和西太平洋作為軍力投射腹地，自 2004 年起每年皆有艦艇編隊進入西太平洋實施演訓，至今已成常態，空軍及海航部隊也積極向周邊區域延伸活動範圍，已為展現物質力量的另一項表徵。

三、2009 年迄今：拉鋸戰開始

毋庸置疑的，美中之間長期存在許多難以獲得根本解決的問題，前債

---

42 陳雪慧，〈北京流傳「陰謀論」〉，中時電子報，1999 年 5 月 11 日，<http://forums.chinatimes.com/report/kosovo/88051115.htm>。

43 例如至 2008 年各國的 GDP 統計，美國為 14.26 兆美元，歐盟為 18.14 兆美元，中國大陸則為 5.1 兆美元。可參考國際貨幣基金（IMF）網站，http://www.imf.org/external/ns/cs.aspx?id=28。

44 邱坤玄、黃鴻博，〈中國的負責任大國身分建構與外交實踐：以參與國際裁軍與軍備管制建制為例〉，《中國大陸研究》，第 53 卷，第 2 期（2010 年 6 月），頁 73-102。

未清，新仇持續出現，如過去即有的意識形態、政治體制、人權理念等價值差異，以及貿易開放、匯率問題、對台政策等齟齬，近年來，網路安全、東海及南海相關爭議，則是新一波的主要矛盾。然學者指出，其實美國在21世紀前均不認為中國大陸國力將趕上美國，係近十年內，中國大陸國力與國際地位已無法忽視，才將其描繪為與美國爭奪國際霸權地位的對手，[45] 2009年以來的幾個區域事件坐實這樣的論述。

美國於2009年起陸續揭示其「重返亞洲」、「以亞洲為中樞」（pivot to Asia）、「前進部署外交」（forward deployed diplomacy）、「再平衡」等外交及軍事戰略，[46] 原因在於，一方面反恐戰事已近尾聲，另一方面，朝鮮半島情勢不穩、東海與南海主權爭議日趨惡化，而中國大陸在其中不僅試圖扮演關鍵角色，在作為實際涉入方時，態度立場的強硬轉換，均使區域國家乃至於美國相當警惕，是以當前美國權力競逐首要對手係為中國大陸，早已無須掩飾。[47]

美方表示，其推動重返亞洲政策，目的在確保塑造亞太地區秩序及未來的過程中，能扮演更重大且長期性的角色，[48] 而政策內涵廣泛涵蓋軍事、政治、經濟、外交等領域，冀藉多面向參與，使美國融入亞洲。亞太「再平衡」則係採取攻勢性的軍事、外交及經濟手段，阻止崛起的中國大陸破壞亞洲既存權力平衡，維繫區域秩序穩定。在中國大陸方面，則是積極透過涉外手段，從雙邊及多邊國際舞臺，促進與各國及國際社會的政治關係，降低其他國家配合美國遏制中共的意願或能力，維持中共國際影響力及參

---

45 唐欣偉，〈美國國關學界對中國之評估：以攻勢現實主義與權力轉移論為例〉，《政治科學論叢》，第58期（2013年12月），頁47-70。

46 U.S. Department of Defense, *Sustaining U.S. Global Leadership: Priorities for 21st Century Defense*, January 2012, pp. 1-8, U.S. Department of State, http://www.defense.gov/news/defense_strategic_guidance.pdf.

47 張登及，〈「再平衡」對美中關係之影響：一個理論與政策的分析〉，《遠景基金會季刊》，第14卷，第2期（2013年4月），頁69-78。

48 Jeffrey A. Bader, *Obama and China's Rise: An Insider's Account of America's Asia Strategy* (Washington, D.C.: Brookings Institution Press, 2012), p. 21.

與全球事務的自主性,為中共外交政策主要目標之一。[49] 例如 2014 年 5 月習近平於「亞信峰會」揭櫫「亞洲新安全觀」的國際戰略,就是企圖透過亞太多邊論壇,主動發揮領導性角色,鼓勵區域經濟一體化,呼籲亞洲事務應由亞洲各國主導解決,以應對美國「再平衡」的戰略圍堵。[50]

　　然而,南海主權爭議與朝鮮半島核武擴散等東亞區域問題的發展,則頗令人玩味。在南海方面,儘管美方堅持主張應依國際法原則解決爭議,敦促中方採取具體做法回應各國關切,同時持續派遣機艦挑戰中國大陸於南海的主權宣示,甚且邀請日、澳、印度等國共同參與,[51] 但就在南海仲裁案幾以一面倒態勢判決後,卻因菲律賓新任總統 Rodrigo Roa Duterte 執政,一反過去親美立場,積極修復與中國大陸關係,造成東亞戰略局勢重大改變;[52] 而中共除表明不接受任何侵犯主權的行為,堅拒南海仲裁結果,更持續加強於南海的軍力部署,提升在區域內戰略優勢,[53] 在菲律賓倒向中國大陸後,可能引發系列骨牌效應,亦使中共對外策略獲得一定鼓舞。

　　在朝鮮半島方面,雖然美方表示希望中國大陸採取一致立場制裁北韓,但美軍亦已與南韓達成協議準備部署戰區彈道飛彈防禦系統

---

49 王緝思,〈美國霸權的邏輯〉,《美國研究》,頁 28-40;錢其琛,〈新世紀的國際關係〉,《學習時報》,2004 年 10 月 18 日;邱坤玄,〈中國在周邊地區的多邊外交理論與實踐〉,《遠景基金會季刊》,第 11 卷,第 4 期(2010 年 10 月),頁 10-11。

50 主要策略包括:1. 主動維持與發達國家建設性合作關係,藉建立美中「新型大國關係」,避免形成與美國直接對抗格局;2. 明確表示「中國不想戰爭但敢於打贏合法化戰爭」,以塑造戰略威懾能量;3. 推動「一帶一路」、「區域全面經濟夥伴關係協議」(RCEP)談判等,並以開放態度面對「跨太平洋夥伴協議」(TPP);4. 主動參與國際經濟治理體系改革,提高中國大陸的國際組織規則制訂權,並爭取加入國際組織高階管理工作,成為實際政策規畫與執行者。曾復生,〈架構新安全觀 應對美國圍堵〉,旺報,2014 年 5 月 1 日,論壇廣場版;〈中國倡新亞洲安全秩序 可行性何在?〉,世界新聞網,2014 年 5 月 26 日,<http://www.worldjournal.com/321319/article-%e4%b8%ad%e5%>。

51 劉屏,〈南海交鋒:歐巴馬避重就輕,習近平強硬宣示〉,中國時報,2016 年 4 月 2 日,焦點新聞版。賴昭穎,〈中美同意:聯國制裁北韓規模空前〉,聯合報,2016 年 2 月 26 日,國際焦點版。

52 〈杜特蒂為南海情勢打開新賽局〉,經濟日報,2016 年 10 月 26 日,社論。

53 盧素梅,〈美批擴張:全球 1／3 要道成陸內陸湖〉,中國時報,2016 年 2 月 21 日,兩岸國際版。

（THAAD），[54]引發之波瀾甚已覆蓋朝核危機本身，原因在於，中共認為，美國強硬要求於南韓配置 THAAD，實乃企圖藉該系統廣達 2 千公里的雷達偵測範圍，監控大陸東北、華北、華東等地飛彈動態，除將大幅降低共軍戰略、戰術飛彈作戰效能，更有甚者，美國以此瓦解中韓關係，製造東北亞不同陣營對抗態勢，以與南海議題相呼應之戰略斧鑿，在在觸動中共敏感神經。[55]

　　整體而言，儘管於 2015 年「歐習會」時，Obama 表示「美國歡迎和平、穩定、繁榮、崛起的中國，希望中國成為國際社會負責任的成員國」，顯示美國對中政策已由全面圍堵對抗轉變為持續對話溝通，再從圍和進一步到廣泛接觸交往，鼓勵融入國際社會、接受國際行為準則的中國。[56]習近平也指出，美中一旦陷入對抗和衝突，將引發全球災難，強調「無論發展到哪一個地步，中國永不稱霸，永遠不搞擴張」，亦重提「太平洋夠大容得下中美發展」的論述，顯示中國大陸無意挑戰美國。[57]然而，從中國大陸在南海擴權，引發美國聯合日、澳、越群起反制，以及美國採取政治、經濟、軍事等接連舉動以與中共互別苗頭的現況看來，未來東亞區域情勢發展，仍要視美中如何看待本身於體系內的權力定位，以及追求何種權力體系而定。

肆、理論檢視：獎落誰家

　　那麼，回到本文主軸，若以權力平衡論與權力轉移論看待現況，又能帶給我們那些啟示？

一、美中戰略競爭的動因是什麼？

　　現實主義的無政府狀態，係指「在國際體系中不存在比國家更高的至

54　羅曉媛，〈部署薩德，北京：損人不利己〉，聯合報，2016 年 4 月 2 日，國際焦點版。

55　鄒文豐，〈美韓部署 THAAD 對東北亞情勢之影響〉，青年日報，2016 年 9 月 23 日，論壇版。

56　蔡逸儒，〈中美聯手反獨，民進黨如何自處〉，旺報，2015 年 9 月 28 日，論壇版。

57　羅印冲、陳君碩、陳曼儂，〈李克強：美從未離開亞太，雙方可合作〉，旺報，2016 年 3 月 17 日，焦點新聞版。

高無上權威，能排除國家間爭端並強制所有國家服從其判決」。[58] 在無政府狀態下，國家會理性尋求其權力與安全的極大化，致使戰爭或衝突成為一種自然狀態，事實上，權力平衡論就是根據這個基本假定展開的。[59] 國際體系的安全與穩定建立在國家間的力量平均分佈上，因為沒有單一國家或聯盟擁有足以戰勝另一個國家或聯盟的力量，而在國家為追求權力均勢或有利於某方的優勢平衡狀況下，安全困境將無法避免。

以東亞區域情勢發展而言，自冷戰結束後就是處於一超多強的格局，「一超」是美國這個國際霸權採取「離岸平衡」（off-shore balancer）手段維繫東亞秩序，「多強」則是中、日及其他後續的行為者，相當符合權力轉移論對支配性強權體系存在的論述。而就權力平衡論來說，倘若兩極體系是最穩定的權力狀態，則東亞區域現況亦應向兩極平衡過渡，過去尚未發生，一是由於美國努力維持以其為優勢的權力平衡；二是因為其他國家尚未有足夠權力，也沒有必要對美國進行權力制衡。

因此，檢視前述美中兩國近年來的權力競逐作為，中國大陸國力的成長可謂促使這樣的現象產生的關鍵，無論就權力平衡論或轉移論而言，美中戰略競爭將是理所當然的結果，其主要動因，不僅在於安全困境下的考量，根本還是在於國家權力流動所產生的威脅感，畢竟由此，才推動了權力轉移的發生，或是對兩極平衡的追求，抑或對單極平衡的維繫。

二、東亞是否正在走向權力平衡？

依權力平衡論所述，東亞一超多強的區域權力格局，只是源於國際體系權力結構的暫時改變，體系內對美國單極霸權的權力制衡並非沒有發生，相反的，只是緩慢、隱晦的正在進行。以東亞各國而言，基於和美國的實力對比懸殊，而美國並未構成安全威脅，因此沒有能力也沒有必要硬

---

58 Richard Betts ed., *Conflict after the Cold War: Arguments on Causes of War and Peace*（New York: Longman, 2002），p.16.

59 Morgenthau 認為，國際政治是一種國家在無政府狀態的國際環境裡相互競逐權力的情況，而權力平衡是一個普遍的原則。Hans J. Morgenthau, *Politics among Nations: The Struggle for Power and Peace*, p.29.

性制衡美國，但為避免美國主導一切，保障基本的國家利益，在不同國際議題上採取不同立場等柔性制衡情形是存在的。

然而，更進一步思考，中國大陸崛起，其實正是以內部平衡與柔性制衡為手段，採取制衡美國的作為，以追求區域權力乃至於國際權力格局的平衡。倘若這樣的論點受到挑戰，則權力平衡的理論基礎勢將受到質疑，但果真如此，中國大陸的所作所為也將只是權力平衡理論下的必然作為，中國大陸所要追求的其實才是權力平衡論述下穩定的兩極權力均勢，因為現狀才是不平衡的。另外，權力平衡論沒有提到的是，假使中國大陸係因國力最具有與美國較勁的條件，才成為體系內追求兩極平衡的發起者，那麼其他國家要如何、何時才會跟進中國大陸的制衡作為？如果沒有，則權力平衡將不再是國際體系應有的「常態」。換句話說，以東亞權力格局現狀，若要符合權力平衡理論，那麼美國才是要被制衡的對象，而非中國大陸，故美國的再平衡政策其實不是要追求真正的平衡，而是既存國際霸權為維持有利於己的平衡狀態的策略作為。

三、東亞霸權是否正在轉移？

權力轉移論認為國際體系是「層級節制」的系統，有些國家擁有最多資源，有些國家則否，而有些國家介於兩者之間，其結構有位階高低之分，力量強大的高階國家對低階小國具有影響，甚至掌控的力量。[60] 國際體系總是由少數強國主宰，然國際體系雖屬無政府狀態，國際秩序卻非全然混亂失序，而由若干較具力量的國家維持。

東亞現況是符合權力轉移論所描述的體系環境的，因為在美國的霸權治理下，東亞儘管常有緊張情勢，然未如權力平衡論者所言，失衡的權力體系將容易導致戰爭衝突，反而均能因霸權採取離岸平衡與介入手段化解紛爭。不過，正因為美國的支配性霸權建置的相關國際制度與提供公共財，才給予中國大陸國力增長的最佳環境，使其得以一路追趕美國霸權地位，

60　A.F.K. Organski and Jacek Kugler, *The War Ledger*, pp.173-175.

甚至逼近均勢狀態，而出現霸權轉移可能，[61] 那麼，姑且不論權力轉移會不會發生，更重要的是，衝突會不會發生？

對此，權力轉移論藉由「國家意圖」的概念，也就是國家對外政策形塑於該國對既存國際體系感到相對滿意或不滿意的這個關鍵因素，作為解釋途徑。權力轉移論認為，國際秩序變化主要受到滿意現狀國家與不滿意現狀國家互動的影響，一般而言，具支配優勢的霸權與若干強權是滿意其國際地位的，傾向保持所享有的利益與聲望，相對的，試圖爭取未來優勢的部分強權和中等國家則較可能感到不滿，因而傾向挑戰並改變既存現狀。在這樣的情況下，衝突發生與否其實不僅取決於中國大陸的意圖，也取決於美國的態度，若中國大陸無意挑戰美國霸權，美國也願意和平以待，則即使出現國力「超越」，霸權取代亦將自然完成，反之，只要任一方或雙方存有激進挑戰的意圖，則衝突終將無可避免，而霸權會否轉移，就要視衝突結果決定，也許是美國維持霸權、中國成為霸權，或兩敗俱傷，而後者，也有可能成為諷刺的兩極平衡格局，抑或轉為多極化的國際體系。

四、未來又將如何？

由美中兩國權力互動觀之，儘管其國力正逐漸接近，但力量對比仍未有定論，中國大陸的對外作為，如強硬維權立場、試圖建立區域經貿制度等，看似欲與美國分庭抗禮，但以中共領導人相關論述分析，並不能全然以中國大陸不滿足體系現況，而勢將挑戰美國霸權地位而論，必須透過更嚴謹且周全的指標方能論斷。至於美國，即使其對外作為與立場可謂係以維護其霸權地位為依歸，然若進一步思考意願與能力的問題，假定美中雙方均無製造衝突的意願，即便擁有足夠能力，未來權力轉移或形成平衡的狀態，將會以國際制度主導權、議題發言權等形式具體呈現。

---

61 依《經濟學人》預測，中國大陸 GDP 將在 2019 年間超越美國，美中經濟實力翻轉將在 2020 年間發生。輔以另其他軍事、外交影響力等綜合國力估算，中國大陸在 2030 年以前將可達美國的 80％。請參考經濟學人網站，<http://www.economist.com/blogs/graphicdetail/2013/11/chinese-and-american-gdp-forecasts>；張立德，〈21 世紀美中權力關係檢視與展望：權力轉移理論觀點〉，《戰略與評估》，第 5 卷，第 2 期（2014 年 6 月），頁 91-118。

　　Donald Trump 當選美國第 45 任、第 58 屆總統後，儘管尚未正式就任，其具體內外政策亦未獲得確定，但倘若綜合其言論可知，Trump 的政策應以「美國優先」為核心，其意義除在對內經濟上代表將擴張美國製造能量與減少產品進口，在對外經濟方面，則代表美國保護主義將會興起，在 TPP 幾已宣告破局的情況下，未來美國政策走向勢必衝擊國際經貿體系。[62] 另外，Trump 於競選期間亦曾表態將重新檢視於亞太地區的駐軍作為，並調整與日、韓等盟邦的安保關係，復以儘管中共官方於向 Trump 所發的賀電中指出，「中美兩國有責任維護世界和平穩定，期待續以不衝突、不對抗、相互尊重、合作共贏原則，以建設性方式管控分歧，推動兩國關係取得更大進展」，[63] 然由上述可知，未來美中關係、美國亞太政策，乃至於美國全球戰略的變化，勢將成為美中戰略競爭本身的主要變數。

　　促成美中戰略競爭的根本原因在於雙方權力流動產生的威脅感，基於此，本文認為權力轉移的論述仍較能貼近強權競爭與國際現勢的現實，畢竟當前東亞仍以美國為首的霸權穩定作為秩序的定義，無論中國大陸是否有意取代美國地位，亦或擺脫美國建立的秩序，都將成為一種權力轉移的作用。未來東亞區域的權力結構變化終將取決於多方評估的國家意圖，儘管從東亞區域一隅不一定能直接放大到整個國際格局，但我們應該可以說，東亞權力競逐的結果，也將對國際權力格局產生全面性的關鍵影響。

伍、結論：終點依然未見

　　本文以現實主義家族中的權力平衡論與權力轉移論出發，嘗試藉檢視美中兩國近年於東亞的權力競逐作為，以更深入理解權力平衡論與權力轉移論的意涵、限制，與如何看待美中權力互動的背景及理論思考。

　　本文認為，無論以權力平衡論或轉移論檢視前述美中兩國的戰略競爭，中國大陸國力成長可謂現象產生的關鍵，其主要動因，不僅在於安全困境下的考量，根本還是在於國家權力流動產生的威脅感，由此才會有權

62　〈TPP 闖關美國會喊卡，將由川普定生死〉，中央社，2016 年 11 月 12 日，綜合外電報導。

63　藍孝威，〈習近平發賀電，盼與川普管控分歧〉，中國時報，2016 年 11 月 10 日，焦點新聞版。

力轉移的發生或是對權力平衡的追求。以權力平衡論而言，中國大陸崛起
其實正是以內部平衡與柔性制衡為手段，採取制衡美國的作為，以追求區
域權力乃至於國際權力格局的平衡，因為東亞權力現狀才是不平衡的，換
句話說，若要符合權力平衡理論，那麼美國才是要被制衡的對象，美國的
再平衡政策其實是既存國際霸權為維持有利於己的平衡狀態的策略作為。
而「國家意圖」實為權力轉移論探討國家權力接近時，衝突會否發生的關
鍵，以美中兩國而言，若中國大陸無意挑戰美國霸權，美國也願和平以待，
則即使出現國力「超越」，霸權取代亦將自然完成，反之，只要任一方或
雙方存有激進挑戰意圖，則衝突終將無可避免。

　　最後，本文指出，權力轉移論述仍較能貼近強權競爭與國際現實，畢
竟當前東亞仍以美國為首的霸權穩定作為秩序定義，而無論權力競逐結
果，都將產生權力轉移的作用，這個結果取決亦國家意圖，也將對國際權
力格局產生關鍵影響。日後美中兩國的國際地位如何變化，不僅有待時間
證明，也需要更精進、完善的理論架構作為分析基礎。如果強權間的權力
競逐有如一場馬拉松比賽，選擇看待國際環境的理論思維，就是選擇以何
種方式作為致勝途徑，然而儘管路途遙遠、拼鬥糾纏，站上霸權巔峰的終
點卻仍未見於地平線。

中共人民解放軍軍區的整併與改革

周宗漢[*]

壹、前言

中國人民解放軍戰區成立大會於 2016 年 2 月 1 日上午召開，調整劃設東部戰區、南部戰區、西部戰區、北部戰區、中部戰區，原瀋陽軍區、北京軍區、蘭州軍區、濟南軍區、南京軍區、廣州軍區、成都軍區番號撤銷，解放軍實施多年的軍區體制正式走入歷史。根據中共國防部發言人的解釋，調整劃設五大戰區，是根據中國安全環境和軍隊擔負的使命任務確定的，有利於健全聯合作戰指揮體制，構建聯合作戰體系。[1]

事實上，這一輪軍改從 2015 年 11 月實質展開以來，已經改革了軍委總部制，實現了由軍委總部制向多部門制轉變；改革了軍種體制，成立了陸軍領導機構、火箭軍和戰略支援部隊，完善了軍種領導管理體制；最後對軍區體制進行改革，實現由軍區體制向戰區體制的重大轉變，完成了全面實施改革強軍戰略的標誌性舉措，和構建聯合作戰體系的歷史性進展。過去在軍委層面雖然有聯合作戰指揮機構，但是在軍區層面還沒有。因此此次組建戰區聯合作戰指揮機構，是聯合作戰指揮體系建設的重大突破。戰區是按戰略方向來劃設的，成立之後就有了專門負責某個戰略方向作戰的聯合作戰指揮機構，這個對於維護各個戰略方向的安全也有著重要意義。[2]

「軍委管總、戰區主戰、軍種主建」，是中共此次軍改的核心邏輯。而這一思路最早對外披露，是在 2015 年 11 月底的中央軍委改革工作會議

---

* 中興大學國際政治研究所博士生

1 編輯部，〈國防部：五大戰區成立 原七大軍區番號撤銷〉，新浪香港，2016 年 2 月 1 日，<http://sina.com.hk/news/article/20160201/2/70/18/%E5%9C%8B%E9%98%B2%E9%83%A8-%E4%BA%94%E5%A4%A7%E6%88%B0%E5%8D%80%E6%88%90%E7%AB%8B-%E5%8E%9F%E4%B8%83%E5%A4%A7%E8%BB%8D%E5%8D%80%E7%95%AA%E5%8F%B7%E6%92%A4%E9%8A%B7-5368851.html>。

2 鉅亨網新聞中心，〈獨家解讀：習近平親授旗 七大軍區調整為五大戰區 有何深意？〉，鉅亨網，2016 年 2 月 2 日，<http://news.cnyes.com/20160202/20160202090549383090110.shtml>。

上。「軍委管總」是指中央軍委制定整體的國防政策和抓總的軍隊建設；「戰區主戰」是指在需要打仗時，具體作戰行動由戰區層級的聯合作戰指揮機構組織實施，而不像過去由軍兵種直接指揮；「軍種主建」是指各軍兵種主管各自的建設，但不負責作戰指揮。這意味着政策制定完後、具體作戰和建設分別由戰區和軍兵種負責，形成了與先進國家類似的體系，這種格局會令指揮鏈條更加精簡，軍令通暢、效率更高。改革後中央軍委將會是整體部隊的領導和指揮核心，由其下達軍隊建設和作戰命令，而日後作戰歸戰區司令部實施指揮；軍兵種則負責平時的部隊訓練和建設等，其中包括人才、裝備、制度、科研等建設活動。一改過去各軍兵種既要準備作戰任務，又要負責各自領域的科研，還有各種組織和人事等眾多業務。換句話說，軍兵種將只負責培養出合格的兵，有需要時交給戰區聯合作戰司令部去運用，[3] 各司其職、各展所長。

貳、軍改的背景

這場軍改的顯著特點就是擺脫建軍九十年來的基礎─即老舊而僵化的前蘇聯軍隊編制結構和軍事戰略，由蘇制向美制靠攏。工業革命以降，尤其是經歷兩次大戰和冷戰對抗的不斷嘗試之後，各國軍隊的編制體制已相對穩定為兩大類型，這和冷戰時期意識形態對抗有關。美國無論裝備、編制、訓練、作戰方式都突顯「控制」的重要性，而前蘇聯這樣的陸上大國卻以「打擊」為主，編制或體制上沿襲功能單一的集團軍、軍、師、團編制，秉持「大陸軍主義」舊思維。[4] 隨著蘇聯的解體，冷戰隨之結束，美國的獨強也等於證明其編制上的成功。尤其在波灣戰爭後，美軍挾其軍事事務革命及後來的國防轉型之勢，不但其它國家在軍事上難以望其項背，也讓中國開始意識與其之嚴重落差。

90 年代後的三次編制體制調整改革，時間分別是 1992 年、1998 年和

3　郝原，〈習近平提 12 字方針：軍委管總、戰區主戰、軍種主建〉，文匯報，2015 年 11 月 27 日，A3 版。

4　江迅，〈中國軍改 取消蘇式大軍區 裁軍落實精兵制〉，華府郵報，2015 年 9 月 12 日，A14 版。

2003 年。這三次大型改革，起點便是令中國軍隊高層極為震撼的波灣戰爭，從統帥部到科研院所召開了數百次會議，一個共性的結論是，新軍事變革的浪潮已經撲來，軍隊必須改革。中央軍委適時提出推進中國特色的軍事變革，提出「兩個根本性轉變」、「分三步走」。1995 年《九五期間軍隊建設計畫綱要》中提出「兩個根本性轉變」即在軍事鬥爭準備上，由應付一般條件下局部戰爭向準備打贏高技術條件下局部戰爭轉變；在軍隊建設上，由數量規模型向品質效能型轉變，由人力密集型向科技密集型轉變。兩個轉變的提出，標誌著中國特色軍事變革的開始。1997 年提出的「分三步走」：第一步，到 2010 年，主要是解決好規模、體制編制和政策制度問題，為國防和軍隊建設打下堅實基礎；第二步，到 2020 年，加快軍隊的品質建設，使國防和軍隊的現代化建設有一個較大的發展；第三步，再經過 30 年的努力，基本實現國防和軍隊的現代化。[5] 而本次軍隊的裁併和軍區的改革，便是第一步踏穩的關鍵變革。

因此軍改重點不僅是在於表面的改變，而且在於改變軍隊的內部運轉，希望能趕上其他國家的軍隊變革。此次軍改工作會議提到，中國軍隊的組織結構必須實施現代化，由中央軍委直接指揮，並且設立新的戰區聯合作戰指揮機構。而這些變化都有一個潛台詞：改革軍區建制。外界常常把這和美俄的軍事建制進行類比。事實上，美俄的軍事建制雖然不同，但在聯合戰略司令部下的戰區劃分卻很相似。設立這些「戰區」是為執行戰略任務，保持機動性。其目的是讓戰區內部的軍隊各部門發揮自身作用，確保國家的戰略利益。[6] 在現今全球戰略環境中，軍隊用兵因為牽連甚廣，各國莫不更趨謹慎。尤其全球強權對任何區域衝突與糾紛都可能被涉入，這些牽連範圍甚廣的議題無法在傳統作戰參謀部門得到縝密思考。當國際大國日益重視軍隊的運用，並在國防組織變革中強化戰略規劃與評估的功能時，共軍自許為大國軍隊，為了建立與西方大國相匹敵的現代化軍隊，

5　陸洋，〈百萬大裁軍＿中國精兵之路〉，《齊魯周刊》，第 2 期（2016 年），頁 15。

6　中評社，〈改革軍區建制成中國軍改重點〉，中國評論新聞網，2015 年 12 月 8 日，<http://www.chinareviewnews.com/doc/1040/3/5/1/104035142_2.html?coluid=59&kindid=0&docid=104035142&mdate=1208072939>。

當然也必須進行深化的組織變革。[7]

　　與歷年裁軍相較，中共此次改革規模遠甚於前，幾可比擬 1985 年鄧小平裁軍百萬、將十一大軍區減編為七大軍區的關鍵決定。當時裁軍的動機係因軍隊冗員過多、體制臃腫；整體局勢已從備戰邁入和平時期，龐大軍力將導致人員管理衍生相對性的困難，且大陸正處於經濟發展階段，縮減軍隊體制，除能節省國防經費，亦可將冗員轉入經濟發展運用；此次改革同樣涵蓋這些面向，且中共急於對外擴張的意圖更趨明朗。[8]值得注意的是，中國並沒有將美軍模式照單全收。因為他們亦明白美軍體制固然可鑑，但那是其政治制度和價值體系的產物，美軍的改革也是基於國情的改革，如果一味埋頭學習，恐將迷失方向。解放軍國防大學政治委員劉亞洲曾發文指出「中國的軍改突破了世界一切既有模式，美軍已經走得太遠了，如果我們一直跟著，永遠也跟不上，我們必須對已經被美軍革命過的軍事理論進行再革命」。[9]

參、軍區的沿革

　　軍區，亦稱大軍區，是根據國家的行政區域、地理位置、戰略戰役方向、作戰任務等設置的軍隊一級組織，是戰略區域內的最高軍事領導指揮機關。一般以領導機關所在地、轄區、地理方位或序數命名。軍區戰時負責領導和指揮本戰略區和戰略方向的一切武裝力量，平時領導和指導本轄區內各軍兵種合同作戰的指揮和所屬部隊的軍事訓練、政治工作、行政管理、後勤保障，領導轄區內的民兵、兵役動員工作和戰場建設，是解放軍的最高一級的主兵種合成領導機關。[10]關於解放軍原本軍區的劃分，根據

7　沈明室，〈共軍國防轉型的文化因素－以近期編制體制改革為例〉，發表於「八十八週年校慶暨第 19 屆三軍官校基礎學術研討會」（桃園市：國防大學，2012 年 5 月 18 日），頁 10。

8　陳禹君，〈中共推動「改革強軍」之目的與影響〉，青年日報，2015 年 12 月 22 日，2 版。

9　大陸中心，〈劉亞洲論中國軍改：對已被美軍革命過的軍事理論再革命〉，東森新聞雲，2016 年 2 月 20 日，<http://www.ettoday.net/news/20160220/650124.htm>。

10　中國軍網，〈從此再無大軍區：回望建國後消失的軍區〉，人民網，2016 年 2 月 1 日，<http://military.people.com.cn/n1/2016/0201/c1011-28102457.html>。

中共在 2013 年發表的國防白皮書「中國武裝力量的多樣化運用」中提到「...陸軍機動作戰部隊包括十八個集團軍和部分獨立合成作戰師（旅），現有八十五萬人。集團軍由師、旅編成，分別隸屬於七個軍區。瀋陽軍區下轄第 16、39、40 集團軍，北京軍區下轄第 27、38、65 集團軍，蘭州軍區下轄第 21、47 集團軍，濟南軍區下轄第 20、26、54 集團軍，南京軍區下轄第 1、12、31 集團軍，廣州軍區下轄第 41、42 集團軍，成都軍區下轄第 13、14 集團軍」[11]。

　　從 1950 年建政的六大軍區（東北、華北、華東、中南、西北、西南），到 1955 年的十二大軍區（瀋陽、北京、濟南、南京、廣州、武漢、成都、昆明、蘭州、新疆、內蒙、西藏），再到 1985 年的七大軍區，軍區劃分已經歷經多次改革，其間經歷了整編、番號調整、地域調整等多重任務。[12] 由於解放軍沒有設置獨立的軍種領導機關，領導職能由四總部代行，軍區直接領導所屬陸軍部隊。團（含）以上部隊領導機關實行司令部、政治部（處）、後勤部（處）、裝備部（處）體制，各部（處）下設若干部門，所設部門的職能根據本部隊任務、特點，並便於貫徹上級指示、規定和完成任務來確定。[13]

　　1955 年國務院頒佈決定，將原來的六大軍區改劃為十二大軍區。在軍委擴大會議上，共提出六種軍區劃分的方案。其中第一種方案—在海陸邊防劃分六個軍區—東北、華北、山東、東南、華南、雲貴，為準備戰區，屬於集團軍（實際提升為方面軍級）；在內地劃分八個軍區—川康、西藏、新疆、甘青、陝西、河南、湖北、內蒙古，為戰略儲備區，屬於軍級（實際提升為集團軍級）—獲得多數認可，在對內地軍區適當合併後，最終形成了上述十二大軍區的劃分。[14] 1956 年為解決華東戰區防禦正面過寬的問

11 〈國防白皮書：中國武裝力量的多樣化運用〉，中華人民共和國國防部，2013 年 4 月 16 日，
　　<http://www.mod.gov.cn/affair/2013-04/16/content_4442839.htm>。

12 新京報，〈媒體梳理：新中國成立以來解放軍大區調整經過〉，新浪新聞，2015 年 12 月 26 日，
　　<http://news.sina.com.cn/c/2015-11-26/doc-ifxmainy1222840.shtml>。

13 李保忠，《中外軍事制度比較》（台北市：商務印書館，2003 年），頁 136。

14 諶旭彬，〈百萬大裁軍 - 中國精兵之路〉，《廉政瞭望》，第 12 期（2015 年），頁 68。

題和加強福建前線鬥爭的領導，中央軍委將原屬南京軍區建制的福建、江西兩個軍區劃出，組成福州軍區。至此全軍共有大軍區十三個。同時取消按一、二、三級劃分軍區的做法統一稱軍區、省軍區、軍分區。1967 年中央軍委將內蒙古軍區改為省級軍區，劃歸北京軍區建制；隔年又將西藏軍區改為省級軍區，劃歸成都軍區建制。至此，全軍由十三個大軍區調整為十一個大軍區。1985 年，根據國際國內形勢的變化，中央軍委作出全軍總額裁減 100 萬的重大決策，將原來十一個大軍區調整為最終的七大軍區，[15] 直到 2015 年走入歷史。

　　80 年代中期以前，解放軍是以陸軍為主，其以大型步兵為主的兵力編組，基本上是靜態、駐守各地理區為主的部隊，雖然只具備有限的運輸能力，但地面部隊在國家建設中扮演著重要的角色，且其衛戍功能相當受到重視。但現階段中共國家安全利益已超越有限的大陸防禦目標，因此地面部隊在遠離國境之外的空中與海上遂行優先使命的關聯性已經降低，官僚體制權力與預算資源在某些程度上挪用至海、空軍與二砲部隊，同時地面部隊（主要是陸軍）向來保有的維護領土與捍衛主權的傳統使命，也因國家變得強大（且較不受威脅），及外交作為以減少陸地邊界爭議且區域雙邊關係修好，以致地面部隊的重要性已略為將低；此外，地面部隊主要負責共產黨的統治地位，然此一任務後來也大多移交人民武裝警察。雖然如此，但共軍仍負有最終的責任，2012 年公安機關引發的重大問題，更突顯此一角色之重要性，[16] 因此地面部隊始終能維持一定程度的影響力。

　　如前所述，過去受綜合國力和國防投入限制，解放軍裝備水平始終較低，未能實現完成機械化建設的目標；且當時交通建設水平較低，難以支持大兵團在境內實施戰略機動。所以解放軍在當時只能進行分區防禦，使每個大軍區都具備獨立應對一個戰略方向威脅的能力。近年來，通過國防投入積累和軍隊體制改革，以及交通網絡環境已經改善，部隊裝備水平也

15　李明賢，〈中國人民解放軍軍區發展演變述略〉，《軍事歷史研究》，第四期（1992 年），頁 45。

16　泰利斯（Ashley J. Tellis）、譚俊輝（Travis Tanner），《戰略亞洲 2012-13：中共軍事發展》（台北市：國防部政務辦公室，2014 年），頁 48。

得到大幅改善，機動作戰能力大幅高，具備了從區域防衛型向全域機動型轉變的基礎。部隊在戰時可能在不同區指揮下實施作戰，因此就不再需要由特定的軍區實施軍政管理。自 2006 年以來，中共官方已將跨區演習列為地面部隊的主要訓練目標之一，對解放軍而言，跨區機動代表了在大陸境內不同軍區間運動，而非跨越中國大陸邊界。[17] 解放軍的跨戰區作戰演習雖未超越國境之外，然一旦具備動不動就超過 2、3 千公里的遠程機動及運輸能力後，結合中國大陸境內日益綿密的鐵公路網，中共境外兵力投射已經不是能力的問題，而是意願的問題。事實上，在上海合作組織「2007年和平使命」演習期間，解放軍乘坐火車從新疆經東北到俄羅斯境內，總共超過 1 萬公里，到演習地點車里亞賓斯克，更顯示解放軍已具備境外兵力投射能力，[18] 跨區機動邁入了新的紀元。

雖然如此，但是在軍區制度下，軍區與海空軍平級，又下轄軍區空軍甚至是艦隊，實際上是大陸軍思想的體現，存在一定弊端：軍政軍令不分導致效率低下。這種體制已經成為中國軍事革命與軍隊發展的桎梏，不能有效應對中國正在或可能面臨的安全威脅。[19] 現今敵軍入侵中國本土的可能性已經很小，因此國防戰略也早在十多年前就轉變為「近海積極防禦」、「打贏一場高技術條件下的局部戰爭」。未來戰爭的主要作戰力量就應該只有正規高技術部隊，遂行高強度打擊與抗打擊任務。新形勢下，對省軍區的領導管理、對地方進行國防動員改由軍委國防動員部負責，統一調動全國力量支援現役部隊，戰區則專注於作戰指揮，[20] 方能完全發揮聯合作戰的效益。

以過去的制度為例，在非戰時期常設的聯合作戰指揮機構，主要分屬

---

17 甘浩森（Roy Kamphausen）、雷霆（David Lai）、譚俊輝（Travis Tanner），《從實踐中學習：共軍的境內外訓練》（台北市：國防部政務辦公室，2013 年），頁 144。

18 沈明室，〈解放軍大規模跨區演習的戰略意涵〉，《展望與探索》，第 7 卷，第 9 期（2009 年），頁 12。

19 李雪，〈戰區改革：信息化戰爭時代中國軍隊應對新安全形勢的重大保障〉，國際在線，2016 年 2 月 2 日，<http://news.cri.cn/201622/1e52951f-95a9-ada4-9da4-c43d2b946795.html>。

20 講武堂，〈軍委管總、戰區主戰、軍種主建〉，騰訊新聞，2016 年 2 月 1 日，<http://news.qq.com/cross/20160113/I94R3R9p.html>。

總參謀部、軍總部和大軍區司令部。由於後兩者級別相同，且軍區內的海、空軍有其獨立的司令部、政治部和後勤裝備機構，人事、訓練互不隸屬，大軍區名聲雖響，卻只能扮演防區內各軍、兵種實施聯合作戰協調者的角色。再者，防區內的二炮部隊及轄下的應急機動部隊均動不了（這些拳頭部隊直屬中央軍委），大軍區領導機構能管的部隊仍以所屬陸軍系統（涵蓋省軍區和軍分區）為主。由於共軍實行軍區和戰區合一制，平時的軍區指揮機構就是戰時戰區的指揮機構，但聯合作戰指揮機構多為臨時按戰區需要建立，並分為四個級別：總部、戰區、戰區方向和層次較低由個別軍種抽組而成的指揮部，從上述指揮結構可以理解，大軍區夾在中間，指揮職能多有重疊，如對戰爭全域籌畫，包括用兵規模和時間，系由軍委和總部決定，即使戰爭規劃限定某個戰區，其制定聯合作戰方案也是根據軍委和總部的指令行事，故大軍區比較能主動發揮指揮職能的是在「戰區方向」，換言之當拳頭部隊直接聽命於中央軍委，加上各指揮層級隨戰局瞬息萬變而隨時調整時，大軍區的指揮調度就顯得多餘而被動。[21] 如果能將臨時編組的聯戰指揮機構常態化，並與軍區指揮機構合一，對於作戰指揮的扁平化會有極大的助益。

肆、戰區的意義

　　戰區是為了實現戰略計畫、執行戰略任務而劃分的作戰區域，也泛指進行戰爭的區域。它一般是根據戰略意圖和軍事、政治、經濟、地理等條件在戰前或戰爭爆發後確定的，並可在戰爭中根據情況變化適時調整或建立新的戰區。[22] 從地理層面來講，戰區是一個多維空間，包括寬闊的正面、較大的縱深和可能的作戰對象，依戰略戰役任務而劃定的戰略戰役軍團活動區域，設有領導指揮機構，擁有對轄區部隊的指揮權，是介於統帥部與戰略戰役軍團之間的指揮層次。中共自改革開放以來，綜合國力迅速攀升

---

21 張如倫，〈中共「軍區」制度變革〉，《陸軍學術月刊》，第 40 卷，第 464 期（2004 年），頁 35。

22 謝思強，〈兵將博弈的棋盤—外軍戰區劃分介紹〉，《軍營文化天地》，第 1 期（2016 年），頁 22。

帶動國家戰略發生變化；蘇聯解體後，中國陸地邊境安全威脅基本消失，而來自海洋方向的安全威脅則呈上升趨勢，原先建立在大陸軍基礎上的軍區制度已經不能適應新的國際格局和中國周邊安全形勢，因此戰區制度應運而生。[23]

　　「戰區」的概念相當於前蘇聯的「方面軍」（фронт），其設立的意義在於作戰指揮上超越了大軍區、軍種直接向高層負責。此外戰區的軍事指揮有效範圍可能跨越數個大軍區。而戰區的概念在某程度上也代表解放軍在推演中的想定（scenario）。戰區與大軍區的觀念並無衝突，大軍區側重於行政作業與補給整備，而戰區則是針對戰爭行動而規劃，兩者是有並存的空間。[24] 戰區體制是世界主要軍事強國的普遍追求。美軍長期實行戰區體制，美軍設有北方戰區、南方戰區、歐洲戰區、太平洋戰區等。俄羅斯 2008 年開始推進軍事改革，重點也是重塑領導指揮體制，將原先以陸軍為主體的六大軍區，合併組建成東、西、中、南新四大軍區，統一指揮轄區內陸、海、空部隊，建立起適應現代戰爭要求的聯戰聯訓指揮體制。[25]

　　二戰後歷次戰爭證明，戰爭的基本類型已經從世界大戰向局部戰爭和武裝衝突轉變，加之資訊和網路技術的高度發展，客觀上要求軍隊大幅提高指揮效率，建立聯合作戰指揮體制成為各國的普遍做法，同時不斷下移聯合作戰指揮重心。因此一直以來，俄軍希望建立類似美軍那樣的戰區聯合作戰指揮體制。經過了近 20 年的探索，直到 2008 年俄羅斯在聯合作戰體制方面才取得突破性進展。俄軍改革設計者基於此前的改革經驗教訓認識到，軍區體制既不能拋棄，也不能原樣不動，應該依託軍區改造軍區，雖然字面上仍然叫軍區，但此概念的內涵已不同以往。改革後的每個軍區

23 李雪，〈戰區改革：信息化戰爭時代中國軍隊應對新安全形勢的重大保障〉。

24 林穎佑，〈中共解放軍軍區改組與聯合作戰及其對東海、南海議題之影響〉，國立清華大學亞洲政策中心電子報，2015 年 11 月號，<http://cap.nthu.edu.tw/ezfiles/891/1891/img/2367/151825309.pdf>。

25 新京報，〈「五大戰區」亮相，軍改重頭戲開場〉，新浪評論，2016 年 2 月 2 日，<http://news.sina.com.cn/o/2016-02-02/doc-ifxnzanm3969326.shtml?cre=newspagepc&mod=f&loc=6&r=9&rfunc=82>。

就是一個戰區，也代表著一個戰略方向，實現了軍區、戰區與戰略方向的統一。實質上，軍區已經轉變為聯合戰略司令部，負責戰時對轄區除戰略核力量之外所有陸、空和海軍部隊的統一指揮。為了建立以聯合戰略司令部為重心的戰區聯合作戰指揮體制，總統梅德韋傑夫和國防部長謝爾久科夫面對來自軍種的阻力絕不妥協，強行將軍種中央指揮所併入總參謀部，軍種總司令退出作戰指揮鏈。[26] 眼見連俄羅斯都進行了如此徹底的軍事改革，中共高層意識到解放軍也到了該改頭換面的時候了。

　　事實上，解放軍想打勝仗，除了必須營造聯合作戰的指揮環境，還要改革國防採購，減少地面部隊，並且遏制狹隘的地區主義。這並不是簡單的「保衛中國國家主權利益」，而是植根於過去十年中國軍事意圖展現出的戰略信號：更廣泛的全球軍力投送，人道主義救援，反海盜等任務。如果解放軍要如其所願，必須進行改革。[27] 中國發現戰區對解放軍的轉型特別有用，當類似美國的高尼法案難以在中國通過時，創造這些作戰區的做法提供中國人以迂迴方式來推展聯合作戰及解放軍變革，亦不會誤踩政治及意識形態地雷，一旦這些接受良好教育及訓練的新一代技術官僚漸入體制服務後，老一代也將自然退位，解放軍至此可將永遠獲得改變。[28] 其實，戰區的概念在解放軍並非創新，過去中共針對台海發動軍演時就曾將軍區體制改為戰區，官方媒體也曾在報導中使用了諸如「福州戰區」等用語，充分顯示軍區制度在平時與戰時是有區別的。例如中共已在東南沿海將大軍區管轄範圍畫分成若干戰略方向，並且在軍分區一級設立三軍聯合作戰指揮體系，而大軍區目前只在演習時才透過臨時成立的三軍聯合作戰指揮部指揮區內演習，這也顯示軍區與戰區最大的不同在於是否成立三軍聯合作戰指揮部。[29] 此外，中共自 2004 年起即展開「一體化聯合作戰」的理論

26　李大光，〈俄羅斯軍事改革的基本經驗及其啟示〉，《中國軍轉民》，2 月號（2016 年），頁 74。

27　鉅亨網新聞中心，〈輿論：中國 60 年最大軍改 軍力輻射海外 戰鬥力更強大〉，鉅亨網，2015 年 11 月 29 日，<http://news.cnyes.com/20151129/20151129113107597621110.shtml>。

28　美國陸軍戰爭學院戰略研究中心，《做中學、學中做 中共解放軍的海內外訓練》（桃園市：國防大學，2013 年），頁 234。

29　沈明室，〈解放軍軍區體制改革的戰略意涵〉，《尖端科技》，228 期（2003 年），頁 50。

與戰術戰法研究，廢除大軍區而改設立戰區的規劃，說明了共軍可能採用平戰結合的聯合作戰模式，未來聯合作戰戰力塑建，應會以「優勢機動」、「精準接戰」、「聚焦後勤」及「全維防護」四項目標為主要範疇，並透過大型演訓驗證，而聯合作戰人才培育、準則編（修）訂與逐步汰除非戰鬥人力，甚至再度大規模裁軍，亦將是後續改革重點。[30]

　　改革後的五大戰區分別是東部戰區、南部戰區、西部戰區、北部戰區和中部戰區。中部戰區的轄區包括北京、天津、河南、河北、山西、陝西、湖北等 7 個省市，其中河南原屬濟南軍區，陝西原屬蘭州軍區，湖北原屬廣州軍區，其餘省市原屬北京軍區。該戰區的司令部設在北京，而戰區陸軍司令部則在河北省會石家莊。西部戰區管轄新疆、西藏、青海、甘肅、寧夏、四川和重慶 7 省市區，轄區面積最大，幾佔全國總面積三分之一；北部戰區轄遼寧、吉林、黑龍江、山東和內蒙 5 省區；東部戰區轄江蘇、浙江、上海、安徽、江西、福建 6 省市；南部戰區則轄湖南、廣東、廣西、海南、雲南、貴州 6 省區以及駐港澳部隊。由於中部戰區專責拱衛京畿，故轄區陸軍共有 20、27、38、54、65 等 5 個集團軍，實力為五戰區之首，而解放軍唯一的空降軍第 15 集團軍，駐地也在轄區內的湖北孝感，顯示該戰區有極強的機動力量。[31] 東部戰區主要取代原南京軍區，駐地為南京，設有海軍基地，需應對東海、台灣方向的問題。南部戰區主要取代原廣州軍區，駐地為廣州，設有海軍基地，需應對南中國海、東南亞國家方向的問題。西部戰區主要取代原成都軍區和蘭州軍區，駐地為烏魯木齊，需應對中印邊境等南亞、中亞國家方向的問題。北部戰區駐地為瀋陽，需應對朝鮮半島、俄羅斯、蒙古方向的問題。[32]

　　七大軍區最大的特點是根據固定的地域和固有的陣地進行防禦作戰為

---

30 黃鴻博，〈習近平《全面實施改革強軍戰略》：深化國防和軍隊改革述評〉，《展望與探索》，第 14 卷，第 1 期（2006 年），頁 26。

31 明報專訊，〈五大戰區轄區明朗 西部最大〉，明報新聞網，2016 年 3 月 27 日，<http://news.mingpao.com/pns/dailynews/web_tc/article/20160327/s00013/1459015495895>。

32 管淑平，〈共軍改設 5 大戰區 轉型美國模式〉，自由時報，2016 年 2 月 2 日，<http://news.ltn.com.tw/news/world/paper/955505>。

主，但戰區的劃設則希望除了陸軍部隊以外，還要把海軍、空軍和火箭軍等整合在一起，實現跨區跨兵種的在戰區內垂直多相的指揮和聯合協同的作戰。由於過去解放軍奉行的是人民戰爭，戰略方向為本土防禦，為了便於戰時的動員，軍區的畫分依據主要是按地理上的行政區（如省份），新的戰區則是著眼於聯合作戰的需求。[33] 此外，過去七大軍區司令均由陸軍將領出任，且軍區內的軍種合同作戰指揮、所屬部隊的軍事、政治、行政、後勤，乃至民兵、兵役、動員、戰場建設等工作均由軍區負責；改革後，戰區並不直接領導管理部隊，而是成立相應的戰區軍種機關（如戰區陸軍機關等）；戰時軍隊動員、省軍區管理的工作分給了軍委國防動員部負責，軍種的軍事訓練、政治工作、軍隊建設等則交給五大軍種領導機構負責，以往軍區的大陸軍色彩進一步淡化。[34] 而最重要的戰區聯合作戰指揮機構，可能會專司作戰指揮、大型聯合軍事演習的組織實施，多軍兵種聯合作戰指揮得以落實。

至於戰區的重新調整劃設，是在現有七大軍區基礎上有所削減，戰區的地理區域擴大，並拋開固有的地域概念，按照未來戰爭可能發生的方向來劃分，這主要是因為現代化戰爭大寬度、大縱深的特點，大規模局部戰爭爆發就可能要動員全國半數地區的軍事相關機構。[35] 過去軍區要指揮一場軍事行動，必須通過軍委，再通過總參下達給軍區，再下達給軍區下的諸軍種指揮機構，然後才到達作戰部隊，若還要調動海空軍部隊，還需要海軍、空軍司令部的命令和指示，非常繁瑣。此次軍改，將指揮體係從軍委 - 總參謀部 - 軍區 - 軍區下的諸軍種指揮機構 - 部隊五層，精簡為軍委 - 戰區 - 部隊三層，讓指揮體制扁平化，戰區可以在轄區內指揮陸海空火支五軍，指揮體系變得扁平、清晰，能根據戰場形勢變化作出快速、靈活的反應，[36] 真正達到一體化聯合作戰的理想。

---

33 新浪軍事，〈詳解五大戰區範圍：戰區陸軍司令部獨立駐紮〉，新浪網，2016 年 2 月 11 日，<http://mil.news.sina.com.cn/china/2016-02-11/doc-ifxpmpqt1067293.shtml>。

34 新浪新聞中心，〈五大戰區落定！細節裡的深意〉，新浪網，2016 年 2 月 2 日，<http://news.sina.com.cn/2016-02-02/doc-ifxnzanh0540460.shtml>。

35 陳冰，〈史上最牛軍改〉，新明週刊，第 2 期（2016 年），頁 72。

36 新浪新聞中心，〈軍事專家：五大戰區劃分有利於應對大方向威脅〉，新浪網，2016 年 2 月 3 日，

伍、結論

綜上所論，戰區與軍區主要有以下這樣些不同：[37]

1. 體制不同。軍區是以陸軍為主體的體制；戰區則是多軍種編成的聯戰指揮體制。
2. 責任不同。軍區擔負著「戰」和「建」雙重職能；戰區主要擔負戰略方向聯合作戰指揮職能，「戰」的職能更加突出。
3. 指揮不同。過去大軍區接受軍委和總部指揮，戰區則直接接受中央軍委指揮，聽令於軍委來指揮戰區部隊的作戰行動。
4. 訓練不同。過去大軍區要按照軍事訓練大綱負責從兵一直到師旅團部隊的訓練。

戰區則主要負責戰役指揮機構和按照實戰化、實案化要求檢驗聯合體系的作戰能

力戰役指揮訓練要特別強調增加訓練的頻度、強度和力度。

總的來說，七大軍區調整改革為五大戰區，並不是簡單的數量變化，而是涉及廣泛而又深刻的職能調整，其直接反映在習近平發佈的訓令中：一是戰區使命任務再強化：戰區擔負著應對本戰略方向安全威脅、維護和平、遏制戰爭、打贏戰爭的使命。二是戰區建設原則和職能新廓清：堅決貫徹軍委管總、戰區主戰、軍種主建的總原則，建設絕對忠誠、善謀打仗、指揮高效、敢打必勝的聯合作戰指揮機構。前者突出為思路與理念，後者突出實質與操作性，這也是五大戰區和七大軍區的最大區別所在。五大聯合作戰指揮機構不是孤立的改革設計，它是與軍委管總、軍種承擔建設職能，三者共同構成的本次改革的頂層設計和基礎性改革內容，三大改革共同支撐起解放軍的新體制。[38]

<http://news.sina.com.cn/c/2016-02-03/doc-ifxnzanm4044228.shtml>。

37 中評社，〈中部戰區司令員韓衛國詳解戰區與軍區不同〉，中國評論新聞網，2016 年 3 月 8 日，<http://www.chinareviewnews.com/doc/1041/5/1/9/104151919.html?coluid=7&kindid=0&docid=104151919&mdate=0308161842>。

38 公方彬，〈設「五大戰區」有什麼看不見的原因？〉，新浪網，2016 年 2 月 2 日，<http://

　　但是，中國軍隊組織是學自前蘇聯及毛澤東濫用解放軍下的歷史遺物，是用來控制政府及人民的工具（文革期間的軍管）。原先的七大軍區本質上是政治據點。中央軍事組織和地方省軍區僅是政治官僚，而非對抗外敵執行軍事作戰任務的戰鬥組織。解放軍若想成為一支有效的戰鬥部隊，就必須廢除或改變這個體系。但是這個改變將會觸及中國領導階層的兩條敏感神經，其一是共產黨施加於軍隊的意識形態要求，另一個是攸關資深政府及軍方官員的既得利益。這問題像似過去三十年間中國政府在其他部門不願進行政治改革的曲折經驗相類似，共產黨的確是持續其意識形態鬥爭，以有效制約解放軍；解放軍可以獲得新式較佳的武器，卻無法像美國及西方國家一般，做到軍隊國家化的轉變，因此只要中國整體制治體制改革還繼續徘徊在曲折道路上，解放軍軍事體制的改革，很可能將僅止於空談階段，[39] 或只是邯鄲學步，無法學習到其它國家軍制改革的精隨，甚至流於形式，最後落得南橘北枳的下場。

　　當然中國軍隊聯合作戰指揮體制進展緩慢與軍區體制也不能說全無關係，但絕非全部原因：近年成海空軍之間，陸軍與海軍陸戰隊間都要爭奪地位和經費；為全境戰略機動支援而建的空軍空降兵與陸軍和戰區的協同並不深入；憑「核常兼備」和台海背景保持重要地位的二炮與陸軍關係微妙；還有特戰部隊與常規部隊的關係等等，這都不是散布一點「已成立東海聯合作戰指揮中心」之類的消息就能虛張聲勢，也不是消滅了大軍區體制就能完全解決。[40] 因此本次軍改將軍區整併改革為戰區，是否能收到預期成效，還有待一段不短的時間才能去印證。

---

news.sina.com.cn/zl/ruijian/blog/2016-02-02/10585378/2994662287/b27eeb8f0102wlel.shtml?cre=newspagepc&mod=f&loc=5&r=9&rfunc=82＞。

39 美國陸軍戰爭學院戰略研究中心，《做中學、學中做 中共解放軍的海內外訓練》，頁 230。

40 牧之，〈中國軍改極端神秘背後，有多少話說不出口？〉，端聞，2015 年 12 月 28 日，＜https://theinitium.com/article/20151228-opinion-military-reform-future-muzhi/＞。

中國海軍戰略變遷之研究：
從比較中國歷史與權力平衡的角度分析

常漢青[*]

壹、前言

從 2003 年 12 月 26 日中共前國家主席胡錦濤於毛澤東誕辰 110 周年座談會上，強調要堅持「和平崛起」的道路和獨立自主的和平外交政策。[1] 這項正式的宣示標誌著中國已具備走向大國政治的自信，更強化美國所主導的「中國威脅論」的觀點。然而從 2000 年起對中國軍事評論的相關研究，基本上係以國際關係現實主義中的「霸權理論」（theory）及「權力平衡理論」（balance-of-power theory）等理論為基礎，分析中國與美國之間的衝突，以及對周邊國家的影響。對中國未來軍事戰略是否以海權為未來發展方向，以及是否將會循 19 世紀海權發展的軌跡走向世界，並改變美國與西方國家所認知的區域平衡概念，是值得我們探討的。然而從 2000 年以後迄今，中國海軍的發展雖然成倍數的增長，武器裝備的現代化與能力亦使美國海軍無法忽視。中國在鄧小平時代，於 1983 年將毛澤東時代的軍事戰略由「早打、大打、打核彈」修訂為「積極防禦」[2]，並於 1989 年提出「冷靜觀察、站穩腳根、沈著應付、韜光養晦、善於守拙、絕不當頭」16 字的對外政策指導；從 1998 年江澤民時代頒布第一本有關國防的報告書開始，每兩年頒布一次到 2010 計 7 次，再加上 2013 年及 2015 年 2 次合計 9 次的正式國防報告書，均說明中國堅持「永不稱霸、永不擴張」」的國防政策、「人不犯我，我不犯人，人若犯我，我必犯人」的軍事戰略

---

[*] 臺灣國際戰略研究中心助理研究員、備役海軍上校

1 〈胡錦濤在紀念毛澤東誕辰 110 周年座談會的講話〉，中國網，2003 年 12 月 29 日，<http://www.china.com.cn/chinese/zhuanti/jnmzd/470254.htm>。

2 軍事科學院軍事歷史研究部，《中國人民解放軍全史・第二卷：中國人民解放軍七十年大事記》（北京：軍事科學，2000 年），頁 344。

方針，以及中國的發展要打破「國強必霸」的歷史原則。[3]但何以西方主要國家均不認同，是歷史發展的必然，還是大國意識形態的影響，亦或是大國內部利益團體策略。雖然中國是在共產主義制度下統治的國家，並不代表站在中國土地上的政權所面臨的環境威脅或傳統歷史文化有所改變，中國政權的統治者仍然會從歷史的軌跡中尋找最佳的國家發展方向。所以，本文試圖依圖 1 的概念架構，以中國人的立場與觀點，透過從中國歷代對外政策，探討中國人面對外在威脅的態度、行為與性格，並從西方現實主義的權力平衡理論的角度探討美國霸權的對外政策，從闡述中國海軍戰略變遷的過程，分析當前中國各項軍事政策行動與結果，以及預判中國軍事戰略未來可能的發展方向。

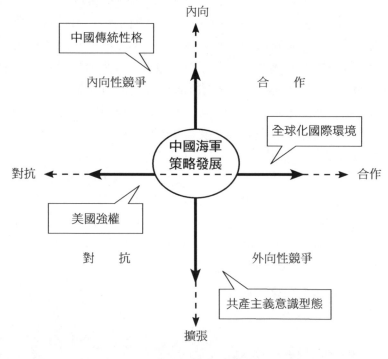

圖 1：概念架構

---

3   〈中國的軍事戰略〉，中華人民共和國國防部，2015 年 5 月 26 日，<http://www.mod.gov.cn/affair/2015-05/26/content_4588132.htm>。

依據上述概念，本文嘗試提出下列相關五個問題，作為後續研究基礎：

1. 中國海軍是否具備對抗美國海軍航母支隊的能力？
2. 面對日本對釣魚台列島主權的挑釁，是否是中國發展遠洋航空母艦特遣支隊的目的？
3. 在全球化的時代，單一國家的海軍艦隊是否具備確保海外交通線的能力？
4. 中國派遣海軍艦隊進入印度洋希望獲得何種戰略利益？
5. 南海島礁的擴建是否是中國走向海上霸權的開始？

貳、中國傳統對外政策與權力平衡理論之探討

一、中國傳統對外政策

本文將從明、清兩代分析中國傳統對外政策，分析中國人傳統性格。1382 年漢族趕走蒙古族對中國的統治建立明朝，但其蒙古族政權仍未滅亡。而明朝也無法徹底解決與蒙古族之間的對抗，終至明朝滅亡一直是中國無法排除的大患。[4] 明朝統一中國後主要重點在於國家內部的休生養民，對外則採取所謂的「和平外交」亦既不主動征伐政策。並派遣使臣至各國說明，另配合外交關係採取朝貢貿易。[5] 因此，談到明朝對外政策，其中鄭和下西洋的行動是必須討論的一個議題。

明朝初年中國的國力已明顯的下降，在陸上北方蒙古族的侵擾不斷，僅能維持一個相對較和平狀態。在沿海部分，日本海盜的襲擾讓明朝頭痛不已。且東南亞各國由於蒙古帝國的瓦解，明朝初期無力管理對東南亞各國關係。致使中國對中東、印度與歐洲的絲路貿易嚴重受阻。直到 1403 年明朝才改變其對外政策，在陸上部分：採取積極軍事行動平定北方蒙古族與西南少數民族，並建立古絲路南道線（由雲南出）；在海上部分：派遣鄭和艦隊出使日本，迫使日本政府解決海盜襲擾中國沿海的問題，並與

4　陳致平，《中華通史（九）》（台北市：黎民文化，1988 年），頁 52-56。

5　萬明，《明代中外關係史論稿》（北京：中國社會科學，2011 年），頁 5-15。

日本建立宗藩關係。1406 年派遣鄭和艦隊討伐爪哇海盜，打通麻六甲海峽海上絲路要道使貿易暢通，並與東南亞各國建立宗藩關係，[6] 直到 1457 年，由於出使海外各國的艦隊耗費極大，造成國庫空虛，派遣最後一次艦隊後，明朝官方正式的海外行動才就此結束。

1683 年東北滿族的入侵統一全中國，雖然國力強盛，但邊境仍經常受到威脅。在東北方部分：自明末清初由東歐經西伯利亞而來的俄國移民與軍隊，經常入侵邊境劫掠屠殺邊境人民；[7] 在北方部分：蒙古族所建立的韃靼汗國一直是中國最大威脅。在西北與西南方部分：原青海與西藏的少數民族與中國保持著長期和平的宗藩關係，但由於中國內部的動亂與統治的易主，青海、西藏地區的和平受到北方蒙古族的干涉，即開始反抗中國。清朝初期面對周邊國家的直接威脅，所採取的是和親容忍政策，但當國內動亂平定後即採取積極性對抗的對外政策。[8]

綜上從中國歷史的發展角度而言，北方遊牧民族對南方中國資源的侵襲劫掠，是無可避免的必然性。而中國東面的朝鮮與日本、西南與南面的少數民族的國家，深知無以對抗強大的中國，均採取與中國睦鄰的宗藩關係，以獲取與中國貿易的權利。在 18 世紀以前中國北方的遊牧民族的及18 世紀以後的帝俄擴張威脅，始終是中國各朝統治者無法擺脫的挑戰。當中國國力強盛時期，雖征伐北方遊牧民族消滅其威脅能力，但領土仍由原部族統領，並與中國成為宗藩關係，直到清朝由滿州族所建立的政權，才正式將北方、西北及西南方遊牧民族所統轄的領土劃入中國版圖。因此，中國的漢民族性格，基本上是一個內向的安定型，不是外向的擴張型。如何維持國家內在整體的安定、繁榮是最優先的考量目標，其次才是外在威脅。因為中國每個朝代的滅亡，絕大部分都是因為內部動亂才引發外在的侵略。即使中國國力恢復對外也只在解除邊境的威脅，而不是領土的擴張

---

6   鄭永常，《海禁的轉折－明初東亞沿海國際形勢與鄭和下西洋》（新北市：稻香，2011 年），
     頁 63-132。

7   陳致平，《中華通史（十一）》（台北市：黎民文化，1988 年），頁 123-124。

8   同上註，頁 128-146。

佔領。中國的海洋貿易的經營與發展，主要是一個民間自發性的行為，而不是由官方主導有目的戰略規劃。因此，從中國歷史的角度，海洋對中國政權而言，不是主要威脅的來源。以 1874 年清政府同時面對來自帝俄（1871 年）的陸上入侵與日本（1873 年）海上入侵時為例，當時清朝政府即提出大議海防（海防與塞防）之議，最後決定塞防西征，先解決來自陸上的威脅是核心。其中山東巡撫丁葆楨在奏摺中指出：「來自東方海上的西方列強威脅只是四肢之病，而來自西方帝俄的陸上威脅則是心腹之患。」[9]，最能充分說明中國人對威脅的感受與海權的觀點。

二、權力平衡理論之探討

整個歐洲在 18、19 世紀期間，均以權力平衡當作國際間外交的基本策略。20 世紀初隨著歐洲殖民地的擴張，第一次與第二次世界大戰則將權力平權的運用從局部性擴展到全球性。冷戰時期的美、蘇對抗，以及 21 世紀中國崛起後的中、美對抗，都可以看到強權國家在外交與軍事上，運用權力平衡策略的痕跡。[10] 美國國際關係與國際組織著名學者，英尼斯・克勞德（Inis L. Claude, Jr.）在權力與國際關係一書中，綜整權力平衡各種概念後。認為權力平衡具有「情勢」、「政策」及「制度」三種含義。[11] 而現今在全球化時代，上海復旦大學美國研中心倪世雄教授，則認為權力平衡是一種分析的概念，認為權力平衡是一種力量的平衡，對國際的競爭中為一種特殊的穩定狀態，也是處理國際關係的一種特殊手段和政策。[12]

對於權力平衡理論，古典現實主義代表人物摩根索，各國在制定政策時會以維持權力平衡為目標，這是無可避免的也是必然的。權力平衡最主要的呈現形式，不在是兩個各自獨立國家的平衡，而是一個國家或國家聯

9　王家儉，《李鴻章與北洋艦隊—近代中國創建海軍的失敗與教訓》（台北市：國立編譯館，2000 年），頁 112。

10　倪世雄，《當代國際關係理論》（台北市：五南，2010 年），頁 245-247。

11　nis L. Claude, Jr. 著，《權力與國際關係》（Power and International Relations），張保民譯（台北市：幼獅文化，2002 年），頁 8-18。

12　倪世雄，《當代國際關係理論》，頁 241-243。

盟與另一聯盟之間的關係。[13] 隨著二戰後冷戰時代的來臨，對於權力平衡的制度的運作，產生不利的影響，權力平衡的彈性也消失了。因而美、蘇之間兩極化的權力平衡所受到的威脅，主要是受到內部權力鬥爭所固有的不穩定性影響。[14]

在新現實主義代表人物肯尼思・華爾滋則認為二戰後的國際間處於兩極的格局，從經濟學的角度分析，由於兩極世界中相互依賴的程度低，兩極的權力平衡體系相較多極世界體系來得穩定。因為第三國的加入或退出聯盟，並不會影響超強兩極權力平衡的改變。致使兩極的聯盟領袖可以完全依據自身的的利益，制定的靈活戰略。且戰略的目標以對手為主而非滿足盟友的利益。聯盟領袖唯一受的約束主要來自於對手，而非聯盟的盟友。蘇聯的威脅令美國擔心，反之亦是如此。在兩極權力平衡的態勢中，危險的根源原則上來自於雙方的過度反應。由於兩極關係的簡單性使得雙方都承受強大的壓力，也相對促使雙方在策略的選擇上採取保守作為。[15]

依上述比較摩根索及華爾滋對權力平衡理論的論述，並檢視 21 世紀中、美關係。華爾滋的權力平衡的兩極體系穩定論較摩根索多級體系穩定論，適合解釋美國面對中國崛起的態度。因為美國在追求國家絕對利益與絕對安全的心理因素，使權力平衡策略在全球化的時代仍將具備一定的影響力。因此，從權力平衡理論探討對中、美對外政策可獲得下列結論：

1. 權力平衡對美國來說是一種「政策」，但對中國而言則是一種「形勢」。
2. 美國的對中國政策所採取的是權力平衡「競爭模式」，相對中國則在創造一個和平的外在環境，不在於與美國創在一個權力平衡的架構。
3. 追求霸權是美國的核心目標，而中國則否（至少在未超越美國之前）。
4. 華爾滋權力平衡兩極體系穩定論符合現今中、美關係的發展。

13　Hans J. Morgenthau 著，《國家間政治：權力鬥爭與和平（第七版）》（*Politics among Nations:The Struggle for Power and Peace*）（北京：北京大學，2006 年），頁 179-231。

14　同上註，頁 347-376。

15　Kenneth N. Waltz, *Theory of International Politics* (New York: McGraw-Hill, 1979), pp.161-193.

參、中國海軍戰略發展過程

　　本文將以劉華清回憶錄為主要參考資料，將中國海軍的發展概分為蘇聯援助時期（1949~1960年）、仿製與研發（1961~1985年）及現代化（1986年迄今）三個時期，探討中國海軍戰略的變遷過程。

一、蘇聯援助時期（1949至1960）

　　1949年4月23日中國人民解放軍占領首都南京後，獲得國民政府海軍第2艦隊共計25艘艦艇，[16]於江蘇白馬廟（原名徐家莊）正式成立中國人民解放軍海軍。[17]成立之初其主要任務在防止國民政府海軍襲擊沿海地區，以及配合陸上部隊遂行登島作戰。1950年4月14日將中國人民解放軍海軍正式編成為一個軍種。[18]主要裝備來自於國民政府叛變的艦艇與繳獲的艦船，以及徵用各地區一部分商、漁船與購置香港的舊船。但皆為性能不佳、陳舊不堪。並從二戰德國與美國在海戰中經驗，認知潛艦在國家戰略上扮演相當重要的腳色。促使中國海軍在初期發展目標以航空兵、潛艦及快艇兵力為重點。蘇聯依據1950年2月所簽訂的「中蘇友好同盟互助條約」，於1953年開始自蘇聯購置護衛艦、潛艇、掃雷艦、大型獵潛艇及魚雷艇等5種艦艇全部設計藍圖、材料與機械設備，以技術轉移的方式自製艦船。此為中國海軍現代化發展的開端，由技術轉移提升造船廠技術能力。遂1954年提出國家造船工業發展計劃，從強化技術轉移開始，其次仿製改進，最後到自主研製三個階段。[19]1957年中國建造的第一艘033型潛艇納入戰鬥序列。[20]此時期中國海軍的主要任務在配合陸軍作戰，爭奪大陸沿海制空及制海權。

---

16 軍事科學院軍事歷史研究部，《中國人民解放軍全史‧第二卷：中國人民解放軍七十年大事記》，頁167-168。

17 黃傳會、舟欲行，《中國人民海軍紀實》（北京：學苑，2007年），頁27。

18 軍事科學院軍事歷史研究部，《中國人民解放軍全史‧第二卷：中國人民解放軍七十年大事記》，頁176。

19 劉華清，《劉華清回憶錄》（北京市：解放軍，2004年），頁445。

20 軍事科學院軍事歷史研究部，《中國人民解放軍全史‧第二卷：中國人民解放軍七十年大事記》，頁223。

二、仿製與研發時期（1961 至 1984）

　　1979 年以前中國的軍事戰略與準則，著重於以本土防禦為主的「人民戰爭」[21]。海軍發展係配合陸軍臨戰的軍事作戰指導方針，採取「山、散、洞」戰略，重點在如何配合陸軍遂行登島作戰「解放台灣」。1960 年中共與蘇聯因路線爭議而決裂[22]，蘇聯單方面撕毀各項援助協議，除立即撤離所有軍事顧問與專業技術人員外，並停止提供所有工業設備、材料與零附件。鑑此，中國決心從根本做起建立獨立自主的國防科技與工業，遂於 1961 年組建航空、艦艇及電子技術等三個研究院。由曾接受蘇聯伏羅希洛夫海軍艦艇學院高等教育的海軍少將劉華清，擔任艦艇研究院院長，並自力完成深水船模拖曳水池實驗室等基礎研究設施計 15 個研究所。此研究機構的成立，對中國自力研發現代化艦艇與武器裝備具有相當長遠的影響。此時期的海軍發展從「兩艇一雷」（魚雷快艇、魚雷潛艇及魚雷）和「兩艇一彈」（導彈快艇、導彈潛艇及艦用導彈）的仿制工作開始。1964 年 3 月完成魚雷艇、護衛艇、中型魚雷潛艇、大型導彈艇及獵潛艇 5 種艦型仿制與性能提升作業。除提高中國海軍艦艇與武器系統發展之研究、設計與製造能力外，也為對爾後建造中、大型艦艇奠定重要基礎。1966 至 1976 年中國為期 10 年的文化大革命運動，雖然仍在 1969 年獨立製造完成傳統動力遠洋作戰潛艦（即 035 型明級潛艦）。1974 年 8 月 1 日核子動力潛艦納入中國海軍戰鬥序列，1975 年完成 053H 型導彈護衛艦（即江滬一型）建造。但對中國海軍來說是一個極大的災難，大部分院校被撤銷、搬遷。大批專業教職人員被清算鬥爭，造成 80-90% 的幹部沒有接受過院校正規基礎訓練。且幹部素質低落與人員不足，嚴重影響中國海軍戰力。1983 年 2 月由中央軍委會所召開的「全軍第 12 次院校工作會議」[23]，再次強調將

---

21 David Shambaugh 著，《現代化中共軍力：進展、問題與前景》（*Modernizing China's Military: progress, problems, and prospects*），高一中譯（台北市：國防部史政編譯室，2004 年），頁 92。

22 Bruce A. Elleman 著，《近代中國的軍事與戰爭》（*Modern Chinese Warfare*），李厚壯譯（台北市：時英，2002 年），頁 471。

23 軍事科學院軍事歷史研究部，《中國人民解放軍全史‧第二卷：中國人民解放軍七十年大事記》，頁 300-331。

海軍院校教育提升到「戰略地位」。此政策強化了中國海軍人才培訓基礎，更為未來中共海軍的建軍培養人才。此階段中國在沒有蘇聯及西方先進國家的技術支援下，海軍的發展著重於造艦技術的研發與海軍人才的培育。因此，中國在此階段不管在艦艇裝備性能與數量上，還是海軍人才的發揮上，均落嚴重後美國及蘇聯兩大超級強國。海軍戰略仍維持在支援陸軍作戰的一個軍種。

三、現代化時期（1985 至 2016）

　　1985 年對中國海軍戰略發展來說是一個關鍵的轉捩點。劉華清於 1982 年擔任海軍司令員後即開始整頓海軍各項的缺失，並認為當前中國海軍發展最大問題。在於缺乏一套完整的海軍戰略，以提供海軍未來發展方向。1985 年 5 月中央軍委會召開擴大會議，提出調整軍事戰略指導，由「早打、大打、打核戰爭」的臨戰時期轉變為和平建設時期。決議裁減軍隊員額 100 萬，並執行組織調整政策。[24] 劉華清有鑑於國家軍事戰略的改變，遂提出「近海防禦」的海軍戰略構想，將「近海」的概念定義為中國的黃海、東海、南海、南沙群島、台灣、沖繩群島鏈內外海域及太平洋北部海域。「近海」以外地區域為「中、遠海」，並在 1980 年中期以後所制定的國家戰略為「積極防禦」的指導下。提出中國海軍戰略是近海防禦，屬於區域防禦型戰略。作戰海域主要是第一島鏈和沿該島鏈以外的沿海區。並隨著經濟實力與科技發展的增加，將海軍力量逐步擴大至太平洋北部至「第二島鏈」。在「積極防禦」的國家戰略目標上，採取「敵進我進」的指導方針，即當敵人向我沿海地區進攻時，我亦向敵人後方發起攻擊。因此，海軍戰略的目的在遏止和防禦帝國霸權主義來自海上的侵略。並明確指出近海防禦的海軍戰略，必須達到在近海區域奪取並保持制海權、有效控制重要海上通道及具有核子反擊能力。[25]

　　劉華清所提「有關明確海軍戰略問題」的報告，於 1987 年 4 月 1 日在中共在總參謀部首長的指示下。召集總參二、三部、軍訓部、裝備部，

---

24 同上註，頁 344。

25 劉華清，《劉華清回憶錄》，頁 434-438。

以及科工委、軍科部、國防大學、軍委規劃辦公室和海軍等 9 個單位研討後，一致同意海軍所提的「海軍戰略問題」報告。[26] 此報告正式確認中國海軍脫離扮演支援陸軍作戰的角色與任務，成為一個「戰略軍種」。劉華清擔任海軍司令員期間，除提出「海軍戰略問題」報告外，在武器裝備的研製上，開始擬定「海軍 2000 年前發展設想和『七五』建設規劃」、「2000 年的海軍」及「海軍 2000 年前裝備發展規劃」。尤其在裝備武器規劃上，認為依據現代化作戰能力要求。應直接發展 90 年代後期和下一世紀新式武器裝備，放棄過渡裝備的發展。逐步獨立建構自有武器裝備系統。在策略上以自力研發為主，技術轉移為輔，著眼於提升自己研發能力與水準。同時也於 1985 年由劉華清上將第一次向中央軍委會提出運用 15 至 20 年的時間，實施航空母艦、戰略導彈潛艦的「預研」工作，為 21 世紀海軍裝備發展預作準備。因此，1985 年所提出 2000 年中國海軍水面艦艇發展方向，驅逐艦排水量由 3,000 噸發展到 5,000 或 6,000 噸、護衛艦排水量為 2,000 或 3,000 噸、導彈護衛艇排水量為 500 至 1,000 噸。[27] 潛艦部分，則發展戰略彈道核子潛艦（094 型）與攻擊型核子潛艦（093 型）。在航空母艦發展上，限於當時中國經濟尚在發展中，無足夠的經費與技術可進行預研工作。但海軍仍於 1986 年再次向中央軍委會建議於 2000 年著手航空母艦預研工作。最後在 1987 年 3 月在海軍裝備技術工作會議中決議：「考量當前對於航空母艦的技術能力與經費不足的狀況下，以發展核子潛艦為主，但同意對航空母艦遂行研究與評估工作。」[28] 1990 年開始由於中國與俄羅斯關係改善，開始雙方進一步的軍事技術合作。此時中國內部對於先進武器裝備的發展，是否要繼續走「國防獨立自主」的問題上有所爭論，最終採取的目標為「先掌握先進技術，再創新」。[29] 因此，中國海軍於 20 世紀 90 年代及 21 世紀初期，從俄羅斯獲得 4 艘現代級驅逐艦及 4 艘 KILO 級潛艦；另自行研發完成「052 型」系列驅逐艦（標準排水量 4,200 噸以

26　同上註，頁 439。

27　同上註，頁 469-471。

28　同上註，頁 477-481。

29　同上註，頁 590。

上），並持續研發「055型」驅逐艦，「053型」與「054型」護衛艦（標準排水量2,000噸與3,900噸）、「056型」系列護衛艦（標準排水量1,300噸以上）及「22型」飛彈快艇。到2016年止中國海軍艦隊已達到所宣稱具備「近海」的作戰能力。此時期的海軍戰略，仍以1993年初由中國領導人江澤民所律定的新時期「積極防禦」軍事戰略方針，為保存軍力、待機破敵的「戰略反攻」的戰略防禦，指導重點為威懾（戰力展示與政治、外交結合，達到不戰而屈人之兵的目的）、慎戰（為確保國家經濟建設，不到萬不得已絕不輕易使用武力）及自衛（人不犯我，我不犯人；人若犯我，我必犯人）。揚棄以往因應敵人大規模入侵所採取的堅守防禦思維。調整為組建一個具有打贏高技術條件下局部戰爭的反擊力量，發揮積極防禦效能。[30] 因此，此階段中國在國防戰略上，為配合經濟建設為目標，維持和平良好的周邊環境，以和平協商解決國家間的紛爭。在軍事戰略上，維持積極防禦戰略方針，採取防禦、自衛及後發制人的原則。在海軍戰略發展上，從近海防禦型走向近海防禦與遠海護航結合型。自2010年開始建造大型後勤與綜合兩棲作戰艦，以建構遠洋特遣支隊作戰能力。2012年9月中國第一艘航空母艦遼寧號納入戰鬥序列，且據媒體報導證實中國已開始建造第二艘航空母艦，而第二艘航艦的設計仍是以第一艘艦藍圖為主。[31] 因此，綜上分析，中國海軍企圖建構一支具備遠洋投射能力的航空母艦特遣支隊，是無庸置疑的趨勢。但如果相較美國海軍航空母艦特遣支隊作戰能力而言，中國海軍仍有一段不小差距。

肆、當前中國海軍戰略目標與作為

從2005年美國國防部的一份報告中指稱：「中國的軍事發展對於區域穩定已構成威脅，但至少未來10年仍缺乏擊敗中型敵人的訓練及裝備。儘管美國認為中國軍事規劃者仍以台灣為首要考量，但某些跡象顯示中國海軍發展足以超越台海範圍的作戰戰力。」另於同年7月19日美國向國

30 同上註，頁637-638。

31 〈英媒：中國證實在建造第二艘航空母艦〉，BBC中文網，2015年3月15日，<http://www.bbc.com/zhongwen/trad/press_review/2015/03/150310_press_china_2nd_aircraft_carrier>。

會提出的「中華人共和國軍力報告」年度報告，憂心地表示。雖然中國目前並未面臨任何國家的威脅，但其軍事建構的速度與規模卻已危及軍事平衡等。[32] 由此，以美國人的觀點，中國海軍戰略未來發展的企圖，是將有效管制區從領海延伸至 200 海浬外的專屬經濟區及南海海域，此一企圖需要中國建立遠洋航空母艦支隊方能達成。並且認為中國在 1985 年以後的作戰態勢將從以本土防禦為主，調整以攻擊為主的積極防禦。[33] 從 2007 年開始中國海軍就積極的在第一島鏈以東的西太平洋海域，實施支隊遠海機動訓練。2009 年中國首次派遣海軍艦隊至索馬利亞實施護航。[34] 另在 2013 年以後越過第一島鏈實施遠洋訓練成為常態，2014 年起海航兵力與空軍兵力也加入開始訓練。因此，本文將從中國海軍對西太平洋的戰略需求方向，探討當前中國海軍戰略發展目標。

探討中國在西太平洋的海軍戰略目標，首先必須從前言所提的二個問題開始。一是中國海軍是否具備對抗美國海軍航母支隊的能力。二是面對日本對釣魚台列島主權的挑釁，是否是中國發展遠洋航空母艦特遣支隊的目的。

首先針對第一個問題，雖然中國已擁有一艘 6 萬多噸級的中型航空母艦，且預測後續將建造 2 至 4 艘航艦，未來亦將持續建造大型先進的防空驅逐艦、大型綜合後勤艦艇、大型綜合兩棲作戰艦與多功能反潛護衛艦。從這些造艦計畫看來，中國似乎已在為建立遠洋航空母艦特遣支隊做準備。如果依據劉華清於 1985 年所律定的海軍戰略目標開始，到 2015 年中國公布的國防白皮書的內容看，中國的海軍戰略發展仍將以美國所認為的第二島鏈的西太平洋海域為目標。但以當前中國海軍武器裝備能力而

---

32 Carola McGiffert 編著，《美國政治印象中的中國》（China in the American political imagination），陳孝燮譯（台北市：國防部史政編譯室，2005 年），頁 117。

33 Richard D. Fisher Jr. 著，《中共軍事發展—區域與全球勢力布局》（China's Military Modernization: Building for Regional and Global Reach），高一中譯（台北市：國防部史政編譯室，2011 年），頁 133。

34 〈遠征 4400 海裏—中國海軍首赴索馬利亞海域護航〉，中國網，2009 年 2 月 18 日，<http://big5.china.com.cn/book/zhuanti/qkjc/txt/2009-02/18/content_17298526.htm>。

言：尚不具備對抗美國航母特遣支隊的能力。如果未來中國海軍遠洋航空
母艦特遣支隊要能有效於第二島鏈內與美海軍航空母艦特遣支隊對抗。中
國海軍後續建造的航空母艦噸位必須是核子動力在 10 萬噸左右，艦載機
容載量在 90 架以上（如美國尼米茲級航艦）。且由於中國岸置空中支援
兵力會受到第一島鏈的美軍基地阻絕的影響。中國航母支隊必須具備完整
獨立作戰能力。另就人員作戰能力而言，擁有航空母艦並不代表一定具備
遠洋打擊能力。目前中國海軍對於航空母艦支隊作戰能力的運用尚屬摸索
階段。因為航空母艦支隊的指揮與管制，涵蓋太空、電磁波、空中、水面
及水下五維作戰空間，缺一不可，尤其衛星情報與通信系統的運用、電磁
頻譜中的制電磁權的掌握、空中掩護與打擊兵力的運作、水面艦艇部隊的
編隊佈署及水下潛艦反潛安全防護的配置，須經長期訓練與嚴密的計畫作
為，方能具備作戰能力。相較美國海軍從二戰以來的航空母艦支隊的獨立
作戰經驗與能力，中國海軍尚有 10 年以上的差距。因此，除非美國發生
重大事件國力急速衰退外，在未來 20 年內中國海軍在第二島鏈內仍不具
備對抗美國海軍的能力。

　　在第二個問題部分，對於釣魚台列島主權的紛爭。中國可採取的行動
將不僅僅是海軍，火箭軍、空軍兵力都將是其能力涵蓋範圍，應為中國維
護主權行動的優先選項。面對日本海上的挑釁，在低衝突的層面：火箭軍
在釣魚台列島執行的威懾攻擊，任何駐守於島上的日軍都將無法獲得有效
防護。且空中兵力的對峙亦可有效壓制日空軍作戰效能。在高衝突層面：
如果衝突延伸到日本本土周邊海域。對日本而言，中日的衝突將由國與國
間的軍事、外交層面，轉換成為國內政治層面。美國方面是否會依據美日
安保條約介入中日衝突，可能會視日本對於釣魚台列島的行為而定。因為
在 1972 年中國與日本所簽訂的「中日和平友好條約」調過程中，中方認
為暫不涉及釣魚台列島主權問題，而日方也同意「以後再談」。因此，對
中國而言，對於釣魚台列島主權保持爭議是中國最後的底線。2012 年日本
將釣魚台列島國有化事件 [35]，所引發中日雙方的衝突，足以印證中國對於

---

35 〈中國媒體嚴批日本釣島「國有化」〉，BBC 中文網，2012 年 9 月 11 日，<http://www.bbc.
　com/zhongwen/trad/chinese_news/2012/09/120911_china_japan_island.shtml>。

海洋領土主權維護的最基本原則為「擱置爭議，共同開發」。然就目前觀察，此原則也是美方可以接受的條件。如果日本逾越了此一原則，美國有可能會為確保東北亞和平與中國合作，要求日本回歸「擱置爭議，共同開發」原則。同樣的，中國在解決台灣問題上與對釣魚台列島的主權維護行動上亦相同。對中國來說，防禦美國來自西太平洋海上的威脅才是當前中國海軍戰略的主要目標。對於美國在南海的挑釁時，在當前實力仍不足的情況下。中國海軍的戰略作為上，以不擴大全面性軍事衝突為原則。而運用海上民兵實施第一線的阻絕，其次在不使用武力的狀況下，採取艦艇碰撞行為，迫使美軍讓步是可能的作為。2013 年中國航艦遼寧號在南海實施訓練時，美國神盾級飛彈驅逐艦「考本斯」號強闖中國遼寧號航艦訓練區域，遭到中國兩棲船塢登陸艦攔截制止。[36] 此事件足以解釋中國在處理中、美可能的海上軍事衝突的態度。

伍、中國海軍戰略未來發展

本文將依據概念架構，由全球化國際環境與美國強權的外在環境，以及中國的傳統性格與共產主義意識形態的內在性格 4 個面向，探討中國海軍戰略未來可能的發展。

一、外在環境的影響

（一）美國傳統對外政策

從美國的歷史發展瞭解，基本上是一個由歐洲移民所建立的社會國家。[37] 這些移民主要是遠離歐洲宗教迫害的基督教信徒。[38] 1754 年至 1763 年法印之戰後英國由於外貿管制與徵收新稅措施，促發了 1783 年美國正

---

36 藍孝威，〈美艦急煞車，與陸艦長通話〉，中時電子報，2013 年 12 月 18 日，<http://www.chinatimes.com/newspapers/20131218000477-260108>。

37 林立樹，《美國通史》（台北市：五南，2003 年），頁 23-34。

38 Richard Middleton 著，《殖民時代的美國史一六〇七～一七六〇》（*Colonial America: A History, 1607-1760*），賈士蘅譯（台北市：國立編譯館，1998 年），頁 400-408。

式脫離英國獨立，[39] 並開始向美國中、西部擴張領土。1823 年美國發表「門羅主義」表達美國的「不干涉」主義，確保美國在歐洲列強的殖民戰爭中保持中立。[40] 但事實上是美國反對歐洲列強干涉西半球的事務，也認為任何歐洲列強在美洲擴張的企圖，都是對美國和平與安全的威脅。[41] 這是美國第一次以國家的名義處理國際外交事務。1899 年提出「門戶開放」政策，要求在中國的列強開放門戶，並遵守中國現行貨物稅率標準執行貿易，也確保中國領土的完整免於遭受列強的瓜分。[42] 對美國來說，這項政策的提出除符合美國傳統門羅主義的精神外，亦可視為是美國以強大的新興工業國家的角色，介入美洲以外國際紛爭的開端。

　　20 世紀美國的對外政策則從反對歐洲列強干涉美洲事務，轉變為由美國控制與干涉美洲事務。在 1904 年 12 月 6 日老羅斯福的總統年咨文中，說明美國有義務發揮國際警察的力量，即所謂「羅斯福理念」。[43] 此對外政策也反映出美國對周邊美洲國家的優越感與霸權主義。1918 年的一次大戰及 1945 年的二次大戰結束後，都是由美國主導成立國際聯盟及聯合國。從美國強大的國力重建世界秩序的行動來看，某種意義上是以救世主的姿態對弱小國家的支持。[44] 但從 19 世紀末對中美洲國家的干涉也展現出霸權主義的手段，1947 年美國面對於蘇聯支持共產革命在世界各地威脅，美國基於對平等 [45]、民主、自由、人權保障，以及對宗教信仰自由與道德規範的價值觀。[46] 1950 年的韓戰及 1961 年美國加入越戰的行動，除了圍堵蘇

39 同上註，頁 52-53。

40 同上註，頁 139。

41 李本京，《美國外交政策研究》（台北市：中正書局，1987 年），頁 20。

42 〈1899 年 9 月 6 日美國海約翰提出對華「門戶開放」政策的照會〉，中國網，2009 年 9 月 4 日，<http://big5.china.com.cn/aboutchina/txt/2009-09/04/content_18461685.htm>。

43 李本京，《美國外交政策研究》，頁 22-23。

44 Howard Zinm 著，《美國人民歷史》（*Apeople's History of the United States*），蒲國良、許先春、張愛平、高增霞譯（台北市：五南，2013 年），頁 410-428。

45 Seymour Martin Lipset 著，《第一個新興國家》（*The First New Nation*），張虎、陳少英譯（台北市：桂冠，1994 年），頁 129-138。

46 同上註，頁 169-193。

聯擴張勢力的意圖外，也展現出的理想主義對民主制度普世價值的維護與發揚。然越戰後，所反映出美國對戰爭的厭惡及孤立主義的興起，亦顯示出隱藏在美國人內心性格的現實主義。此說明美國前國務卿季辛吉的現實主義，強調實力與權力平衡是維持美、蘇和平穩定的依據為當時美國的對外政策。[47] 1990 年俄羅斯採取一系列的開放政策，將美、蘇軍事兩極體系的對抗，走向以聯合國體系為中心的世界秩序，[48] 第一次波灣戰爭是最後的例證。

　　冷戰結束後，世界走向一超多強的局勢。對美國而言，不僅僅意味著對美國的自由、民主、平等及資本主義價值觀的肯定，也證明現實主義權力平衡手段的運用讓蘇聯從內部瓦解。使得美國內部的現實主義與理想主義特質開始產生衝突。美國在 21 世紀的兩次中東戰爭，均標榜著人道主義及自由主義協助阿富汗及伊拉克建立民主政府，可以看出美國對外政策主要是受到理想主義思維的影響。[49] 而中國的崛起除直接威脅到美國在西太平洋的主導地位外，也挑戰了美國世界領導地位。[50]

　　依上所述，1898 年美西戰爭的勝利成為讓美國介入亞洲事務的開端。美國在處理國際事務時所展現出來的，簡單地畫分就是在理想主義與現實主義之間擺盪，其根源來自於美國移民具有宗教的理想與求生存不安全感的兩面性格。與傳統單一或少數民族所組成生命共同體的國家不同，美國較不受歷史傳統包袱的影響，而以個人價值與信念為取向。當美國國力衰弱時，現實主義思想即主導的美國的對外政策。美國學者翁羅素（Russell Ong）在《中國與美國的戰略競爭》（*China's Strategic Competition with the*

47　倪世雄，《當代國際關係理論》，頁 71-72。

48　伍啟元，《美國世紀：1901-1990》（台北市：臺灣商務印書館，1994 年），頁 564。

49　Walter Russell Mead 著，《美國外交政策及其如何影響了世界》（*Special Providence: American Foreign Policy and How It Changed the World*），曹化銀譯（遼寧：中信，2003 年），頁 284-331。

50　Joseph S. Nye Jr. 著，《美國霸權的矛盾與未來》（*The Paradox of American Power: Why the world's only superpower can't go it alone*），蔡東杰譯（台北市：左岸文化，2002 年），頁 70。

United States）一書中，認為從華爾滋權力平衡的角度分析，中國與美國的戰略競爭，主要是中國可望取得真正的全球強權定位。「和平崛起」只是一時的策略。[51] 美國歐巴馬政府於 2015 年 2 月所提出的國家安全戰略，在促進美國的「亞太再平衡」議題上指出：當在涉及海上貿易安全與人權議題上，堅持主張中國在維持國際規則與規範時，美國將以強硬的立場管理競爭。當尋找降低誤解或誤判風險的方法時，美國將嚴密的監視中國軍事現代化與亞洲的擴張現況。[52] 這些都說明美國面對至中國的崛起，「權力平衡」是美國對中國的核心政策。

（二）全球化時代對海軍戰略發展的影響

19 世紀美國馬漢將軍認為英國之所以強大，是因為她比其他國家更重視於海洋。在與西班牙與法國的戰爭中，控制海洋就是獲得勝利。[53] 認為海軍應始終是保持攻勢的防衛，使用所有的手段與武器，不論是否在我方或敵方的海岸，不待敵人前來攻擊，而是要前去迎戰敵人的艦隊。[54] 而英國柯白爵士，則認為艦隊在海洋上是無法佔領的，而是著重於對海洋區域的控制。[55] 海軍作戰的目標主要強調制海權的取得與交通線的控制。[56] 因而發展出聯合盟邦、封鎖殲滅、護航船運的海權戰略思想。柯白與馬漢海權思想的不同點，主要在於前者著重制海權的取得，目的在於海外交通線的確保，而後者以殲滅敵人艦隊為主。此差別也可以反映出英國與美國在地理環境與國家資源不同的影響。因此，美國在確保海上交通線的問題上，相較英國來說不是重要的考量因素。反之，敵人海軍艦隊的能力或潛在能

51　Russell Ong, *China's Strategic Competition with the United States* (London: Routledge, 2012), p. 5-15.

52　The White House , *Nation Security Strategy* , February 2015, p.24-25, <https://www.whitehouse.gov/sites/default/files/docs/2015 national_security_strategy.pdf>.

53　Alfred Thayer Mahan 著，《海權對歷史的影響》（*The Influence of Sea Power upon History*），海軍學術月刊社譯（台北市：海軍學術月刊社，1990 年），頁 1。

54　同上註，頁 65。

55　John B. Hattendorf、Wayne P. Hughes, Jr 著，《海權經典學說》（*Talking about Naval History: A Collection of Essays*），海軍學術月刊社編譯（台北市：海軍學術月刊社，1990 年），頁 45-86。

56　同上註，頁 88。

力，才是美國思考國家安全維護的重要因素。而前蘇聯海權理論家高希柯夫（S. G. Gorshkov）元帥提出蘇聯對海權的看法。認為海洋對國家生產力與財富的發展及累積是無法計算的，海權的發展是國家經濟與實力的象徵，同時也代表著國家在國際社會上的地位。而海軍武力的建立不僅僅在對抗來自海上的威脅，更重要的是維護這些海洋資源的利益，以增加經濟的發展。[57]

　　從上述經典的海權思想理論可以看出，19 世紀及 20 世紀初海權理論的思想。主要受到殖民主義霸權思想所主導，國際貿易建立在海軍武力的維護上。二戰結束後的冷戰格局，蘇聯高西科夫元帥的海權思想，則反映出一個大陸權國家對海權發展的看法。防禦敵人來自海上的威脅是核心目標，開發海洋資源則是次要目標。但在全球化時代中，21 世紀的海權發展與冷戰之前的海權思想，有著與截然不同的觀點。英國倫敦國王學院國防研究系海洋研究教授及兼任柯白海洋政策中心主任傑佛瑞‧提爾（Geoffrey Till）在其所著《21 世紀海權》（*SEAPOWER: A Guide for the Twenty-First Century*）一書中，在開宗明義即提出全球化已成為 21 世紀前葉影響戰略環境的主要因素。也必然成為各國在制定國家戰略、國防政策與海軍政策及規劃海軍戰略與建軍時的主要決策因素。而全球化對國防的含意即是促進「無國界世界」的發展，跨國經濟合作逐漸削弱以國家為單位的絕對統治權，也促使戰略家偏向地緣戰略，並已成為目前歐美國防思想的主要特點。就歷史來看，在全球化時代中，各國的大小衝突似乎特別與經濟的波動有關，認為全球化體系為一個動態體系。另全球化則完全仰賴自由的海上運輸，使得海洋與全球化的本質是密不可分的。[58] 因此，從前言所述第三個問題瞭解到，從全球化經濟、貿易相互依賴的角度看，21 世紀海上交通線的影響層面，已非僅兩個敵對國家的事，而是所有與海上貿易有關的國家。海上交通線的全面封鎖，將具有相當大的困難度。

---

57 S. G. Gorshkov 著，《國家海權論》（*The Sea Power of the State*），朱成祥譯（台北市：國防部史政編譯局，1985 年），頁 1-86。

58 Geoffrey Till 著，《21 世紀海權》（*Seapower- A Guide for the Twenty-First Century*），李永悌譯（台北市：國防部史政編譯室，2012 年），頁 17-20。

二、挑戰與未來發展方向

　　上述主要探討影響中國海軍戰略發展中，有關外在環境的 2 面向。接下來要從中國的內在性格探討中國海軍戰略的未來發展。首先從前言所述第五個問題探討，2002 年 11 月 4 日中國與東協 10 國於柬埔寨金邊簽署「南海各方行為宣言」，其重點為各方承諾本著合作與諒解的精神，努力尋求各種途徑建立相互信任，解決領土爭端。[59] 然對中國而言，影響南海和平的主要因素，是從菲律賓於 2012 年 4 月 10 日派遣海軍艦艇襲擾中國漁民於黃岩島捕魚造成對峙事件開始。中國為維護主權，除促使中國積極派遣艦艇巡弋南海，採取強硬的軍事行動維護主權外。並從 2013 年底中國積極的在南沙群島的華陽、美濟、渚碧、赤瓜、永署、東門及南熏等 7 個島礁實施填海造陸工程，也代表中國有效處理南海主權問題的決心。2014 年 5 月 5 日中國在西沙群島實施鑽油平台探勘事件，中國解放軍參謀總長房峰輝於 2014 年 5 月 17 日訪問美國時，發表對於執行西沙群島油井探勘的堅定立場，[60] 並主張擱置爭議共同開發。[61] 即是中國對主權維護的例證。從中國南沙 7 個島礁相關位置與面積大小觀察，中國在南海建立軍事基地的企圖是無庸置疑的。依此發展對於美國與日本而言，雖不願遇見但也無法阻擋。如果以此延伸評論中國走向海上霸權的開始，目前尚無足夠的證據顯示有其發展的可能。但是如果以發展觀光為名完成標準機場、深水碼頭、生活設施、維修與庫儲設施及海空雷達管制及氣象監測系統等基礎設施後。隨時可依狀況需求，運用島礁的海、空交通設施迅速進駐軍事武器系統裝備，即可成為海、空軍事基地。其中空軍兵力的進駐，可彌補中國海軍艦艇在南海空中掩護的不足。但由於南海島礁的海、空基地，雖具備成為基地的條件，但在其自身的防護力、持續支援能力因地形與環境的影響。仍無法做為遠洋兵力投射的中繼基地。

---

59 〈南海各方行為宣言〉，中華人民共和國，<http://www.fmprc.gov.cn/web/wjb_673085/zzjg.../yzs.../t848051.shtml>。

60 〈房峰輝訪美 敏感議題有交鋒〉，中時電子報，2014 年 5 月 18 日，<http://www.chinatimes.com/realtimenews/20140518003204-260409>。

61 YST 海天，《2020 中國與美國終須一戰》（台北市：如果，2014 年），頁 167。

陸、結語

　　從研究過程瞭解到中、美競逐的過程中，習近平說：「中國沒有霸權的因子」，以及美國在南海主權爭議上對中國的挑戰。中國所採取「人不犯我，我不犯人，人若犯我，我必犯人」的軍事戰略方針，從中國歷史的角度分析有其立論基礎。而華爾滋的結構（新）現實主義權力平衡理論，則足以解釋美國面對無法阻擋的中國崛起時，權力平衡是美國面對中國崛起的主要政策。其次中、美之間互動，在全球化的影響及陸上領土疆域不會改變的狀況下，傳統的區域軍事對抗將走向軍事合作。因此，從本文的分析過程，基本上可獲得下列結論：

1. 中國對南沙群島的經營，並未標示著未來中國海權將循 19 世紀海權思想走向海上霸權的開端。
2. 中國海軍戰略主要目標，在延伸防禦來自西太平洋美國海軍的威脅。
3. 在現今全球化的時代，美國或印度無法僅憑自身的力量封鎖中國海上交通線。
4. 美國依據中國海軍現代化發展，持續塑造「中國威脅論」的目的，在確保美國在世界上獨霸的地位。

　　在全球化時代，可預測中國未來仍將不斷的受到美國海軍，在南海領土主權爭議上的挑戰。中國海軍戰略在內向、務實的國家安全戰略政策的主導下，未來 20 年仍將以朝向在西太平洋（含南海）區域方向發展。並與美國海軍在權力平衡的架構下，以防禦性作為維護國家領土主權為核心目標，以及以合作方式維持南海區域的穩定。

國家圖書館出版品預行編目 (CIP) 資料

龍鷹爭輝：大棋盤中的台灣／李大中主編 . -- 一版 . --
新北市：淡大出版中心，2017.10
面；　公分
ISBN 978-986-5608-67-5（平裝）

1. 國家戰略　2. 文集　3. 臺灣

592.4933　　　　　　　　　　106011755

叢書編號 PS017

龍鷹爭輝：大棋盤中的台灣

著　　　者　李大中　主編

主　　　任　歐陽崇榮
總 編 輯　吳秋霞
行政編輯　張瑜倫
行銷企劃　陳卉綺
文字校對　趙世鈞
內文排版　張明蕙
封面設計　斐類設計工作室

發 行 人　張家宜
出 版 者　淡江大學出版中心
　　　　　　地址：25137 新北市淡水區英專路 151 號
　　　　　　電話：02-86318661/ 傳真：02-86318660
出版日期　2017 年 10 月一版一刷
定　　　價　600 元

總 經 銷　**紅螞蟻圖書有限公司**
展 售 處　**淡江大學出版中心**
　　　　　　地址：新北市 25137 淡水區英專路 151 號海博館 1 樓
　　　　　　電話：02-86318661　　　　　　傳真：02-86318660
　　　　　　淡江大學—驚聲書城
　　　　　　地址：新北市淡水區英專路 151 號商管大樓 3 樓